普通高等学校应用型本科"十三五"规划教材

大学物理

下册

郝虎在　主　编
张秀山　副主编

中国铁道出版社有限公司
2020年·北京

内 容 简 介

本教材根据教育部《理工科类大学物理课程教学基本要求》，针对普通高等学校应用型本科学生的数学与物理基础，按照21世纪人才培养模式的需要和教学内容改革的要求编写而成。本教材分为上、下两册，其中上册包括力学、热学基础和电磁学三篇，下册包括机械振动与机械波、光学、近代物理学和能源与应用专题四篇。本册为下册。

本教材适合作为普通高等学校应用型本科大学物理课程的教材，也可作为其他各类院校非物理类专业的大学物理课程的教材和教学参考书。

图书在版编目(CIP)数据

大学物理．下册/郝虎在主编．—北京:中国铁道出版社，2018.7(2020.1重印)
普通高等学校应用型本科"十三五"规划教材
ISBN 978-7-113-24760-7

Ⅰ.①大… Ⅱ.①郝… Ⅲ.①物理学-高等学校-教材
Ⅳ.①O4

中国版本图书馆CIP数据核字(2018)第164211号

书　　名：**大学物理·下册**
作　　者：郝虎在　主编

策　　划：李志国　李小军　　　**编辑部电话**：(010) 63550836
责任编辑：徐盼欣
编辑助理：初　祎
封面设计：刘　颖
责任校对：张玉华
责任印制：郭向伟

出版发行：中国铁道出版社有限公司（100054，北京市西城区右安门西街8号）
网　　址：http://www.tdpress.com/51eds/
印　　刷：三河市宏盛印务有限公司
版　　次：2018年7月第1版　2020年1月第3次印刷
开　　本：710 mm×1 000 mm　1/16　**印张**：18.5　**字数**：350千
书　　号：ISBN 978-7-113-24760-7
定　　价：42.50元

前　言

大学物理是普通高等学校理工科各专业的一门必修基础课，大学物理的基本概念、基本理论和基本方法是构成学生科学素养的重要组成部分，是科学工作者和工程技术人员必须具备的基本素质。大学物理的学习过程，是培养学生分析问题和解决问题能力以及探索精神和创新意识的过程。本教材就是为了适应高等工程教育的培养目标和发展需要，根据教育部《理工科类大学物理课程教学基本要求》(2010版)，按照21世纪人才培养模式的需要和教学内容改革的要求，依据编者多年从事大学物理教学的教案改编而成的。本教材可以作为普通高等学校应用型本科大学物理课程(120～130学时)的教材，也可作为其他各类院校非物理类专业的大学物理课程的教材或教学参考书。本教材在编写过程中主要注意了以下几个问题：

1. 考虑中学物理教学改革的实际，尤其部分选修内容的基础缺失，适当增加了对一些必要的物理基本理论的回顾与归纳，以便于查阅。

2. 针对普通高等学校应用型本科学生的数学与物理基础，为了加强对物理基本概念、基本理论的掌握，注重了物理模型的建立和数学描述，适当增加例题的类型与数量。

3. 对部分内容进行了适当取舍，增加了部分理论联系实际、能激发学生学习兴趣、与后续课程相关的内容、例题与习题。

4. 在章节安排、讲述方式上，尽量考虑与高等数学的教学进度相适应。

5. 注重应用基本理论分析问题和解决问题，在内容讲述和习题的选择上尽量避免复杂的理论计算与过程推导。

本教材分为上、下两册，上册包括力学、热学基础和电磁学三篇内容(共10章)；下册包括振动和波动、光学、近代物理基础和能源与电力专题四篇内容(共 10 章)。本册为下册。

本教材由郝虎在主编,由张秀山副主编。参加本教材编写的教师做了大量认真细致的工作,具体编写分工如下:刘斌编写第 1～3 章和第 20 章,李蓉编写第 4～7 章,于海宁编写第 8～12 章,徐攀攀编写第 13 章,薛映仙编写第 14～16 章,张秀山编写第 18、19 章,郝虎在编写第 17 章并负责全书统稿。

由于编者的知识有限,时间仓促,书中疏漏和不妥之处在所难免,诚恳希望读者提出宝贵意见和建议。

郝虎在

2018 年 4 月于太原

目　　录

第四篇　振动和波动

第五篇　光　　学

第六篇　近代物理基础

第四篇　振动和波动

任何一个物理量在某一数值附近做周期性变化的现象称为振动. 振动有机械振动、电磁振动、分子振动、原子振动等. 振动是自然界非常普遍的运动形式,几乎遍及自然界的各种现象之中. 尽管不同领域中振动的具体机制各不相同,但它们具有共同的特征和规律.

振动状态在介质中的传播过程称为波. 机械振动在弹性介质中的传播称为机械波;变化的电磁场在空间的传播称为电磁波. 机械波(地震波、水波、声波)和电磁波(无线电波、光波、X 射线)的本质虽然不相同,但却有着共同的特征和规律.

振动和波动是横跨物理学不同领域的一种非常普遍的运动形式. 振动与波动与人类生活和现代科学技术密切相关,研究振动和波动的意义远远超过了力学的范围. 本篇以机械振动和机械波为主要内容,讨论振动和波动的现象、特征和规律.

第 11 章　机 械 振 动

物体在某一位置附近所做的周期性往复运动称为机械振动.它是物体的一种运动形式.从日常生活到生产技术以及自然界中到处都存在着机械振动.机器的运转总伴随着机械振动,声音的产生与接收属于机械振动,海浪的起伏以及地震也都是机械振动.

在各种机械振动中,最基本和最重要的是简谐振动.在我们以后的研究中,可以发现,一切复杂的振动都可以认为是由许多简谐振动合成的,所以我们重点研究简谐振动.

§11-1　简 谐 振 动

一、简谐振动的描述

1. 简谐振动的运动方程

物体运动时,如果离开平衡位置的位移按余弦函数(或正弦函数)的规律随时间变化,这种运动就叫简谐振动.弹簧振子的振动就是最典型的简谐振动.

一个轻质弹簧的一端固定,另一端系一个物体,就构成一个弹簧振子.如图 11-1所示,在光滑的水平面上放置一个弹簧振子.设物体质量为 m,弹簧的劲度系数为 k.取弹簧处于自然长度时,物体的位置为平衡位置,以 O 表示,并取 O 为坐标原点,水平向右为 Ox 轴正方向.拉动物体到位置 A 后释放,物体将在 O 点两侧做往复运动.设在 t 时刻,物体运动到 x 处.忽略空气阻力和桌面摩擦力,物体除受重力和支持力外,还受到弹簧的弹力 f,方向向左.因重力和支持力的合力为零,所以物体所受合力就是弹簧的拉力.如果弹簧伸长量不太大,由胡克定律有

$$f=-kx \tag{11-1}$$

负号表示弹力方向与位移方向相反.根据牛顿第二定律

$$-kx=m\frac{d^2x}{dt^2}$$

将上式整理后得

$$\frac{d^2x}{dt^2}+\frac{k}{m}x=0 \tag{11-2}$$

对于一个给定的弹簧振子,k 与 m 都是常量,而且都是正值,把它们的比值用一个常数 ω 的平方表示

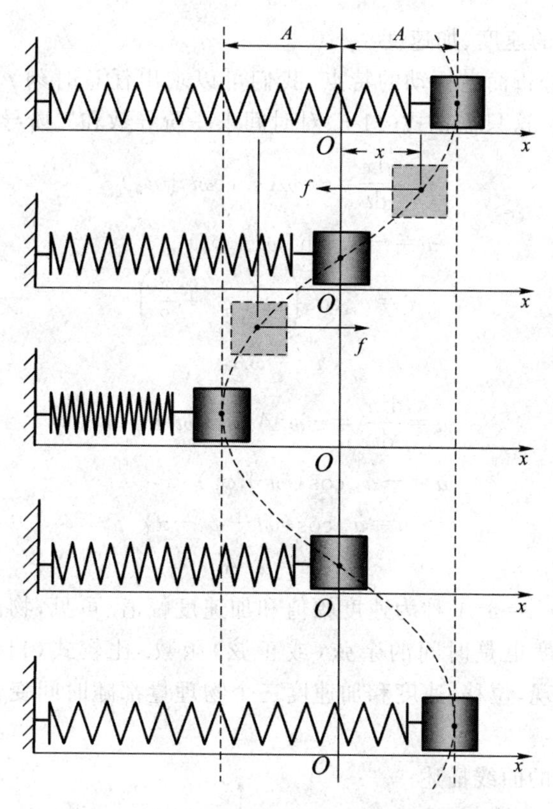

图 11-1　弹簧振子的运动

$$\frac{k}{m}=\omega^2 \quad 或 \quad \omega=\sqrt{\frac{k}{m}} \tag{11-3}$$

则

$$\frac{\mathrm{d}^2 x}{\mathrm{d}t^2}+\omega^2 x=0 \tag{11-4}$$

上式为质点 m 运动的微分方程，该二阶微分方程的解为

$$x=A\cos(\omega t+\varphi_0) \tag{11-5}$$

式中，A、φ_0 为两个积分常数，由初始条件确定，它们的物理意义稍后讨论. 方程(11-5)为弹簧振子的运动方程. 可见，对于弹簧振子，物体对于平衡位置的位移将按余弦函数的规律随时间 t 变化，因此物体的这种运动就是简谐振动.

通过对弹簧振子运动分析可知，物体受到的力的大小总是与物体对其平衡位置的位移成正比，且方向相反，这种性质的力称为线性恢复力. 式(11-1)正是体现了弹簧振子的这种动力学特征. 弹簧振子运动总是满足微分方程式(11-4)，所以式(11-4)通常称为简谐振动的运动学特征. 无论动力学特征、运动学特征还是运动方程，都可以作为一个系统是否做简谐振动的判定依据.

2. 简谐振动的速度、加速度

为了进一步分析简谐振动的特点，我们可以求出任意时刻 t 物体做简谐振动时的速度、加速度. 这只需把式(11-5)对时间求一阶导数和二阶导数，可分别得到

$$v=\frac{\mathrm{d}x}{\mathrm{d}t}=-\omega A\sin(\omega t+\varphi_0) \tag{11-6a}$$

$$v=-v_{\mathrm{m}}\sin(\omega t+\varphi_0) \tag{11-6b}$$

或

$$v=v_{\mathrm{m}}\cos\left(\omega t+\varphi_0+\frac{\pi}{2}\right) \tag{11-6c}$$

式中

$$v_{\mathrm{m}}=\omega A \tag{11-7}$$

$$a=\frac{\mathrm{d}^2x}{\mathrm{d}t}=-\omega^2A\cos(\omega t+\varphi_0) \tag{11-8a}$$

$$a=-a_{\mathrm{m}}\cos(\omega t+\varphi_0) \tag{11-8b}$$

或

$$a=a_{\mathrm{m}}\cos(\omega t+\varphi_0+\pi) \tag{11-8c}$$

式中

$$a_{\mathrm{m}}=\omega^2A \tag{11-9}$$

$v_{\mathrm{m}}=\omega A$ 和 $a_{\mathrm{m}}=\omega^2A$ 称为速度幅值和加速度幅值. 可见，物体做简谐振动时，它的速度和加速度也是时间的余弦(或正弦)函数. 比较式(11-5)、式(11-6c)和式(11-8c)可以发现，位移、速度和加速度三个物理量都随时间变化，所以它们均为简谐振动.

3. 简谐振动的曲线描述

图 11-2(a)为简谐振动 $x=A\cos(\omega t-\varphi_0)$ 的位移 x 随时间 t 的变化关系(设 $\varphi_0=0$)，称为简谐振动的**振动曲线**. 位移的最大值为 A，当时间 $t=2\pi/\omega$ 时，完成一个完整的振动.

图 11-2(b)给出了简谐振动的速度 v 随时间 t 变化的关系曲线(设 $\varphi_0=0$)，称为**速度曲线**. 速度的最大值为 ωA，当时间 $t=2\pi/\omega$ 时，完成一个完整的振动.

图 11-2(c)中的细虚线给出了简谐振动的加速度 a 随时间 t 变化的关系曲线(设 $\varphi_0=0$)，称为**加速度曲线**. 加速度的最大值为 ω^2A，当时间 $t=2\pi/\omega$ 时，完成一个完整的振动. 将三条曲线在一起比较，尽管它们的幅值不同，但是它们随时间变化的规律是

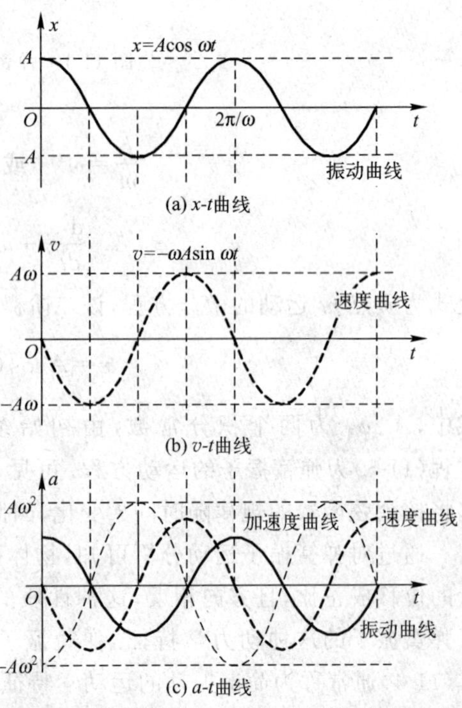

图 11-2 简谐振动的 x、v、a 随时间变化曲线

相同的.这些变化的规律、特点正是需要我们认真研究的.

通过以上分析,我们把复杂的弹簧振子的运动,用一个简单、和谐、漂亮的振动方程 $x=A\cos(\omega t+\varphi_0)$ 描述出来,所以我们称之为简谐振动.任何一个物理量,不管是位移、速度、加速度,还是电流、电压和密度等其他物理量,只要它随时间的变化符合余弦(或正弦)规律,那么这个物理量就在做简谐振动.简谐振动是最简单、最基本的振动,任何复杂的振动都可看成由若干简谐振动的叠加而成的.

二、简谐振动的三个特征量

对于一个简谐振动,如果 A、ω 和 φ_0 都知道了,就可以写出它的完整的表达式 $x=A\cos(\omega t+\varphi_0)$,也就可以全部掌握该简谐振动的运动规律,因此这三个量为描述简谐振动的三个特征量.

1. 圆频率 ω、周期 T 和频率 ν

ω 一般称为**圆频率**,弹簧振子的圆频率 ω 由式(11-3)决定

$$\omega=\sqrt{\frac{k}{m}}$$

上式说明,弹簧振子的圆频率 ω 由弹簧的劲度系数 k 和物体的质量 m 决定,即由弹性系统本身的性质决定.

物体做一次完全振动(往复一次)所需的时间,称为振动的**周期**,常用 T 表示,单位为秒(s).由式(11-5),当 $t=0$ 时,$x=A\cos\varphi_0$;当 $t=2\pi/\omega$ 时,$x=A\cos(2\pi+\varphi_0)=A\cos\varphi_0$,即振子经过时间 $2\pi/\omega$ 回到原来状态,所以弹簧振子的周期

$$T=\frac{2\pi}{\omega}=2\pi\sqrt{\frac{m}{k}} \tag{11-10}$$

单位时间(即 1 s)内完成全振动的次数称为**频率**,常用 ν 表示,单位为赫兹(Hz).按照定义,频率和周期互为倒数,即

$$\nu=\frac{1}{T}=\frac{\omega}{2\pi} \quad 或 \quad \omega=2\pi\nu \tag{11-11}$$

所以弹簧振子振动的频率为

$$\nu=\frac{1}{2\pi}\sqrt{\frac{k}{m}} \tag{11-12}$$

圆频率、周期和频率都由系统本身的性质决定,所以振动频率和周期常常称为系统的固有频率和固有周期.

2. 振幅 A 和初相位 φ_0 的确定

在简谐振动方程 $x=A\cos(\omega t+\varphi_0)$ 中,A 为物体离开平衡位置的最大位移,即振动的幅度,称为**振幅**,φ_0 称为**初相位**.现在说明在圆频率 ω 已经确定的条件下,根据系统的初始条件,即 $t=0$ 时物体相对平衡位置的位移 x_0 和速度 v_0,如何

确定振动的振幅 A 和初相位 φ_0.

由式(11-5)和式(11-6a),在 $t=0$ 时

$$x_0=A\cos\varphi_0$$

$$v_0=-\omega A\sin\varphi_0$$

以上两式联立求得

$$A=\sqrt{x_0^2+\frac{v_0^2}{\omega^2}}, \tag{11-13}$$

$$\varphi_0=\arctan\left(-\frac{v_0}{\omega x_0}\right) \tag{11-14}$$

上述结果说明,做简谐振动的物体,它的振幅 A 和初相位 φ_0 都是由初始条件决定的.

三、相位

由式(11-5)、式(11-6b)和式(11-8b),描述简谐振动的位移、速度和加速度的表达式分别为

$$x=A\cos(\omega t+\varphi_0)$$

$$v=-v_{\mathrm{m}}\sin(\omega t+\varphi_0)$$

$$a=-a_{\mathrm{m}}\cos(\omega t+\varphi_0)$$

由以上三式可见,当振幅 A 和圆频率 ω 一定时,简谐振动的位移、速度和加速度都取决于角量 $(\omega t+\varphi_0)$,这个角量称为振动的**相位**,它是决定振动物体运动状态的重要的物理量,它的单位是弧度(rad). φ_0 是 $t=0$ 时的相位,所以称为初相位,简称初相,它是决定初始时刻振动物体运动状态的物理量.

质点的振动状态当然可以用位移和速度来表征,但在振动和波动的研究中,用相位来表征振动状态更方便. 图 11-3 绘出了简谐振动的位移时间曲线,从图中可以清楚地看出,振动的质点在一个周期之内所经历的状态没有一个是相同的,这相当于相位经历从 0 到 2π 的变化,质点的状态没有一个是相同的. 例如在 a、b 两个时刻,虽然质点的位移相同,因为它们的速度不同,所以质点在 a、b 两个时刻的相位也不同. 要寻找和 a 时刻完全相同的状态,只有在另一个周期中寻找,如图中的 c 时刻,质点在 a 时刻和 c 时刻的振动状态完全相同,也就是说,不仅位移相同,而且速度也相同. 对于一个以确定的频率做简谐振动的质点来说,凡是位移和速度都相同的状态,它们所对应的相位一定相差 2π 或 2π 的整数倍. 相位相差 2π,

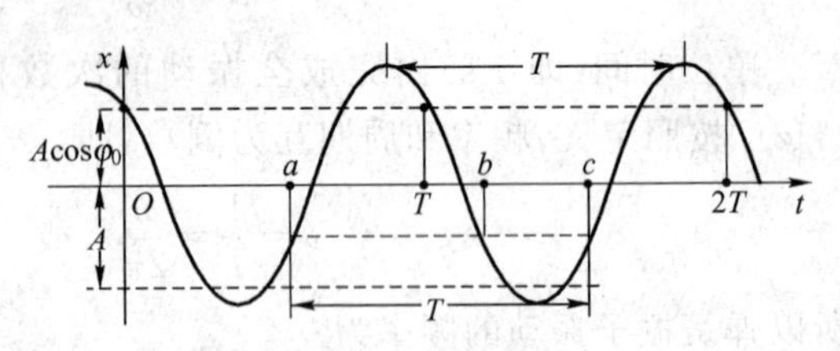

图 11-3 简谐振动的位移时间曲线

在时间上相当于差一个周期. 由此可见,用相位描述物体的运动状态,还能充分体现出简谐振动的周期性. 从图 11-3 上还可以看出,振幅 A 是最大位移的绝对值;周期 T 是两个相同状态的时间间隔;$t=0$ 时的位移由初相位 φ_0 决定.

相位概念的重要性还在于比较两个简谐振动在步调上的差异. 设有两个同频率的简谐振动,它们的表达式分别是

$$x_1=A_1\cos(\omega t+\varphi_{10})$$

$$x_2=A_2\cos(\omega t+\varphi_{20})$$

它们的相位差为

$$\Delta\varphi=(\omega t+\varphi_{20})-(\omega t+\varphi_{10})=\varphi_{20}-\varphi_{10} \tag{11-15}$$

即两个同频率的简谐振动,它们在任意时刻的相位差等于其初相位之差.

如图 11-4(a)所示,当 $\Delta\varphi=2k\pi$(k 为整数)时,两个振动物体同时到达各自同方向的位移的最大值,同时通过平衡位置且向同方向运动,它们的步调完全一致,我们称它们同相位. 如图 11-4(b)所示,当 $\Delta\varphi=(2k+1)\pi$(k 为整数)时,两振动物体中一个到达正最大位移处,而另一个却恰到负方向最大位移处,它们同时通过平衡位置但运动方向相反,它们的步调完全相反,我们称它们相位相反. 当 $\Delta\varphi$ 为其他值时,如果 $\Delta\varphi>0$,那么说第二个简谐振动超前第一个简谐振动 $\Delta\varphi$,或者说第一个简谐振动落后第二个简谐振动 $\Delta\varphi$.

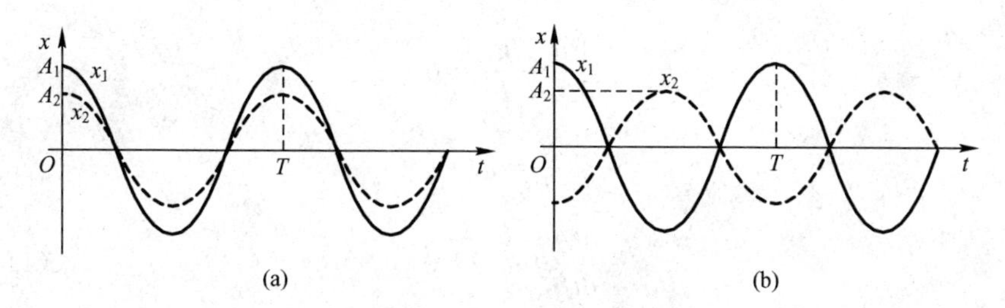

图 11-4　两个简谐振动的相位差

相位不但可以比较简谐振动中同一物理量的变化步调,而且可以比较不同物理量之间的变化步调. 比较简谐振动的位移、速度、加速度的表达式(11-5)、式(11-6c)和式(11-8c):

$$x=A\cos(\omega t+\varphi_0)$$

$$v=v_{\mathrm{m}}\cos\left(\omega t+\varphi_0+\frac{\pi}{2}\right)$$

$$a=a_{\mathrm{m}}\cos(\omega t+\varphi_0+\pi)$$

可以看出,速度的相位比位移的相位超前 $\pi/2$. 加速度的相位比速度的相位超前 $\pi/2$,比位移的相位超前 π,即加速度与位移二者相位相反. 这些结论也明显体现在图 11-2 中.

四、单摆

如图 11-5 所示，一根质量可以忽略并且不会伸缩的细线 l，上端固定，下端系一可看作质点的小球 m，把摆球从其平衡位置拉开一个小角度 θ_0，然后放手，使摆球在竖直平面内来回摆动，构成一个单摆.

当摆线与竖直方向成 θ 角时，忽略空气阻力，摆球受重力 mg 与拉力 T 的合力为 $mg\sin\theta$，方向沿切向. 取逆时针方向为角位移 θ 的正方向，则此切向力应写成

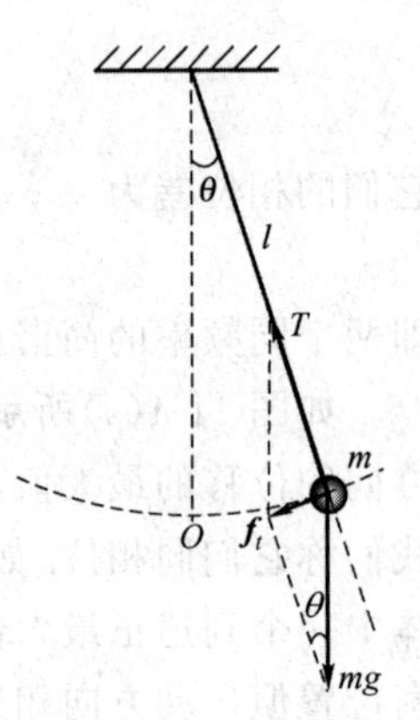

图 11-5　单摆

$$f_t=-mg\sin\theta$$

在角位移 θ 很小时，$\sin\theta\approx\theta$，所以

$$f_t\approx-mg\theta \tag{11-16}$$

由于摆球的切向加速度为 $a_t=l\beta=l\dfrac{d^2\theta}{dt^2}$，所以在切向应用牛顿第二定律

$$ma_t=f_t$$

即

$$ml\frac{d^2\theta}{dt^2}=-mg\theta$$

则

$$\frac{d^2\theta}{dt^2}+\frac{g}{l}\theta=0$$

令

$$\frac{g}{l}=\omega^2$$

则

$$\frac{d^2\theta}{dt^2}+\omega^2\theta=0 \tag{11-17}$$

上式为二阶微分方程，和式(11-4)具有相同的形式，所以我们可以得出以下结论：在角位移很小的情况下，单摆的振动是简谐振动，振动的圆频率为

$$\omega=\sqrt{\frac{g}{l}} \tag{11-18}$$

单摆振动的周期

$$T=\frac{2\pi}{\omega}=2\pi\sqrt{\frac{l}{g}} \tag{11-19}$$

解微分方程式(11-17)，其解为

$$\theta=\theta_m\cos(\omega t+\varphi_0) \tag{11-20}$$

式中，θ_m 为振动最大幅角，φ_0 为初相位，可由初始条件得出. 若设放手时为计时零点，则 $t=0$ 时，角位移 $\theta=\theta_0$，角速度 $\dfrac{d\theta}{dt}=0$，则有

$$\begin{cases}\theta_0=\theta_m\cos\varphi_0\\0=\theta_m\sin\varphi_0\end{cases}$$

联立求解以上两式,可得

$$\begin{cases}\varphi_0=0\\\theta_m=\theta_0\end{cases}$$

则单摆的振动方程为

$$\theta=\theta_0\cos\omega t \tag{11-21}$$

从以上对单摆的运动分析可以看出,单摆的振动周期 $T=2\pi\sqrt{l/g}$,取决于摆长 l 和该处的重力加速度 g,与摆球的质量 m 和振幅无关. 所以,单摆可以用于计时,还可以通过测量单摆的周期确定该处的重力加速度,具体测量方法可见相关的物理实验.

【例 11-1】 一轻质弹簧竖直悬挂,弹簧劲度系数为 k,原长为 l,上端固定,下端挂一质量为 m 的物体,将其由平衡位置再拉下距离 x_0,然后放手,任由其振动. 已知弹簧形变很小,遵从胡克定律,不计空气阻力.

(1) 试论证物体做简谐振动;

(2) 求简谐振动的振动方程.

【解】 (1)绘出弹簧在各过程中长度变化和受力分析如图 11-6 所示. 建立如图竖直向下的 x 坐标,坐标零点在平衡位置处. 设物体处于平衡位置时弹簧的伸长量为 Δl,由于处于平衡状态,故有

$$mg=k\Delta l \quad ①$$

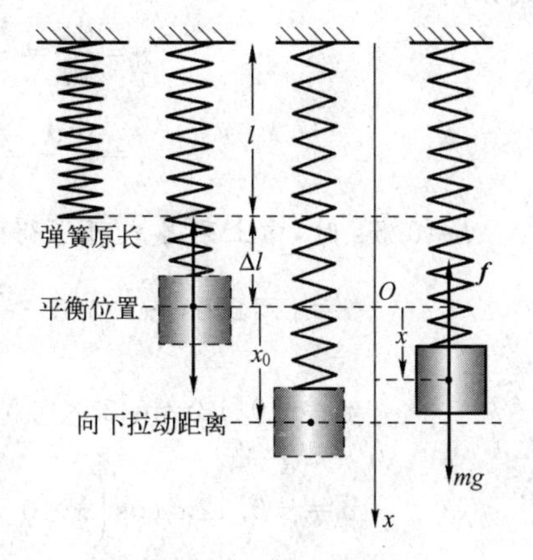

图 11-6　例 11-1 图

物体偏离平衡位置的向下移动位移为 x 时,物体受合外力为

$$F=mg-f=mg-k(\Delta l+x)=-kx \quad ②$$

上式说明物体受到的合力为弹性回复力,所以此系统在做简谐振动. 与水平弹簧相比,坐标原点是取在受力平衡位置而不是弹簧的原长.

(2) 由于在任意 x 时受合外力

$$F=-kx$$

由牛顿第二定律

$$-kx=m\frac{\mathrm{d}^2x}{\mathrm{d}t^2}$$

令 $\omega^2=k/m$,整理得微分方程

$$\frac{\mathrm{d}^2x}{\mathrm{d}t^2}+\omega^2x=0 \quad ③$$

该微分方程的解为

$$x=A\cos(\omega t+\varphi_0) \quad ④$$

说明物体在平衡位置($x=0$)附近做简谐振动. 设下拉 x_0 后放手时为 $t=0$,则初始位置为 x_0,初始速度 $v_0=0$,则由式(11-13)得

$$A=\sqrt{x_0^2+\frac{v_0^2}{\omega^2}}=\sqrt{x_0^2}=x_0$$

由式(11-14)得

$$\varphi_0=\arctan\left(-\frac{v_0}{\omega x_0}\right)=0$$

则 $\varphi_0=0$ 或 $\varphi_0=\pi$ (不合题意舍去),可得

$$\varphi_0=0$$

所以简谐振动的振动方程为 $x=x_0\cos\omega t$

这个例子告诉我们,简谐振动是对一定的平衡位置而言的,沿振动方向所施加的恒力并不会改变原振动系统的振动性质,改变的只是振动的平衡位置.

【例 11-2】 一物体沿 x 轴做简谐振动,其振动方程为 $x=0.12\cos\left(\pi t-\frac{\pi}{3}\right)$(SI),求 $t=0.5$ s 时物体的位移、速度和加速度.

【解】 已知振动方程为 $x=0.12\cos\left(\pi t-\frac{\pi}{3}\right)$,故可求得速度、加速度的表示式分别为

$$v=\frac{dx}{dt}=-0.12\pi\sin\left(\pi t-\frac{\pi}{3}\right)$$

$$a=\frac{d^2x}{dt^2}=-0.12\pi^2\cos\left(\pi t-\frac{\pi}{3}\right)$$

$t=0.5$ s 时,由上列各式可求得

$$x=0.12\cos\left(\pi\times0.5-\frac{\pi}{3}\right)\ \text{m}=0.10\ \text{m}$$

$$v=-0.12\pi\sin\left(\pi\times0.5-\frac{\pi}{3}\right)\ \text{m}\cdot\text{s}^{-1}=-0.19\ \text{m}\cdot\text{s}^{-1}$$

$$a=-0.12\pi^2\cos\left(\pi\times0.5-\frac{\pi}{3}\right)\ \text{m}\cdot\text{s}^{-2}=-1.02\ \text{m}\cdot\text{s}^{-2}$$

【例 11-3】 如图 11-7 所示,在光滑的水平面上放置一个弹簧振子. 已知弹簧的劲度系数 $k=1.60\ \text{N}\cdot\text{m}^{-1}$,物体的质量为 0.40 kg,就下面两种情况求出简谐振动的方程.

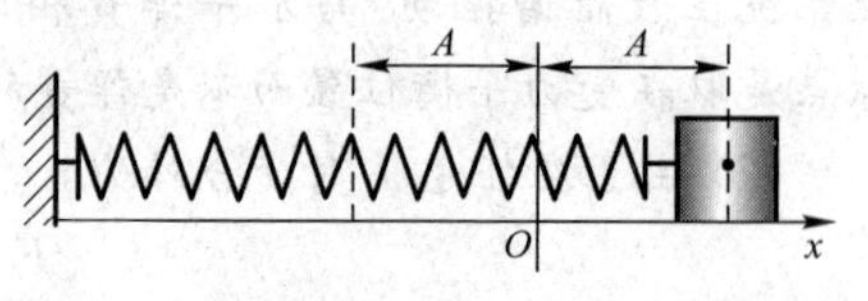

图 11-7　例 11-3 图

(1) 将物体从平衡位置向右移到 $x=0.10$ m 处后静止释放;

(2) 将物体从平衡位置向右移到 $x=0.10$ m 处,给物体以向左的速度 $0.20\ \text{m}\cdot\text{s}^{-1}$.

【解】 弹簧振动在平衡位置附近做简谐振动,振动的圆频率

$$\omega=\sqrt{\frac{k}{m}}=\sqrt{\frac{1.60}{0.40}}\ \text{rad}\cdot\text{s}^{-1}=2\ \text{rad}\cdot\text{s}^{-1}$$

(1) 根据初始条件，$t=0$ 时，$x_0=0.10\ \text{m}$，$v_0=0$，所以

$$A=\sqrt{x_0^2+\frac{v_0^2}{\omega^2}}=x_0=0.10\ \text{m}$$

$$\cos\varphi_0=\frac{x_0}{A}=\frac{0.10}{0.10}=1$$

故 $\varphi_0=0$，所以简谐振动方程为 $x=0.10\cos 2t(\text{m})$.

(2) 根据初始条件，$t=0$ 时，$x_0=0.10\ \text{m}$，$v_0=-0.20\ \text{m}\cdot\text{s}^{-1}$，由式(11-13)得

$$A=\sqrt{x_0^2+\frac{v_0^2}{\omega^2}}=\sqrt{0.10^2+\left(\frac{-0.20}{2}\right)^2}\ \text{m}=0.1\sqrt{2}\ \text{m}=0.14\ \text{m}$$

则
$$\cos\varphi_0=\frac{x_0}{A}=\frac{0.10}{0.10\sqrt{2}}=\frac{\sqrt{2}}{2}$$

故 $\varphi_0=\frac{\pi}{4}$，或 $\varphi_0=-\frac{\pi}{4}$.

又由 $v_0=-\omega A\sin\varphi_0$，初始条件 $v_0<0$，所以应取 $\varphi_0=\frac{\pi}{4}$，所以简谐振动方程为 $x=0.14\cos\left(2t+\frac{\pi}{4}\right)\ \text{m}$.

§11-2　简谐振动的旋转矢量表示法

为了形象、直观地理解简谐振动表达式中 A，ω 和 φ_0 三个物理量的意义，掌握简谐振动的规律，并为后面讨论简谐振动的叠加提供简捷的方法，我们介绍简谐振动的旋转矢量表示法. 也就是说，简谐振动除了用三角函数和曲线法表示之外，还可以用一个旋转矢量的投影来表示.

一、旋转矢量法

如图 11-8 所示，在一平面内确定坐标轴 Ox，由原点 O 引出一个长度等于振幅 A 的矢量 $\boldsymbol{A}$，矢量 $\boldsymbol{A}$ 以角速度 ω 在平面内绕 O 点做逆时针方向的匀速转动. 设在 $t=0$ 时，矢量 $\boldsymbol{A}$ 与 Ox 轴之间的夹角为 φ_0，这样经过时间 t，旋转矢量 $\boldsymbol{A}$ 转过角度 ωt，与 Ox 轴之间的夹角变为 $(\omega t+\varphi_0)$，这时矢量 $\boldsymbol{A}$ 的端点 M 在 x 轴上的投影点 P 的位移为

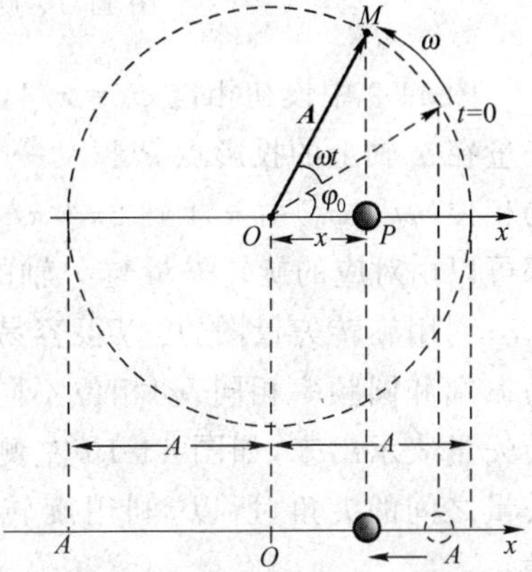

图 11-8　简谐振动的旋转矢量表示法

$$x = A\cos(\omega t + \varphi_0)$$

此式与式(11-5)完全相同. 可见,旋转矢量 **A** 的端点在 Ox 轴上的投影点 P 的运动为简谐振动. 在矢量 **A** 的转动过程中,端点 M 做匀速圆周运动,通常把这个圆称为参考圆,所以简谐振动的旋转矢量法也称参考圆法. 简谐振动的旋转矢量表示法把简谐振动的特征非常直观地表示了出来：

(1) 旋转矢量 **A** 的长度即简谐振动的振幅 A；

(2) 矢量旋转 **A** 转动的角速度 ω 就是简谐振动的圆频率 ω；

(3) 旋转矢量 **A** 与 Ox 轴的夹角 $(\omega t + \varphi_0)$ 就是简谐振动的相位 $(\omega t + \varphi_0)$；

(4) 而 $t=0$ 时,旋转矢量 **A** 与 Ox 轴的夹角 φ_0 就是简谐振动的初相位 φ_0；

(5) 旋转矢量 **A** 旋转一周,P 点完成一个完整的振动,所以旋转矢量 **A** 旋转一周的时间就是简谐振动的周期 T.

二、旋转矢量与振动曲线

采用旋转矢量法研究简谐振动,有助于我们理解振动曲线的意义. 如图 11-9 所示,使得旋转矢量的 Ox 与 $x-t$ 坐标中 Ox 平行一致,把旋转矢量 **A** 在逆时针旋转一周中各个时刻在 x 轴上投影点位置对应地绘出 $x-t$ 曲线.

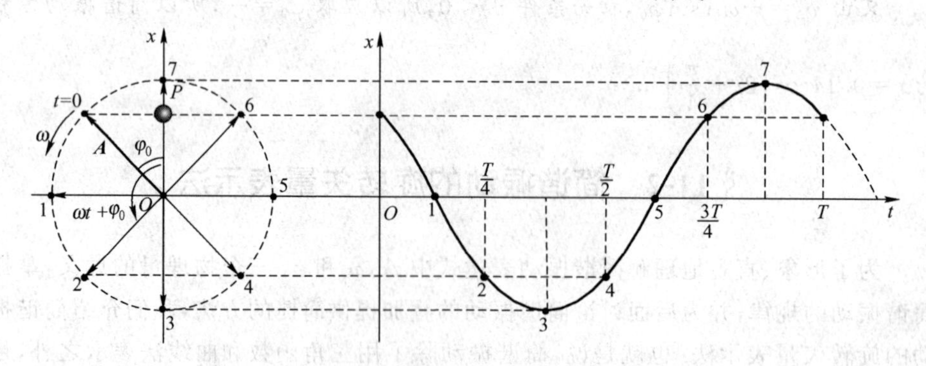

图 11-9 旋转矢量表示法与 $x-t$ 曲线

图 11-9 中设初相位 $\varphi_0 = \pi/4$,当旋转矢量绕 O 以角速度 ω 转动一周时,旋转矢量在 x 轴上的投影点 P 振动一个周期 T,对应的时间 t 由 0 到 T 的变化,振动的相位 $(\omega t + \varphi_0)$ 由 $\pi/4$ 到 $2\pi + \pi/4$ 的变化过程. 这样振动曲线上每一个点的相位都可以由对应的旋转矢量与 x 轴的夹角表示出来.

利用旋转矢量图,可以很容易地表示两个简谐振动的相位差. 图 11-10 右侧为振幅和圆频率相同、初相位不同的两简谐振动的振动曲线,将此简谐振动用旋转矢量表示出来,如图 11-10 左侧所示. 可以看出,它们的相位差就是两个旋转矢量之间的夹角,所以,利用旋转矢量法可以形象直观地判断两个振动的相位关系.

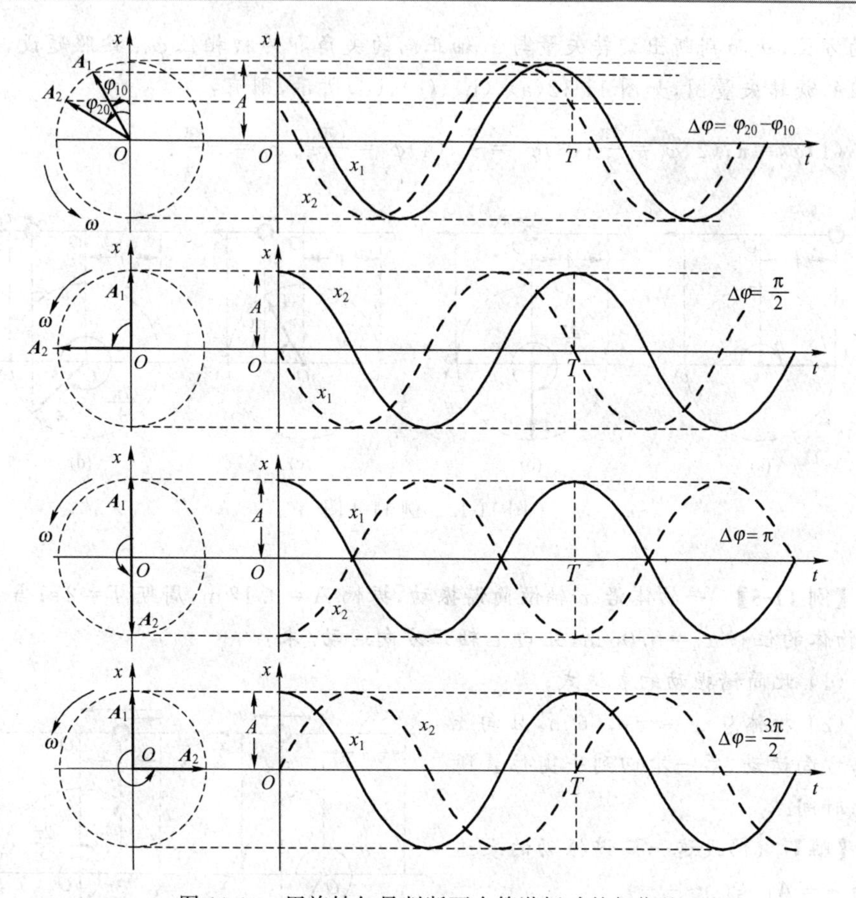

图 11-10　用旋转矢量判断两个简谐振动的相位差

利用旋转矢量法，可以很容易地计算出简谐振动中质点在任意两个位置之间运动所需要的时间. 如图 11-11 所示，做简谐振动的质点由正 $A/2$ 运动到 $-A/2$ 处需要的时间，等于相对应的旋转矢量转过相应的角度需要的时间.

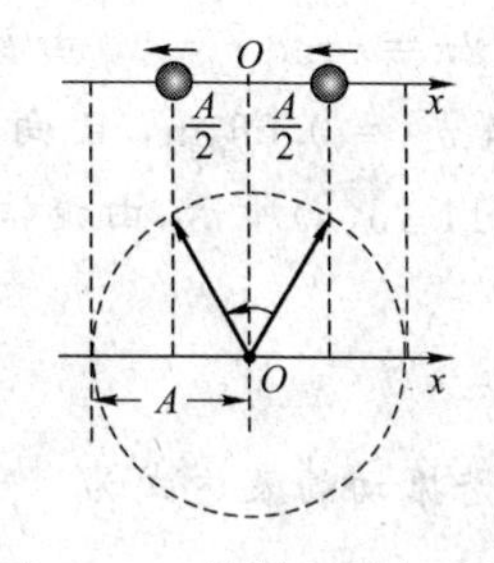

图 11-11　旋转矢量与时间

使用旋转矢量方法往往能避免一些烦琐的计算，使问题变得更加直观、简捷. 旋转矢量法广泛用于研究振动的合成、波的干涉及交流电路等领域.

【例 11-4】　一弹簧振子，沿 x 轴做振幅为 A 的简谐振动，其表达式用余弦函数表示，若 $t=0$ 时，振子的运动状态分别为：(1) $x_0=-A$；(2) 过平衡位置向 x 轴正向运动；(3) 过 $x_0=A/2$ 处向 x 轴负向运动；(4) 过 $x_0=\sqrt{2}A/2$ 处向 x 轴正向运动. 试用旋转矢量法确定相应的初相位.

【解】　根据起始时刻的位置 x_0 和速度 v_0 的方向，确定旋转矢量 $\mathbf{A}$ 在初始时刻的方位,从而判断出旋转矢量与 x 轴正向的夹角即为初相位 φ_0. 按照题设,作出相应的旋转矢量图,如图 11-12(a)、(b)、(c)、(d)所示,则有:

(1)$\varphi_0=\pi$;(2)$\varphi_0=\frac{3\pi}{2}$;(3)$\varphi_0=\frac{\pi}{3}$;(4)$\varphi_0=\frac{7\pi}{4}$或 $\varphi_0=-\frac{\pi}{4}$.

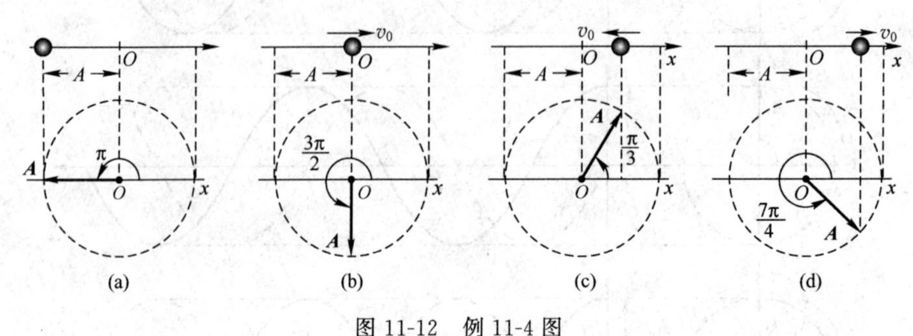

图 11-12 例 11-4 图

【例 11-5】 一物体沿 x 轴做简谐振动,振幅 $A=0.12\,\text{m}$,周期 $T=2\,\text{s}$;当 $t=0$ 时,物体的位移 $x_0=0.06\,\text{m}$,且向 x 轴正方向运动. 求:

(1) 此简谐振动的表达式;

(2) 物体从 $x=-0.06\,\text{m}$,且向 x 轴负方向运动,第一次回到平衡位置所需的时间.

【解】 (1)设这一简谐振动的表达式为 $x=A\cos(\omega t+\varphi_0)$.

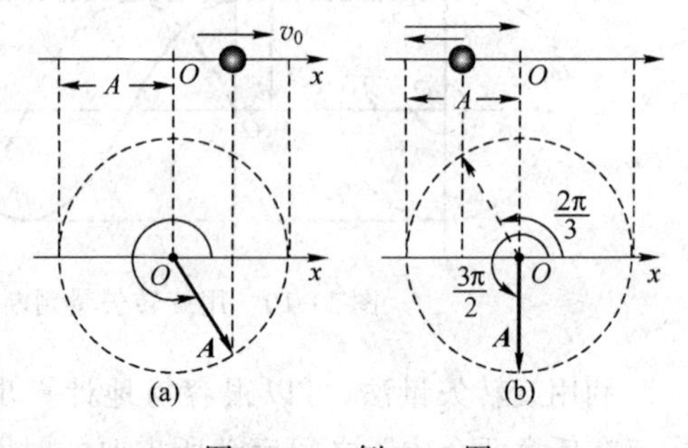

图 11-13 例 11-5 图

已知 $A=0.12\,\text{m}$, $T=2\,\text{s}$, $\omega=T/2\pi=\pi\,\text{rad}\cdot\text{s}^{-1}$, 由初始条件: $t=0$ 时, $x_0=0.06\,\text{m}$, 且向正向运动. 如图 11-13(a)所示,由旋转矢量法求得

$$\varphi_0=-\frac{\pi}{3}$$

简谐振动的表达式为 $$x=0.12\cos\left(\pi t-\frac{\pi}{3}\right)$$

(2) 由旋转矢量图 11-13(b)可知,从 $x=-0.06\,\text{m}$ 向 x 轴负方向运动,第一次回到平衡位置时,振幅矢量转过的角度为

$$\frac{3\pi}{2}-\frac{2\pi}{3}=\frac{5\pi}{6}$$

即两者的相位差 $\Delta\varphi=\varphi_2-\varphi_1=5\pi/6$,由于振幅矢量的角速度为 ω,所以可得到所需的时间

$$\Delta t=\frac{\Delta\varphi}{\omega}=\frac{5\pi/6}{\pi}\ \mathrm{s}=\frac{5}{6}\ \mathrm{s}=0.83\ \mathrm{s}$$

【例 11-6】 已知某简谐振动的振动曲线如图 11-14(a)所示,位移的单位为厘米(cm),时间单位为秒(s).求此简谐振动的振动方程.

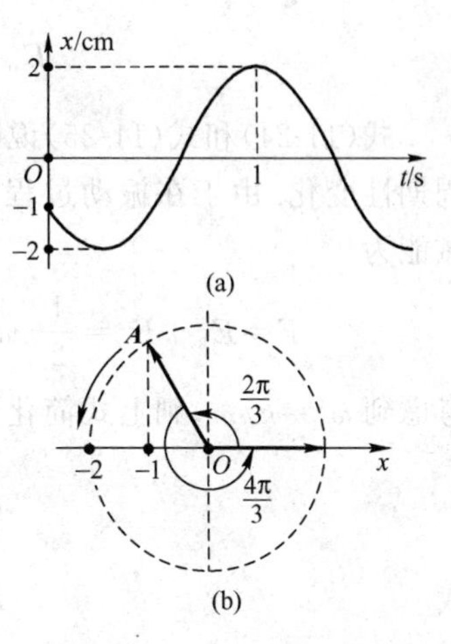

图 11-14 例 11-6 图

【解】 设这一简谐振动的表达式为

$$x=A\cos(\omega t+\varphi_0),$$

做出振动曲线对应的旋转矢量,如图 11-14(b)所示,则由图可得

$$A=2\ \mathrm{cm},\quad \varphi_0=\frac{2\pi}{3}$$

$$\omega=\frac{\Delta\theta}{\Delta t}=\frac{\frac{4\pi}{3}}{1}=\frac{4\pi}{3}$$

所以简谐振动的振动方程为

$$x=2\cos\left(\frac{4\pi}{3}t+\frac{2\pi}{3}\right)\ \mathrm{cm}$$

§11-3 简谐振动的能量

在弹簧振子、单摆等做简谐振动的过程中,由于忽略了摩擦力、空气阻力等非保守力的作用,只有弹性力、重力等保守力做功,所以系统的机械能是守恒的.在其他类似的简谐振动中,系统的总能量也是守恒的.

现在仍以水平弹簧振子为例来讨论做简谐振动的系统的能量.此系统除了具有动能以外,还具有势能.设弹簧的劲度系数为 k,质点的质量为 m,如果取物体在平衡位置的势能为零,则振动物体的动能为

$$E_k=\frac{1}{2}mv^2 \tag{11-22}$$

弹性势能为

$$E_p=\frac{1}{2}kx^2 \tag{11-23}$$

以上两式说明,当简谐振动的位移最大时,势能达最大值,动能为零;物体通过平衡位置时,势能为零,动能达最大值,如图 11-15 所示.

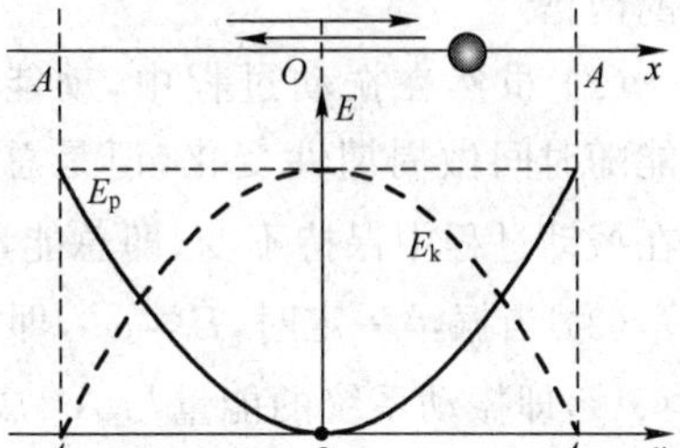

图 11-15 谐振子动能和势能随位移变化

将式(11-5)和式(11-6a)代入式(11-22)和式(11-23),得系统的动能和势能分别为

$$E_k = \frac{1}{2}m\omega^2 A^2 \sin^2(\omega t + \varphi_0) \tag{11-24}$$

$$E_p = \frac{1}{2}kA^2 \cos^2(\omega t + \varphi_0) \tag{11-25}$$

式(11-24)和式(11-25)说明物体做简谐振动时，其动能和势能都是随时间 t 做周期性变化. 由于在振动过程中，弹簧振子不受外力和非保守内力的作用，其总机械能为

$$E = E_k + E_p = \frac{1}{2}m\omega^2 A^2 \sin^2(\omega t + \varphi_0) + \frac{1}{2}kA^2 \cos^2(\omega t + \varphi_0)$$

考虑到 $\omega^2 = k/m$，则上式简化为

$$E = \frac{1}{2}kA^2 \tag{11-26a}$$

或

$$E = \frac{1}{2}m\omega^2 A^2 = \frac{1}{2}mv_m^2 \tag{11-26b}$$

上式说明：谐振系统在振动过程中的动能和势能虽然分别随时间而变化，但总的机械能在振动过程中却是常量. 简谐振动系统的总能量和振幅的平方成正比，这一结论对于任何一个简谐振动系统都是正确的.

图 11-16 为简谐振动的动能、势能和总能量随时间的变化关系(设 $\varphi_0 = 0$)，为了便于将这个变化与位移随时间的变化相比较，在上面绘出了简谐振动的 $x-t$ 曲线. 通过对图 11-16 的分析并结合上面的讨论，对振动的能量有以下几点结论：

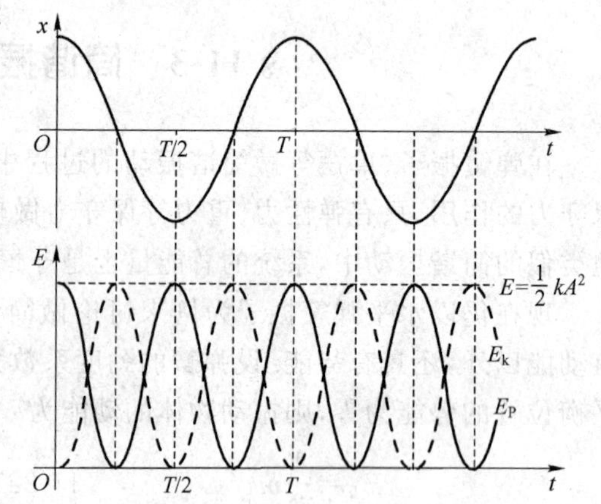

图 11-16 简谐振子的动能、势能随时间变化曲线

(1) 动能和势能均随时间做周期性的变化，变化的频率是简谐振动频率的两倍.

(2) 虽然在振动过程中，动能和势能随时间做周期性变化，但是总能量在振动过程中保持不变，即总能量恒为 $E = m\omega^2 A^2/2$.

(3) 当振幅一定时，$E \propto \omega^2$，即振动系统的能量与 ω^2 成正比；当频率一定时，$E \propto A^2$，即振动系统的能量与 A^2 成正比.

【例 11-7】 弹簧振子中物体的质量为 0.1 kg，做振幅为 0.01 m 的简谐振动，其最大加速度为 $4.0\ \text{m} \cdot \text{s}^{-2}$，求：

(1) 振动的周期；

(2) 物体在平衡位置时的动能；

(3) 系统的总能量.

【解】 (1) 根据题意,弹簧振子中 $m=0.1\,\mathrm{kg}, A=0.01\,\mathrm{m}, a_m=4.0\,\mathrm{m\cdot s^{-2}}$.

因为

$$a_m=\omega^2 A$$

所以

$$\omega=\sqrt{\frac{a_m}{A}}=20\,\mathrm{rad\cdot s^{-1}}$$

则有

$$T=\frac{2\pi}{\omega}=0.31\,\mathrm{s}$$

(2) 在平衡位置时,物体的速度最大值为 $v_m=\omega A$,所以

$$E_{k,max}=\frac{1}{2}mv_m^2=\frac{1}{2}m\omega^2 A^2=2.0\times10^{-3}\,\mathrm{J}$$

(3) 对于简谐振动系统,最大动能等于总能量

$$E=E_{k,max}=2.0\times10^{-3}\,\mathrm{J}$$

§11-4 简谐振动的合成

在实际问题中,常会遇到一个质点同时参与几个振动的情况. 例如,当两个声波同时传到某一点时,该点处的空气质点就同时参与两个振动. 根据运动叠加原理,这时质点所做的运动实际上就是这两个振动的合振动. 一般的振动合成问题比较复杂,下面我们仅研究几种简单简谐振动的合成问题.

一、同方向、同频率的简谐振动的合成

设一质点同时参与同一振动方向上两个频率相同的简谐振动. 如果取这一振动方向为 x 轴,以质点的平衡位置为原点,则在任一时刻 t,这两个振动的位移分别为

$$x_1=A_1\cos(\omega t+\varphi_{10})$$

$$x_2=A_2\cos(\omega t+\varphi_{20})$$

式中,A_1,A_2 和 φ_{10},φ_{20} 分别表示两个分振动的振幅和初相位. 由于 x_1 和 x_2 表示在同一直线方向上、距同一平衡位置的位移,所以合位移 x 仍在同一直线上,而且等于上述两个位移的代数和,即

$$x=x_1+x_2=A_1\cos(\omega t+\varphi_{10})+A_2\cos(\omega t+\varphi_{20})$$

应用三角函数的等式关系将上式展开并整理,可得

$$x=A\cos(\omega t+\varphi_0) \tag{11-27}$$

式中,A 与 φ_0 的值分别为

$$A=\sqrt{A_1^2+A_2^2+2A_1A_2\cos(\varphi_{20}-\varphi_{10})} \tag{11-28}$$

$$\tan\varphi_0=\frac{A_1\sin\varphi_{10}+A_2\sin\varphi_{20}}{A_1\cos\varphi_{10}+A_2\cos\varphi_{20}} \tag{11-29}$$

式(11-27)说明合振动仍是简谐振动,其振动方向和频率都与原来的两个分振动相同,但是合振动的振幅 A 和初相位 φ_0 分别由式(11-28)和式(11-29)决定.

应用旋转矢量法,可以很方便地得到上述两个简谐振动的合振动.如图 11-17 所示,用 $\boldsymbol{A}_1$ 和 $\boldsymbol{A}_2$ 代表两简谐振动的旋转矢量,由于 $\boldsymbol{A}_1$ 和 $\boldsymbol{A}_2$ 以相同的角速度 ω 做逆时针转动,它们之间的夹角 $(\varphi_{20}-\varphi_{10})$ 永远保持恒定,所以在旋转过程中,矢量合成的平行四边形的形状保持不变,因而合矢量 $\boldsymbol{A}$ 的长度保持不变,并以同一角速度 ω 匀速旋转.合矢量 $\boldsymbol{A}$ 就是相应的合振动的旋转矢量,而合振动的表达式为合矢量 $\boldsymbol{A}$ 在 x 轴上的投影,即

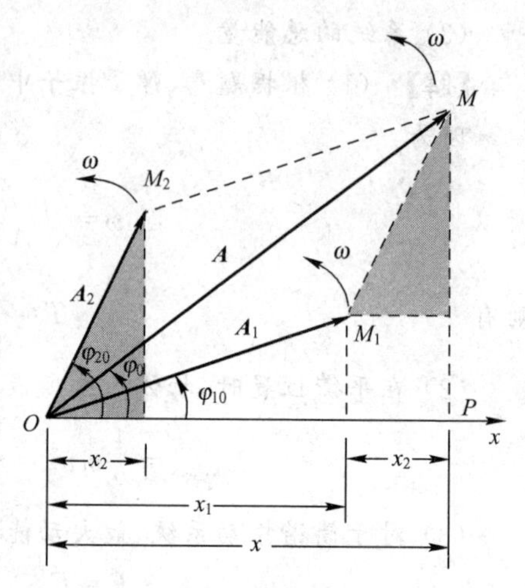

图 11-17 两个同方向、同频率简谐振动合成

$$x=A\cos(\omega t+\varphi_0)$$

这就是式(11-27),式中振幅 A 就是合矢量 $\boldsymbol{A}$ 的长度,初相位 φ_0 就是 $t=0$ 时合矢量 $\boldsymbol{A}$ 与 x 轴的夹角.对图中三角形 OM_1M 运用余弦定理,即可求得式(11-28).又对图中的直角三角形 OMP,根据 $\tan\varphi_0=MP/OP$,即可求得式(11-29).

从式(11-28)可以看出,合振动的振幅除了与两个分振动的振幅 A_1 和 A_2 有关外,还与原来的两个分振动的相位差 $(\varphi_{20}-\varphi_{10})$ 有关.下面分析讨论将来在研究声、光等波动的干涉和衍射现象时,经常遇到的两个特例.

(1) 当两个分振动同相位时,即相位差 $\varphi_{20}-\varphi_{10}=2k\pi(k=0,\pm1,\pm2,\cdots)$,这时 $\cos(\varphi_{20}-\varphi_{10})=1$,由式(11-28)得

$$A=\sqrt{A_1^2+A_2^2+2A_1A_2}=A_1+A_2 \tag{11-30}$$

即合振动的振幅等于原来两个振动的振幅之和,这是合振动振幅可能达到的最大值.如图 11-18(a)所示,绘出两个同方向、同频率而且相位相同的分振动 $x_1=A_1\cos\omega t$ 和 $x_2=A_2\cos\omega t$ 及其合振动 $x=(A_1+A_2)\cos\omega t$ 的旋转矢量图和振动曲线.

(2) 当两个分振动相位相反时,即相位差 $\varphi_{20}-\varphi_{10}=(2k+1)\pi,(k=0,\pm1,\pm2,\cdots)$,这时,$\cos(\varphi_{20}-\varphi_{10})=-1$,由式(11-28)得

$$A=\sqrt{A_1^2+A_2^2-2A_1A_2}=|A_1-A_2| \tag{11-31}$$

即合振动的振幅等于原来两个振动的振幅之差,这时合振动振幅达到最小值.如图 11-18(b)所示,绘出两个同方向、同频率而且相位相反的分振动 $x_1=A_1\cos(\omega t+\pi)$ 和 $x_2=A_2\cos\omega t$ 及其合振动 $x=|A_1-A_2|\cos\omega t$ 的旋转矢量图和振动曲线.如果相位相反且 $A_1=A_2$,则 $A=0$,就是说振动合成的结果使质点处于静止状态.

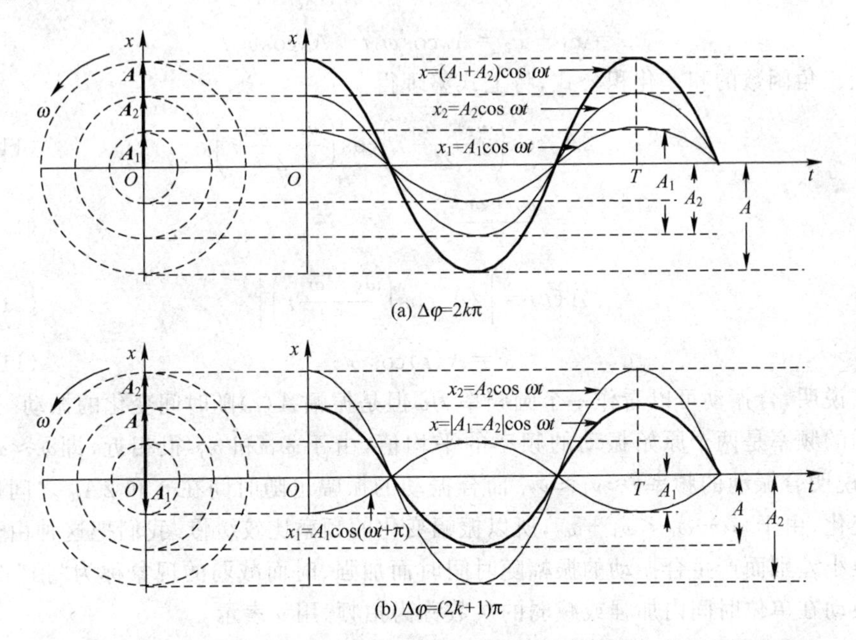

图 11-18 两个同方向、同频率的简谐振动及其合振动的旋转矢量图和振动曲线

在一般情形下，两个分振动的相位差（$\varphi_{20}-\varphi_{10}$）是其他任意值时，合振动的振幅在 A_1+A_2 与 $|A_1-A_2|$ 之间. 上述结果说明，两个分振动的相位差对合振动起着重要作用.

二、同方向、不同频率的简谐振动的合成

当两个同方向、不同频率的简谐振动合成时，则在旋转矢量法中，如图 11-19 所示，$\boldsymbol{A}_1$ 和 $\boldsymbol{A}_2$ 的转动角速度 ω_1 和 ω_2 就不再相同，$\boldsymbol{A}_1$ 和 $\boldsymbol{A}_2$ 的夹角将随时间发生变化，以 $\boldsymbol{A}_1$ 和 $\boldsymbol{A}_2$ 为邻边构成的平行四边形在转动过程中不断改变形状，因此，代表合振动的矢量 $\boldsymbol{A}$ 的长度和转动角速度 ω 都将不断变化，所以，合振动不再是简谐振动. 这里我们只讨论圆频率 ω_1 和 ω_2 相近的两个简谐振动的合成.

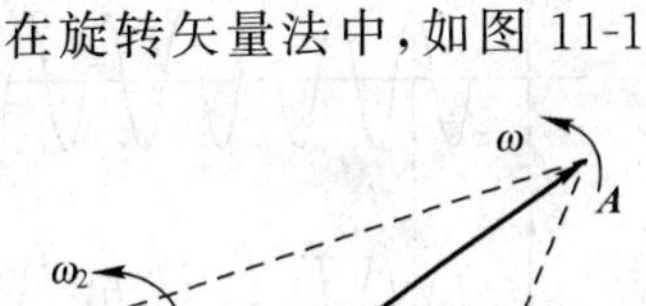

图 11-19 同方向、不同频率的合振动

设两个同方向简谐振动的圆频率 ω_1 和 ω_2 很接近，且 $\omega_2>\omega_1$，为简单起见，设初相位 $\varphi_{10}=\varphi_{20}=0$，$A_1=A_2=A_0$，则这两个简谐振动的振动方程为

$$x_1=A_0\cos\omega_1 t$$
$$x_2=A_0\cos\omega_2 t$$

根据叠加原理，两者的合振动为

$$x = x_1 + x_2 = A_0\cos\omega_1 t + A_0\cos\omega_2 t$$

利用三角函数的和差化积公式，将上式整理得

$$x = 2A_0\cos\left(\frac{\omega_2-\omega_1}{2}t\right)\cos\left(\frac{\omega_2+\omega_1}{2}t\right) \tag{11-32}$$

令

$$\bar{\omega} = \frac{\omega_2+\omega_1}{2} \tag{11-33}$$

$$A(t) = \left|2A_0\cos\left(\frac{\omega_2-\omega_1}{2}t\right)\right| \tag{11-34}$$

则

$$x = A(t)\cos\bar{\omega}t \tag{11-35}$$

上式说明，合振动可以看作一个圆频率为$\bar{\omega}$但是振幅$A(t)$随时间变化的振动. 这个振动的频率是两个原始振动的频率的平均值，由于 ω_1 和 ω_2 很相近，即$\bar{\omega} \approx \omega_1 \approx \omega_2$，说明合振动的频率$\bar{\nu} \approx \nu_1 \approx \nu_2$. 而合振动的振幅也随时间在 0 和 $2A_0$ 之间周期性变化，由于 $\omega_2 - \omega_0 \ll \omega_1 + \omega_2$，所以振幅变化的频率比较缓慢. 我们把这种由于频率微小差别而产生合振动的振幅随时间时而加强、时而减弱的现象称为“拍”现象. 合振动在单位时间内加强或减弱的次数称为拍频，用 ν 表示

$$\nu = \nu_2 - \nu_1 \tag{11-36}$$

从时间位移关系曲线也可以看出拍的现象，如图 11-20 所示，两个振幅相同而频率有微小差别的同方向简谐振动合成. 图中(a)和(b)分别表示两个原始振动的位移时间曲线，图中(c)表示合振动的位移时间曲线，此曲线的纵坐标是(a)和(b)两曲线纵坐标值的代数和. 可以看到，在 t_1 时刻，两个原始振动的相位相同，合振幅最大；在 t_2 时刻，两个原始振动的相位相反，合振动最小；在 t_3 时刻，合振动又变为最大.

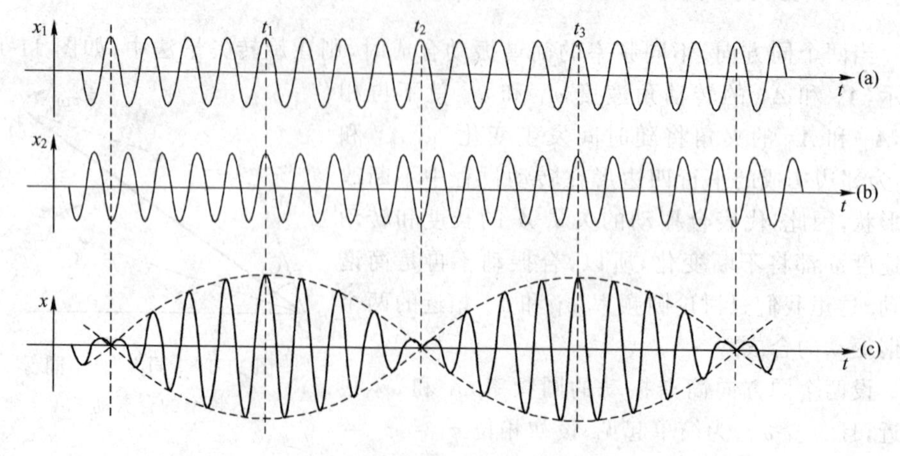

图 11-20 两个频率相近的简谐振动合成“拍”的位移时间关系

利用物理实验室的音叉很容易证实“拍”现象. 如图 11-21 所示，利用两个频率相等的音叉，在一个音叉上加一个小铁环，使其频率发生微小的改变，当敲击

这两个音叉时，除了音叉原来振动声音外，我们还会听到这种声音有节奏强弱变化，这就是合振幅周期性变化引起的拍现象．拍现象在声振动、电磁振荡和无线电技术中有着重要的应用，例如利用拍的规律来校正乐器，测量超声波的频率；无线电技术中超外差收音机也是利用了拍的现象，还可以用来制造差拍振荡器，以产生极低频的电磁振荡．

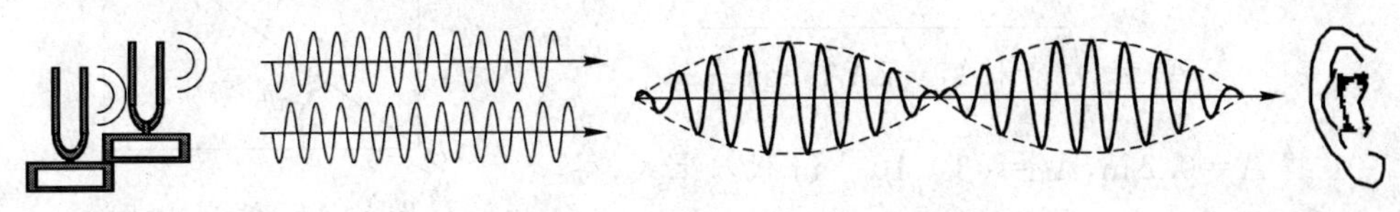

图 11-21　两个频率相近的音叉产生“拍”现象

【例 11-8】　一质点同时参与了两个同方向的简谐振动：$x_1=\cos\omega t$ 与 $x_2=\sqrt{3}\cos(\omega t+\pi/2)$，试求该质点合振动的振幅 A 与初相 φ_0．

【解】　由 $x_1=\cos\omega t$，$x_2=\sqrt{3}\cos\left(\omega t+\dfrac{\pi}{2}\right)$得 $A_1=1$，$\varphi_{10}=0$，$A_2=\sqrt{3}$，$\varphi_{20}=\dfrac{\pi}{2}$，因而合振幅

$$A=\sqrt{A_1^2+A_2^2+2A_1A_2\cos(\varphi_2-\varphi_1)}=\sqrt{1^2+(\sqrt{3})^2}\ \text{m}=2\ \text{m}$$

$$\tan\varphi_0=\frac{A_2}{A_1}=\sqrt{3}\qquad \varphi_0=\frac{\pi}{3}$$

【例 11-9】　一质点同时参与在同一直线上的两个简谐振动：$x_1=0.04\cos(2t+\pi/6)$，$x_2=0.02\cos(2t-5\pi/6)$，试求合振动的振幅与初相位以及振动方程．

【解】　由

$$x_1=0.04\cos\left(2t+\frac{\pi}{6}\right)$$

$$x_2=0.02\cos\left(2t-\frac{5\pi}{6}\right)$$

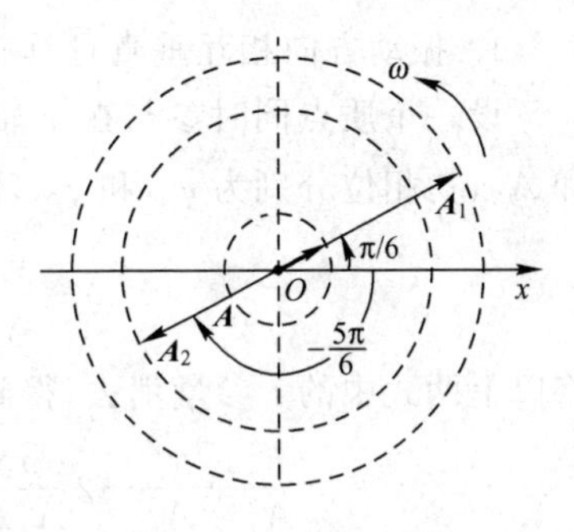

图 11-22　例 11-9 图

绘出两个简谐振动的旋转矢量图，如图 11-22 所示．从旋转矢量图上可以看出，两个振动相位相反，合振幅

$$A=A_1-A_2=(0.04-0.02)\ \text{m}=0.02\ \text{m}$$

初相位

$$\varphi_0=\varphi_1=\frac{\pi}{6}$$

合振动方程为

$$x=0.02\cos\left(2t+\frac{\pi}{6}\right)$$

【例 11-10】　有两个同方向、同频率的简谐振动，其合振动的振幅为 $A=0.2$ m，

相位与第一个振动的相位差 $\pi/6$，若第一个振动的振幅 $A_1=\sqrt{3}\times10^{-1}$ m. 用旋转矢量法求第二个振动的振幅以及两个分振动的相位差.

【解】 如图 11-23 所示，根据题意，合振动的旋转矢量 $\boldsymbol{A}$ 是分振动的旋转矢量 $\boldsymbol{A}_1$ 和 $\boldsymbol{A}_2$ 的矢量和，即 $\boldsymbol{A}=\boldsymbol{A}_1+\boldsymbol{A}_2$，且 $\boldsymbol{A}$ 与 $\boldsymbol{A}_1$ 的夹角为 $\pi/6$. 则根据三角函数的余弦定理，$\boldsymbol{A}_2$ 的大小为

$$A_2=\sqrt{A^2+A_1^2-2AA_1\cos\frac{\pi}{6}}$$

将 $A=0.2\,\text{m}$，$A_1=\sqrt{3}\times10^{-1}$ m 代入上式，得

$$A_2=0.1\text{m}$$

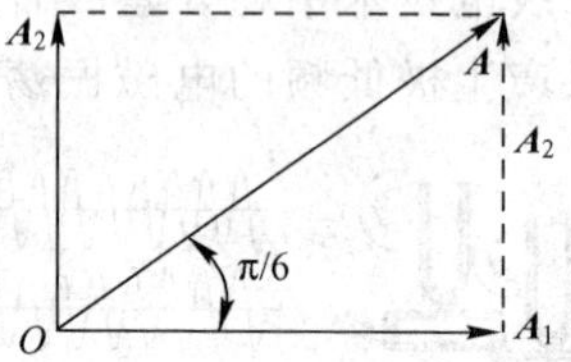

图 11-23 例 11-10 图

由于 $A^2=A_1^2+A_2^2$，所以矢量三角形为直角三角形，$\boldsymbol{A}_2$ 与 $\boldsymbol{A}_1$ 的夹角为 $\pi/2$，即 $\boldsymbol{A}_2$ 与 $\boldsymbol{A}_1$ 的相位差为

$$\varphi_{20}-\varphi_{10}=\frac{\pi}{2}$$

三、相互垂直的简谐振动的合成

当一个质点同时参与两个不同方向的简谐振动时，质点的位移是这两个简谐振动位移的矢量和. 一般情况下，质点将在平面内做曲线运动，质点轨迹的形状由两个分振动的振幅、频率和相位差来决定. 我们只讨论两个振动方向相互垂直的简谐振动的合成.

1. 振动方向相互垂直且具有相同频率的两个简谐振动的合成

设一个质点同时参与在 x 轴和 y 轴的简谐振动，频率均为 ω，振幅分别为 A_1 和 A_2，初相位分别为 φ_{10} 和 φ_{20}，则它们的振动方程为

$$x=A_1\cos(\omega t+\varphi_{10})$$
$$y=A_2\cos(\omega t+\varphi_{20})$$

将以上两式中的 t 参量消去，得到合振动的轨迹方程为

$$\frac{x^2}{A_1^2}+\frac{y^2}{A_2^2}-2\frac{xy}{A_1A_2}\cos(\varphi_{20}-\varphi_{10})=\sin^2(\varphi_{20}-\varphi_{10}) \tag{11-37}$$

这是一个椭圆方程，它的形状由分振动的振幅 A_1 和 A_2 以及相位差 $(\varphi_{20}-\varphi_{10})$ 决定. 下面分几种情形讨论.

(1) 当 $\varphi_{20}-\varphi_{10}=0$ 时，即两分振动同相位，式(11-37)变为

$$\left(\frac{x}{A_1}-\frac{y}{A_2}\right)^2=0，\text{即}\quad y=\frac{A_2}{A_1}x$$

这时，质点的运动轨迹为一条通过坐标原点的直线，斜率为两个分振动振幅之比 A_2/A_1，如图 11-24(a)所示. 在任一时刻 t，质点离开平衡位置的位移

$$s=\sqrt{x^2+y^2}=\sqrt{A_1^2+A_2^2}\cos(\omega t+\varphi_0)$$

式中，$\varphi_0=\varphi_{20}=\varphi_{10}$，所以合振动也是简谐振动.

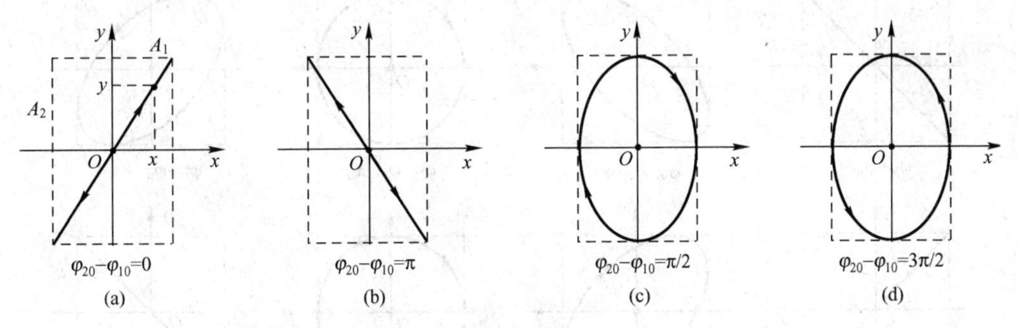

图 11-24　两个相互垂直、频率相同、振幅不同简谐振动合成的运动轨迹

（2）当 $\varphi_{20}-\varphi_{10}=\pi$ 时，即两分振动相位相反，式(11-37)为

$$y=-\frac{A_2}{A_1}x$$

这时，质点的运动轨迹还是一条通过原点的直线，如图 11-24(b)所示.

（3）当 $\varphi_{20}-\varphi_{10}=\pi/2$ 时，即 y 方向振动相超前 x 方向振动 $T/4$，式(11-37)为

$$\frac{x^2}{A_1^2}+\frac{y^2}{A_2^2}=1$$

这时，质点的运动轨迹是以坐标轴为主轴的椭圆，如图 11-24(c)所示. 椭圆上的箭头表示质点运动的方向.

（4）当 $\varphi_{20}-\varphi_{10}=-\pi/2$ 时，即 y 方向振动相落后 x 方向振动 $T/4$，式(11-37)仍为

$$\frac{x^2}{A_1^2}+\frac{y^2}{A_2^2}=1$$

这时，质点的运动轨迹仍然是以坐标轴为主轴的椭圆，如图 11-24(d)所示. 只是质点的运动方向与上述方向相反.

（5）当两个分振动的振幅相同，即 $A_1=A_2$ 时，对应两个分振动的相位差$(\varphi_{20}-\varphi_{10})$的不同值，质点运动的轨迹具有不同的情况，如图 11-25 所示.

总之，两个相互垂直的同频率的简谐振动合成时，合振动的轨迹就是一个椭圆，椭圆的形状由分振动的振幅 A_1 和 A_2 以及相位差$(\varphi_{20}-\varphi_{10})$来决定.

以上的讨论也说明，沿直线简谐振动、匀速圆周运动和椭圆运动都可以分解为两个相互垂直的简谐振动，通过这些例子，使我们对运动叠加原理有了更加深刻的认识.

2. 振动方向相互垂直且频率不同的两个简谐振动的合成

振动方向相互垂直、频率不同的两个简谐振动合成运动情况比较复杂. 我们简单讨论一下比较特殊的两种情况.

（1）当两个振动相互垂直，如果两个分振动的频率不同，但是非常接近，其相位差就不是定值，即周期比值近似 1∶1，此时，合振动的轨迹将不断按照图 11-26 中(T_1∶$T_2=1$∶1)所示的顺序在一定范围内由直线变为椭圆，再由椭圆变为直线，并重复进行.

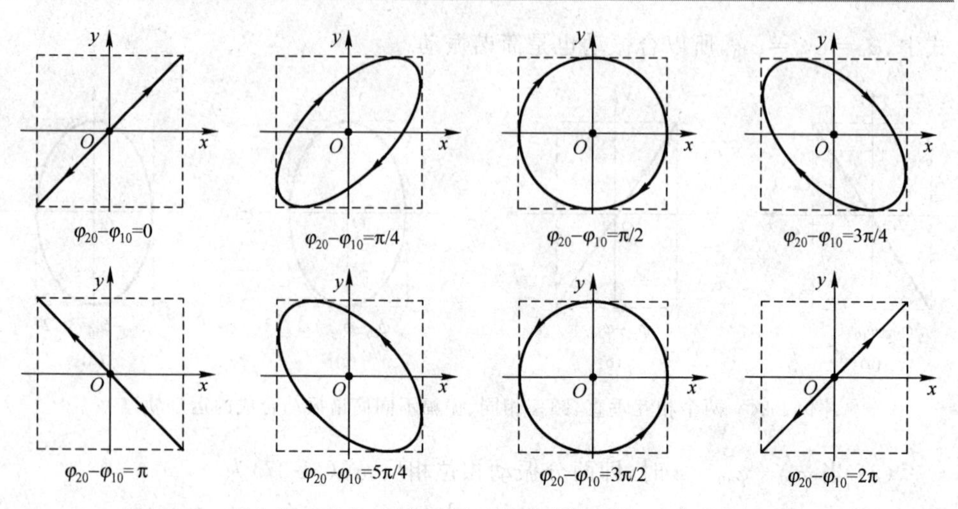

图 11-25　两个相互垂直、频率相同、振幅相同简谐振动合成的运动轨迹

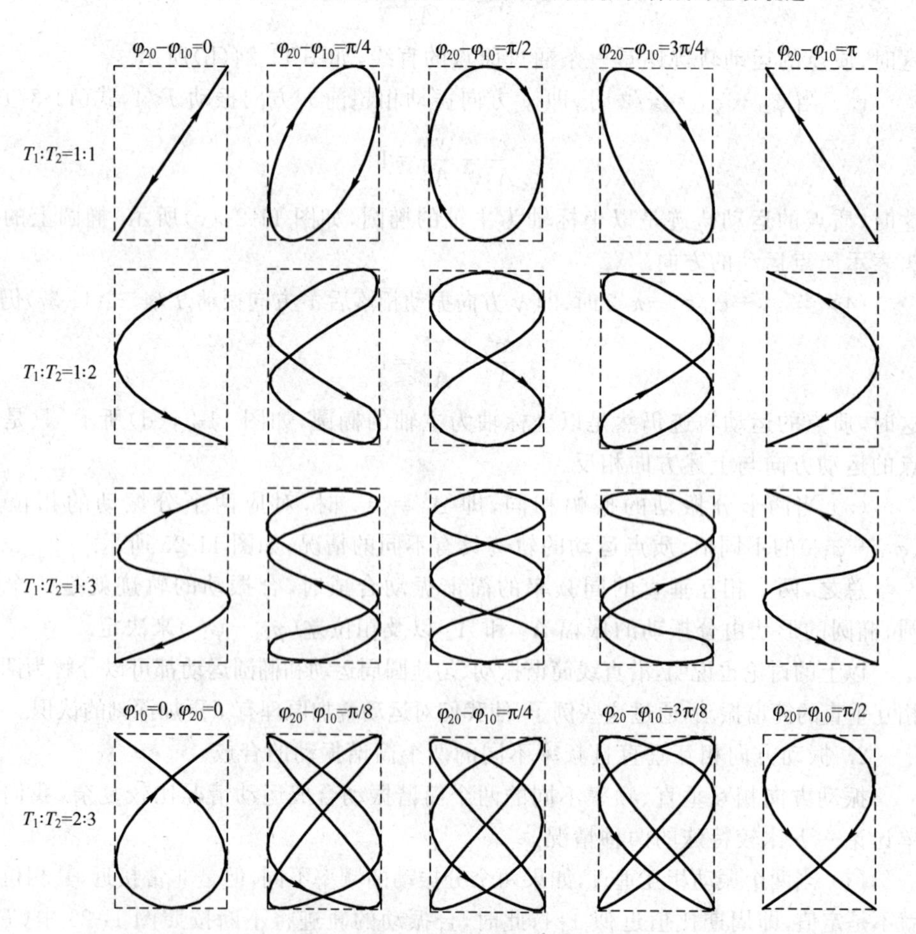

图 11-26　李萨如图形

(2) 当两个振动相互垂直,如果两个分振动的频率不同,但是具有简单的比例关系,此时,合振动的轨迹为一稳定的封闭曲线,这种曲线称为李萨如图形. 图 11-26给出了两个分振动的周期比分别为 1∶2、1∶3 和 2∶3 情况下的李萨如图形. 利用这些图形,由一个已知频率的振动和另一个未知频率进行合成,通过观察图形形状,可以方便求出另一个振动的频率. 还可以利用李萨如图形确定相位的关系,这是无线电技术中常用的测定频率、确定相位的方法.

§11-5　阻尼振动与受迫振动

前面所讨论的振动都是简谐振动,简谐振动是振幅不变的无阻尼自由振动,它是一种理想的振动. 本节我们讨论更为实际的阻尼振动、受迫振动和共振现象.

一、阻尼振动

理想的简谐振动只受到恢复力的作用,实际的振动总会受到阻力的作用,在恢复力和阻力共同作用下的振动称为**阻尼振动**. 例如实际的弹簧振子,由于受到空气的阻力,它在平衡位置附近的振动的振幅将逐渐减小,最终要停止振动. 空气中的单摆,由于受到空气的阻力,振幅将逐渐减小,最终也要停止振动. 也就是说,实际的振动都是阻尼振动.

下面我们以在空气中振动的弹簧振子为例来研究阻尼振动. 设弹簧的劲度系数为 k,物体的质量为 m,当物体离开平衡位置 x 时,速度为 v. 在振动过程中,振子受弹性恢复力 $f_1=-kx$ 和空气阻力两个力的作用,在物体运动速度不太大时,空气的阻力为

$$f_2=-\gamma v=-\gamma\frac{\mathrm{d}x}{\mathrm{d}t}$$

式中,系数 γ 称为阻尼系数,它与物体的形状、大小以及介质有关,负号表示阻力总是与速度的方向相反. 根据牛顿第二定律

$$-kx-\gamma\frac{\mathrm{d}x}{\mathrm{d}t}=m\frac{\mathrm{d}x^2}{\mathrm{d}t^2}$$

则有

$$\frac{\mathrm{d}x^2}{\mathrm{d}t^2}+\frac{\gamma}{m}\frac{\mathrm{d}x}{\mathrm{d}t}+\frac{k}{m}x=0$$

令 $\omega_0^2=\frac{k}{m}$,$\beta=\frac{\gamma}{2m}$,其中,ω_0 为弹簧振子的固有频率,β 称为阻尼因子,则

$$\frac{\mathrm{d}x^2}{\mathrm{d}t^2}+2\beta\frac{\mathrm{d}x}{\mathrm{d}t}+\omega_0^2x=0 \tag{11-38}$$

在阻尼较小,即 $\beta<\omega_0$ 时,该微分方程的解为

$$x=A_0\mathrm{e}^{-\beta t}\cos(\omega t+\varphi_0) \tag{11-39}$$

式中，$\omega=\sqrt{\omega_0^2-\beta^2}$，$A_0$ 和 φ_0 为积分常数，由初始条件决定. 式(11-39)称为小阻尼时阻尼振动的运动方程.

图 11-27 所示为小阻尼时阻尼振动的位移-时间曲线. 由图可以看出，位移在每一个周期后不能恢复原值，因此阻尼振动不再是严格的周期振动. 但在小阻尼的情况下，式中的 $A_0 e^{-\beta t}$ 可以看作随时间变化的振幅. 这样，阻尼振动可以看作振幅按指数规律衰减的准周期振动. 在阻尼振动中，由于 $\omega<\omega_0$，说明阻尼振动的振动频率 ν 小于弹簧振子的固有频率 ν_0，即阻尼使得振动变得缓慢了，阻尼越大(β 越大)，振动越缓慢.

如果阻尼过大，在未达到平衡位置之前，振动能量就消耗完毕，振动物体通过非周期运动的方式回到平衡位置，阻尼越大越缓慢，如图 11-28 中的 c 和 d 曲线所示，这种情况称为过阻尼. 如果阻尼的大小刚好使振动物体作非周期性运动，这种情况称为临界阻尼，如图 11-28 中 b 曲线所示. 在过阻尼状态和减幅振动的小阻尼状态，振动物体从运动到静止都需要较长时间，而在临界阻尼状态，振动物体从运动到静止所需要的时间却是最短的.

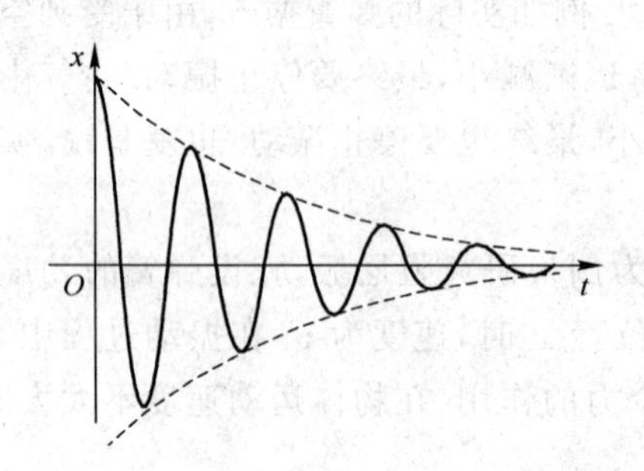

图 11-27 小阻尼下振动的位移一时间曲线

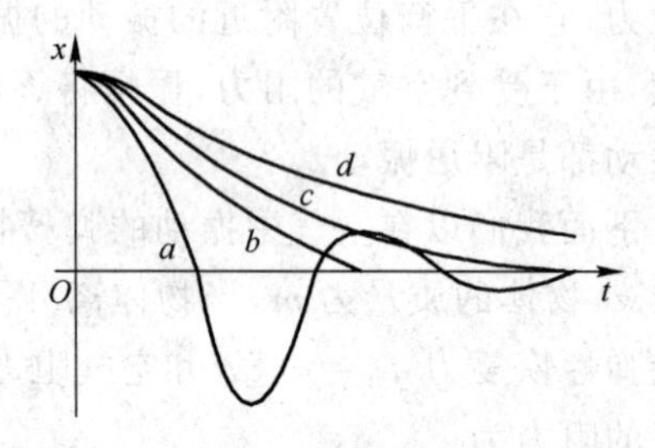

图 11-28 小阻尼、临界阻尼和过阻尼

在生产实际中，可以根据不同的要求，用不同的方法来控制阻尼的大小. 例如，为了减小机器的振动，都要增大阻尼；而在灵敏电流计等精密仪表中，为了能够较快、较准确地读数测量，常常使电流计的偏转系统处于临界阻尼状态下工作.

二、受迫振动与共振

阻尼总是存在的，阻尼只能减小，不能消除. 因此实际的振动物体如果得不到能量的持续补充，终归要停止振动. 为了获得稳定的振动，通常是对振动系统作用一个周期性外力，物体在周期性外力作用下所进行的振动称为**受迫振动**. 例如，声波引起耳膜的振动、扬声器膜的振动等都属于受迫振动.

设作用在弹簧振子上的力，除了弹性恢复力 $f_1=-kx$ 和空气阻力 $f_2=-\gamma v$ 之外，还有周期性外力 $f_3=H_0\cos\omega t$(其中 H_0 是强迫力的振幅，ω 是其圆频率)的作用，则根据牛顿第二定律，弹簧振子的动力学方程为

$$-kx-\gamma\frac{\mathrm{d}x}{\mathrm{d}t}+H_0\cos\omega t=m\frac{\mathrm{d}^2x}{\mathrm{d}t^2}$$

令 $\omega_0^2=\dfrac{k}{m},\beta=\dfrac{\gamma}{2m},h=\dfrac{H_0}{m}$,则

$$\frac{\mathrm{d}^2x}{\mathrm{d}t^2}+2\beta\frac{\mathrm{d}x}{\mathrm{d}t}+\omega_0^2x=h\cos\omega t \tag{11-40}$$

上式为二阶线性微分方程,在小阻尼的情况下,其特解为

$$x=A_0\mathrm{e}^{-\beta t}\cos(\omega t+\delta)+A\cos(\omega t+\varphi_0)$$

上式表示,受迫振动是由阻尼振动 $x=A_0\mathrm{e}^{-\beta t}\cos(\omega t+\delta)$ 和简谐振动 $x=A\cos(\omega t+\varphi_0)$ 合成的. 在驱动刚开始作用时,受迫振动的情况比较复杂,但是经过很短的一段时间之后,阻尼振动衰减到可以忽略不计,所以受迫振动达到稳定状态时的振动是振幅为 A 振动圆频率为 ω 的简谐振动,表达式为

$$x=A\cos(\omega t+\varphi_0) \tag{11-41}$$

上式中

$$A=\frac{h}{\sqrt{(\omega_0^2-\omega^2)^2+4\beta^2\omega^2}} \tag{11-42}$$

上式表明,达到稳定状态时振幅 A 的大小与周期性外力的圆频率 ω、阻尼系数 β 以及振动系统的固有频率 ω_0 有关,其关系如图 11-29 所示.

由图 11-29 可以看出,当受迫振动的驱动力圆频率 ω 为某个特定值时,振幅 A 达到最大值,我们把受迫振动的振幅达到最大值的现象称为**共振**. 可以看出,振幅极大值所在处的外力圆频率略小于固有频率 ω_0,阻尼越小,振幅最大值所在处外力频率越接近固有频率,且共振时的振幅越大、振动越强烈. 在实际上,常遇到阻尼不太大的情况,所以振幅达到最大值时的外力频率与固有频率非常接近.

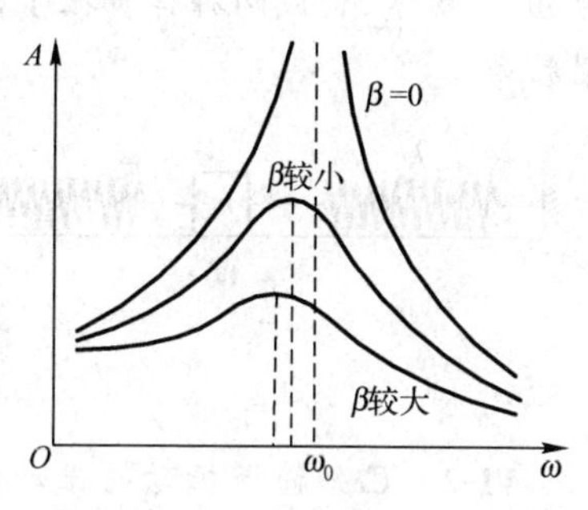

图 11-29　受迫振动的 A 与外力 ω 的关系

共振现象极为普遍,在声、光、电、原子物理以及工程技术领域都会遇到. 共振现象有其有利的一面,通过调频接收音像信号,就是共振原理的巧妙应用. 例如,许多声学仪器设备就是利用共振原理设计的,原子核的磁性共振是研究固体性质的有利工具,医学中的使用的核磁共振仪也是利用共振原理等等. 但是共振现象也有有害的一面,如各种机器的转动部分都不可能做到绝对平衡,工作时机器就要产生与转动频率相同的周期性驱动力,如果该力的频率接近机器上某一部分的固有频率,将会引起机器部件的共振,影响机器正常工作,甚至发生事故. 所以,一些精密机床或精密仪器的工作台,为了避免外来干扰所引起的振动,通常筑有较大的混凝土基础,以增大阻尼,降低固有频率,以避免发生

共振. 1940 年 7 月 1 日建成通车的美国 Tocama 斜拉桥,四个月后因为共振而损坏,如图 11-30 所示. 2010 年 5 月 19 日俄罗斯伏尔加格勒过河大桥发生共振,桥面突然呈浪形运动,数十辆正在桥上行驶的车辆有惊无险,如图 11-31 所示. 所以建筑设计也要考虑共振问题.

图 11-30 Tocama 斜拉桥因共振而损坏

图 11-31 伏尔加格勒过河大桥因共振桥面波动

习 题

11-1 在光滑的桌面上,有劲度系数分别为 k_1 与 k_2 的两个轻弹簧以及质量为 m 的物体,构成两种弹簧振子,如图 11-32(a)、(b) 所示,试求这两种系统的固有圆频率.

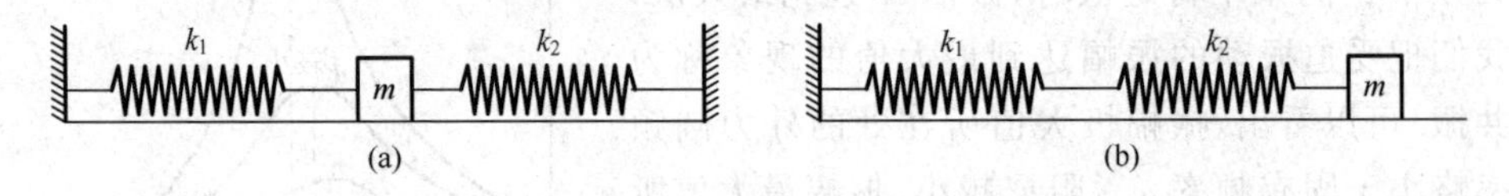

图 11-32 题 11-1 图

11-2 已知简谐振动的振动方程为 $x=0.12\times10^{-2}\cos\left(\frac{4\pi}{3}t+\frac{\pi}{4}\right)$ (SI). 求:振动的振幅、频率、周期和初相位.

11-3 交流电压的表示式为 $V=311\sin(100\pi t)$(SI). 求:交流电压的振幅、频率、周期和初相位.

11-4 质量为 10 g 的小球与轻弹簧组成的系统,按 $x=0.5\cos\left(8\pi t+\frac{\pi}{3}\right)$(SI) 的规律振动,试求:

(1) 振动的圆频率、周期、振幅、初相位、速度和加速度的最大值;

(2) $t=1$ s、2 s、10 s 各时刻的相位各是多少;

(3) 分别画出位移、速度、加速度与时间 t 的关系曲线.

11-5 一质量为 M 的盘子系于竖直悬挂的轻弹簧的下端,弹簧的劲度系数为

k. 现有一质量为 m 的物体自离盘 h 高处自由落下，下落后粘在盘子上和盘一起做振动. 以物体掉在盘上的瞬时作为计时起点，求系统的振动表达式(取物体掉在盘子后的平衡位置为坐标原点，位移向下为正，见图 11-33).

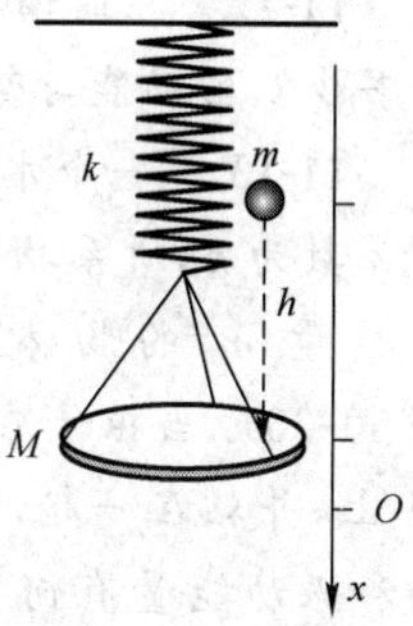

图 11-33　题 11-5 图

11-6　有一个和轻弹簧相连的小球，沿 x 轴做振幅为 A、圆频率为 ω 的简谐振动，其表达式用余弦函数表示. 若 $t=0$ 时，球的运动状态分别为：

(1) $x_0=-A$；

(2) 过平衡位置向 x 轴正向运动；

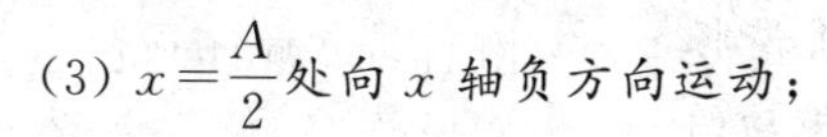

(3) $x=\frac{A}{2}$ 处向 x 轴负方向运动；

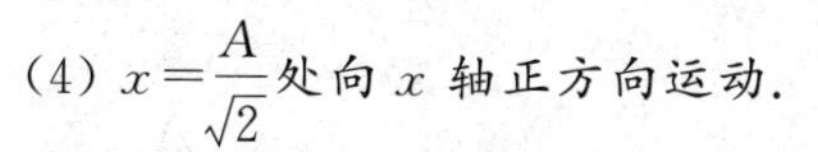

(4) $x=\frac{A}{\sqrt{2}}$ 处向 x 轴正方向运动.

试用矢量图示法确定相应状态的初相的值，并写出振动表达式.

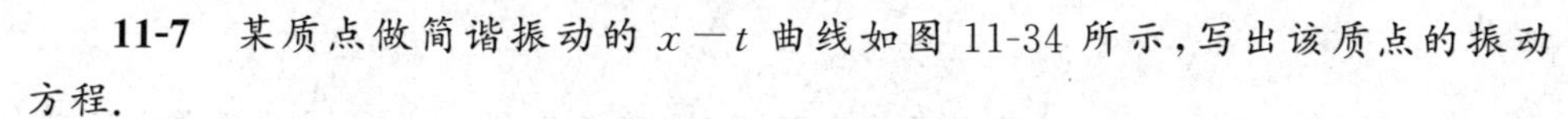

11-7　某质点做简谐振动的 $x-t$ 曲线如图 11-34 所示，写出该质点的振动方程.

11-8　一简谐振动用余弦函数表示，其振动曲线如图 11-35 所示，求此简谐振动的三个特征量和振动方程.

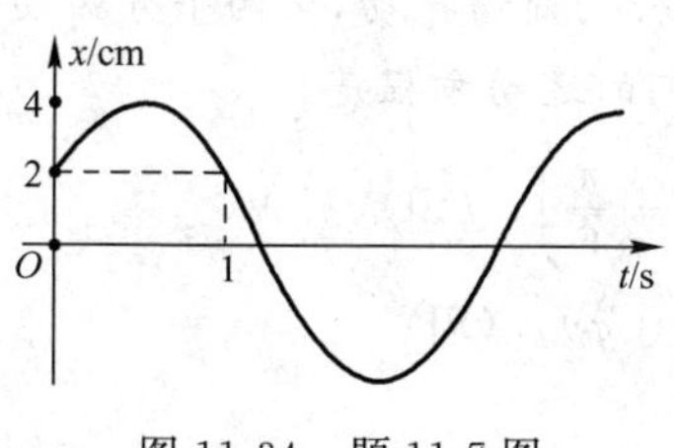

图 11-34　题 11-7 图

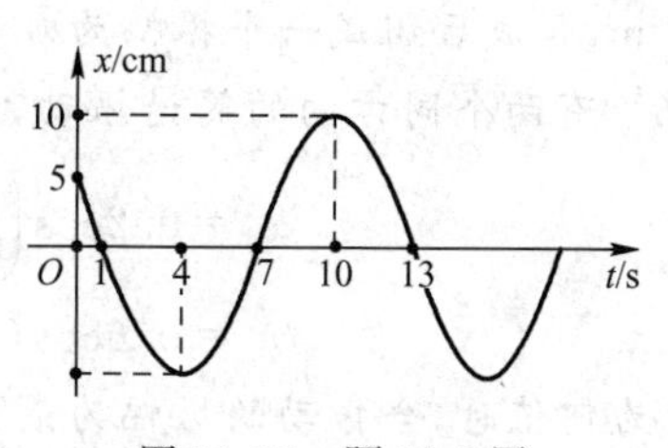

图 11-35　题 11-8 图

11-9　一物沿 x 轴做简谐振动，振幅为 10.0 cm，周期为 2.0 s. 在 $t=0$ 时，坐标为 5.0 cm. 且向 x 轴负方向运动. 求在 $x=-5.0$ cm 处，沿 x 轴负方向运动时，物体的速度和加速度以及它从这个位置回到平衡位置所需最短时间.

11-10　简谐振动的振幅为 24×10^{-2} m，周期是 4 s，初位移为 24×10^{-2} m，物体的质量为 10×10^{-3} kg. 求：

(1) $t=0.5$ s 时，物体的位移和所受的力；

(2) 从起始位置运动到 $x=-12\times10^{-2}$ m 处所需最短时间.

11-11　一水平放置的弹簧振子，已知物体经过平衡位置向右运动时速度 $v=1.0$ m/s，周期 $T=1.0$ s，求再经过 $\frac{1}{3}$ s 时间，物体的动能是原来的多少倍.(弹簧的质量不计)

11-12 在简谐振动中，当位移为振幅的 1/2 时，它的动能和势能各占总能量的多少？当动能与势能相等时，振动物体的位移为多少？

11-13 一个水平面上的弹簧振子，弹簧的劲度系数为 k，所系物体的质量为 M，振幅为 A，有一质量 m 的物体从高度 h 处自由下落（见图 11-36）．当振子在最大位移处，物体正好落在 M 上，并粘在一起，这时振动系统的振动周期、振幅和振动能量有何变化？如果物体 m 是在振子到达平衡位置时落在 M 上，这些量又如何？

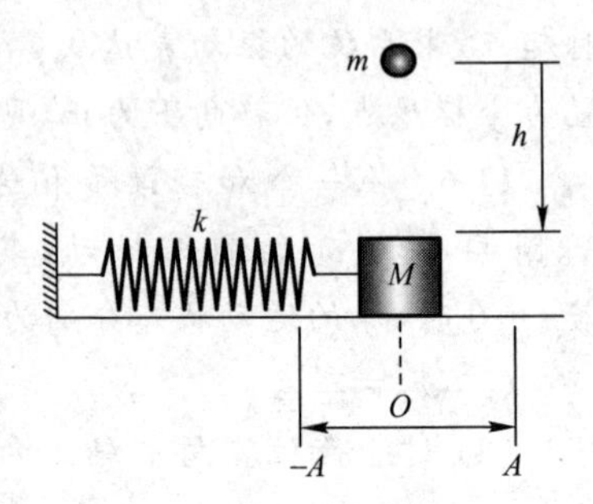

图 11-36　题 11-13 图

11-14 两质点做同方向、同频率的简谐振动，振幅相等，试求下面两种情况下两质点振动的位相差：

(1) 当质点 1 在 $x_1=\dfrac{A}{2}$ 处做负方向运动时，质点 2 在 $x_2=-\dfrac{A}{2}$ 做正方向运动；

(2) 当质点 1 在 $x_1=\dfrac{A}{2}$ 处做负方向运动时，质点 2 在 $x_2=-\dfrac{A}{2}$ 做负方向运动．

11-15 两个振动方向相同的简谐振动，周期相同，振幅分别为 $A_1=0.05\ \text{m}$，$A_2=0.07\ \text{m}$，合成后组成一个振幅为 $0.09\ \text{m}$ 的简谐振动，求两个分振动的相位差．

11-16 有两个同方向的简谐振动，它们的运动方程是

$$x_1=0.2\cos\left(30t+\frac{\pi}{6}\right)\quad (\text{SI})$$

$$x_2=0.6\cos(30t+\varphi)\quad (\text{SI})$$

问：(1) φ 为何值时，合振动的振幅为最大？

(2) φ 为何值时，合振动的振幅为最小？

第 12 章 机 械 波

振动状态的传播过程叫做波动，简称波. 激发波动的振动系统称为波源. 通常将波动分为两大类；一类是机械振动在介质中的传播，称为机械波，例如水波、地震波、声波都是机械波；另一类是变化的电场和变化的磁场在空间的传播，称为电磁波，例如无线电波、光波、X 射线、γ 射线等都是电磁波. 机械波与电磁波在本质上虽然不同，但具有波动的共同特征. 例如，机械波和电磁波都具有一定的传播速度，都伴随着能量的传播，都能产生反射、折射、干涉和衍射等现象. 本章重点讨论机械波的特征和基本规律.

§12-1 机械波的产生和传播

一、机械波的产生

如图 12-1(a)所示，当我们用手拿着绳子的一端以固定的频率上下抖动时，就能够看到波动在绳子中向前传播. 很明显，绳子本身并没有沿传播方向平移，各部分只在自己的位置上下振动. 如图 12-1(b)所示，当扬声器的振动膜振动时，引起周围空气粒子的振动，形成声波. 在弹性介质中，当某一质点在其平衡位置附近做机械振动时，由于弹性力的作用，将带动其附近的质点随着振动起来. 这样，振动就在周围的弹性介质中传播出去，这种机械振动在介质中的传播过程叫做**机械波**.

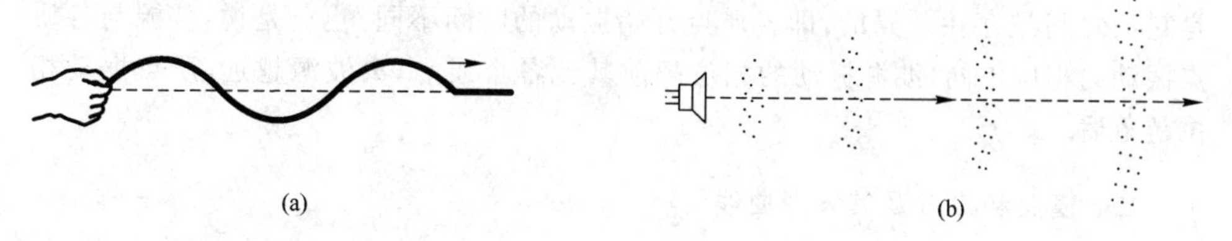

图 12-1　机械波的形成

我们把绳子简化为图 12-2 所示的一维弹性介质，在此弹性介质中相邻质点之间有弹性力相联系. 当 $t=0$ 时，各质点均位于自己的平衡位置；当质点 1 向上运动时，质点 2、3 也先后向上运动，当 $t=T/4$ 时，质点 4 开始向上运动；当 $t=T/2$ 时，质点 7 开始向上运动；当 $t=T$ 时，质点 13 开始向上运动. 质点 1 到 13 的距离称为波长 λ. 也就是说，1 质点振动了一个周期，波向前传播了一个波长 λ. 通过以上分析，我们对机械波的产生和传播可以做出如下概括.

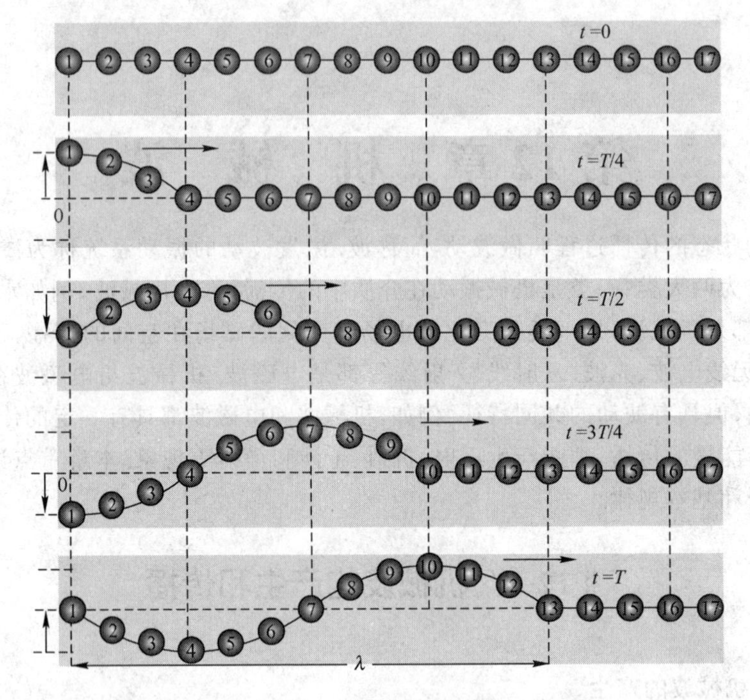

图 12-2　机械波的产生

(1) 形成机械波的两个必要的条件：一是要有振动的物体，称为波源，图 12-2 中的质点 1 即为波源，如产生声波的扬声器、乐器等均为声波的波源；二是要有能够传播机械波的弹性介质，如传播声波的空气、水、固体介质等.

(2) 在机械波传播过程中，介质中各质点只在自己的平衡位置附近做振动，质点的集体运动形成波. 波是振动状态的传播.

(3) 在波的传播过程中，尽管各质点都相继做频率相同、振幅相同的振动，但是它们之间是存在差异的，即各质点开始振动的时间不同. 也就是说，波源与各质点振动的相位不同，波源振动的相位超前其他各个质点，离波源越远，质点振动相位越落后.

二、横波和纵波及其波形曲线

在波动中，如果参与波动的质点的振动方向与波的传播方向相垂直，这种波称为**横波**，如前所述，沿绳子传播的波就是横波. 如果参与波动的质点的振动方向与波的传播方向相平行，这种波称为**纵波**，如图 12-1(b)中的声波.

纵波的产生和传播也可以通过下面的实验来观察. 如图 12-3(a)所示，将一根长弹簧水平悬挂起来，在其一端用手有节奏地推压弹簧的自由端，使其端部沿弹簧的长度方向振动. 由于弹簧各部分之间弹性力的作用，端部的振动带动了其相邻部分的振动，而相邻部分又带动它附近部分的振动，因而弹簧各部分将相继振动起来.弹簧上的纵波的波形不再像绳子中横波的波形那样表现为绳子的凸起和凹陷,而表现为弹簧圈的稠密和稀疏,如图12-3(b)所示,图中每一个质点的振动方向与波的传播方向相平行.对于纵波,除了质点的振动方向平行于波的传播方向这一点与横波不同外,其他性质与横波无本质性差异,所以,下面对横波的讨论也适用于纵波,对纵波的讨论当然也适用于横波.

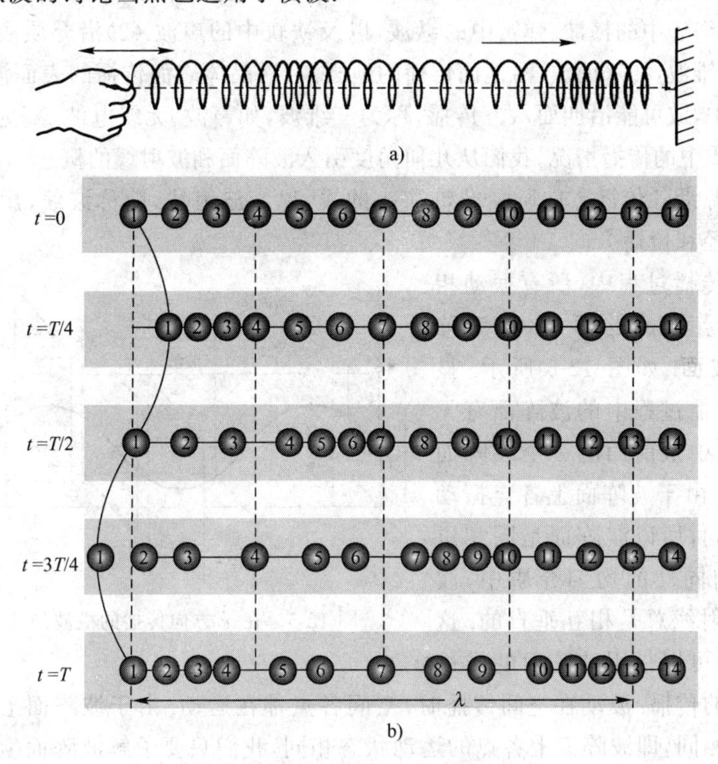

图12-3　纵波的产生与传播

对于机械波,横波只能在固体中传播.纵波在固体、液体和气体中都可以传播.例如,声波是纵波,它既可以在气体中传播,也可以在固体、液体中传播.有的波既不是纯粹的纵波,也不是纯粹的横波,如液体的表面波.当波通过液体表面时,该处液体质点的运动是相当复杂的,既有与波的传播方向相垂直的方向上的运动,也有与波的传播方向相平行的方向上的运动.这种运动的复杂性,是由于液面上液体质点受到重力和表面张力共同作用的结果.

根据波的传播特征,可以形象地用波形曲线来描述波.所谓波形曲线,就是某一时刻的振动量(位移、速度、电流、电压、电场等)为纵坐标,以各质点的平衡位置为横坐标所绘制的曲线.图12-4所

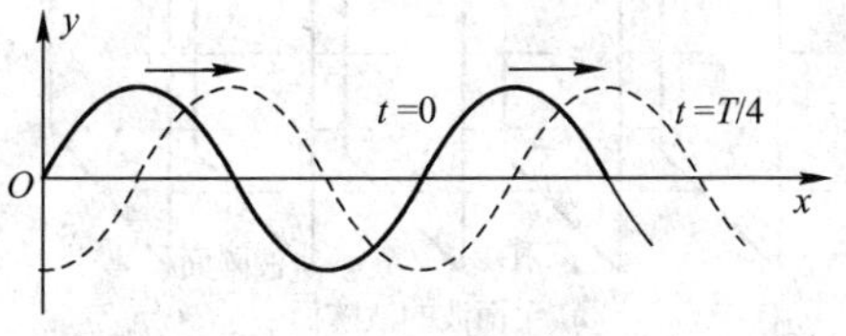

图12-4　波形曲线

示为一维弹性介质中传播的机械波的波形曲线. 无论横波还是纵波,都可用波形曲线来描述任一时刻在波的传播方向上质点离开平衡位置的位移.

三、波阵面和波射线

根据波的传播特性,可以把波动分为三类:(1)沿直线传播的波,称为一维波,如前面所述,绳子中的横波、弹簧中的纵波,以及铁轨中的声波.(2)沿介质表面传播的波,称为二维波,如水面波、沿地面传播的地震波、沿晶体表面传播的表面波等.(3)在三维介质中,波可能沿四面八方传播,称为三维波,如声波、无线电波等. 为了形象描述波在介质中的传播情况,我们从几何角度引入波阵面和波射线的概念.

从波源沿各传播方向所画的带箭头的线,称为**波射线**,简称**波线**,用以表示波的传播路径和传播方向.

波在传播过程中,所有振动相位相同的点连成的面,称为**波阵面**,简称**波面**. 如图 12-5 所示. 显然,波在传播过程中的波阵面有无穷多个,其中最前面的一个波阵面称为**波前**. 由于波阵面上各点振动的相位相同,所以波阵面是同相位面. 在各向同性的均匀介质中,波阵面与波射线总是相互垂直的. 这样,我们就可以借用波阵面的推进来描述波的传播. 波动在空间传播时,空间各点都在运动. 由于波阵面上各点的振动的相位相同,即波阵面上各点的运动状态相同,我们只要了解波阵面上一点的运动状态,也就知道了波阵面上所有质点的运动状态.

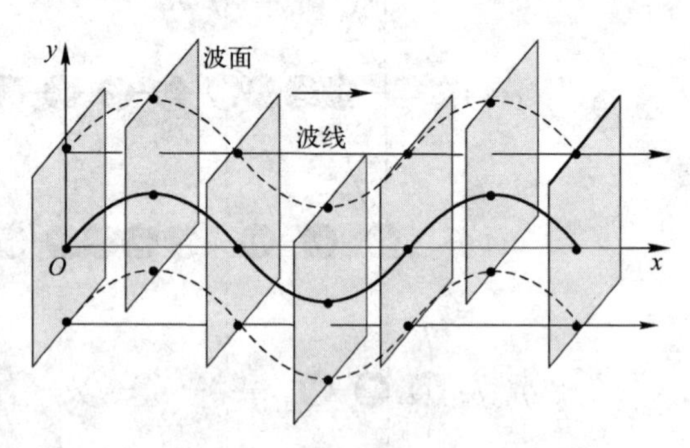

图 12-5　在 x 方向传播的横波的波阵面

波阵面是平面的波动称为**平面波**,如图 12-6(a)所示;波阵面是球面的波动称为**球面波**,如图 12-6(b)所示. 平面波的波线是垂直于波阵面的平行直线,球面波的波线是以波源为中心从中心向外的径向直线.

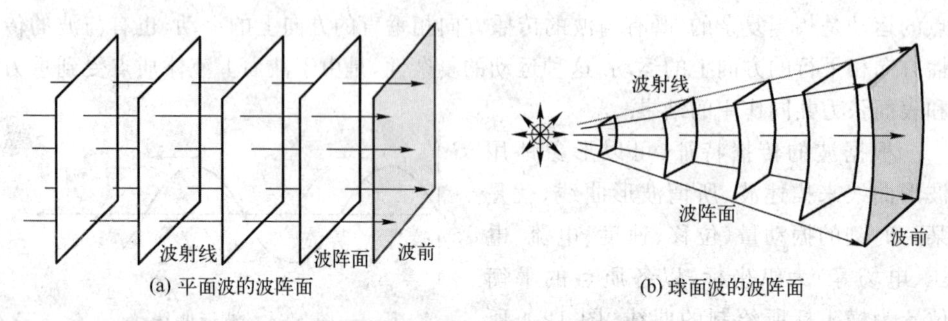

(a) 平面波的波阵面　　(b) 球面波的波阵面

图 12-6　平面波和球面波波阵面

四、波速、波长以及波的周期和频率

波速 u、波长 λ、波的周期 T 和频率 ν 是描述波动的四个重要物理量，这四个物理量之间存在一定的联系.

1. 波速 u

波速是单位时间内振动状态传播的距离，也就是波阵面向前推进的速率. 由于波阵面是同相位面，所以波速也称“相速”. 波速由传播介质的特性和波的特征决定. 也就是说，波速决定于介质的密度和弹性模量. 由于固体既能产生切变，也能产生体变，所以在固体中，既能传播与切变有关的横波，又能传播与体变有关的纵波. 理论和实验可以证明，固体中弹性横波的波速为

$$u=\sqrt{\frac{G}{\rho}} \tag{12-1}$$

式中，G 是固体材料的切变模量，ρ 是固体材料的密度. 弹性纵波在固体中的传播波速为

$$u=\sqrt{\frac{Y}{\rho}} \tag{12-2}$$

式中，Y 是固体材料的杨氏模量，ρ 是固体材料的密度.

由于液体和气体只能发生体变，所以在液体和气体中只能传播与体变有关的纵波. 其传播速度为

$$u=\sqrt{\frac{B}{\rho}} \tag{12-3}$$

式中，B 是液体或气体的体变模量，ρ 是液体或气体的密度.

例如，声波在空气中的传播速度为 $334\ \mathrm{m\cdot s^{-1}}$，在钢铁中的传播速度为 $5\,100\ \mathrm{m\cdot s^{-1}}$ 左右. 声波的波速与声波的强弱和频率无关.

2. 波长 λ

波在传播过程中，沿同一波线上相位差为 2π 的两个相邻质点的运动状态必定相同，它们之间的距离为一个波长. 在横波的情况下，波长等于两相邻波峰之间或两相邻波谷之间的距离；在纵波的情况下，波长等于两相邻密部中心之间或两相邻疏部中心之间的距离，如图 12-2 和图 12-3 所示.

3. 周期 T 和频率 ν

波向前移动一个波长需要的时间，称为波的周期，一般用 T 表示. 一个完整的波通过波线上某点所需要的时间即为波的周期. 显然，波速 u、波长 λ 和周期 T 满足如下关系

$$u=\frac{\lambda}{T} \tag{12-4}$$

从前面的讨论得知，波源每做一次完整的振动，波动就沿波线向前传播一个波长. 所以，波的周期 T(或频率)也就是波源振动的周期(或频率)，它与传播介质无关，只由波源的振动周期 T(或频率)决定. 所以，波的周期 T、频率 ν 和圆频率 ω 满足如下关系

$$T=\frac{1}{\nu} \tag{12-5}$$

$$\omega=2\pi\nu=\frac{2\pi}{T} \tag{12-6}$$

所以，波速、波长与频率的关系为

$$u=\lambda\nu \tag{12-7}$$

式(12-7)是波速、波长与频率之间的基本关系式. 式(12-7)也说明，单位时间内波向前推进的波长数目即为波的频率，如图 12-7 所示.

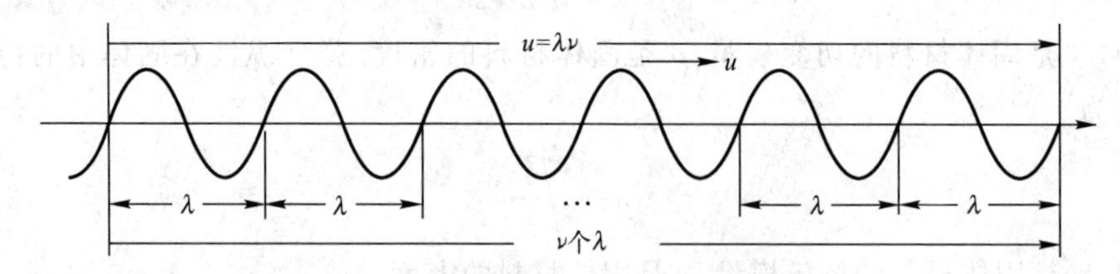

图 12-7　波长 λ、频率 ν 与波速 u 的关系

因为在一定的介质中波速是恒定的，所以在确定的介质中，波长完全由波源的频率决定，即频率越高，波长越短；频率越低，波长越长. 而对于频率或周期恒定的波源，因为波速与介质有关，则此波源在不同介质中的波长是不同的. 例如，一个确定频率的声波在铁轨中的波长比空气中的波长大十几倍.

五、平面简谐波

在均匀、无吸收的介质中，当波源做简谐振动时，所引起的介质各点也做简谐振动而形成的波，称为简谐波，有时也称余弦波、正弦波，在光学中称为单色波. 简谐波是一种最简单、最基本的波. 可以证明，任何一种复杂的波都可以表示为若干不同频率、不同振幅的简谐波的合成，因此研究简谐波的规律具有重要的意义. 波阵面为平面的简谐波称为**平面简谐波**，本章我们着重讨论平面简谐波.

【例 12-1】 频率为 3 000 Hz 的声波，以 1 560 m · s^{-1} 的速度沿一直线传播，经过波线上的 A 点后，再经过 13 cm 传播到 B 点，如图 12-8 所示. 求：

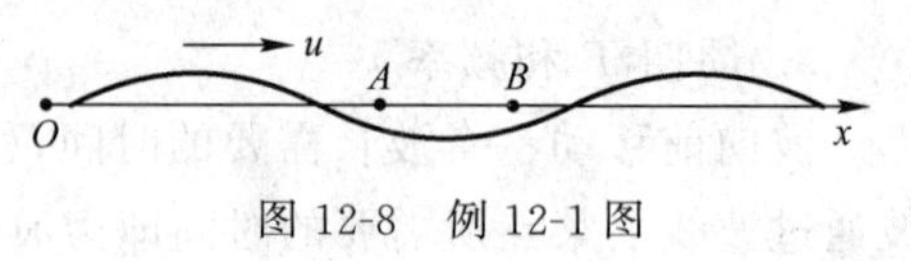

图 12-8　例 12-1 图

(1) B 点的振动比 A 点落后多长时间；

(2) B 点的振动比 A 点的振动落后多少个周期；

(3) B 点与 A 点相距多少个波长.

【解】 已知 $\nu=3\,000\ \text{Hz}$,$u=1\,560\ \text{m}\cdot\text{s}^{-1}$.

(1) $T=\dfrac{1}{\nu}=\dfrac{1}{3\,000}\ \text{s}$

$$\lambda=\frac{u}{\nu}=\frac{1\,560}{3\,000}\ \text{m}=0.52\ \text{m}=52\ \text{cm}$$

B 点的振动比 A 点落后的时间为

$$\Delta t=\frac{\Delta x}{u}=\frac{0.13}{1\,560}\ \text{s}=\frac{1}{12\,000}\ \text{s}$$

(2) B 点的振动比 A 点落后的周期数为

$$\frac{\Delta t}{T}=\frac{1/12\,000}{1/3\,000}=\frac{1}{4}\quad 即\ \Delta t=\frac{1}{4}T$$

(3) B 点与 A 点相距的波长数为

$$\frac{\Delta x}{\lambda}=\frac{0.13}{0.52}=\frac{1}{4}\quad 即\ \Delta x=\frac{1}{4}\lambda$$

【例 12-2】 图 12-9(a)所示为一平面简谐波在 $t=0$ 时刻的波形曲线.

(1) 绘出 $t=T/4$ 时和 $t=T/2$ 时的波形曲线;

(2) 绘出波线上 a、b、c、d 各点的运动趋势;

(3) 绘出 a、b 两点的振动曲线.

【解】 根据题意,分别绘图如下所示.

(1) 绘出 $t=T/4$ 和 $t=T/2$ 时的波形曲线,如图 12-9(b)所示;

(2) 绘出波线上 a,b,c,d 各点的运动趋势,如图 12-9(b)所示;

(3) 绘出 a,b 两点的振动曲线,如图 12-9(c)所示.

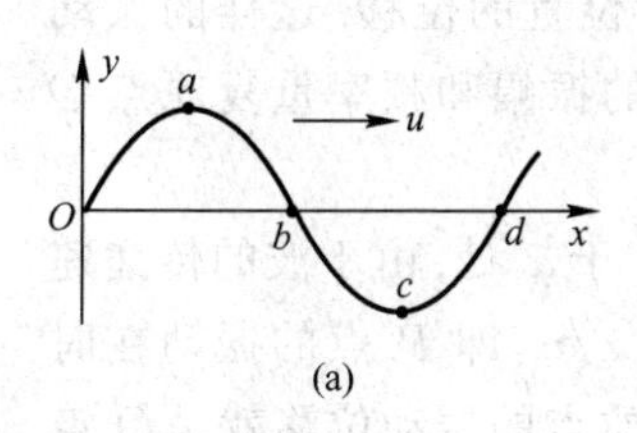

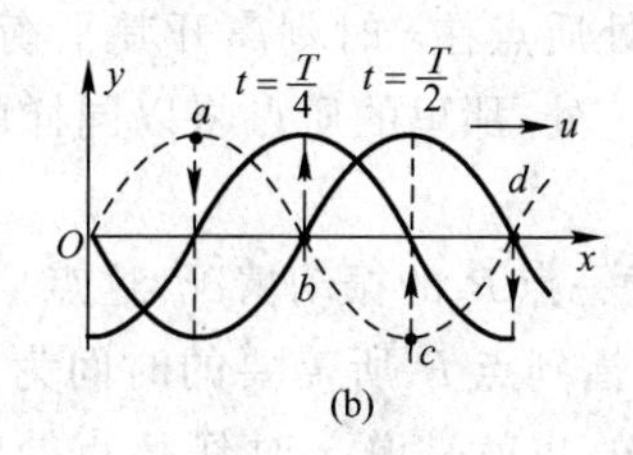

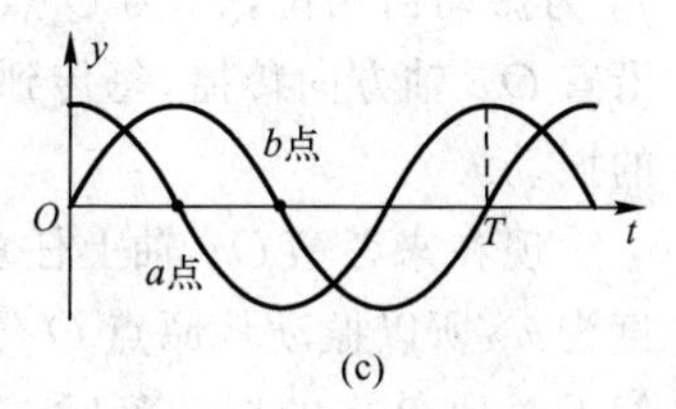

图 12-9　例 12-2 图

§ 12-2　平面简谐波的波函数

一、波函数

机械波是机械振动在介质中的传播,它是弹性介质内大量质元的一种集体运动. 因此,要定量描述一个波动过程,就需要寻找一个函数,这个函数应该能表示波传播过程中任一质元在任意时刻的运动状态,这样的函数称为波函数. 一般的波动过程,其波函数是很复杂的,我们只研究最简单、最典型的平面简谐波的波函数.

对于在各向均匀、无吸收的介质中传播的平面简谐波,设波线为 x 轴,则波面为一系列垂直于 x 轴的平面,由于在同一波面上任一点的振动状态是相同的,都与波面与 x 轴交点的振动状态相同,所以 x 点的振动状态就体现了该波面上所有质点的运动状态. 这时,波函数就可以简单表达为

$$y=y(x,t)$$

式中,y 为质点相对平衡位置的位移. 上式给出了波线上任一质点 x 在任意时刻 t 相对于平衡位置的位移 y,就是该平面简谐波的波函数,也称平面简谐波的波动方程.

二、沿 x 轴传播的平面简谐波的波函数

1. 沿 x 轴正向传播的平面简谐波的波函数

现在,我们来研究如何定量地描述一个波动,即写出波动方程的具体表达式. 如图 12-10 所示,在各向同性的均匀介质中沿 Ox 轴方向传播着一列平面简谐波,波速为 u. 设 t 时刻原点 O 的简谐振动方程为

$$y_0(t)=A\cos(\omega t+\varphi_0)$$

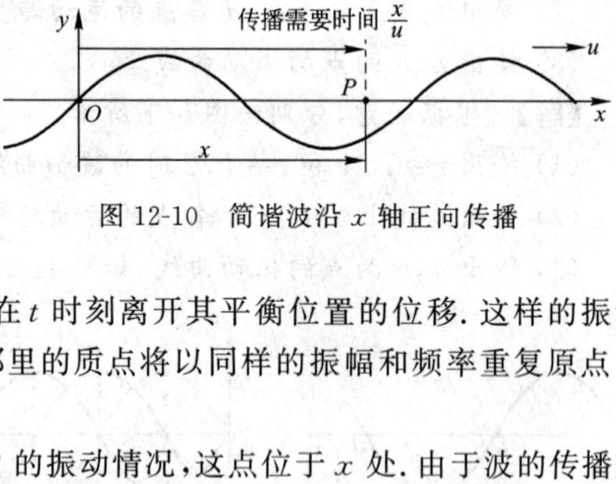

图 12-10　简谐波沿 x 轴正向传播

式中,A 为振幅,ω 为振动圆频率,φ_0 为振动初相位,y_0 为 O 点处质点在 t 时刻离开其平衡位置的位移. 这样的振动沿着 Ox 轴方向传播,每传到一处,那里的质点将以同样的振幅和频率重复原点 O 的振动.

现在来考察 Ox 轴上任意一点 P 的振动情况,这点位于 x 处. 由于波的传播速度为 u,所以振动从原点 O 传播到点 P 所需要的时间为 x/u,即 P 点的振动在时间上总比 O 点的振动落后 x/u,也就是说,t 时刻 P 点处质点的振动位移就是 O 点处质点在 $(t-x/u)$ 时刻的位移,因此 P 点处质点在 t 时刻的位移为

$$y_p(t,x)=A\cos\left[\omega\left(t-\frac{x}{u}\right)+\varphi_0\right]$$

因为 P 点是与 O 点相距 x 的任意点,因此把位移 y 的下标 P 省去,上式可写成

$$y(t,x)=A\cos\left[\omega\left(t-\frac{x}{u}\right)+\varphi_0\right] \tag{12-8a}$$

式(12-8a)描述了波线上任意一点 x 处质点在任意时刻 t 的振动位移,也就是沿 x 轴方向前进的平面简谐波的波函数,也称简谐波的表达式或波动方程. 考虑到关系

式 $u=\lambda/T$，及 $\omega=2\pi/T=2\pi\nu$，则上式可改写成

$$y(t,x)=A\cos\left[2\pi\left(\nu t-\frac{x}{\lambda}\right)+\varphi_0\right] \tag{12-8b}$$

或

$$y(t,x)=A\cos\left[2\pi\left(\frac{t}{T}-\frac{x}{\lambda}\right)+\varphi_0\right] \tag{12-8c}$$

式(12-8b)和式(12-8c)与波动方程式(12-8a)相比较，用来表达位移的参量不同，但它们描述的是同一波动过程.

2. 沿 x 轴负向传播的平面简谐波的波函数

如图 12-11 所示，一列平面简谐波沿 x 轴负向传播，设 t 时刻原点 O 的位移可以表示为

$$y_0(t)=A\cos(\omega t+\varphi_0)$$

则 P 点的振动要比 O 点的振动超前 x/u，也就是说，t 时刻 P 点的振动位移就是 O 点在 $(t+x/u)$ 时刻的位移，因此 P 点在 t 时刻的位移为

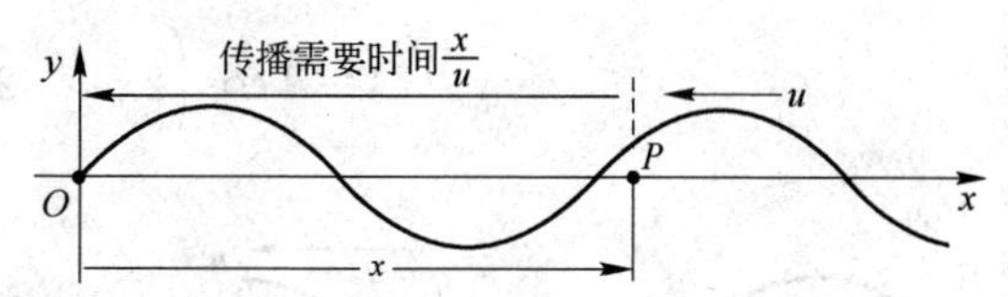

图 12-11 简谐波沿 x 转负向传播

$$y(t,x)=A\cos\left[\omega\left(t+\frac{x}{u}\right)+\varphi_0\right] \tag{12-9a}$$

式(12-9a)给出了沿 x 轴负向传播的平面简谐波的波函数. 考虑到关系式 $u=\lambda/T$ 及 $\omega=2\pi/T=2\pi\nu$，则上式可改写成

$$y(t,x)=A\cos\left[2\pi\left(\nu t+\frac{x}{\lambda}\right)+\varphi_0\right] \tag{12-9b}$$

或

$$y(t,x)=A\cos\left[2\pi\left(\frac{t}{T}+\frac{x}{\lambda}\right)+\varphi_0\right] \tag{12-9c}$$

为了讨论方便，可以把式(12-8)和式(12-9)统一表示为

$$y(t,x)=A\cos\left[\omega\left(t\mp\frac{x}{u}\right)+\varphi_0\right] \tag{12-10a}$$

$$y(t,x)=A\cos\left[2\pi\left(\nu t\mp\frac{x}{\lambda}\right)+\varphi_0\right] \tag{12-10b}$$

$$y(t,x)=A\cos\left[2\pi\left(\frac{t}{T}\mp\frac{x}{\lambda}\right)+\varphi_0\right] \tag{12-10c}$$

上式中沿 x 轴正向传播时取"−"，沿 x 轴负向传播时取"+". u 为波速；λ 为波长；ω 为波的圆频率，亦即振动的圆频率；T 为波的周期，亦即振动的周期；φ_0 为原点 O 的初相位. 式(12-10)即为沿 x 轴传播的平面简谐波的波函数一般表达式. 在具体问题中取哪一种形式，根据需要选择.

从平面简谐波的表达式可以看出，它是含有 t 和 x 两个自变量的二元函数，它包含的物理意义是丰富的. 为了弄清楚波函数的意义，必须做进一步分析.

三、平面简谐波的波函数的物理意义

1. 波函数与振动曲线

如果一个沿 x 轴正向传播的波函数为

$$y(t,x)=A\cos\left[2\pi\left(\nu t-\frac{x}{\lambda}\right)+\varphi_0\right]$$

则其波形曲线如图 12-12(a)所示，对于 x 轴上一点 P，其坐标 x_P 为确定值，那么位移 y 就只是 t 的周期函数，即

$$y_P(t)=A\cos\left(2\pi\nu t-2\pi\frac{x_P}{\lambda}+\varphi_0\right)$$

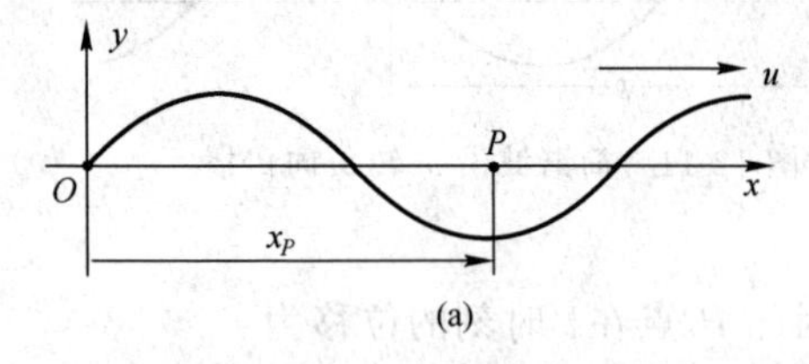

(a)

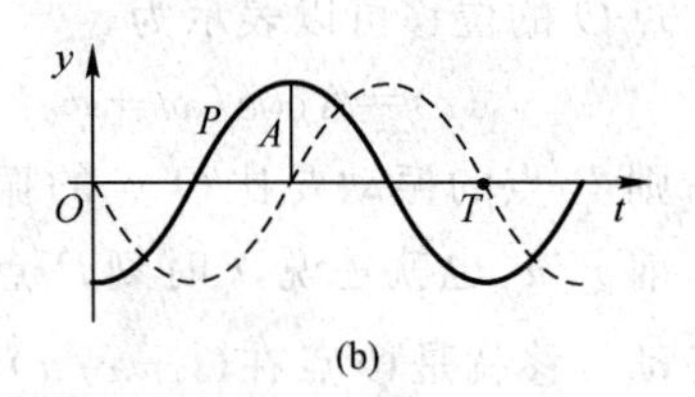

(b)

图 12-12　沿 x 轴正向传播的简谐波轴线上某一点的振动

这时，波函数表示距原点为 x_P 处的质点在不同时刻的位移，也就是 P 点在做周期为 T 的简谐振动的振动方程，如图 12-12(b)所示，其振动的初相位为 $\varphi_0-2\pi x_p/\lambda$，图中实线为 P 点的振动曲线.

当 $x=0$ 时，原点 O 的振动方程为

$$y_0(t)=A\cos(2\pi\nu t+\varphi_0)$$

其振动曲线如图 12-12(b)中的虚线所示，初相位为 φ_0. 则波线上 P 点和 O 点振动的相位差为

$$\varphi_0-\left(\varphi_0-2\pi\frac{x_P}{\lambda}\right)=2\pi\frac{x_P}{\lambda} \tag{12-11}$$

上式给出 P 点的振动相位落后于波源 O 的相位，相位差由 $2\pi x_P/\lambda$ 决定.

2. 波函数与波形曲线

设一个沿 x 轴正向传播的平面简谐波的波函数为

$$y(t,x)=A\cos\left[2\pi\left(\nu t-\frac{x}{\lambda}\right)+\varphi_0\right]$$

如果 $t=t_1$ 为确定值，那么位移 y 将只是 x 的周期函数

$$y(x)=A\cos\left[2\pi\nu t_1-2\pi\frac{x}{\lambda}+\varphi_0\right]$$

上式给出在确定的时刻 t_1，波线上各个质点离开平衡位置的位移 y 随质点位置 x 的变化关系，也就是在给定时刻 t_1 的波形曲线，它相当于在某瞬时给整个波形的

一张快照. 如果以 y 为纵坐标, x 为横坐标, 将得到图 12-13所示的余弦曲线, 图中虚线为下一个时刻 t_2 的波形曲线.

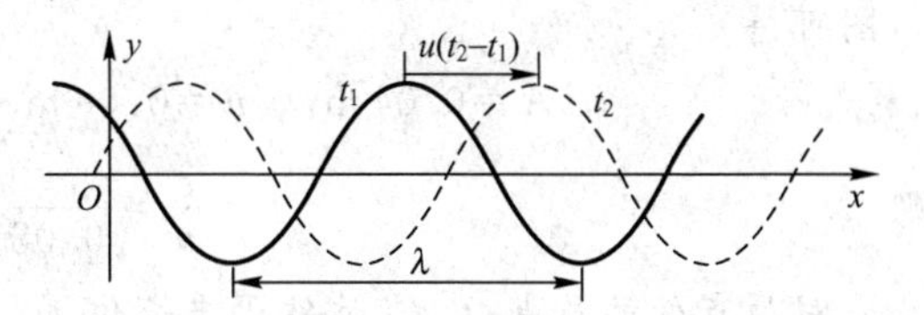

图 12-13　不同时刻的波形曲线

3. 波函数与振动速度

如果一个沿 x 轴正向传播的平面简谐波的波函数为

$$y(t,x)=A\cos\left[\omega\left(t-\frac{x}{u}\right)+\varphi_0\right]$$

上式中的 u 是波动传播速度. 为了求得介质中任一质点的振动速度, 在上式中, 把 x 看作定值, 将位移 y 对时间 t 求导数, 可得质点的振动速度为

$$v=\frac{\partial y}{\partial t}=-A\omega\sin\left[\omega\left(t-\frac{x}{u}\right)+\varphi_0\right] \tag{12-12}$$

质点的加速度为位移 y 对时间 t 的二阶偏导数

$$a=\frac{\partial^2 y}{\partial t^2}=-A\omega^2\cos\left[\omega\left(t-\frac{x}{u}\right)+\varphi_0\right] \tag{12-13}$$

需要注意的是, 式(12-12)中的速度 v 是波线上任一质点的振动速度, 它是时间 t 的函数, 而式中的 u 是波的传播速度, 它与时间 t 无关, 只与传播介质有关. 所以, 我们应该严格区别波速 u 和介质中质点的振动速度 v.

【例 12-3】 一平面简谐波的波动方程为 $y=0.05\cos\pi(2.5t-0.01x)$(SI), 求该平面简谐波的波长、周期和波速.

【解】 设其波动方程为

$$y=A\cos\left[2\pi\left(\frac{t}{T}-\frac{x}{\lambda}\right)+\varphi_0\right]$$

将已知方程改写为标准形式

$$y=0.05\cos\pi(2.5t-0.01x)=0.05\cos 2\pi\left(\frac{2.5t}{2}-\frac{0.01x}{2}\right)$$

比较以上两式, 得

$$T=\frac{2}{2.5}\text{ s}=0.8\text{ s},\quad \lambda=\frac{2}{0.01}\text{ m}=200\text{ m},\ u=\frac{\lambda}{T}=\frac{200}{0.8}\text{ m}\cdot\text{s}^{-1}=250\text{ m}\cdot\text{s}^{-1}$$

【例 12-4】 图 12-14 所示为一平面简谐波在 $t=0$ 时刻的波形. 求: (1) 该波的波动方程; (2) P 点处质点的振动方程.

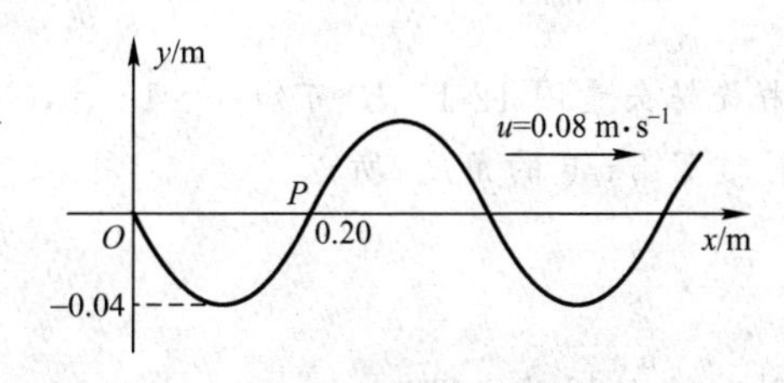

图 12-14　例 12-4 图

【解】 (1)设其波动方程为

$$y=A\cos\left[2\pi\left(\frac{t}{T}-\frac{x}{\lambda}\right)+\varphi_0\right]$$

由图可得

$$A=0.04\,\text{m},\quad u=0.08\,\text{m}\cdot\text{s}^{-1},\quad \lambda=0.4\,\text{m},$$

则
$$T=\frac{\lambda}{u}=\frac{0.40}{0.08}\,\text{s}=5\,\text{s}$$

对原点处的质点，$t=0$ 时位于平衡位置，并向 y 轴正方向运动，由旋转矢量法可知，初相位

$$\varphi_0=-\frac{\pi}{2}$$

故波动方程为

$$y=0.04\cos\left[2\pi\left(\frac{t}{5}-\frac{x}{0.4}\right)-\frac{\pi}{2}\right]$$

(2) 求 P 点处质点的振动方程，将 $x=0.2$ 代入上式，则

$$y_p=0.04\cos\left[2\pi\left(\frac{t}{5}-\frac{0.2}{0.4}\right)-\frac{\pi}{2}\right]=0.04\cos\left[0.4\pi t-\frac{3\pi}{2}\right]$$

【例 12-5】 一平面简谐波在均匀介质中以速度 $u=10\,\text{m}\cdot\text{s}^{-1}$ 沿 x 轴正方向传播，已知坐标原点 O 处质元的振动曲线如图 12-15(a)所示，试写出该平面简谐波的波动方程.

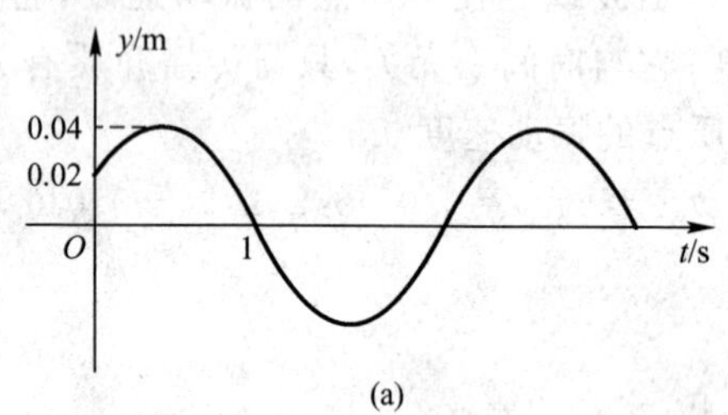

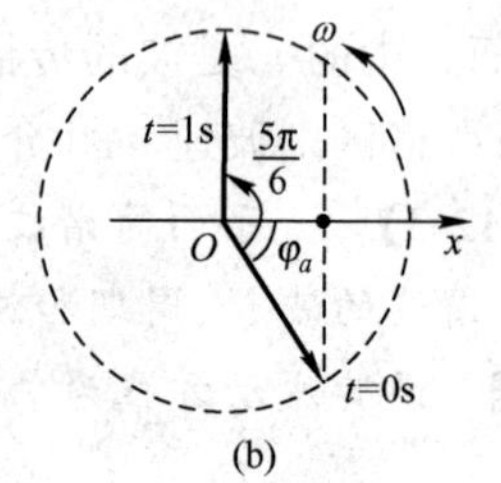

图 12-15 例 12-5 图

【解】 设 O 点的振动方程为

$$y_0=0.04\cos(\omega t+\varphi_0)$$

从图 12-15(a)中可以看出 $t=0$ 时，O 点位移 $A/2$，速度为正. 绘出 O 点的振动矢量图，如图 12-15(b)所示，由旋转矢量法可以求得

$$\varphi_0=-\frac{\pi}{3}$$

由旋转矢量图 12-15(b)可知，$t=1\text{s}$ 时，O 点的相位为 $\pi/2$. 所以，旋转矢量在 1 s 内转过了 $5\pi/6$ 的角度，所以

$$\omega=\frac{5}{6}\pi$$

则 O 点的振动方程为
$$y_0=0.04\cos\left(\frac{5\pi}{6}t-\frac{\pi}{3}\right)$$

所以波动方程为 $$y=0.04\cos\left[\frac{5\pi}{6}\left(t-\frac{x}{10}\right)-\frac{\pi}{3}\right]$$

【例12-6】 一平面简谐波的波动方程为 $y=A\cos\frac{2\pi}{\lambda}(ut-x)$，式中，$A=0.01\,\mathrm{m}$，$\lambda=0.2\,\mathrm{m}$，$u=25\,\mathrm{m\cdot s^{-1}}$，求 $t=0.1\,\mathrm{s}$ 时，在 $x=2\,\mathrm{m}$ 处质点的位移、速度和加速度.

【解】 将已知条件代入波动方程，则

$$y=0.01\cos 10\pi(25t-x)$$

$$v=\frac{\mathrm{d}y}{\mathrm{d}t}=-2.5\pi\sin 10\pi(25t-x)$$

$$a=\frac{\mathrm{d}v}{\mathrm{d}t}=-625\pi^2\cos 10\pi(25t-x)$$

$t=0.1\,\mathrm{s}$ 时，在 $x=2\mathrm{m}$ 处质点的位移、速度和加速度

$$y=0.01\cos 10\pi(2.5-2)\,\mathrm{m}=-0.01\,\mathrm{m}$$

$$v=-2.5\pi\sin 10\pi(2.5-2)=0$$

$$a=-625\pi^2\cos 10\pi(2.5-2)\,\mathrm{m\cdot s^{-2}}=6.17\times10^3\,\mathrm{m\cdot s^{-2}}$$

【例12-7】 如图12-16所示，一平面简谐波以速度 u 沿 x 轴正向传播，O 点为坐标原点，已知与原点相距 l 的 P 点的振动表达式为 $y=A\cos(\omega t+\varphi_0)$. 试求：

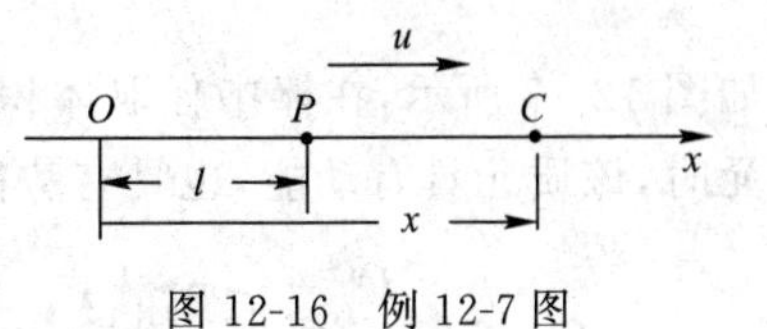

图12-16 例12-7图

(1) 写出该平面简谐波的波动方程；

(2) 坐标原点的振动方程.

【解】 (1)在 Ox 轴上取任意一点 C，则 C 点位于 x 处. 由于波的传播速度为 u，所以振动从 P 点传播到 C 点所需要的时间为 $\frac{x-l}{u}$，即 C 点的振动在时间上总比 P 点的振动落后 $\frac{x-l}{u}$，也就是说，t 时刻 C 点的振动的位移就是 P 点在 $\left(t-\frac{x-l}{u}\right)$ 时刻振动的位移，因此 C 点在 t 时刻的位移为

$$y_C=A\cos\left[\omega\left(t-\frac{x-l}{u}\right)+\varphi_0\right]$$

因为 C 点是任意点，所以波动方程为

$$y=A\cos\left[\omega\left(t-\frac{x-l}{u}\right)+\varphi_0\right]$$

(2) 将 $x=0$ 代入波动方程，即得原点处的振动方程

$$y=A\cos\left[\omega\left(t+\frac{l}{u}\right)+\varphi_0\right]$$

该例题说明，在求波动方程时，波源不一定总选为坐标原点，波线上的任一点都可以看成是波源.

§12-3 波的能量

当机械波传播到介质中的某处时，该处原来不动的质点开始振动，因而具有动能. 同时该处的介质也将产生形变，因而也具有势能. 波是振动状态的传播，振动状态传播的同时也伴随能量的传播. 能量传播是波动过程的重要特征.

一、波的能量和能量密度

机械波的总能量是介质质点振动时的动能和弹性势能的总和. 下面以平面简谐波在细长棒中的传播为例进行讨论.

设在密度为 ρ 的均匀弹性细棒中，有一平面简谐横波，其运动方程为

$$y=A\cos\omega\left(t-\frac{x}{u}\right)$$

如图 12-17 所示，在棒中任取体积元 ΔV、质量为 $\Delta m=\rho\Delta V$ 的质元，当波传到该质元时，该质元具有动能，也具有势能. 质元的动能

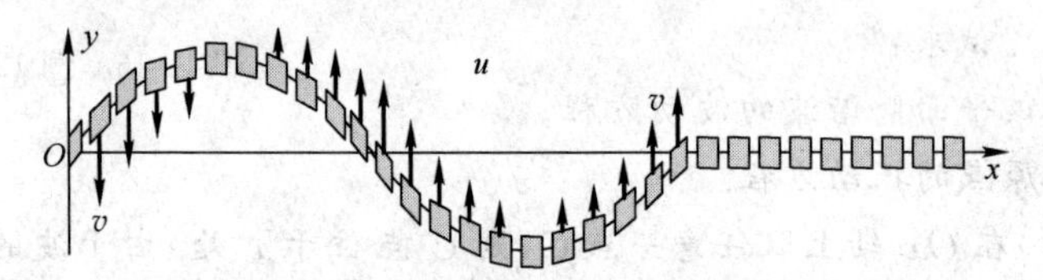

图 12-17 波的能量传播

$$\Delta E_{\mathrm{k}}=\frac{1}{2}\Delta m v^2=\frac{1}{2}\rho\Delta V v^2$$

质元的振动速度

$$v=\frac{\partial y}{\partial t}=-A\omega\sin\omega\left(t-\frac{x}{u}\right)$$

质元的动能

$$\Delta E_{\mathrm{k}}=\frac{1}{2}\rho\Delta V A^2\omega^2\sin^2\omega\left(t-\frac{x}{u}\right)\tag{12-14}$$

可以证明(略)，该体积元因形变而具有的势能为

$$\Delta E_{\mathrm{p}}=\frac{1}{2}\rho\Delta V A^2\omega^2\sin^2\omega\left(t-\frac{x}{u}\right)\tag{12-15}$$

比较以上动能与势能的表达式，可以看出，在波传播过程中，质元的动能与势能相等，即

$$\Delta E_{\mathrm{k}}=\Delta E_{\mathrm{p}}=\frac{1}{2}\rho\Delta VA^{2}\omega^{2}\sin^{2}\omega\left(t-\frac{x}{u}\right) \tag{12-16}$$

而质元的总机械能

$$\Delta E=\Delta E_{\mathrm{k}}+\Delta E_{\mathrm{p}}=\rho\Delta VA^{2}\omega^{2}\sin^{2}\omega\left(t-\frac{x}{u}\right) \tag{12-17}$$

根据式(12-17)和图12-17,对于介质中传播的波的能量,可以得出以下几点结论:

(1) 在波传播过程中,任一质元的动能、势能以及总机械能都随时间 t 和位置 x 做周期性变化.而且变化是同步的,即动能达到最大值时势能也达最大值,动能为零时势能也为零.

(2) 在波形曲线上,正、负最大位移处,速度为零,形变也为零,所以动能、势能和总机械能均为零.平衡位置处,速度最大,形变也最大,动能、势能和总机械能均为最大,如图12-18所示.

(3) 在波传播过程中,任一体积元都在不断地接收和放出能量,即不断地传播能量,任一体积元内的机械能不守恒.如图12-19所示,t 时刻 A 质元的形变最小,动能和势能为零,1/4周期后,A 质元的形变最大,动能和势能均为最大,再经过1/4周期,动能和势能又成为最小.所以我们说波动是能量传递的一种方式.

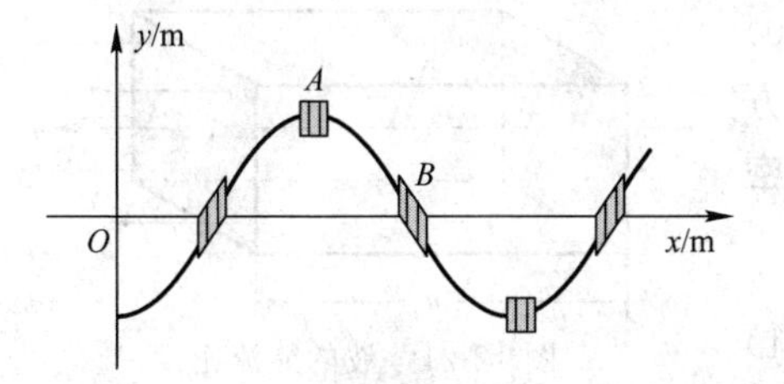

图12-18 横波传播时体积元的形变

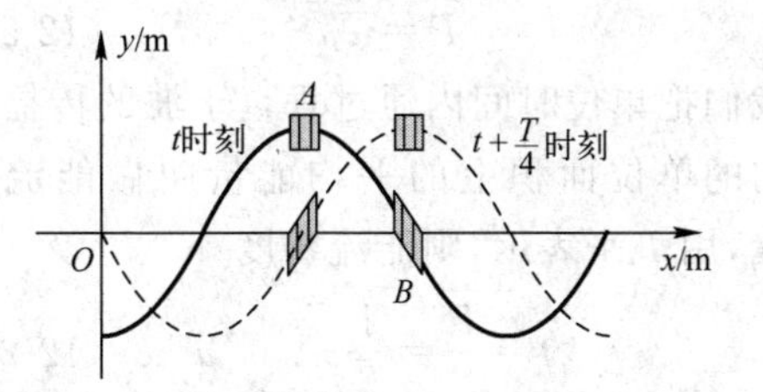

图12-19 横波不同时刻体积元的形变

需要注意的是,机械波的这种能量关系与简谐振动的能量关系是完全不同的.无阻尼简谐振动的情况是动能最大时势能最小,势能最大时动能最小,总机械能是守恒的.造成这种差异的原因是由于无阻尼简谐振动是一个孤立系统,它不与外界进行能量交换.对波动中考虑的体积元 ΔV 来说,它不是一个孤立系统,在波的传播过程中,周围介质对这个体积元有弹性力作用,因此对这个体积元要做功,而且有时做正功,有时做负功,所以体积元在波的传播过程中不断地从前面的媒质吸收能量,又不断地把能量传递给后面的媒质,总机械能不守恒,是随时间变化的.通过各个体积元的不断吸收和传递能量,能量随波的传播而传播.

如图12-20所示,若体积元 ΔV 具有能量 ΔE,则介质中单位体积的波动能量称为波的**能量密度** w,由式(12-17)得

$$w=\frac{\Delta E}{\Delta V}=\rho A^{2}\omega^{2}\sin^{2}\omega\left(t-\frac{x}{u}\right) \tag{12-18}$$

波的能量密度是随时间周期性变化的，能量密度在一个周期内的平均值称为波的**平均能量密度**：

$$\overline{w}=\frac{1}{T}\int_0^T \rho A^2\omega^2 \sin^2\left(t-\frac{x}{u}\right)\mathrm{d}t$$

即平均能量密度

$$\overline{w}=\frac{1}{2}\rho A^2\omega^2 \qquad (12\text{-}19)$$

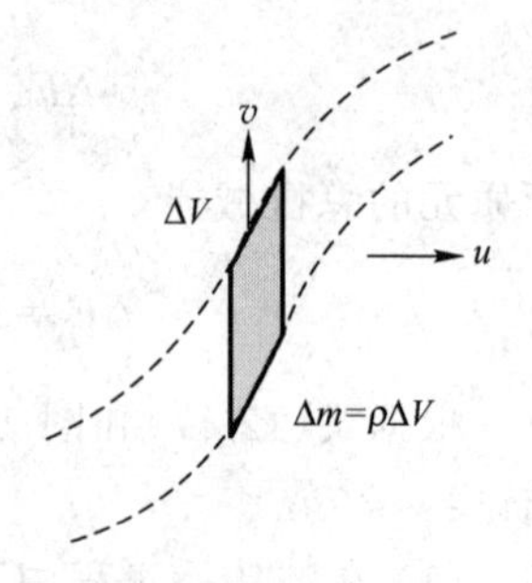

图 12-20　体积元的能量与能量密度

式(12-19)说明，平均能量密度与波的振幅的平方、频率的平方以及介质的密度成正比，与时间、空间无关. 这一公式虽然是从平面简谐波的特殊情况导出的，但它对于所有机械波都是适用的.

二、波的能流密度

波动过程伴随着能量的传播，我们把单位时间内通过媒质中某一面积的能量叫做通过该面积的能流. 如图 12-21 所示，设在媒质中取垂直于波速 u 的面积 S，则单位时间内通过 S 的能量等于体积 uS 中的能量. 也就是说体积 uS 中的能量，在 1 s 内都通过面积 S. 所以通过面积 S 的平均能流为

$$\overline{P}=\overline{w}uS \qquad (12\text{-}20)$$

我们把单位时间内通过垂直于波的传播方向的单位面积上的平均能量叫做**能流密度**，用 I 来表示，则能流密度

$$I=\frac{\overline{P}}{S}=\frac{1}{2}\rho A^2\omega^2 u \qquad (12\text{-}21)$$

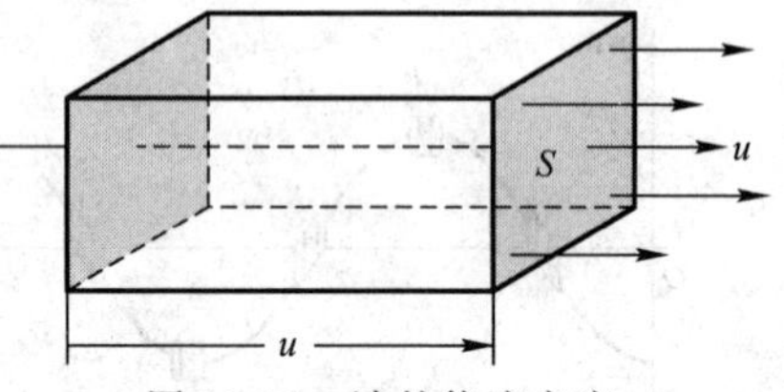

图 12-21　波的能流密度

能流密度的单位是 $\mathrm{W\cdot m^{-2}}$. 能流密度是一个矢量，它的方向即为波传播的方向. 能流密度是波的强弱的一种量度，故也称**波的强度**. 例如，声音的强弱取决于声波的能流密度，常常称为**声强**；光的强弱取决于光的能流密度，常常称为**光强**.

§ 12-4　惠更斯原理

平面简谐波的波动方程，是建立在理想模型的基础上，对波动进行的一种数学描述，实际上的波，往往是很难写出其波动方程的. 惠更斯用简单的几何作图法非常成功地解决了波在传播过程中的一些问题.

一、惠更斯原理

前面讲过，波动的起源是波源的振动，波的传播是由于介质中质点之间的相互作用. 介质中任一点的振动将引起邻近质点的振动，因而在波的传播过程中，介质

中任何一点都可以看作新的波源. 如图 12-22 所示,水面上有一波传播,在前进中遇到障碍物 A,A 上有一小孔,当小孔的孔径 a 比波长 λ 小,我们就可看到,穿过小孔的波是圆形的,与原来波的形状无关,这说明小孔可看作新的点波源.

基于上述现象,荷兰物理学家惠更斯给出了波传播过程遵循的规律,即**惠更斯原理**:介质中波到达的各点都可看作发射子波的波源,在其后的任一时刻,这些子波的包迹面就成为新的波阵面. 如图 12-23 所示,用惠更斯原理描绘出在均匀介质中球面波和平面波的传播特点. S_1 为某一时刻 t 的波阵面,根据惠更斯原理,S_1 上的每一点发出的球面子波,经 Δt 时间后形成半径为 $u\Delta t$ 的子波球面,在波的前进方向上,这些子波的包迹 S_2 就成为 $t+\Delta t$ 时刻的新波阵面. 可以看出,波在均匀各向同性介质中传播时,波阵面的形状不变,使得波线是沿直线向前指向波的前进方向.

惠更斯原理对任何波动过程都是适用的,不论是机械波或电磁波,也不论这些波通过的介质是均匀的或非均匀的,各向同性的或各向异性的. 只要知道某一时刻的波阵面,就可根据这一原理用几何方法求得下一时刻的波阵面,因而在相当广泛的范围内解决了波的传播方向问题. 下面应用惠更斯原理举例说明它在解释波的传播方向上的几个问题.

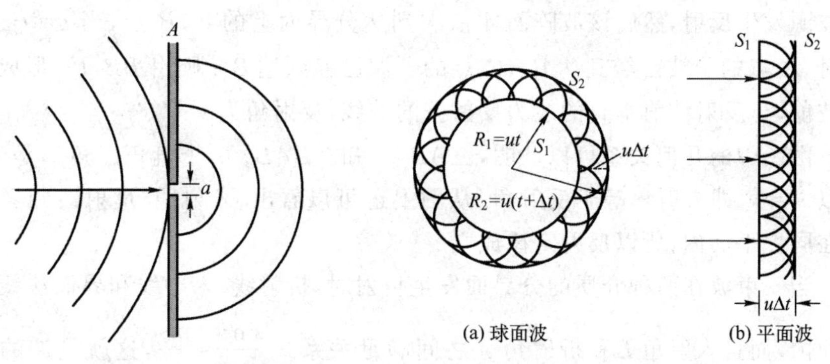

图 12-22　障碍物的小孔成为新的波源　　图 12-23　惠更斯原理

二、波的衍射

当波在传播过程中遇到障碍物时,能够绕过障碍物发生偏折的现象,称为波的绕射,也称**波的衍射**. 如图 12-24 所示照片,(a)为平面水波绕过障碍物传播方向发生了偏离原直线方向,产生了衍射;(b)为平面水波通过狭缝后,传播方向发生了偏离原直线方向,产生了衍射.

衍射现象可用惠更斯原理做出解释. 如图 12-25 所示,平面波通过狭缝后能传到按直线前进所形成的阴影区域内. 当波阵面到达狭缝时,缝处波阵面上各点成为子波源,它们发射的子波的包迹面在边缘处不再是平面,在靠近边缘处,波前发生了弯曲,从而使传播方向偏离原来的直线方向,而进入狭缝两侧的阴影区形成衍射.

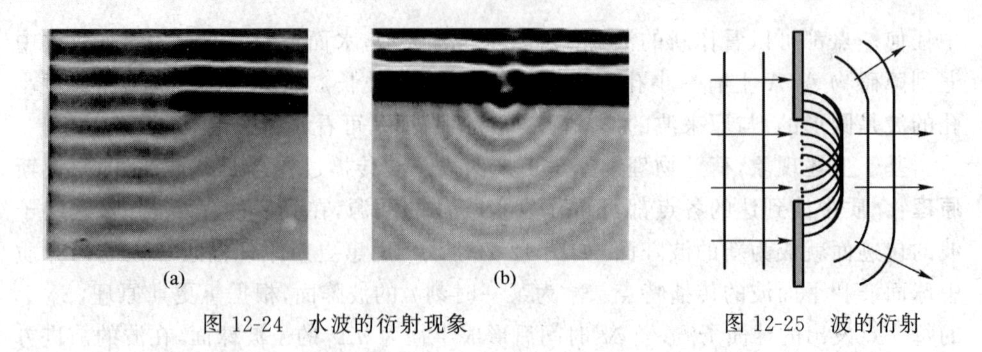

图 12-24 水波的衍射现象　　图 12-25 波的衍射

三、波的反射定律和折射定律

当一束波在两种介质的分界面发生反射时，反射线、入射线和界面法线在同一平面内，而且反射角 i' 等于入射角 i，即 $i'=i$，这就是**波的反射定律**. 下面我们用惠更斯原理对波的反射定律进行解释.

如图 12-26(a)所示，一束平面波由介质 1 入射到两介质的分界面 MN，入射角为 i，当 $t=t_A$ 时，入射波的波阵面到达 AA_1A_2 位置，A 点首先到达分界面，作为子波源发生反射，然后该波阵面才依次到达分界面上的 C，B 点，当 $t=t_B$ 到达 B 点时，A 点的子波已经到达 B_2，C 点的子波已经到达 B_1. 则由 BB_1B_2 形成反射波的波前，与反射波前垂直的线为反射波的波线，反射角为 i'.

由图中的几何关系可以证明，$\triangle ABA_2$ 和$\triangle BAB_2$ 两个直角三角形是全等的，所以 $i'=i$，即入射角等于反射角. 从图上还可以看出，入射线、反射线和界面法线都在同一平面内，所以反射定律成立.

当一束波在两种介质的分界面发生折射时，折射线、入射线和界面法线在同一平面内，而且入射角 i 和折射角 γ 之间满足关系式 $\dfrac{\sin i}{\sin\gamma}=\dfrac{n_2}{n_1}$，这就是**波的折射定律**. 下面我们用惠更斯原理对波的折射定律进行解释.

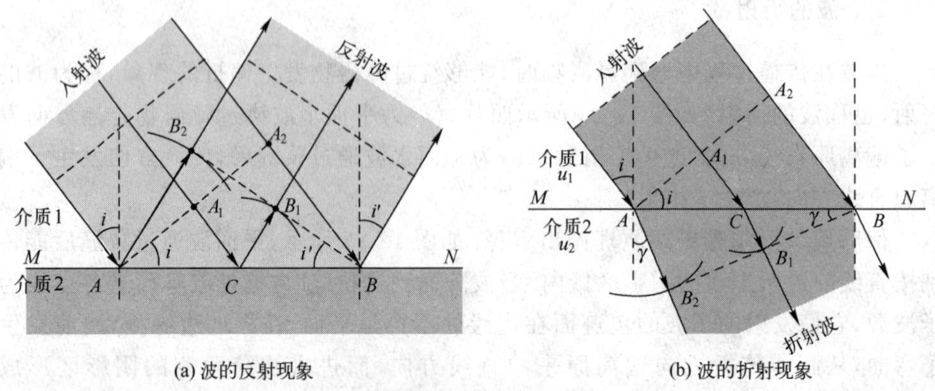

图 12-26 波的反射与折射

如图 12-26(b)所示，设波在介质 1 中的波速为 u_1，波在介质 2 中的波速为 u_2. 一束平面波由介质 1 入射到两介质的分界面 MN，入射角为 i. 当 $t=t_A$ 时，入射波的波阵面到达 AA_1A_2 位置，A 点首先到达分界面，作为子波源在介质 2 中向前传播，然后该波阵面才依次到达分界面上的 C，B 点，当 $t=t_B$ 到达 B 点时，A 点的子波已经到达 B_2，C 点的子波已经到达 B_1，则由 BB_1B_2 形成折射波的波前，与折射波前垂直的线为折射波的波线，折射角为 γ. 由图中的几何关系可以证明，在直角三角形$\triangle ABA_2$ 中

$$A_2B=u_1(t_B-t_A),\quad \sin i=\frac{A_2B}{AB}$$

在直角三角形$\triangle ABB_2$ 中

$$AB_2=u_2(t_B-t_A),\quad \sin\gamma=\frac{AB_2}{AB}$$

所以

$$\frac{\sin i}{\sin\gamma}=\frac{A_2B/AB}{AB_2/AB}=\frac{A_2B}{AB_2}=\frac{u_1(t_B-t_A)}{u_2(t_B-t_A)}=\frac{u_1}{u_2} \tag{12-22}$$

因为，按照折射率的定义

$$\frac{u_1}{u_2}=\frac{n_2}{n_1}=n_{21} \tag{12-23}$$

式中，n_1 称为介质 1 的绝对折射率，n_2 称为介质 2 的绝对折射率，n_{21} 称为介质 2 对介质 1 的相对折射率，所以

$$\frac{\sin i}{\sin\gamma}=\frac{n_2}{n_1}=n_{21} \tag{12-24}$$

从图 12-26 可以看出，入射线、折射线和界面法线都在同一平面内. 所以折射定律成立.

下面我们对折射率的问题进行一些说明. 在机械波的研究中，通常选用波在标准状态下空气中的波速 u_0 为标准(在电磁波的情况下，选择真空中波速 c 为标准)，如果波在某种介质中的速度为 u，则这种介质的绝对折射率定义为

$$n=\frac{u_0}{u}$$

则介质 1 的绝对折射率 $n_1=\frac{u_0}{u_1}$，介质 2 的绝对折射率 $n_2=\frac{u_0}{u_2}$，所以相对折射率为

$$n_{21}=\frac{n_2}{n_1}=\frac{u_0/u_2}{u_0/u_1}=\frac{u_1}{u_2}$$

根据 $u_1=\lambda_1\nu$ 和 $u_2=\lambda_2\nu$，还可以得出如下关系

$$n_{21}=\frac{n_2}{n_1}=\frac{u_1}{u_2}=\frac{\lambda_1}{\lambda_2} \tag{12-25}$$

或

$$n_1\lambda_1=n_2\lambda_2 \tag{12-26}$$

这几个关系，在以后的分析问题中经常会用到.

§12-5 波的叠加原理 波的干涉

前面我们讨论的是一列波在介质中传播的规律和特点. 本节开始我们将讨论几列波在同一介质中传播时相遇的情况.

一、波的独立传播原理

当不同波源产生的几列波同时在一种介质中传播,各列波在相遇后都保持原有的特性传播,这称为波在传播过程中的独立性,称为波的**独立传播原理**. 所谓保持原有特性是指保持原来各波的频率、波长、振动方向等,沿着各自原来的传播方向继续前进,好像在各自的途径中并没有遇到其他波一样. 如图 12-27 所示,两列水面波相遇后都各自保持自己的原有特征继续传播. 例如,在管弦乐队合奏时,我们能够辨别出各种乐器的声音;几个人同时讲话时,我们能够辨别出每个人的声音;天空中同时有许多无线电波在传播,我们能够通过选择,接收到想要收听的某一电台的广播.

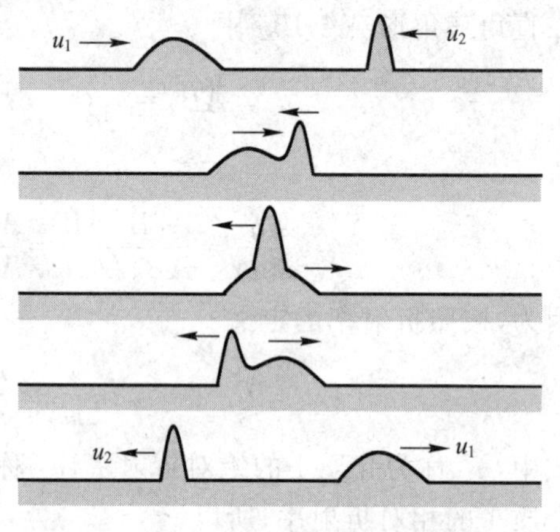

图 12-27 两列波相遇的过程分解

二、波的叠加原理

正是由于波传播的独立性,在几列波相遇的区域内,任意一点处质点的振动为各列波单独在该点引起振动的合振动,即在任一时刻,该点处质点的振动位移是各个波在该点所引起的位移的矢量和. 这一规律称为波的**叠加原理**. 我们在日常生活中有许多事例可以观察到波的叠加,例如,由各种乐器产生的声波,叠加在一起形成优美的音乐声波.

在图 12-28 中,各图分别表示了两列振动方向相同、沿同一方向传播的波在不同条件下的叠加情况,每个图最下面的波形表示叠加的结果. 可见,如果多列波叠加的情况将更为复杂. 波的叠加原理的重要性还在于可以将一系列复杂波分解为简谐波的组合. 下面我们只讨论波在叠加时所产生的一种特殊现象,即干涉.

三、波的干涉

在波的叠加中,一般地,振幅、频率、相位、振动方向等都不相同的几列波在某一点叠加时,该点的振动将非常复杂. 下面只讨论一种最简单而又最重要的情形,即两列频率相同、振动方向相同、相位相同或相位差恒定的简谐波的叠加. 满足这些条件的两列波在空间相遇时，在某些点处，振动始终加强，而在另一些点处，振动始终减弱或完全抵消，形成稳定的振动分布. 这种现象称为波的干涉现象. 如图 12-29 所示，两个振动方向相同、频率相同、相位差恒定的波源产生的水面圆形波，由于干涉而产生的稳定的干涉图样的照片.

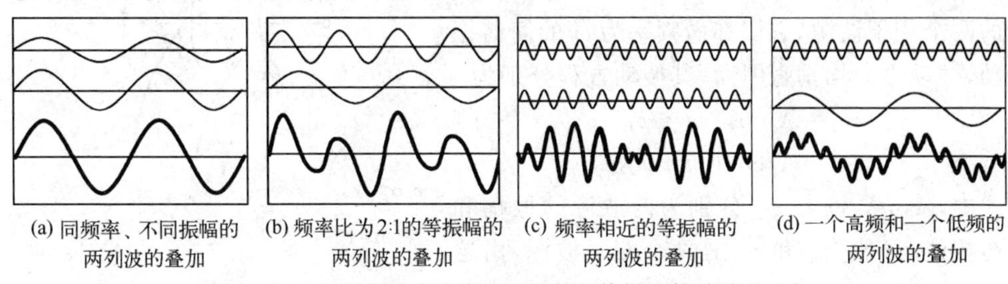

(a) 同频率、不同振幅的两列波的叠加　(b) 频率比为 2:1 的等振幅的两列波的叠加　(c) 频率相近的等振幅的两列波的叠加　(d) 一个高频和一个低频的两列波的叠加

图 12-28　两列振动方向相同、同方向传播的简谐波的叠加

实验上也可以用下述方法获得相干波. 如图 12-30 所示，在平静的水池中，用振动音叉的一臂在 S 点发出球面横波，在波源附近放一障碍物 AB，在 AB 上有两个小孔 S_1 和 S_2，S_1 和 S_2 的位置对于 S 来说是对称的. 根据惠更斯原理，S_1 和 S_2 是两个同相位的子波波源，它们是满足相干性条件的波源. 在 AB 右边的介质中两列相干子波的叠加区域内就可观察到干涉现象. 在图中，波峰和波谷分别以实线和虚线表示，在波峰与波峰或波谷与波谷相遇处，振动始终加强（在图中以实线绘出），在波峰与波谷相遇处，振动始终减弱（图中以虚线绘出）. 在其他位置处，振动介于上述二者之间，但各处振幅都不随时间变化，即观察到一幅由两相子波叠加后而得到的稳定的振动强弱分布图像——干涉图像.

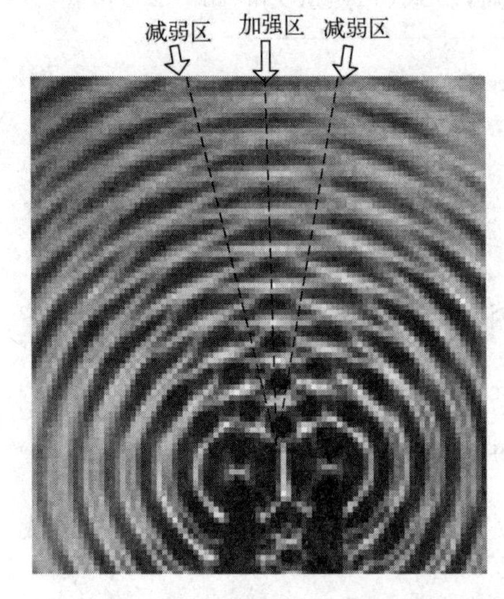

图 12-29　水波的干涉照片

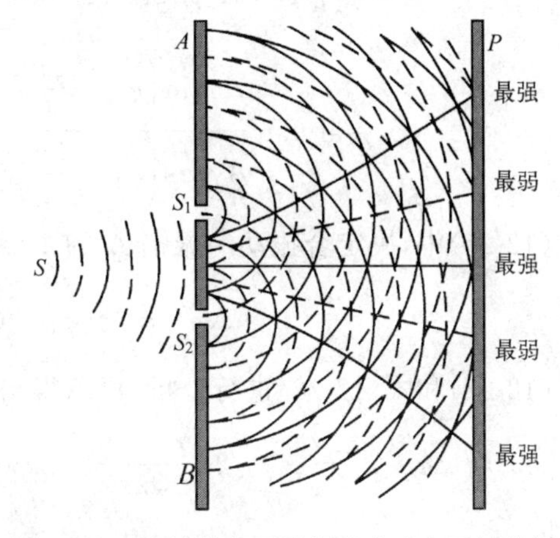

图 12-30　水波的相干波源的产生和干涉分析

我们把能够产生干涉现象的波称为相干波，相应的波源称为相干波源. 所以，无论是图 12-29 中用同一音叉的两臂作为波源，还是图 12-30 中用同一波阵面上的

两个通过小孔的子波振动作为波源，都是相干波源. 所以，能够产生干涉现象的必要条件是两列波的频率相同、振动方向相同、波源的相位差恒定.

下面我们对干涉现象进行定量分析，给出两列波相互干涉的规律和特点.

如图 12-31 所示，设有位于 S_1 点和 S_2 点的两个相干波源，它们都做频率为 ω 的简谐振动，振动方向均垂直图面，其振动方程分别为

$$y_1=A_1\cos(\omega t+\varphi_{10})$$

$$y_2=A_2\cos(\omega t+\varphi_{20})$$

式中，A_1，A_2，φ_{10}，φ_{20} 分别为两波源的振幅和初相位. 显然，S_1 和 S_2 是两个相干波源，由这两个波源发出的波在空间任一点 P 相遇时会产生干涉.

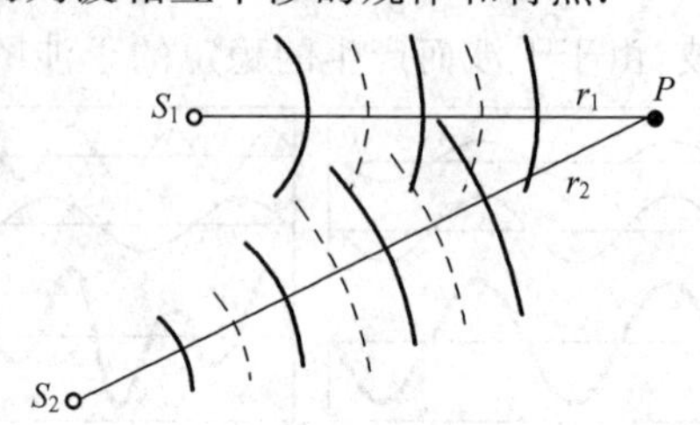

图 12-31　两列波在 P 点相遇

设 P 点离两波源 S_1 和 S_2 的距离分别为 r_1 和 r_2，并设这两列波的波长为 λ（同一种介质中波速相同，频率相同，故波长一样），则由两波源 S_1 和 S_2 发出的波传播到 P 点的两个分振动为

$$y_1=A_1\cos\left(\omega t+\varphi_{10}-2\pi\frac{r_1}{\lambda}\right)$$

$$y_2=A_2\cos\left(\omega t+\varphi_{20}-2\pi\frac{r_2}{\lambda}\right)$$

由上一章简谐振动的合成式(11－27)得，P 点合振动方程为

$$y=y_1+y_2=A\cos(\omega t+\varphi_0)$$

式中，φ_0 为合振动的初相位，A 为合振动的振幅，由式(11－28)和(11－29)可得

$$A=\sqrt{A_1^2+A_2^2+2A_1A_2\cos\left(\varphi_{20}-\varphi_{10}-2\pi\frac{r_2-r_1}{\lambda}\right)} \tag{12-27}$$

$$\varphi_0=\arctan\frac{A_1\sin\left(\varphi_{10}-\frac{2\pi}{\lambda}r_1\right)+A_2\sin\left(\varphi_{20}-\frac{2\pi}{\lambda}r_2\right)}{A_1\cos\left(\varphi_{10}-\frac{2\pi}{\lambda}r_1\right)+A_2\cos\left(\varphi_{20}-\frac{2\pi}{\lambda}r_2\right)}$$

在式(12-27)中，决定合振动的振幅 A 的主要因数是 P 点两分振动的相位差

$$\Delta\varphi=\varphi_{20}-\varphi_{10}-2\pi\frac{r_2-r_1}{\lambda} \tag{12-28}$$

对式(12-27)和式(12-28)进行分析，可以得出以下几个重要结论：

(1) 当 $\Delta\varphi=\varphi_{20}-\varphi_{10}-2\pi\frac{r_2-r_1}{\lambda}=2k\pi(k=0,\pm1,\pm2,\cdots)$ 时合振幅为最大值，即

$$A=A_1+A_2 \tag{12-29}$$

(2) 当 $\Delta\varphi=\varphi_{20}-\varphi_{10}-2\pi\frac{r_2-r_1}{\lambda}=(2k+1)\pi(k=0,\pm1,\pm2,\cdots)$ 时合振幅为

最小值，即

$$A=|A_1-A_2| \tag{12-30}$$

如果 $\varphi_{20}=\varphi_{10}$，$A_1=A_2$，即两相干波源初相位相等，振幅也相等，则有

(1) 当 $\delta=r_2-r_1=k\lambda(k=0,\pm1,\pm2,\cdots)$时，合振幅最大

$$A=2A_1 \tag{12-31}$$

(2) 当 $\delta=r_2-r_1=(2k+1)\frac{\lambda}{2}(k=0,\pm1,\pm2,\cdots)$时，合振幅为零，即

$$A=0 \tag{12-32}$$

上式中 $\delta=r_2-r_1$，表示从波源 S_2 和 S_1 发出的两列相干波到达 P 点所经过的路程之差，称为波程差. 以上讨论说明，两列波源初相位相同的相干波源($\varphi_{20}=\varphi_{10}$)，在波程差等于波长的整数倍的各点，合振动的振幅最大($A=A_1+A_2$)；在波程差等于半波长的奇数倍的各点，合振动的振幅最小($A=|A_1-A_2|$). 在其他情况下，合振幅的数值在最大值($A=A_1+A_2$)和最小值($A=|A_1-A_2|$)之间. 这样，我们就把分析两列波在一点相位差的问题，转化为分析其波程差的问题. 这样的分析在以后的学习中经常遇到.

应当指出，即使频率相同、振动方向相同的两个相互独立的波源，如果它们的初相位分别随时间变化是一个不确定的值，则在两波叠加区域中任一点引起的相位差 $\Delta\varphi$ 也是随时间变化的. 这样，空间任一点的合振动的振幅就会随时间变化，则不能形成稳定的干涉图像.

干涉现象和衍射现象是波的重要特征，对光学、声学和许多工程技术学科都非常重要，对于近代科学技术的发展也有重大作用，并具有广泛的实际应用. 例如大礼堂、影剧院的设计，必须考虑声波的干涉，以避免某些区域声音太强，而在某些区域又声音太弱. 在噪声太大的地方，还可以利用干涉原理达到降低噪声的目的.

【例 12-8】 如图 12-32 所示，A、B 为同一介质中的两个相干波源，其振幅均为 5 cm，频率均为 100 Hz. A 处为波峰时，B 为波谷. 设波速为 $10\,\mathrm{m\cdot s^{-1}}$. 试求 P 点干涉的结果.

【解】 P 点干涉的结果取决于两相干波在 P 的相位差

$$\Delta\varphi=\varphi_{B0}-\varphi_{A0}-2\pi\frac{r_{BP}-r_{AP}}{\lambda}$$

由题意可知，$\varphi_{B0}-\varphi_{A0}=\pi$(或 $-\pi$)，$r_{AP}=15\,\mathrm{m}$，$r_{AB}=20\,\mathrm{m}$，则

$$r_{BP}=\sqrt{r_{AP}^2+r_{AB}^2}=25\,\mathrm{m}$$

且有，$\nu=100\,\mathrm{Hz}$，$u=10\,\mathrm{m\cdot s^{-1}}$，则

$$\lambda=\frac{u}{\nu}=0.1\,\mathrm{m}$$

所以，两相干波在 P 的相位差

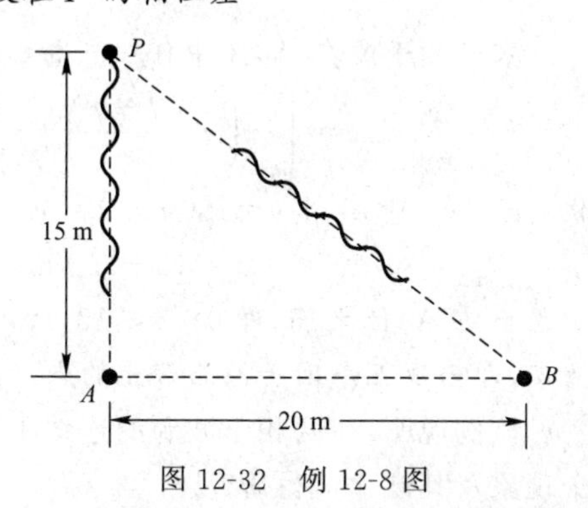

图 12-32 例 12-8 图

$$\Delta\varphi=-\pi-2\pi\frac{25-15}{0.1}=-201\pi$$

符合两波干涉减弱的条件，又因为两波源振幅相同，所以合振幅

$$A=|A_1-A_2|=0$$

即两波在 P 由于干涉，保持静止不振动.

【例 12-9】 如图 12-33 所示，A、B 为同一介质中相距 10 m 的两个振幅相同的相干波源，频率为 100 Hz，波速为 400 m · s^{-1}，且 A 点为波峰时，B 点为波谷. 求 AB 连线之间因干涉而静止的各点位置.

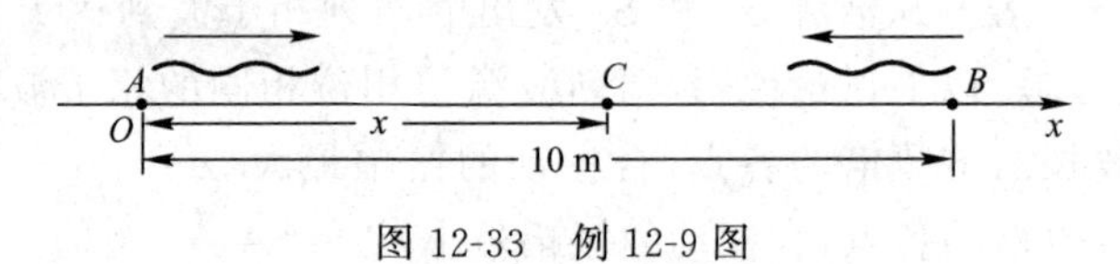

图 12-33 例 12-9 图

【解】 欲求两列波相遇后的干涉情况，首先要根据题设条件写出两波源的振动方程，据此写出波动方程，然后应用相消干涉条件求出满足合振动为零的位置.

取 A 点为坐标原点，A、B 连线为 x 轴，建立图 12-23 所示坐标系，由题意可知，$l=10$ m，$\nu=100$ Hz，$u=400$ m · s^{-1}，$\lambda=4$ m. 设两相干波源的振动方程分别为

$$y_A=A\cos(\omega t+\varphi_{10})$$
$$y_B=A\cos(\omega t+\varphi_{20})$$

因为 A 点为波峰时，B 点为波谷，说明两波源振动的相位差 $\Delta\varphi=\varphi_{20}-\varphi_{10}=\pi$，可以设定 $\varphi_{10}=0$，则 $\varphi_{20}=\pi$，则

$$y_A=A\cos(2\pi\nu t)$$
$$y_B=A\cos(2\pi\nu t+\pi)$$

设 x 为 A，B 之间任意一点 C 的位置，则 A 波源和 B 波源的波动方程分别为

$$y_A=A\cos\left[2\pi\left(\nu t-\frac{x}{\lambda}\right)\right]$$

$$y_B=A\cos\left[2\pi\left(\nu t-\frac{l-x}{\lambda}\right)+\pi\right]$$

若两相干波在 A，B 中任一点叠加所满足的相消条件为

$$\Delta\varphi=\left[2\pi\left(\nu t-\frac{l-x}{\lambda}\right)+\pi\right]-\left[2\pi\left(\nu t-\frac{x}{\lambda}\right)\right]=(2k+1)\pi$$

化简后，将 $l=10$ m，$\nu=100$ Hz，$\lambda=4$ m 代入，得

$$x=(5+2k)\ \text{m}\quad(k=0,\pm1,\pm2,\cdots)$$

由于 x 在 A，B 之间，即 $0\leqslant x\leqslant10$，所以 x 分别为 1、3、5、7、9 m 处合振动的振幅恒为零，即出现五个因干涉而静止的点.

该例说明，在两相干波源的连线上由于干涉，出现了一些静止不振动的点，这个现象及其规律值得研究.

§12-6　驻波　半波损失

两列振幅相同的相干波,沿相反的方向在同一直线上传播时,由于叠加而形成的干涉现象称为驻波,它是波的干涉中的一种特殊情形.

一、驻波现象

如图 12-34 所示,A 为电动音叉的一臂,末端系一水平细绳 AB,B 处有一劈尖支点,可以左右移动来改变 AB 之间的距离,调整重物 m 可以调整细绳中的张力.当音叉以某一频率振动,劈尖支点移至适当位置时,结果形成如图 12-34(b)所示的波形.细绳分成几段做分段振动,每段两端的点几乎始终是固定不动,每段中的各质元则同步地做振幅不同的振动,而相邻两段的振动方向总是相反的.当改变劈尖支点到适当位置时,还会出现不同的分段数,如图 12-34(c)所示.介质中质元的这种振动形式,从外形上看很像波,但是它的波形并不向任何方向移动,所以称为**驻波**.严格地说,驻波并不是振动的传播,而是在有限的区域的介质中,各质元所做的稳定的振动.驻波与我们前面所讲的波动是不同的,因此相对驻波而言,人们常常把前面讨论的行进着的波称为**行波**.在驻波中,质元振幅最大的那些点称为**波腹**,那些始终静止不动的点称为**波节**.

上述驻波现象,可能有的读者自己也做过.如图 12-35 所示,将橡皮筋两端固定,用手拨动橡皮筋,在适当的条件下,就会看到驻波现象.而且,调整橡皮筋中的张力,会得到不同波节数的驻波.

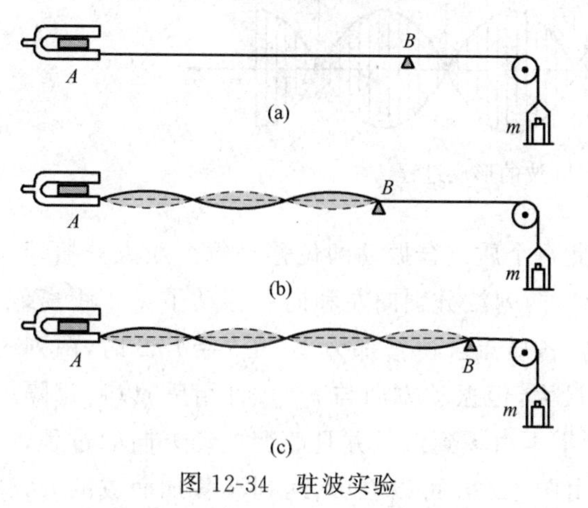

图 12-34　驻波实验

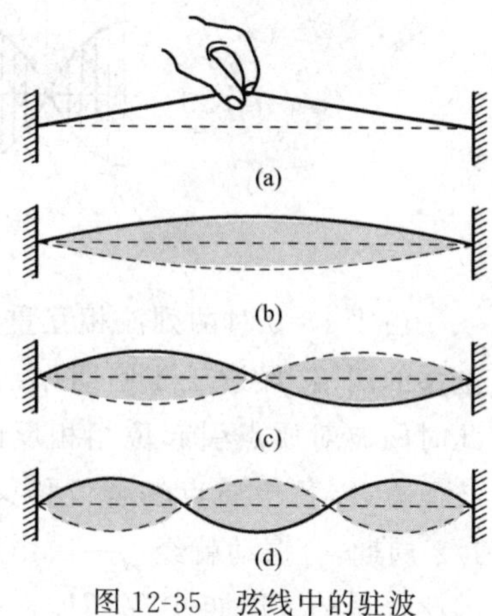

图 12-35　弦线中的驻波

二、驻波的形成与驻波的特点

如图 12-36 所示,有两列振幅相同的相干波,一列波沿 x 正向传播,另一列波

沿 x 负向传播,这两列波的波形完全相同,为研究方便,我们取两波互相重叠时为计时起点($t=0$ 时刻),并取此时两列波的波峰处为传播方向上 x 轴的原点. 图中点虚线表示沿 x 正向传播的波,短虚线表示沿 x 负向传播的波,实线表示它们叠加而成的合成波.

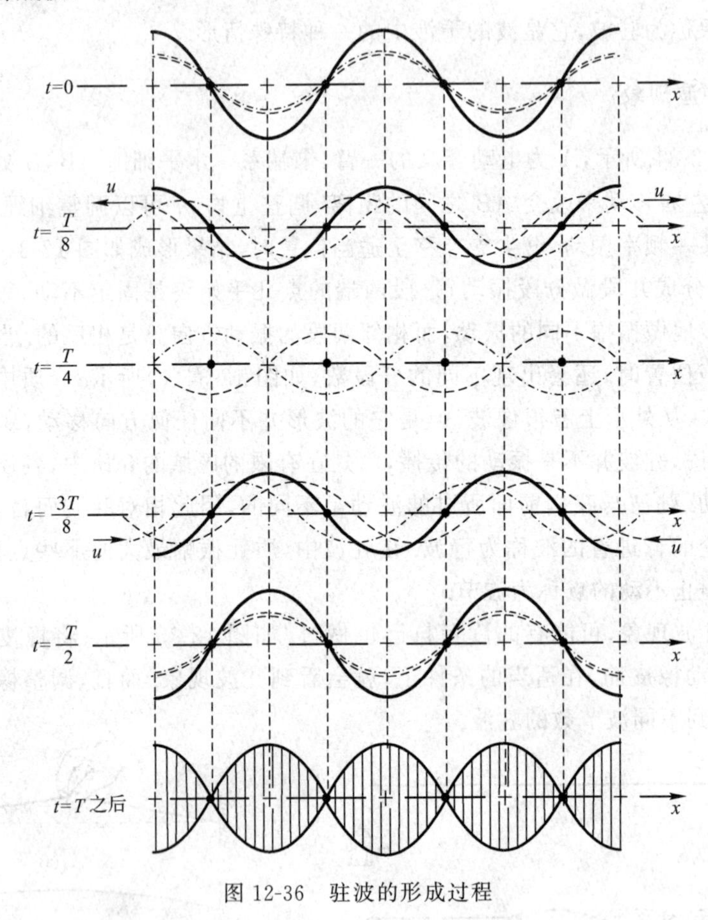

图 12-36　驻波的形成过程

由于 $t=0$ 时两列波相互重合,因此每个质点合振动的位移是每个质点分振动位移的两倍. 经过 1/4 周期,$t=T/4$ 时,两列波分别向左和向右移动了 $\lambda/4$ 距离,此时两波对质点引起位相相反的振动,各质点合位移都为零. 在 $t=T/2$ 时,两列波又重合,每个质点的合位移又变为最大,但振动方向与 $t=0$ 时相反. 以后每隔 1/2 周期,合振动就经历一次由最强到零再由零到最强并且改变振动方向的过程,因此合振动以周期 T 做周期性变化. 由图 12-36 可以看出,两列波叠加而成的波,使 x 轴上某些点始终静止不动(图中用 · 表示),这些点为波节,而另一些点振幅有最大值,等于每一列波振幅的两倍,这些点为波腹(图中用 + 号表示). 其他各点的振幅则在零和最大值之间,结果使直线上各点做分段振动. 通过以上对图 12-36 驻

波形成过程的分析,可以看出驻波有以下特点:

(1) 在驻波中,两相邻波节或波腹之间的距离为$\frac{\lambda}{2}$,即为半个波长,

(2) 在相邻两波节之间,各点相位完全相同,即在振动过程中,相邻波节之间各点的振动是同相位,同时增大,同时减小. 而在波节两侧质点振动的相位总是相反,也就是说波节两端振动的相位差为 π,当一侧向上振动时,另一侧必向下振动.

三、驻波方程

以上我们用波形曲线随时间的变化对驻波的形成做了描述. 下面我们用平面简谐波的波动方程来对驻波进行定量描述.

我们把向 x 轴正方向传播的波和向 x 轴负方向传播的波在原点 $x=0$ 都出现波峰的时刻作为计时零点,即 $t=0$,则两列波的波动方程分别为

$$y_1=A\cos\left(\omega t-\frac{2\pi}{\lambda}x\right),\quad y_2=A\cos\left(\omega t+\frac{2\pi}{\lambda}x\right)$$

两波叠加后,介质中各点的合位移

$$y=y_1+y_2=A\cos\left(\omega t-\frac{2\pi}{\lambda}x\right)+A\cos\left(\omega t+\frac{2\pi}{\lambda}x\right)$$

利用三角函数的和差化积公式,上式可以改写为

$$y=2A\cos\left(\frac{2\pi}{\lambda}x\right)\cos\omega t \tag{12-33}$$

式(12-33)称为驻波表达式. 驻波表达式表明:对于给定的 x 处的质元,在作振幅等于 $|A(x)=2A\cos(2\pi x/\lambda)|$,频率等于 $\nu=\omega/2\pi$ 的振动. 各质元的振幅 $|A(x)=2A\cos(2\pi x/\lambda)|$ 与它们的位置 x 有关. 下面根据驻波方程,讨论驻波的特征.

(1) 振幅的最大值为 $2A$,出现最大值的位置 x 满足 $\left|\cos\frac{2\pi}{\lambda}x\right|=1$,即

$$\frac{2\pi}{\lambda}x=k\pi\quad(k=0,1,2,\cdots)$$

则

$$x=k\frac{\lambda}{2}\quad(k=0,1,2,\cdots) \tag{12-34}$$

即在 $0,\frac{\lambda}{2},\lambda,\frac{3\lambda}{2},\cdots$ 位置出现波腹,波腹之间的距离为$\frac{\lambda}{2}$,如图 12-37 所示,且与图 12-36 分析的结果一致.

同理,波节的位置发生在 $\left|\cos\frac{2\pi}{\lambda}x\right|=0$ 处,即

$$\frac{2\pi}{\lambda}x=(2k+1)\frac{\pi}{2}\quad(k=0,1,2,\cdots)$$

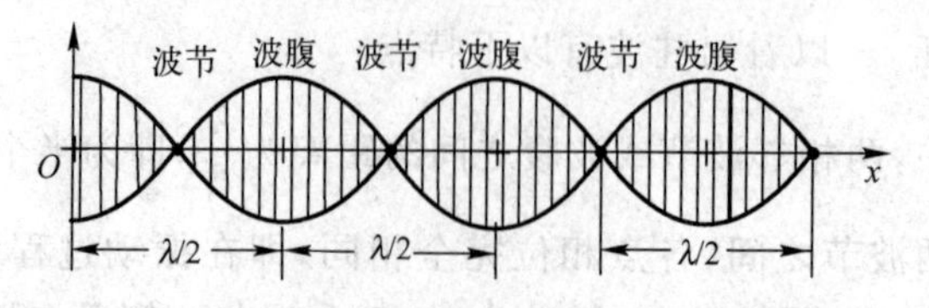

图 12-37　驻波的波腹与波节

则

$$x=(2k+1)\frac{\lambda}{4}\quad(k=0,1,2,\cdots)\tag{12-35}$$

即在$\frac{\lambda}{4}$,$\frac{3\lambda}{4}$,$\frac{5\lambda}{2}$,…位置出现波节,波节之间的距离为$\frac{\lambda}{2}$,如图 12-37 所示,且与图 12-36 分析的结果一致.

(2) 设在某一时刻 t,$\cos\omega t$ 为正值,图 12-38 所示为 $t=T$ 时的合振动波形,如果把两个相邻波节之间的所有各点看作一段,例如从 $x=\lambda/4$ 至 $x=3\lambda/4$ 的一段内,$2A\cos2\pi x/\lambda$ 为负值,具有相同的符号,亦即这一段内所有各点都作振幅大小不同但是相位相同的振动. 而在与之相邻另一段,例如 $x=3\lambda/4$ 至 $x=5\lambda/4$ 的一段,则振幅 $2A\cos2\pi x/\lambda$ 为正值,即这一段内所有各点都做振幅大小不同但是相位相同的振动.

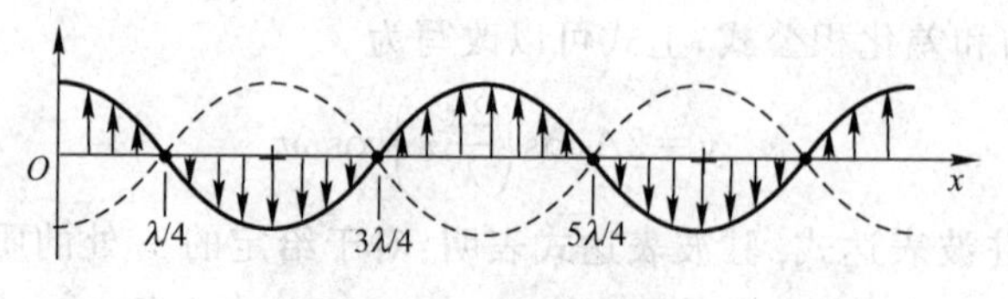

图 12-38　驻波的相位

以上对驻波特征的讨论,与我们用波形运动分析的结果是一致的.

四、半波损失

在实际问题中,驻波常常是由入射波和反射波叠加而成的. 如图 12-39(a)所示,音叉下端系一根竖直下垂的绳子,当音叉振动时,就有一列波从上端沿绳向下传播,波在绳子的下端自由端反射,若绳子振动的频率适当,可使绳子呈现驻波振动,这时绳子的下端是波腹. 如图 12-39(b)所示,细绳的一端系在音叉上,另一端固定,当音叉振动时,波从上端沿绳向下传播,在固定点产生反射波,入射波和反射波相互干涉后便在细绳上产生驻波,在反射处形成波节. 许多类似实验表明:若反射点是自由端,端点处出现波腹;若反射点是固定端,则端点处出现波节.

实验室常用声波形成驻波,如图 12-40(a)所示,当声波在水与空气的界面反射并形成驻波时,反射面上总是出现波腹;如图 12-40(b)所示,当声波在水与玻璃的界面反射并形成驻波时,在反射面上总是出现波节.

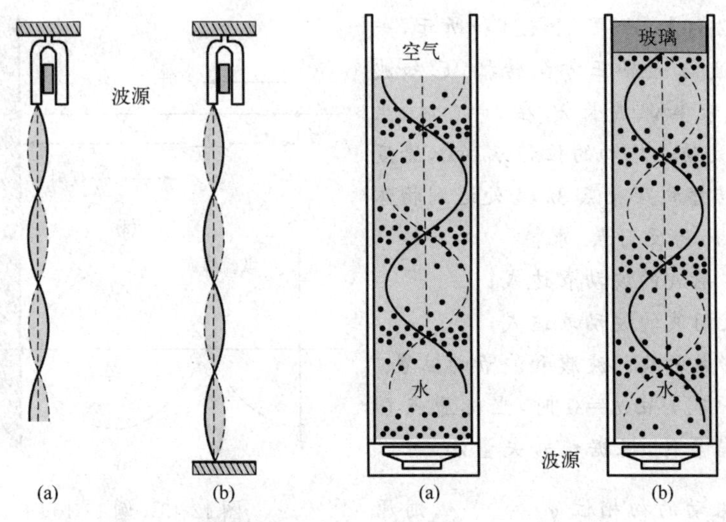

图 12-39 绳子中的驻波　　图 12-40 水中的驻波

在两种介质的分界处究竟出现波腹还是波节，与这两种介质的性质有关. 在波动垂直入射的情况下，如果是弹性波，我们把介质密度 ρ 与波速 u 的乘积 ρu 较大的介质称为**波密媒质**，乘积 ρu 较小的介质称为**波疏媒质**. 实验证明：当波从波疏媒质垂直入射到其与波密媒质的界面，反射回到波疏媒质时，在反射点处总是形成驻波的波节；反之，当波从波密媒质垂直入射到其与波疏媒质的界面，反射回到波密媒质时，反射点处总是形成驻波的波腹.

如图 12-41 所示，当弹性波由波疏媒质入射在波密媒质界面上反射时，在界面处，反射波的振动相位总是与入射波的振动相位相反，即相位差了 π，所以形成驻波时，总是出现波节. 我们知道，在同一波形上，相距半个波长的两点的相位相反. 因此在反射时引起相位相反的这种现象，在波动学中就称为**半波损失**. 如图 12-42 所示，弹性波由波密媒质入射在波疏媒质界面上反射时，在界面处，反射波的振动相位总是与入射波的振动相位相同，所以形成驻波时，总是出现波腹. 也就是说，入射波的振动与反射波的振动则并无相位突变，没有半波损失.

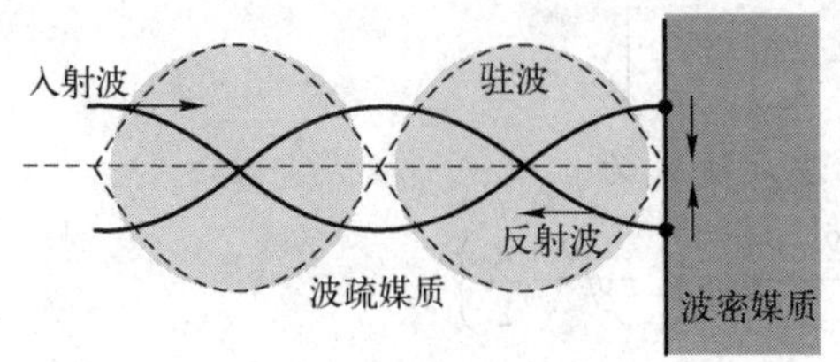

图 12-41 反射波的半波损失

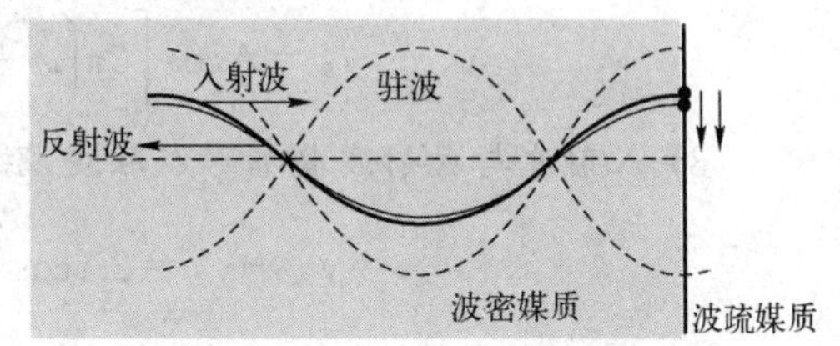

图 12-42 反射波无半波损失

半波损失不仅存在于机械波的传播过程中，在电磁波、光波的传播过程中也是如此. 在我们以后的学习中经常出现.

【例 12-10】 如图 12-43(a)所示，一平面简谐波沿 x 轴正方向传播，已知波的振幅 A、频率 ν、波长 λ，在 $t=0$ 时，坐标原点 O 处质点振动的位移 $y_0=0$，速度 $v_0>0$，波传播到距原点 $3\lambda/4$ 处遇到物体发生反射，P 为反射点. 求：

(1) 入射波的波动表达式；

(2) 反射波的波动表达式；

(3) 形成驻波的波腹和波节的位置.

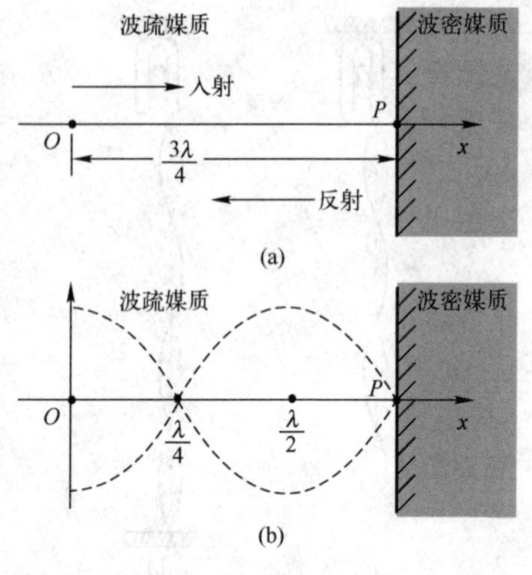

图 12-43 例 12-10 图

【解】 (1) 由 $t=0$ 时，坐标原点 O 处质点初始条件，根据旋转矢量法，可以确定原点振动的初相位 $\varphi_0=-\dfrac{\pi}{2}$，则原点的振动方程为

$$y_0=A\cos\left(2\pi\nu t-\frac{\pi}{2}\right)$$

所以入射波的表达式为

$$y_{入}=A\cos\left[2\pi\left(\nu t-\frac{x}{\lambda}\right)-\frac{\pi}{2}\right]$$

(2) 入射波引起 P 点的振动方程为

$$y_{P入}=A\cos\left[2\pi\left(\nu t-\frac{3\lambda/4}{\lambda}\right)-\frac{\pi}{2}\right]=A\cos 2\pi\nu t$$

因为存在半波损失，所以反射波 P 点的振动方程为

$$y_{P反}=A\cos(2\pi\nu t+\pi)$$

反射波的表达式为

$$y_{反}=A\cos\left[2\pi\left(\nu t-\frac{3\lambda/4-x}{\lambda}\right)+\pi\right]$$

$$y_{反}=A\cos\left[2\pi\left(\nu t+\frac{x}{\lambda}\right)-\frac{\pi}{2}\right]$$

(3) 入射波与反射波叠加形成驻波，驻波表达式为

$$y=y_{入}+y_{反}=2A\cos\frac{2\pi x}{\lambda}\cos\left(2\pi\nu t-\frac{\pi}{2}\right)$$

当 $\dfrac{2\pi x}{\lambda}=k\pi$ 时，为驻波的波腹，则波腹的位置为

$$x=k\,\frac{\lambda}{2}\quad(k=0,1,2,\cdots)$$

因为 $x<\frac{3\lambda}{4}$，所以，波腹位置为 $x=0, x=\frac{\lambda}{2}$.

当 $\frac{2\pi x}{\lambda}=(2k+1)\frac{\pi}{2}$ 时，为驻波的波节，则波节的位置为

$$x=(2k+1)\frac{\lambda}{4}\quad(k=0,1,2,\cdots)$$

因为 $x<\frac{3\lambda}{4}$，所以，波节位置为 $x=\frac{\lambda}{4}, x=\frac{3\lambda}{4}$. 即两介质分界面处为波节，如图 12-43(b)所示.

§12-7　多普勒效应

前面我们在波源与观测者相对于介质都是静止的情况下，研究了机械波传播的过程、特征与规律. 这时，介质中各点的振动频率与波源的振动频率相同，观测者接收到的频率也与波源的振动频率相同. 如果波源与观测者或两者同时相对于介质在运动，观测者接收到的频率将发生变化的现象，称为多普勒效应. 例如，当一列鸣笛的火车疾驶而来时，会听到汽笛声音调变高，即接收到的声波频率增加；而当火车疾驶离去时，接收到的声波的频率减小.

为简单起见，我们仅对观测者与声源沿同一直线运动的特殊情况讨论声波的多普勒效应. 设 v_S 为声源 S 相对于介质运动的速度，v_B 为观测者 B 相对于介质运动的速度，声波在介质中的传播速度为 u，当声源与介质相对静止时测得声波的频率为 ν. 下面我们分三种情况进行讨论.

一、波源静止、观测者相对介质运动

(1) 首先考虑波源不动 $v_S=0$，观测者向波源运动. 在这种情况下，观测者在单位时间内所接收的完整波的数目比静止的时候要多. 如图 12-44 所示，这是因为，在单位时间内原来位于观测者处的波阵面向右传播了 u 的距离，同时观测者自己向左运动了 v_B 的距离，这就相当于波通过观测者的总距离为 $u+v_B$，因此单位时间内观测者所接收到的完全波的数目为

$$\nu'=\frac{u+v_B}{\lambda}=\frac{u+v_B}{uT}=\left(1+\frac{v_B}{u}\right)\nu \tag{12-36}$$

式中，ν 为声源与介质相对静止时声波的频率. 所以，当观测者向波源运动时，观测者接收到声波的频率是波源频率的 $(1+v_B/u)$ 倍，即 $\nu'>\nu$.

(2) 当观测者远离波源运动时，上式仍然适用，只是这时的 $v_B<0$，则单位时间内观测者所接收到的完全波的数目为

$$\nu'=\frac{u-v_B}{\lambda}=\left(1-\frac{v_B}{u}\right)\nu \tag{12-37}$$

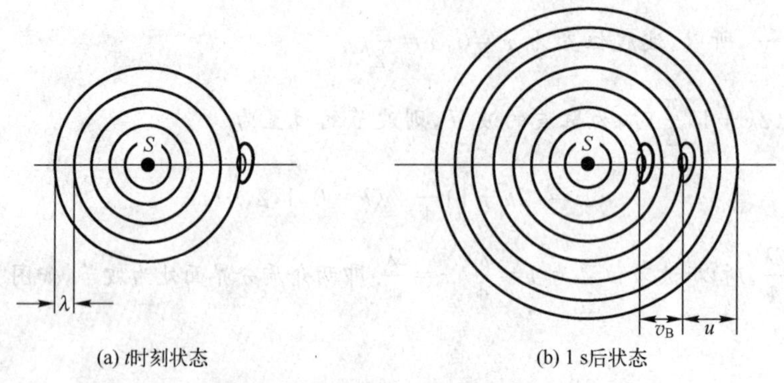

图 12-44　观测者运动而波源不动

式中，ν 为声源与介质相对静止时测得声波的频率. 所以，当观测者远离波源运动时，观测者接收到声波的频率是波源频率的 $(1-v_B/u)$ 倍，即 $\nu'<\nu$.

二、观测者静止不动、波源相对介质运动

当波源静止时，波长 $\lambda=u/\nu=uT$. 如图 12-45(a)所示，当波源相对于介质以速度 v_S 向观测者运动时，波源每发出一个完整波的波阵面，波源都要向前移动 $v_S T$ 的距离，所以观测者单位时间内接收到的波数发生了变化. 如图 12-45(b)所示，当波源以速度 v_S 接近观测者时，在一个周期 T 内，波源接近观测者 $v_S T$ 的距离，所以在观测者看来，波在一个周期内前进的距离，即波长为

$$\lambda'=\lambda-v_S T=(u-v_S)T$$

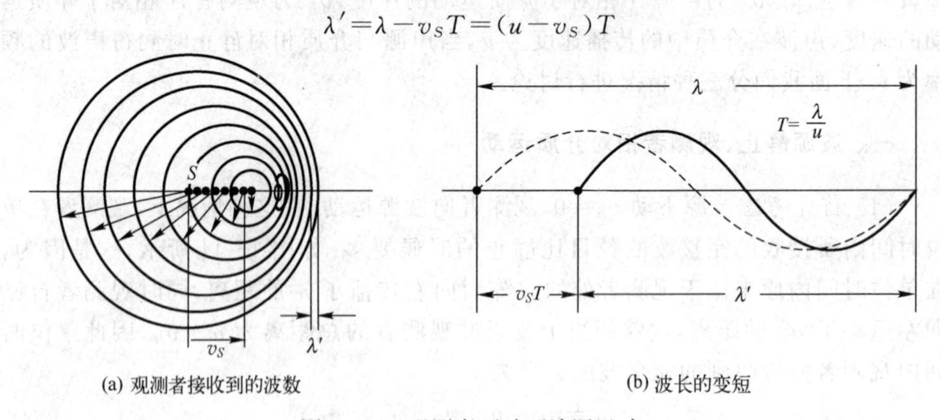

图 12-45　观测者不动而波源运动

由于声速 u 决定于介质的性质，声波一旦离开声源，其传播速度就与声源是否运动无关，所以，静止的观测者测得的波速仍为 u，于是观测者单位时间内接收到的波数，即观测者测得声波的频率为

$$\nu'=\frac{u}{\lambda'}=\frac{u}{(u-v_S)T}=\frac{u}{u-v_S}\nu \tag{12-38}$$

式中，ν 为声源与介质相对静止时测得声波的频率. 如果波源以速度 v_S 远离观测

者时，可以求得观测者接收到声波的频率为

$$\nu'=\frac{u}{\lambda'}=\frac{u}{u+v_S}\nu \tag{12-39}$$

由以上讨论可见，当波源向着观测者运动时，观测者接收到的频率ν'高于波源频率ν. 当波源远离观测者运动时，观测者接收到的频率ν'低于波源频率ν. 这就是当火车驶向观测者时鸣笛频率较高，而在离去时鸣笛频率较低的原因.

三、观测者和波源同时相对介质运动

根据上面的讨论，波源以速度 v_S 接近观测者时，会使波长变为$\lambda'=(u-v_B)T$；而观测者以速度 v_B 接近波源时，又会使观测者测得的波速变为 $u+v_B$. 综合以上两种情况，可以得出，当观测者和波源都相对于介质运动时，观测者接收到的频率为

$$\nu'=\frac{u\pm v_B}{u\pm v_S}\nu \tag{12-40}$$

式中，ν 为声源与介质相对静止时测得声波的频率. 当观测者向着波源运动时 v_B 前取正号，远离波源时取负号；当波源向着观测者运动时 v_S 前取负号，远离观测者时取正号.

总之，不论波源运动，还是观测者运动，或者二者同时运动，只要波源和观测者相向运动，观测者接收到的频率都比波源的频率高；当波源和观测者远离运动时，观测者接收到的频率比波源的频率低.

不仅机械波有多普勒效应，而且电磁波也有多普勒效应. 由于电磁波的传播速度为光速，所以要用相对论来处理问题. 虽然式(12-40)不适用于电磁波的多普勒效应，但是波源与观测者相互接近时，频率变大；远离时，频率变小的结论仍然是相同的. 关于电磁波的多普勒效应，观测者接收到的频率的公式推导，可以参阅有关书籍.

多普勒效应有着很广泛的应用，例如，利用多普勒效应可以监测车辆的行驶速度、人体血液的流速、管道中水流的速度等，甚至用来测量水下潜艇的移动速度，还可以利用多普勒效应产生的“红移”和“蓝移”探测星球的运动，卫星移动通信中也要充分考虑多普勒效应.

习　题

12-1　声波在空气中的波长为 0.25 m，波速为 340 m · s^{-1}，它进入另一种介质后，波长变为 0.79 m，它在该介质中的波速为多少？

12-2　已知波源在原点($x=0$)处，它的波动方程为 $y=A\cos(Bt-Cx)$，式中 A，B，C 均为正值常量，试求：

(1) 波的振幅、波速、频率、周期和波长；

(2) 传播方向上 $x=l$ 处一点的振动方程；

(3) 任意时刻，波在传播方向上相距为 D 的两点之间的相位差.

12-3 一平面简谐横波沿 x 轴传播的方程为

$$y=0.05\cos(10\pi t-4\pi x)\quad \text{(SI)}$$

(1) 求此波的振幅、波长、频率、和波速；

(2) 求 $x=0.2\,\text{m}$ 处的质点在 $t=1\,\text{s}$ 时的相位，这个相位是 $x=0$ 处质点的哪一时刻的相位？该相位所代表的运动状态在 $t=1.50\,\text{s}$ 时传播到哪一点？

12-4 一横波沿绳子传播时的波动表达式为

$$y=0.05\cos(10\pi t-4\pi x)\quad \text{(SI)}$$

求绳子上各质点振动的最大速度和最大加速度.

12-5 波源的振动方程为

$$y_0=0.03\cos\pi t\quad \text{(SI)}$$

沿 x 轴正向传播，波长为 $0.10\,\text{m}$. 写出平面简谐波的表达式.

12-6 若一平面简谐波在均匀介质中以速度 u 传播，已知 a 点的振动表达式为 $y=A\cos(\omega t+\pi/2)$，试分别写出图 12-46 所示坐标系中的波动方程及 b 点的振动表达式.

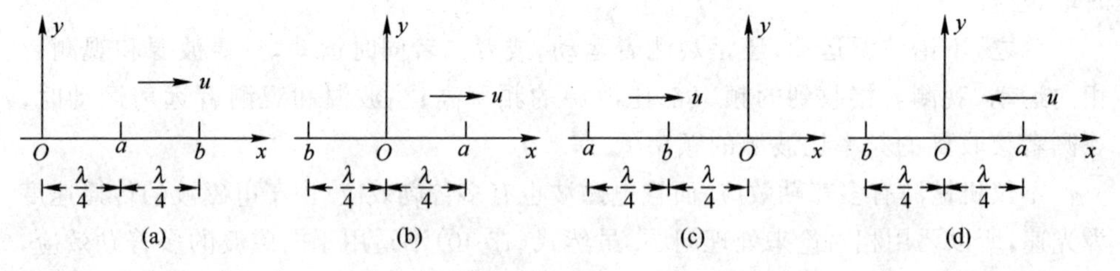

图 12-46 题 12-6 图

12-7 波源简谐振动的周期为 $0.01\,\text{s}$，当它在负向最大位移 $-5\,\text{m}$ 处开始计时，设此振动以 $v=400\,\text{m}\cdot\text{s}^{-1}$ 的速度沿 x 轴正方向传播. 求：

(1) 波动的表达式（以波源所在处为坐标原点）；

(2) 距波源 $16\,\text{m}$ 和 $20\,\text{m}$ 处两质点的振动方程和位相差.

12-8 图 12-47 所示为某平面简谐波在 $t=0$ 时刻的波形曲线，求：

(1) O 点的振动方程；

(2) 波动方程；

(3) a，b 两点的运动方向.

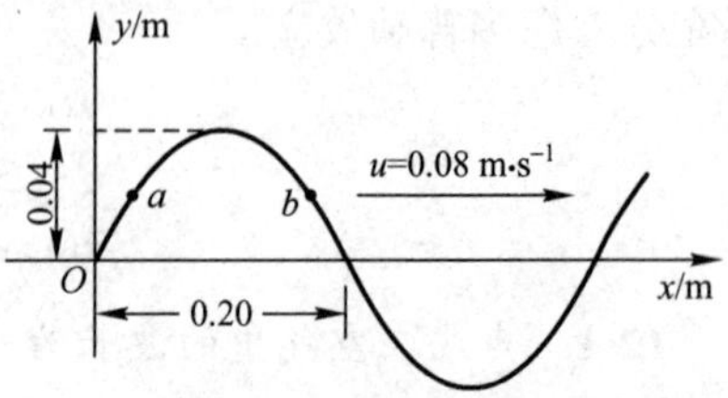

图 12-47 题 12-8 图

12-9 一列波在密度为 $800\,\text{kg}\cdot\text{m}^{-3}$ 的介质中传播，波速为 $10^3\,\text{m}\cdot\text{s}^{-1}$，振幅为 $1.0\times10^{-4}\,\text{m}$，频率为 $\nu=10^3\,\text{Hz}$，求：

(1) 波的平均能流密度；

(2) $1\,\text{min}$ 内垂直通过面积为 $4\times10^{-4}\,\text{m}^2$ 的截面上的能量.

12-10 为了保持波源的振幅不变，需要输入 $4\,\text{W}$ 的功率. 设波源发出的是球面波,且媒质不吸收波的能量,求距离波源为 2 m 处的平均能流密度.

12-11 位于 A,B 两点的两个波源,振幅相等,频率都是 100 Hz,相位差为 π,若 A,B 相距 30 m,波速为 $400\ \mathrm{m\cdot s^{-1}}$,求 AB 连线上二者之间因叠加而静止的各点的位置.

12-12 如图 12-48 所示,两个相干波源分别在 P,Q 两点,它们发出频率为 ν、波长为 λ、初相位相同的两列相干波,设 $PQ=3\lambda/2$,R 为 P,Q 连线外的一点. 求:

(1) 由 P,Q 发出的两列波在 R 处的相位差;

(2) 两列波在 R 处干涉时的合振幅.

12-13 如图 12-49 所示,一列沿 x 轴正向传播的平面简谐波的波动方程为 $y_1=10^{-3}\cos[200\pi(t-x/200)]$(SI),在与坐标原点 O 相距 $L=2.25$ m 的点 A 处有一介质分界面. 已知介质 2 为波密媒质,介质 1 为波疏媒质,反射波与入射波的振幅相等. 求:

(1) 反射波的波动方程;

(2) 驻波方程;

(3) 在 OA 之间波节和波腹的位置.

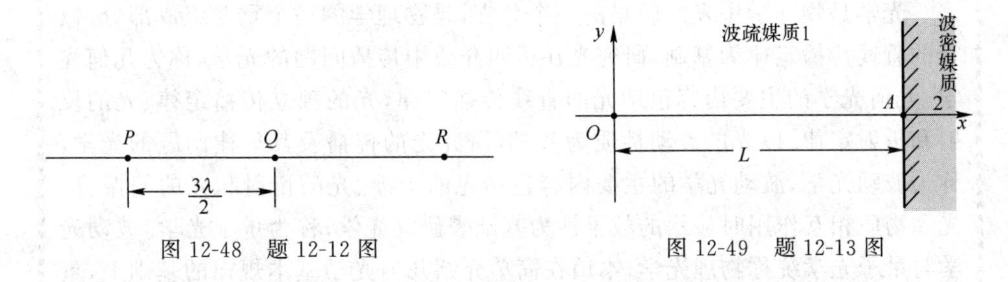

图 12-48 题 12-12 图

图 12-49 题 12-13 图

12-14 S_1,S_2 为两个相干波源,相互间距为 $\dfrac{\lambda}{4}$,S_1 的相位比 S_2 超前 $\dfrac{\pi}{2}$. 如果两波在 S_1 和 S_2 的连线方向上各点强度相同,均为 I_0. 求 S_1,S_2 的连线上 S_1 及 S_2 外侧各点合成波的强度.

12-15 在驻波中,某一时刻波线上各点的位移都为零,此时驻波的总能量是否为零? 若总能量不为零,动能是否为零? 势能是否为零?

12-16 火车以 $63\ \mathrm{km\cdot h^{-1}}$ 的速度行驶时,鸣笛声的频率为 650 Hz,设空气中声速为 $340\ \mathrm{m\cdot s^{-1}}$. 问在铁路旁的公路上汽车里坐着的人,在下列情况下听到的火车的鸣笛声频率是多少.

(1) 汽车静止;

(2) 汽车以 $45\ \mathrm{km\cdot h^{-1}}$ 的速度与火车同向行驶;

(3) 汽车以 $45\ \mathrm{km\cdot h^{-1}}$ 的速度与火车相向而行.

第五篇 光 学

光学是物理学中发展较早的一个分支，是物理学的一个重要组成部分. 以光的直线传播定律为基础，研究光在透明介质中传播问题的光学，称为几何光学. 几何光学的主要内容包括光的直线传播定律，光的独立传播定律、光的反射和折射定律. 以光的波动性质为基础，研究光的传播及其规律问题的光学，称为波动光学，波动光学的主要内容包括光的干涉、光的衍射和光的偏振. 以光和物质相互作用时显示的粒子性为基础来研究光学，称为量子光学. 波动光学与量子光学统称物理光学，本篇在简单介绍几何光学基本规律的基础上，重点讨论波动光学，关于光的量子性，将在第 18 章中介绍. 作为学习波动光学的必须具备的知识，我们首先简要介绍几何光学基础.

第 13 章　几何光学基础

§13-1　几何光学的基本定律

几何光学的理论基础，就是由实际观察和直接实验得到的几个基本定律. 下面我们就几何光学的基本概念和几个基本定律进行简单介绍.

一、光的直线传播定律和光线

1. 光的直线传播定律

在均匀介质中，光是沿着直线传播的，称为**光的直线传播定律**. 由于光的直线传播性对于光的实际行为只具有近似的意义，所以用它作为基础的几何光学，只能应用于有限范围和给出近似的结果. 在所研究的对象中，如果几何尺寸远远大于所用光的波长，则几何光学可以获得与实际相符合的结果. 如果研究对象的几何尺寸与光的波长相近，则用几何光学所得的结果与实际有显著的差别甚至相反，这时必须用光的波动性(即波动光学)进行分析. 所以几何光学是波动光学在一定条件下的近似. 尽管如此，由于几何光学的简便，仍为研究光传播的有力工具.

2. 光线

在光的直线传播原理的基础上，可以用一条表示光传播方向的几何线来代表光，称这条几何线为**光线**. 借助光线的概念，我们可以对几何光学的基本原理进行表述.

小孔成像可以成为光的直线传播定律的实验验证. 如图 13-1 所示，在匣壁上开一小孔 O，则匣前实物在匣后毛玻璃屏上显示清晰的像，这个像不但上下倒置，而且左右对调. 如图 13-2 所示，当针孔 ab 较大时，屏上的像逐渐模糊，形成一个照耀明亮的区域，孔 ab 让光线通过后，屏上 cd 区域内各点受到光源全部光的照射，特别明亮；ce 和 df 区域内各点只受到光源的部分光照射，明亮程度逐渐减弱，到 e 和 f 处就无光照射，变成黑暗. 如果在光孔 ab 后再放置一光孔 $a'b'$，则 ce 和 df 半透明区全部消失，屏上显示一均匀明亮的区域 cd. 光孔 $a'b'$ 称为**光阑**，光阑 $a'b'$ 的作用是使得屏上明亮区域均匀一致. 光孔 ab 和光阑 $a'b'$ 的作用使射到屏上的光线成为光束 $acbd$.

在小孔成像实验中，如果光孔 ab 太小，这时光的直线传播定律失效，则在屏上看不到物体的像，而是出现光斑，这是由光的衍射现象引起的. 关于小孔衍射，我们在以后衍射一章进行讨论.

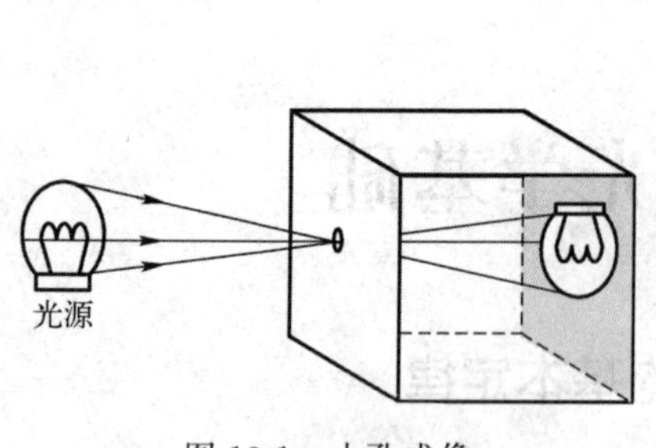

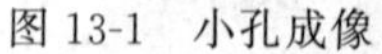

图 13-1　小孔成像

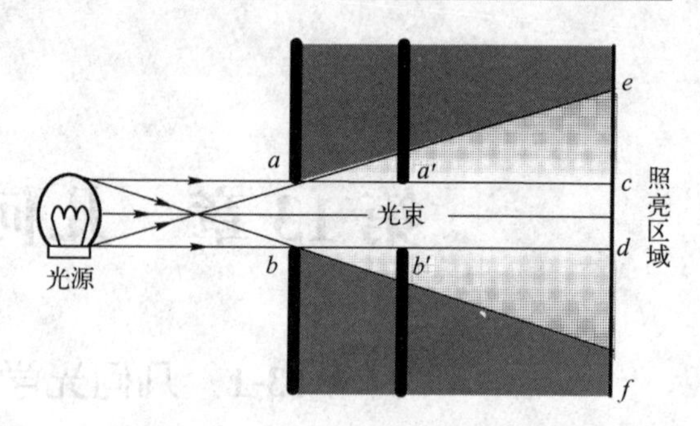

图 13-2　圆孔较大时的光线与光束

二、光的独立传播原理

来自不同方向或由不同物体发出的光线，若在空间相交，并不影响每一条光线各自的传播，这就是光的独立传播原理. 如有两个人同时通过屏上的开孔分别观察屏后的两个不同的物体，尽管这两个物体反射出来的光线在小孔处相交，但此两人观察到物体的情况与另一物体不存在时所见的完全相同. 也就是说，光的传播不受其他光线的影响，即光的传播是各自独立的.

三、反射定律

光在介质中传播时，若遇到另一种介质，则在两种介质的分界面上（见图 13-3），一部分光发生反射，另一部分光线透入另一介质中，称为透射. 能够被光线透射的介质，称为透明介质，如水、玻璃等.

当光线入射到两种介质的分界面发生反射时，服从光的反射定律：入射光线、反射面的面法线和反射光线在同一平面内，且反射角 i' 等于入射角 i，即

$$i'=i \tag{13-1}$$

平面镜是一种反射镜，它的反射面即为分界面，平面镜成像可以由光的反射定律说明. 如图 13-4 所示，从平面镜 MN 前的一个光点 S 发出的光线，经平面镜上各点反射后，好像由 S' 发出来的，按照反射定律，S 和 S' 对平面镜的位置是对称的，S' 称为 S 的像. S' 并非是光线真正的聚合之处，所以称为虚像，它与小孔成像不同，

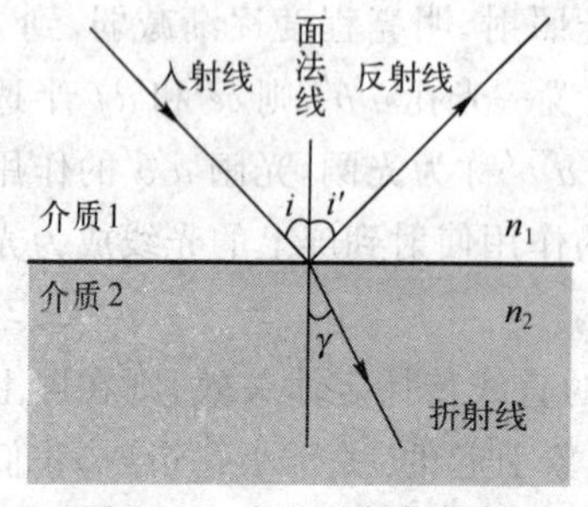

图 13-3　光的反射与折射

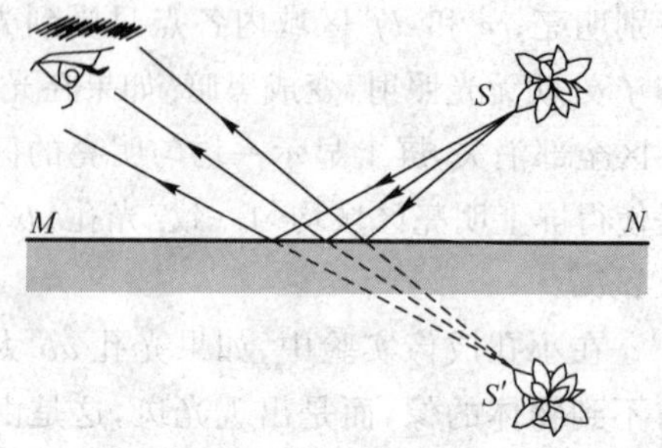

图 13-4　平面镜的成像

小孔所成的像是光线直接照射而成的，因而是实像. 实像能够在屏幕等物体上显示出来，而虚像只能在镜子中见到.

四、折射定律

如图 13-3 所示，当光线入射到两种介质的分界面发生折射时，服从折射定律：入射光线、分界面的面法线和折射光线在同一平面内，且折射角 γ 与入射角 i 满足

$$n_1 \sin i = n_2 \sin \gamma \tag{13-2}$$

式中，n_1 为入射介质 1 的折射率，n_2 为折射介质 2 的折射率.

介质的折射率与光的传播速度有关，光在不同介质中的传播速度不同，因而折射率也不同. 若光在介质中的速度为 v，则介质的折射率为

$$n = \frac{c}{v} \tag{13-3}$$

式中，$c = 3 \times 10^8\ \mathrm{m \cdot s^{-1}}$ 是光在真空中的速度. 两种介质相比较，折射率较大者，光在其中的传播速度较慢，称为光密介质；反之，折射率较小者，称为光疏介质. 真空的折射率为 1，由于光在空气中的速度 $v \approx c$，所以，在要求不太高的情况下，空气的折射率 $n \approx 1$. 表 13-1 列出了一些介质的折射率，供学习时查阅.

表 13-1　一些物质的折射率（常温常压下，对于 $\lambda = 589.3\ \mathrm{nm}$）

介质	折射率	介质	折射率
空气	1.000 293	冕牌玻璃	1.518 1
二氧化碳	1.000 444	火石玻璃	1.612 9
水	1.333 0	金刚石	2.149
甘油	1.474	方解石	$n_o = 1.658\,4$　$n_e = 1.486\,4$
氟化镁	1.38	石英	$n_o = 1.544\,3$　$n_e = 1.553\,4$

需要说明的是，介质的折射率不仅与介质材料的种类有关，而且与光的波长有关，物质的折射率随波长的增加而减小. 如果一束白光入射到空气与介质的分界面折射时，由于不同波长的折射率不同，则不同波长的光线将分散开来，这种折射率随波长变化的特性称为色散. 色散对光学设备非常重要，下一节专门介绍.

五、全反射

当光从折射率 n_1 较大的光密介质投射到折射率较小的光疏介质 n_2 的界面时，折射角总是大于入射角，如图 13-5 所示. 如果增大入射角，则折射角也随着

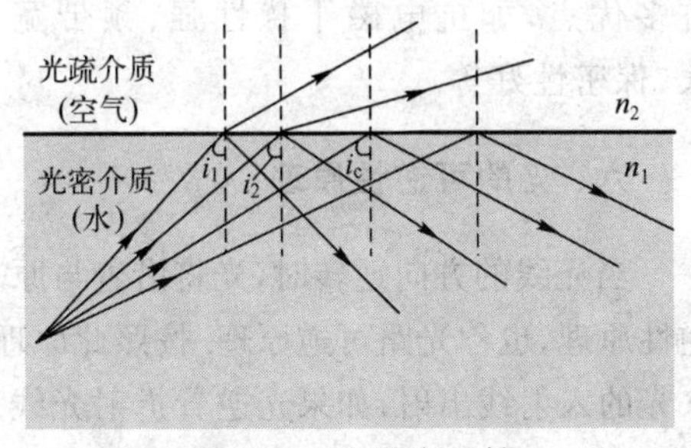

图 13-5　光的全反射

增大,最后当入射角增大到某一角度时,折射角变成 90°. 再增大入射角,光线就会全部反射到光密介质中,而无折射,即光能量没有透射损失,这种现象称为全反射. 使折射角成为 90°的入射角称为临界角 i_c. 则由折射定律

$$\sin i_c = \frac{n_2}{n_1} \tag{13-4}$$

只有当光线从光密介质向光疏介质传播时,才有全反射. 而当光线从光疏介质射向光密介质时,不存在临界角,折射线总存在,没有全反射.

在光学仪器中,利用全反射棱镜可以改变光的传播方向或使得像倒转,全反射棱镜在许多方面都比平面镜反射性能优越. 首先,因为全反射时光能完全反射回介质,没有能量损失,而由镀膜的平面镜反射时,在反射表面将有一定的光能被吸收;其次,在研磨工艺和组装技术上,棱镜又有容易被制成多种多样组合的反射面和满足高精度的要求的特点. 图 13-6 所示即为用于改变光路方向和转向的棱镜及其组合.

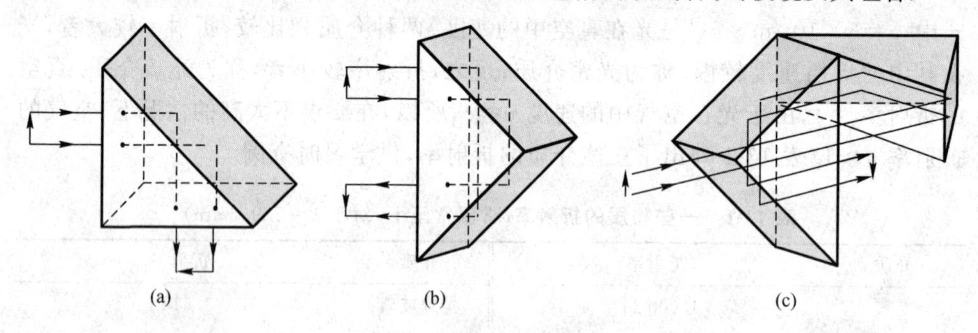

图 13-6 棱镜及其组合

在一根折射率 n_1 较高的玻璃纤维外包一层折射率 n_2 较低的介质,光在玻璃纤维的光滑内壁上连续不断地全反射,可以能量损失很小地将光从一端传到另一端,如图 13-7 所示. 当玻璃纤维的截面小到 5～10 μm 时,传输效果也不变,这种传输光信号的玻璃纤维称为光学纤维. 纤维光学都是以全内反射为基础的. 光学纤维可以用于内窥光学系统,尤其重要的是成功用于通信系统. 光纤通信与电通信相比有许多优点,如抗电磁干扰性强、频带宽、通信容量大、保密性好等.

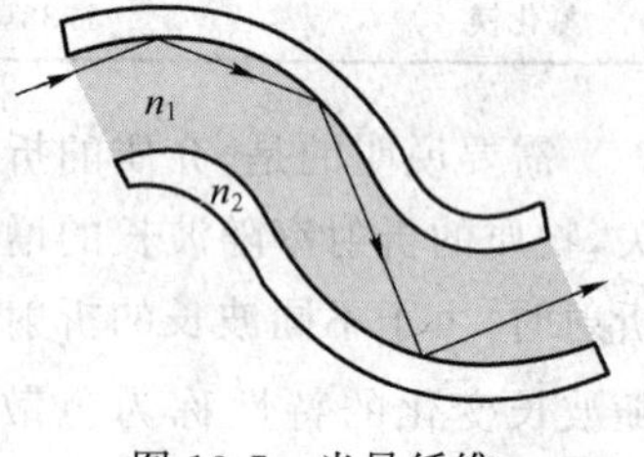

图 13-7 光导纤维

六、光的可逆性原理

当光线的方向逆转时,光将沿着与原来方向相反的同一路径传播,这就是光的可逆性原理,也称光路可逆原理. 按照此原理,如果光逆着反射光线入射,它必定逆着原来光的入射线出射;如果光逆着折射光线入射,它也必定逆着原来的入射线出射. 光的可逆性原理不仅适用于光的反射和折射过程,对于光的一切传播过程也都适用.

应当指出，上述讨论的几个关于光的基本规律都是近似的，它们只有在空间障碍物以及反射和折射面的线度远大于光的波长时成立，否则入射光束将在障碍物或界面上产生明显的衍射或散射效应. 尽管如此，在很多情况下用它们来设计光学仪器，还是足够精确的.

§13-2　光的色散与吸收现象

一、棱镜的折射和色散

棱镜是一种广泛应用的光学器件，现在让我们讨论常见的三棱镜对光的折射和色散作用. 截面为三角形的棱镜称为三棱镜. 出入光线的棱镜的两面，称为三棱镜的折射面，与两个折射面垂直的平面称为主截面，通常只需要讨论光线在主截面内的传播情况. 如图 13-8 所示，$\triangle ABC$ 是三棱镜的主截面，两个折射面所夹的角 α 称为棱镜的折射棱角(或顶角). 一束单色光 LD 由空气射入棱镜内，经过两次折射沿 EL'方向出射. 由于棱镜与周围空气比较是光密介质，光线通过棱镜后将使出射光线向棱镜的底面偏折，入射线与出射线的夹角 δ 即为偏向角.

1672 年牛顿发现了光的色散现象. 他把一束白光入射到三棱镜上，经过三棱镜的折射后，原来的一束白光，展开成一扇形光束，如图 13-9 所示. 其中红光的偏转角最小，紫光的偏转角最大. 在屏上获得依次按红、橙、黄、绿、蓝、靛、紫排列的彩色光带，称为光谱. 这种介质折射率与光的波长有关的现象叫做光的色散. 在实际使用中，还有另外一种与棱镜一样具有分光作用的光学器件称为光栅. 光栅的作用原理，我们在以后波动光学中再做讨论. 棱镜和光栅在光谱仪器中得到了普遍的应用.

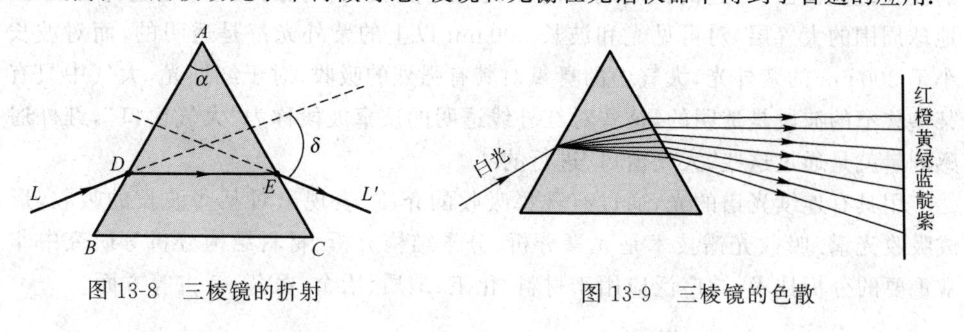

图 13-8　三棱镜的折射　　图 13-9　三棱镜的色散

二、光的吸收

光通过介质时，部分能量被介质吸收，而使光强逐渐减弱的现象称为光的吸收.

设一束单色平行光沿着 x 方向通过均匀介质，经过薄层介质 $\mathrm{d}x$ 后，光强度从 I 减少到 $I+\mathrm{d}I(\mathrm{d}I<0)$，如图 13-10 所示. 朗伯指出，$-\dfrac{\mathrm{d}I}{I}$ 与吸收层的厚度 $\mathrm{d}x$ 成

正比，即

$$-\frac{dI}{I}=\alpha dx$$

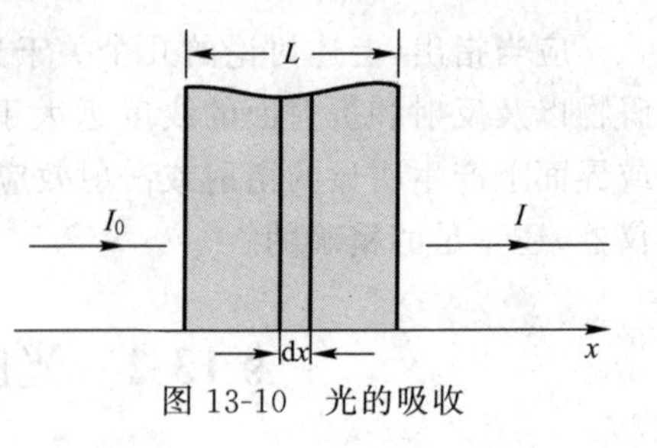

图 13-10　光的吸收

式中，比例系数 α 为该介质的吸收系数. α 的物理意义是表示光束通过单位长度介质后光强度减弱的百分比. 光通过厚度为 L 的介质后，欲求得出射光强，则对上式积分

$$\int_{I_0}^{I}\frac{dI}{I}=-\int_{0}^{L}\alpha dx$$

可得

$$I=I_0 e^{-\alpha L} \tag{13-5}$$

式中，I_0 和 I 分别是 $x=0$ 和 $x=L$ 处的光强. 式(13-5)为朗伯定律的数学表达式. 式中吸收系数 α 与介质的性质和光的波长有关.

若某种介质在一定波长范围内吸收系数很小，而且与波长无关，则这种吸收称为一般吸收. 例如，空气、水、无色玻璃等在可见光范围内产生一般吸收.

若某种介质对某些波长的光吸收系数比较大，而且随波长的变化也很大，则这种吸收称为选择性吸收. 对可见光产生选择性吸收时，就能够使白光变色. 我们在白光下看到的物体呈现不同的颜色，就是对可见光进行选择性吸收的结果. 例如，绿色玻璃能把白光中其他颜色的光都吸收掉，所以透射出来的光呈现绿色；又如，白天看到一堵红墙，就是因为这堵墙对日光中除红色以外的光都有较强的吸收，而对红色吸收甚少，从而使红光从墙面反射到人眼，使人感觉到墙面是红色的.

任何介质对光的吸收都是由一般吸收和选择性吸收组成的，只是发生在不同的波长范围而已. 普通的窗玻璃对可见光是一般吸收，对紫外光却是选择性吸收. 地球周围的大气层，对可见光和波长 300 nm 以上的紫外光都是透明的，而对波长小于 300 nm 的紫外光，大气中的臭氧对其有强烈的吸收；对于红外光，大气中只有某些狭窄的波段是透明的，这些对红外线透明的狭窄波段称为“大气窗口”，红外遥感测量就是通过这些“大气窗口”进行的.

用具有连续光谱的光，通过有选择吸收的介质，表现出对某些波长的吸收，形成吸收光谱. 吸收光谱技术是元素分析、分子结构分析、材料结构分析等研究中非常重要的分析技术，被广泛应用于材料、化工、地质、冶金、医药、考古等方面.

§13-3　薄　透　镜

利用光的反射或折射，可以改变光线的传播路线，通常，除平面镜、棱镜外，还可以利用球面镜、透镜等光学器件控制光路，以满足各种需要. 透镜是光学仪器中使用非常广泛的光学元件. 普遍使用的眼镜片和放大镜是透镜；在望远镜、显微镜、投影仪、电影放映机等仪器中，也都用透镜作为重要的光学元件.

一、透镜与薄透镜

一个透镜由两个界面组成，其中至少要有一个界面是曲面.一个或两个曲面都是球面的称为球面透镜，此外还有非球面透镜.例如，双曲面透镜、双曲面平面透镜、球面椭球面透镜等.随着计算机控制研磨技术的发展，非球面透镜的制作和应用会日益增多.

透镜有凸凹之分，凡中间部分比边缘部分厚的透镜称为凸透镜，也叫正透镜或汇聚透镜；凡中间部分比边缘薄的透镜称为凹透镜，也叫负透镜或发散透镜，如图 13-11 所示.透镜两球面的中心 C_1 和 C_2 的连线称为透镜的主光轴.包含主光轴的任一平面称为主截面.透镜两表面在主光轴上的间隔称为透镜的厚度.若透镜的厚度与球面的曲率半径相比不能忽略，则称为厚透镜；若透镜厚度与球面的曲率半径相比可以忽略，则称为薄透镜.下面我们仅对以后经常出现的薄透镜进行简单讨论.

如图 13-12 所示，在薄透镜的主光轴上有这样一个点 O，通过该点的入射光线和出射光线的方向不变.对于薄透镜来说，入射线和出射线近似重合，这个点 O 称为透镜的光心.除了主光轴，所有通过光心的直线都称为副光轴.

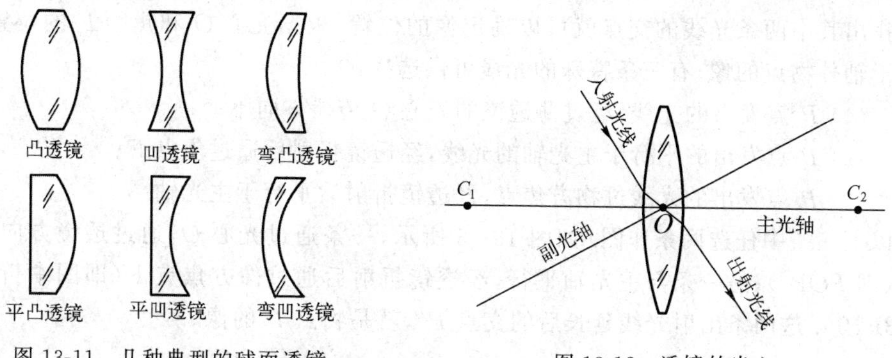

图 13-11　几种典型的球面透镜

图 13-12　透镜的光心

如图 13-13 所示，透镜的每一部分都像一个三棱镜或三棱镜的一部分，凡是通过它的光线都向它的底部折射，对凸透镜来说，通过的光线都折向主光轴.如果射在透镜上的光线都平行于它的主光轴，理论和实验都证明，这些光线经过透镜后将会汇聚于主轴上的一点 F，这个点 F 称为凸透镜的主焦点，简称焦点.透镜的主焦点 F 与光心 O 之间的距离称为焦距，一般用 f 表示.

如果平行光束斜射到透镜上，如图 13-14 所示，经过透镜后，将聚焦于另一点 F'，F' 称为副光轴上的焦点.把通过焦点与主光轴正交的平面称为焦平面，则 F' 是副光轴与焦平面的交点.

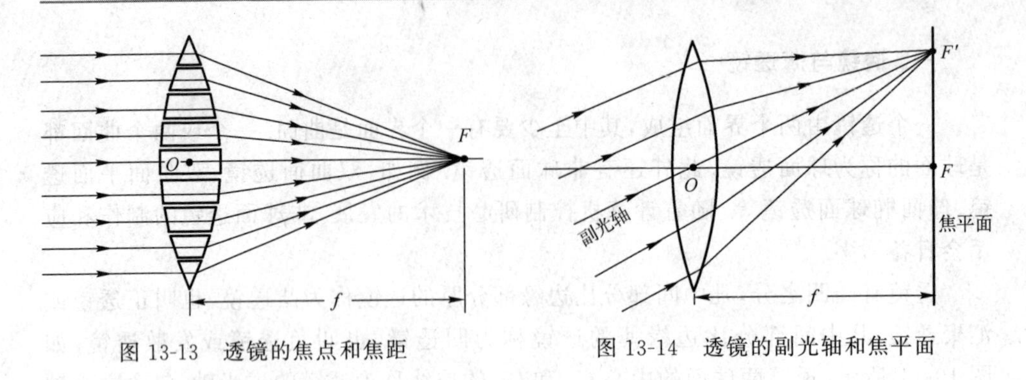

图 13-13 透镜的焦点和焦距　　图 13-14 透镜的副光轴和焦平面

二、透镜成像

现在我们进一步讨论透镜的成像. 理论和实验证明,由一发光点发出来的许多近轴光线,通过透镜后将汇聚于一点,这一点就是发光点的像.

1. 作图求像法

薄透镜成像的物、像的关系,可以用作图法求出. 在近轴光线的条件下,薄透镜能使点物成为点像,而且物体上各点与其像上各点一一对应. 因此,经过物点的每条光线,经过透镜折射之后,必然通过像点,或像点反向延长线通过物点. 这样,只需找出其中两条光线的交点就可以确定像的位置. 根据光心 O 和焦距 F 的位置,对于轴外物点的像,有三条特殊的光线可供选择:

(1) P 点发出的光线,经过薄透镜的光心 O 传播方向不变;

(2) P 点发出的平行于主光轴的光线,经透镜折射后通过焦点 F;

(3) P 点发出的光线过物方焦点,经透镜折射后平行于主光轴.

在以上三条中任选两条作图. 如图 13-15 所示,一条通过光心 O,通过透镜方向不变(即 POP');另一条与主光轴平行,经透镜折射后通过像方焦点 F(即图中折线 $PBFP'$). 这两条出射光线延长后的交点 P',就是物点 P 的像.

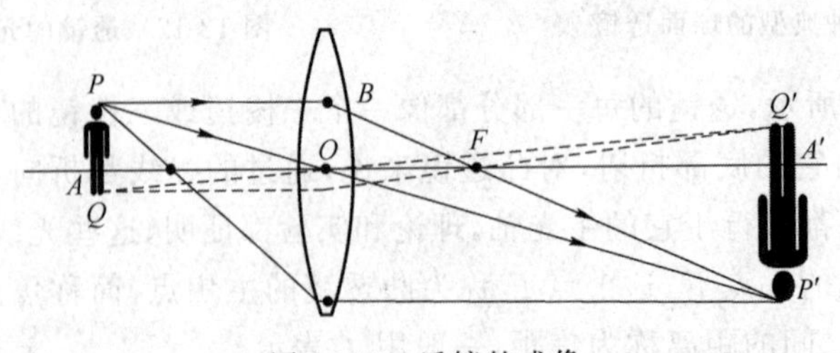

图 13-15 透镜的成像

用同样的方法,可以作出物体上 Q 点的像点 Q'. 若 P、Q 是物体上的两个端点,则物体上其余各点的像必定位于像点 P'、Q'之间,可见 $P'Q'$就是物体 PQ 的倒立实像.

2. 薄透镜成像公式

在近轴光线的条件下,如果薄透镜镜面两侧的介质相同,透镜的物方焦距和像方焦距均为 f,可以证明(略),薄透镜(包括凸透镜和凹透镜)的成像规律可以用公式表示如下

$$\frac{1}{s}+\frac{1}{s'}=\frac{1}{f} \tag{13-6}$$

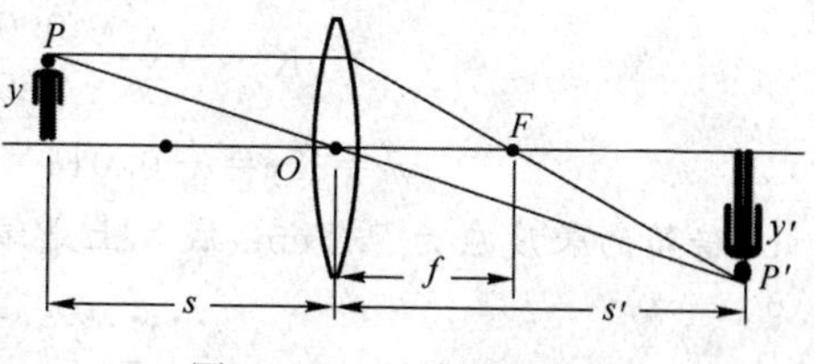

图 13-16　透镜成像公式

式中,s 表示物距,s'表示像距,f 为透镜的焦距,如图 13-16 所示,s、s'、f 均从透镜中心 O 算起. 对于实物,物距 s 取正值;像距 s' 的正负由像的虚实来确定,实像时 s'为正,虚像时 s'为负;凸透镜的焦距 f 取正值,凹透镜的焦距 f 取负值. 式(13-6)也称薄透镜的高斯公式.

3. 薄透镜的横向放大率

在近轴光线的条件下,如果薄透镜镜面两侧的介质相同,如图 13-16 所示,设物体高度 y,其像的高度为 y'. 可以证明(略),薄透镜的横向放大率为

$$K=\frac{y'}{y}=-\frac{s'}{s} \tag{13-7}$$

式中,负号表示物像倒置. 根据式(13-6)和式(13-7),凸透镜的成像随着物体和焦点之间的相对位置的不同,成像的情况也不同,应用也不同. 一般有以下几种情况:

(1) 物体位于无穷远时,相距 $s'=f$,成实像,$K=0$,即平行光入射到透镜上汇聚于焦点.

(2) 当 $s>2f$ 时,像的位置 $f<s'<2f$,这时的像是倒立的实像,放大率 $K<1$. 眼睛、照相机就是利用凸透镜这样的成像关系,观测或拍摄远处物体的缩小实像的.

(3) 当 $s=2f$ 时,$s'=2f$,这时的像是倒立的实像,$K=1$,即物与像的大小相等.

(4) 当 $f<s<2f$ 时,像的位置 $2f<s'<\infty$,这时的像是倒立的实像,$K>1$,幻灯机、显微镜就是利用这样的成像关系.

(5) 当 $s=f$ 时,$s'\rightarrow\infty$,这时无像,$K\rightarrow\infty$,探照灯就是这种光学关系.

(6) 当 $0<s<f$ 时,$s'<0$,这时的像是正立的虚像,$K>1$,放大镜就是这种光学成像关系.

【例 13-1】 一架照相机的镜头可以看作一个焦距为 7 cm 的凸透镜,为了拍摄镜头前 5 m 处的人像,设人身高 1.7 m,操作箱的长度为多少? 在底片上的人像高度是多少?

【解】 根据题意,已知 $f=7\text{ cm}$,$s=5\text{ m}$,所求操作箱的长度即为像距 s'. 根据高斯公式(13-6)

$$\frac{1}{5}+\frac{1}{s'}=\frac{1}{0.07}$$

则

$$s'=0.071\,\text{m}$$

根据透镜放大率公式(13-7)

$$K=-\frac{s'}{s}=\frac{0.071}{5}=-0.014$$

所以

$$y'=Ky=-0.014\times1.7\,\text{m}=-0.024\,\text{m}$$

因此,暗箱的长度应为 7.1 cm. 底片上是缩小的 2.4 cm 的倒立人像.

习　题

13-1　有一色散棱镜,顶角为 α. 试证:第一次折射角 γ 与第二次入射角 i 之和正好等于棱镜的顶角 α.

13-2　一个高 5.0 mm 的物体放在一焦距为 200 mm 的凸透镜前 250 mm 处. 求:(1)像离透镜多远?(2)像是正像还是倒像?(3)像高多少?

13-3　物理实验中测定正透镜焦距的一种常用方法,是当物与其像距 $L>4f$ 时,则物与成像屏的位置不动,移动透镜,在另一个位置上可以重新得到清晰的像. 用术语说,此时透镜有两个位置,都得到相同的共轭点. 证明:透镜两位置相距 d 满足

$$f=\frac{L^2-d^2}{4L}$$

这个方法的优点是不必测量物距与像距,因为通常透镜的光心不易测定,而物(用屏)与像(用屏)的间距及透镜移动的距离都比较容易精确测定.

第14章 光的干涉

19世纪初，人们发现光有干涉、衍射和偏振等现象，这些现象是波动的特征. 19世纪后半叶，麦克斯韦提出了电磁波理论，又由赫兹的实验所证实，人们才认识到光是一种电磁波，形成了以电磁波理论为基础的波动光学. 从本章开始我们主要讨论波动光学的主要内容，即研究光的干涉、衍射和偏振等现象.

在波动光学中，光作为电磁波，实际上就是电场强度 $\boldsymbol{E}$ 和磁场强度 $\boldsymbol{H}$ 周期性变化的传播. 由于对人的视网膜或照相底片等感光器件引起光效应的主要是电场强度 $\boldsymbol{E}$，而磁场强度 $\boldsymbol{H}$ 通常影响甚微，所以我们把光波视为电场强度 $\boldsymbol{E}$ 振动的传播.

光的干涉现象是光的基本特征之一，也是光具有波动性的有力证明. 本章在阐明光的相干性、光程差等概念的基础上，着重讨论光干涉的两种类型(分波阵面法和分振幅法)，以及这两种类型干涉的基本规律和它们在工程技术中的应用.

§14-1 光的相干性与光程差

一、光源

发光的物体叫光源. 光源可分为普通光源和激光光源. 普通光源按照激发方式不同又分为热光源和冷光源. 利用热能激发的称为热光源，如白炽灯等. 利用化学能、电能或光能激发的称为冷光源. 例如，磷的发光为化学能激发；稀薄气体在通电的情况下发出辉光为电能激发(电致发光)；某些物质在紫外线照射下被激发而发光，称为光致发光.

普通光源发出的光是连续不断的光，实际上光是由光源中大量原子或分子从较高的能量状态跃迁到较低的能量状态过程中对外辐射的光波的总和. 原子的发光机理如图14-1(a)所示. 这种辐射有两个特点：一是间歇性. 就单个原子发光而言，它是不连续的，是一次一次间断地向外发出的光，每次只发出一列长度很短的波列，如图14-1(b)所示. 二是随机性. 所谓随机性即指同一原子先后两次发出的光，即便是频率相同，但前一次发出的光的振动方向与相位与后一次发出的光的振动方向和相位没有任何内在的联系，完全是随机的；也指同一时刻不同原子发出的光，它们之间的振动方向和相位，无任何内在联系，也是随机的. 所以，在某一时刻，普通光源中大量分子或原子所发出的光波的频率、振动方向和相位各不相同.

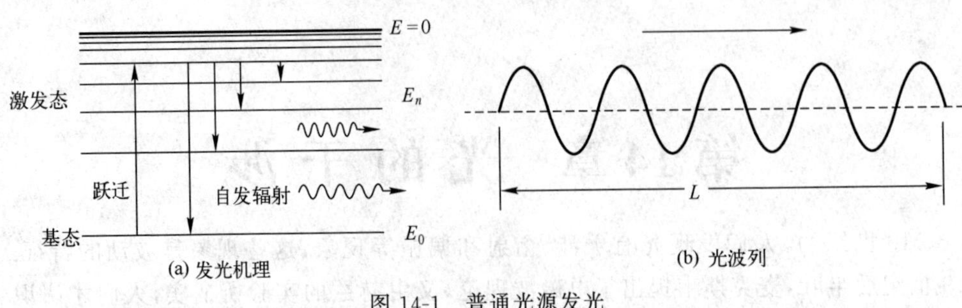

(a) 发光机理　(b) 光波列

图 14-1　普通光源发光

二、光的强度

光波是光振动的传播，并且主要是指电磁波中电场强度 $\boldsymbol{E}$ 矢量振动的传播．因此，将 $\boldsymbol{E}$ 矢量称为光矢量，将 $\boldsymbol{E}$ 的振动称为光振动．但是，在光学中，$\boldsymbol{E}$ 矢量是无法直接观测到的，人们能够看到光的颜色以外，只能观测到光的强度．例如，任何感光仪器，无论是人的眼睛还是照相底片，感觉到的都是光的强度而不是光振动本身．光的电磁理论指出，光的强度 I 取决于在一段观察时间内的电磁波能流密度的平均值，其值与光振动的振幅 E_0 平方成正比，即 $I \propto E_0^2$．因此，光波传到之处，若该处光振动的振幅为最大，看起来就最亮；而振幅为最小（或几近于零）处，则差不多完全黑暗．或者说，明暗的程度可用光的强度来表征．

三、光的单色性

可见光的波长为 400～760 nm，亦即频率在 $4.3\times10^{14}\sim7.5\times10^{14}$ Hz 之间的电磁波．可见光的颜色是由光波的频率决定的．不同频率的光，引起人的视觉颜色是不同的．同一频率的光在不同介质中由于速度不同而具有不同的波长，但因频率不变，故人眼感觉到的是相同的颜色．具有单一频率的光称为**单色光**．为了便于应用，习惯上将各种颜色按光在真空中的不同波长来划分，见表 14-1．

表 14-1　各种颜色的可见光在真空中的波长范围

光的颜色	波长 λ 的大致范围/nm	光的颜色	波长 λ 的大致范围/nm
红色	760～630	蓝色	500～450
橙色	630～600	靛色	450～430
黄色	600～570	紫色	430～400
绿色	570～500		

光源中一个原子（或分子）在某一瞬时发出的光具有一定的频率，所以是单色的．但是，光源中包括了大量分子或原子所发出的具有各种不同频率的光，这种由各种频率复合起来的光称为**复色光**．如太阳光、白炽灯等发出的光均为复色光．如图 14-2 所示，当复色光通过三棱镜时，由于不同频率的光在玻璃介质的传播速度不同，折射率不同，因此复色光中不同频率的光将按折射角分开，形成光谱．如果调

整狭缝的位置，测得不同波长所对应的相对强度，则得到太阳光的光谱分布如图 14-3 所示，是具有各种可见光波长的连续谱.

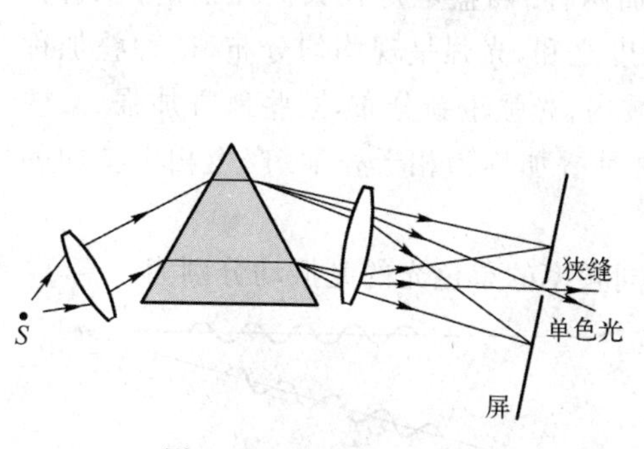

图 14-2 单色光的获得

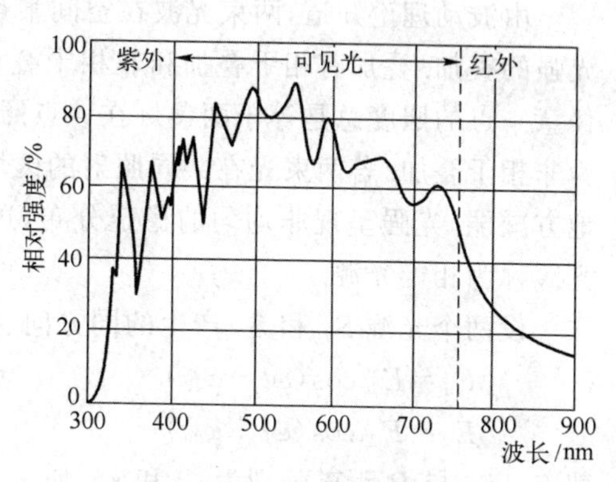

图 14-3 太阳光的光谱

在光学实验中常常需要具有一定频率的单色光. 可以将太阳光、白炽灯发出的复色光，经过三棱镜分光用狭缝将单色光分析出来. 也可以利用某些具有选择吸收性能的物质制成滤光片，复色光通过滤光片后，透射光就是所需要的单色光. 较理想的单色光由钠光源(钠灯)、汞光源(汞灯)等单色光源获得，它们的可见光光谱只有几条特征谱线. 图 14-4 所示为汞灯在 200～600 nm 的光谱，Hg 在可见光范围内主要由 365 nm、405 nm、436 nm、546.1 nm、579 nm 等波长的单色光组成，其中波长 546.1 nm 的单色光常作为实验室的单色光.

单色光并不是完全单色的，总有一定的波长或频率范围. 波长范围越小，光的单色性越好. 常用谱线宽度来衡量单色光单色性，如图 14-5 所示，图中 I_0 为谱线 λ_0 对应的最大光强. 通常将最大光强 1/2 处谱线对应的波长范围 $\Delta\lambda$ 称为谱线宽度. 显然，谱线宽度 $\Delta\lambda$ 越小，谱线对应的波长范围越窄，光的单色性越好. 如实验室常用的钠灯、汞灯，谱线宽度约为 $0.1 \sim 10^{-3}$ nm. 激光的谱线宽度约为 10^{-9} nm. 可见激光光源是很好的单色光源.

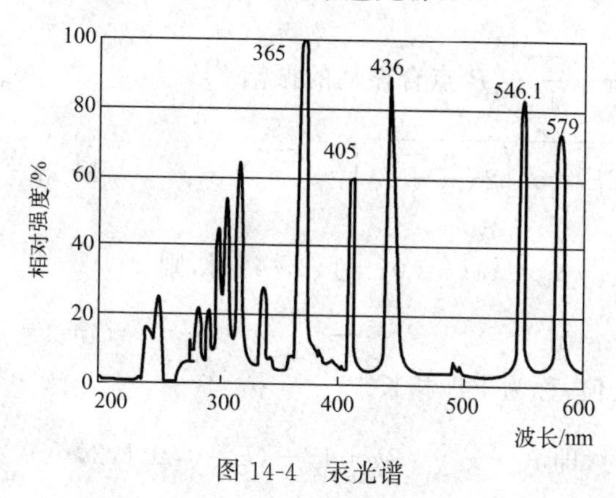

图 14-4 汞光谱

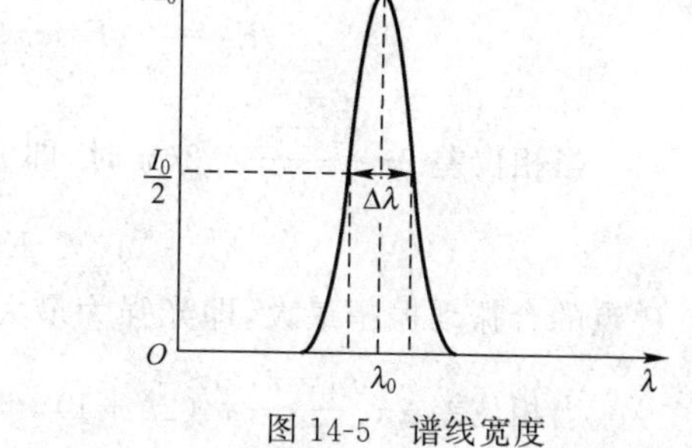

图 14-5 谱线宽度

四、光的相干性

由波动理论知道，两束光波在空间某点相遇，该点的光强是每束光单独在该点光强的叠加. 叠加有相干叠加和非相干叠加两种. 两盏电灯在共同照射的区域内，任意一点的照度总是等于两盏灯在该点照度之和，光强呈现均匀分布，这种叠加称为非相干叠加. 若两束光在共同照射的区域内，光强重新分布，某些地方加强，某些地方减弱，光强呈现非均匀的稳定分布，这种叠加称为相干叠加. 产生相干叠加的光源称为相干光源.

设两个光源 S_1 和 S_2 产生的同方向、同频率的单色光的光振动分别为

$$E_1=E_{10}\cos(\omega t+\varphi_{10})$$
$$E_2=E_{20}\cos(\omega t+\varphi_{20})$$

若 S_1，S_2 与 P 距离分别为 r_1 和 r_2，如图 14-6 所示，则两列光波传到 P 点的光振动分别为

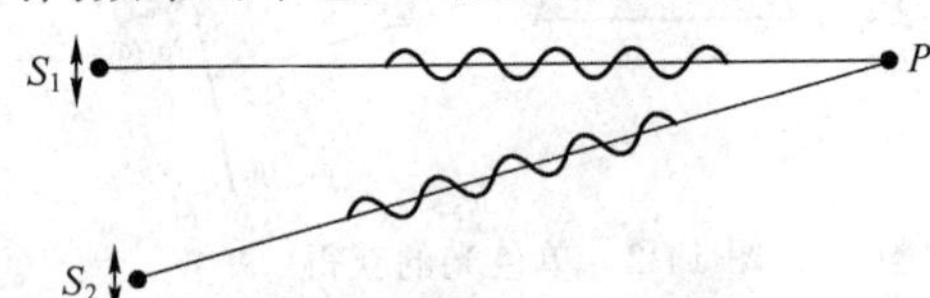

图 14-6 两列相干波的叠加

$$E_1=E_{10}\cos\left(\omega t-2\pi\frac{r_1}{\lambda}+\varphi_{10}\right)$$
$$E_2=E_{20}\cos\left(\omega t-2\pi\frac{r_2}{\lambda}+\varphi_{20}\right)$$

由于两个分振动的振动方向相同、频率相同，所以合成光振动为

$$E=E_0\cos(\omega t+\varphi)$$

式中，E_0 称为光振动 E 的振幅，其大小为

$$E_0=\sqrt{E_{10}^2+E_{20}^2+2E_{10}E_{20}\cos\left(\varphi_{20}-\varphi_{10}+2\pi\frac{r_1-r_2}{\lambda}\right)} \tag{14-1}$$

式(14-1)表明，P 点合振幅 E_0 的大小，取决于两分振动在 P 点的相位差 $\Delta\varphi=\left(\varphi_{20}-\varphi_{10}+2\pi\frac{r_1-r_2}{\lambda}\right)$. 如果设两分振动的振幅相同，即 $E_{10}=E_{20}$，初相位相同，即 $\varphi_{10}=\varphi_{20}$，则两分振动的相位差 $\Delta\varphi=2\pi\frac{r_1-r_2}{\lambda}$，$P$ 点合振动的振幅

$$E_0=\sqrt{2E_{10}^2+2E_{10}^2\cos\left(2\pi\frac{r_1-r_2}{\lambda}\right)} \tag{14-2}$$

当相位差 $2\pi\frac{r_1-r_2}{\lambda}=2k\pi$ 时，即 $r_1-r_2=k\lambda(k=0,\pm1,2,\cdots)$时，则

$$E_0=2E_{10} \tag{14-3}$$

P 点的合振动振幅最大，即光强为最大值，称为干涉相长.

当相位差 $2\pi\frac{r_1-r_2}{\lambda}=(2k+1)\pi$ 时，即 $r_1-r_2=(2k+1)\frac{\lambda}{2}(k=0,\pm1,2,\cdots)$

时，则

$$E_0=0 \tag{14-4}$$

P 点的合振动振幅为零，光强为零，称为干涉相消.

综上所述，相干光源必须具备以下三个条件：光振动的频率相同、振动方向相同、相位差保持恒定. 但是在一般情况下，两个独立光源是非相干的，这是由于普通光源分子或原子发光的随机性和间歇性，发自两个独立光源或同一光源不同部位的两束光，即使频率相同，其振动方向和相位差也不能保持恒定，因此不能实现光的干涉. 只有让从同一光源上同一点发的光，沿不同路径传播，然后再让它们相遇，这时，两列光波满足同频率、同振动方向、相位差恒定的条件，可以在相遇的区域产生干涉现象.

五、相干光的获得

由于普通光源的发光特点，在研究光的干涉时，相干光的获得就成了一个重要的问题. 实验室获得相干光的原理是把光源上同一点发出的光经过一定的装置使之变成两束，这两束光就是相干光. 将光源上同一点发出的光分成两部分有两种方法.

(1) 分波振面法. 如图 14-7 所示，从同一个点光源或线光源发出的光波，在其某一波前上取出两部分面元作为相干光源，所发出的两列相干光在空间将产生干涉现象. 历史上著名的杨氏双缝干涉实验，就是利用分波前法获得相干光的.

(2) 分振幅法. 如图 14-8 所示，利用光的反射和折射，将来自同一光源的一束光分成两束相干光，沿两条不同路径传播，当它们相遇时，就能产生干涉现象. 例如薄膜干涉等就是采用这种方法.

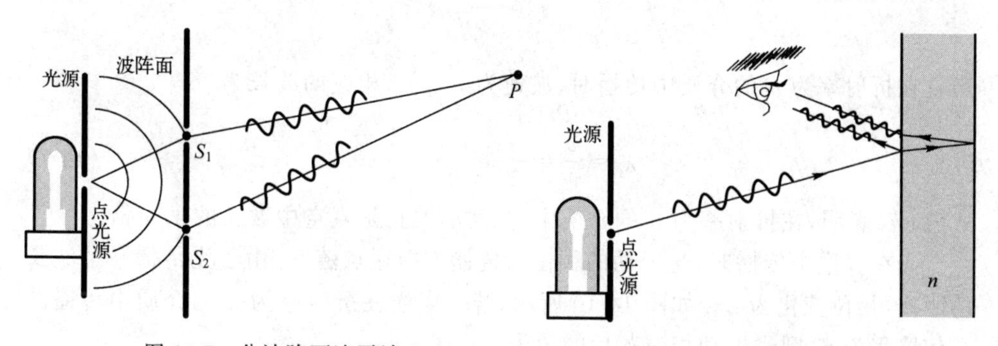

图 14-7　分波阵面法干涉　　　图 14-8　分振幅法干涉

需要指出，由于光源中的分子或原子每次发光的持续时间 Δt 很短(约 10^{-9}s)，发出的光波是一个有限长度的波列；间歇片刻(时间也很短，约 10^{-9}s)，再发出下一个波列，如图 14-9 所示. 而且先后各次发出的光波波列，其频率、振动方向和相位也不尽相同. 故而采取了上述的分波阵面法或分振幅法，才能够将同一次发出的光分成两个相干的波列. 显然，这两个波列到达空间某点的时间差不能大于一次发光

的持续时间 Δt，否则在该点相遇的两个波列，就不可能是从同一次发出的光波中分出来的，因而不能满足光波的相干条件. 显然，Δt 越长，光的相干性越好.

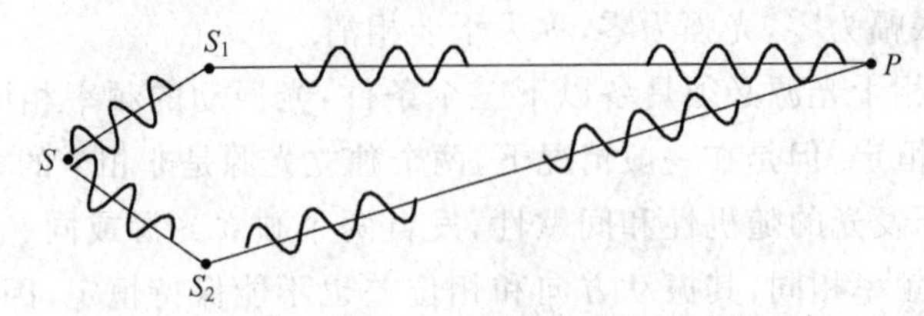

图 14-9　同一波列在 S_1，S_2 分成两列后再叠加

六、光程、光程差

通过对式(14-2)的分析可知，两束相干光的相位差决定着它们的干涉结果，相位差的计算在分析光的干涉现象时十分重要. 取自同一波阵面的两束相干光，如果在同一介质中按不同路径传播，由于光的波长不变，在相遇点两光的相位差就取决于两光到达相遇点所经历的几何路程之差，所以出现干涉加强的条件为

$$r_1-r_2=k\lambda \quad (k=0,\pm 1,2,\cdots) \tag{14-5}$$

出现干涉减弱的条件为

$$r_1-r_2=(2k+1)\frac{\lambda}{2} \quad (k=0,\pm 1,2,\cdots) \tag{14-6}$$

但如果此两束相干光通过不同介质时，光的传播速度和波长均发生变化，这样就不能单凭几何路程之差来计算相位差了. 为了方便计算同一波阵面的两束相干光经不同介质传播到达相遇点时引起的相位差，需要引入光程的概念.

设频率为 ν 的单色光，在真空中光速为 c，其真空中波长为

$$\lambda=\frac{c}{\nu}$$

当它在折射率为 n 的介质中传播时，波速为 $v=\frac{c}{n}$，相应的波长为

$$\lambda'=\frac{v}{\nu}=\frac{c/n}{\nu}=\frac{c}{n\nu}=\frac{1}{n}\lambda \tag{14-7}$$

式(14-7)表明，在折射率为 n 的介质中，光波的波长是真空中波长的 $1/n$ 倍.

光在媒质中传播时，光振动的相位沿传播方向逐点落后. 由于光传播一个波长的距离，相位变化为 2π. 如图 14-10 所示，若一束光在折射率为 n 的介质中传播的几何路程为 d，则光振动相位落后的值为

$$\Delta\varphi=2\pi\frac{d}{\lambda'}=2\pi\frac{nd}{\lambda}$$

同频率的光在折射率为 n 的媒质中通过 d 的距离所引起的相位落后和在真空中通过 nd 的距离时引起的相位落后相同. 我们把折射率 n 和几何路程 d 的乘积 nd 称为光程. 它实际上是把光在媒质中通过的几何路程折合成相同时间内光在真空中传播的路程.

引入光程的概念之后,可以方便地用光在真空中的波长 λ 来计算相位变化. 下面通过一个例子加以说明,如图 14-11 所示,S_1 和 S_2 为初相位相同的两相干光源,光束 S_1P 和 S_2P 分别在折射率为 n_1 和 n_2 的介质中传播,经路程 r_1 和 r_2 在 P 点相遇,则它们的相位差为

$$\Delta\varphi=2\pi\frac{r_1}{\lambda_1}-2\pi\frac{r_2}{\lambda_2}=2\pi\frac{n_1r_1-n_2r_2}{\lambda}$$

上式中,$n_1r_1-n_2r_2$ 为两束相干光的光程之差,称为光程差,一般用 δ 表示. 由上式可知,当两束相干光通过不同介质相遇时,在相遇处的相位差由它们的光程差 δ 决定,而不是由几何程差决定,相位差与光程差的关系为

$$\Delta\varphi=2\pi\frac{\delta}{\lambda} \tag{14-8}$$

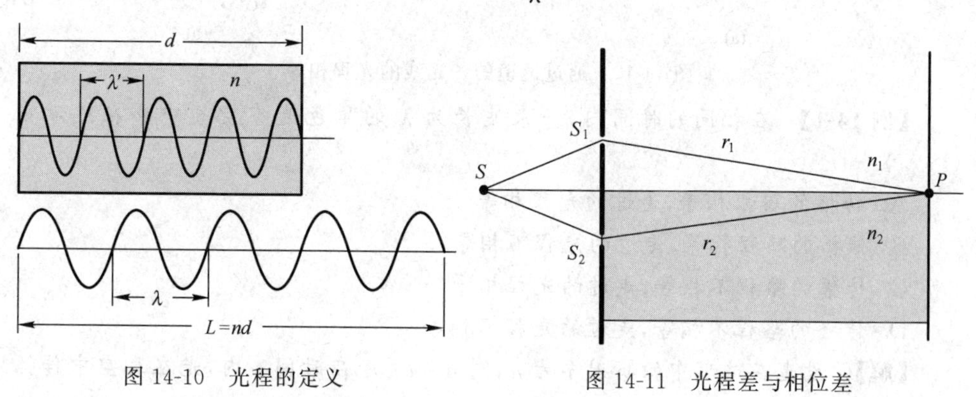

图 14-10 光程的定义　　图 14-11 光程差与相位差

当 $\Delta\varphi=2k\pi$ 时,干涉加强,对应的光程差的条件为

$$\delta=k\lambda \quad (k=0,\pm1,2,\cdots) \tag{14-9}$$

当 $\Delta\varphi=(2k+1)\pi$ 时,干涉减弱,对应的光程差的条件为

$$\delta=(2k+1)\frac{\lambda}{2} \quad (k=0,\pm1,2,\cdots) \tag{14-10}$$

式(14-9)和式(14-10)中的 λ 均为光在真空中的波长.

七、薄透镜不引起附加光程差

在光的干涉和衍射实验中,常要用到薄透镜. 值得一提的是,薄透镜的介入可以改变光的传播方向但不会引起附加的光程差.

如图 14-12(a)所示,实验表明,平行于透镜主光轴的平行光束通过透镜后,汇聚于焦点 F,这说明在平行光束波阵面上的各点,如 A,B,C 的相位相同,经过透镜汇聚于焦点 F 的相位仍然相同,所以才能相互加强形成亮点. 可见,从 A,B,C 各点到 F 的光程都相等,即透镜没有引起附加光程差. 这一等光程性可做如下解释:图 14-12(a)中,光线 $AA'F$ 和 $CC'F$ 传播的几何路程比光线 $BB'F$ 长,但是光线

$BB'F$ 在透镜中传播的路程比 $AA'F$ 和 $CC'F$ 长，由于透镜的折射率大于空气的折射率，所以三条光线的光程相等. 这就是说，透镜可以改变光线的传播方向，但不产生附加光程差.

对于图 14-12(b)所示的平行光束斜入射于透镜，光线汇聚于焦平面上的一点 F'，做类似的讨论，可知各光线的光程都是相等的. 所以说，透镜的使用不会产生附加光程差.

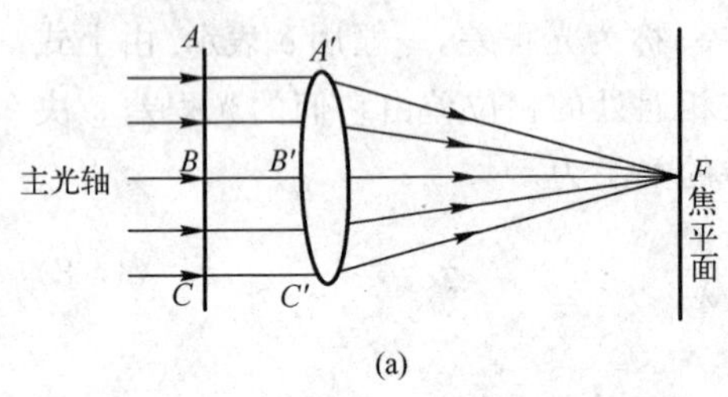

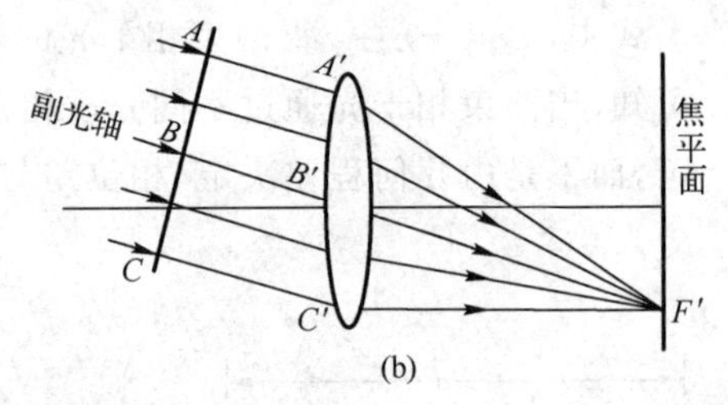

图 14-12 通过透镜的各光线的光程相等

【例 14-1】 在相同的时间内，一束波长为 λ 的单色光在空气中和在玻璃中(　　).

A. 传播的路程相等，走过的光程相等

B. 传播的路程相等，走过的光程不相等

C. 传播的路程不相等，走过的光程相等

D. 传播的路程不相等，走过的光程不相等

【解】 设光在玻璃中的折射率为 n，则 $n=c/v$. 在时间 t 内，光在真空中传播的路程为 ct，走过的光程为 ct；在时间 t 内，光在玻璃中传播的路程为 vt，走过的光程为 nvt. 因为 $nv=c$，所以 $nvt=ct$. 即在相同的时间内，一束波长为 λ 的单色光在空气中和在玻璃中传播的路程不相等，走过的光程相等. 所以答案为 C.

【例 14-2】 如图 14-13 所示，来自同一波阵面的两相干光源 S_1，S_2 的相干光，在屏上 P 点相遇，求 P 点两束光的光程差和相位差. 其中 $S_1P=r_1$，$S_2P=r_2$，路程 r_1 经过透明介质的折射率为 n_1，厚 d_1，路程 r_2 经过透明介质的折射率为 n_2，厚 d_2.

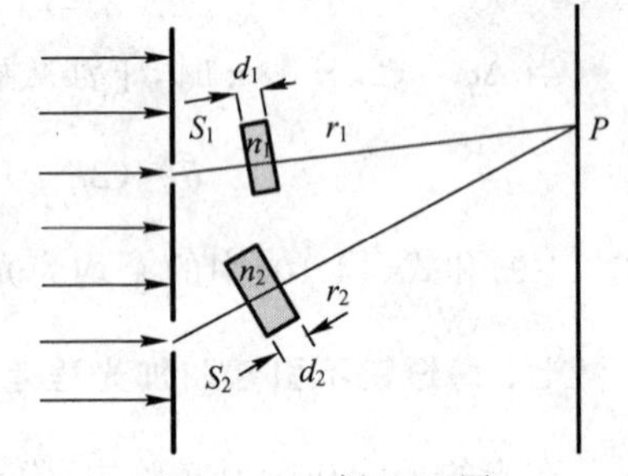

图 14-13 例 14-2 图

【解】 S_1 到 P 的光程为 $r_1-d+n_1d_1=r_1+(n_1-1)d_1$

S_2 到 P 的光程为 $r_2-d+n_2d_2=r_2+(n_2-1)d_2$

所以 S_2 到 P 与 S_1 到 P 的光程差为

$$\begin{aligned}\delta &=[r_2+(n_2-1)d_2]-[r_1+(n_1-1)d_1]\\&=r_2-r_1+[(n_2-1)d_2-(n_1-1)d_1]\end{aligned}$$

相位差为

$$\Delta\varphi=\frac{2\pi}{\lambda}\{r_2-r_1+[(n_2-1)d_2-(n_1-1)d_1]\}$$

§14-2 杨氏双缝干涉实验

一、杨氏双缝干涉实验

1801 年,英国物理学家托马斯·杨首先用实验方法研究了光的干涉现象,从而为光的波动说提供了坚实的实验基础.

杨氏双缝干涉实验是利用分波阵面法获得相干光束的典型例子. 如图 14-14(a)所示,狭缝 S_1 和 S_2 与狭缝 S 平行且等距, S_1 和 S_2 的距离为 d. 用单色光垂直照射狭缝 S,由 S 发出的光波同时到达 S_1 和 S_2,这样 S_1 和 S_2 就位于光源 S 发出的同一波阵面上,由 S_1 和 S_2 发出的光是从同一波阵面上分离出来的两部分,无疑是相干的,它们在空间相遇,将发生干涉现象,结果在远处(双缝与屏的距离 $D\gg d$)屏幕上,形成一系列稳定的、明暗相间的干涉条纹,如图 14-14(b)所示. 实验结果表明:

(1) 干涉条纹以 S_1 和 S_2 连线的中垂线与屏幕的交点 O 为对称点,明暗相间、等间距对称分布,O 处的中央条纹为明纹.

(2) 屏幕上干涉条纹的间距与入射光的波长有关,波长越长,间距越大,条纹分布越疏;波长越小,间距越小,条纹分布越密.

(3) 白光入射时,屏幕上除中央明纹为白色外,在两侧的各级明纹是由紫到红排列的彩色条纹.

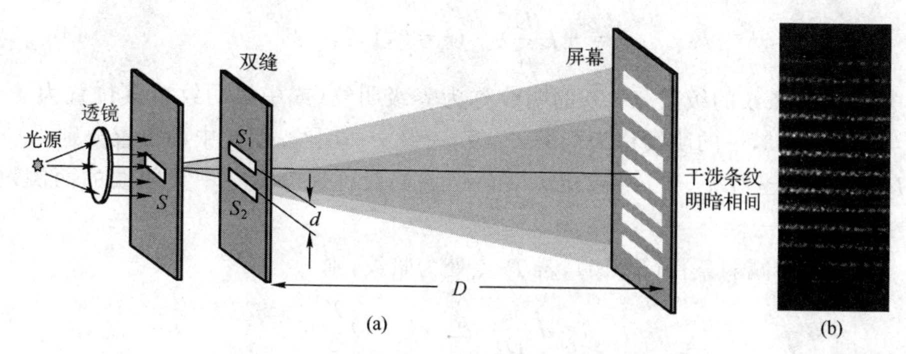

图 14-14 杨氏双缝干涉实验装置及其干涉条纹

二、干涉条纹的分布规律

如图 14-15 所示,设 S_1 到 S_2 的距离为 d,双缝到观测屏的距离为 D,通常实验中总是使 $D\gg d$,如果取 D 约为米级,d 约为 10^{-4} 米级,为了便于分析,我们将图中的双缝间距放大. 设 S_1 和 S_2 发出波长为 λ 的相干光，且两束光的强度相同，初相位相同，到达屏幕上任意一点 P 的相位差只取决于 S_1 和 S_2 发出的光到达 P 的光程差

$$\delta = r_2 - r_1$$

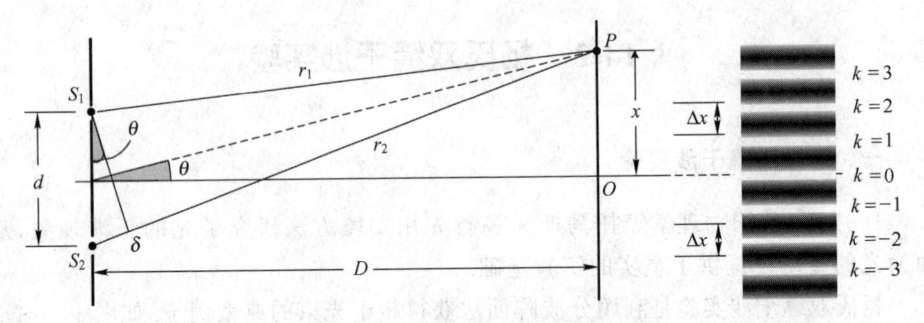

图 14-15　杨氏双缝干涉条纹的计算

设 P 点到屏幕上对称中心 O 点的距离为 x，由于 $D \gg d, D \gg x$，即 θ 角很小，由图 14-15 中的几何关系可以得到

$$\sin\theta \approx \tan\theta = \frac{x}{D}$$

则两束相干光的光程差为

$$\delta = r_2 - r_1 = d\sin\theta = d\,\frac{x}{D} \tag{14-11}$$

根据干涉加强条件(14-9)，若 P 点处为明纹，则

$$\delta = d\,\frac{x}{D} = \pm k\lambda$$

即

$$x = \pm k\,\frac{D}{d}\lambda \quad (k=0,1,2,\cdots) \tag{14-12a}$$

式中，k 表示条纹的级次. $k=0$ 的明纹称为零级明纹（或中央明纹），其位置为 $x=0$. 当 $k=1,2,3,\cdots$ 的明纹称为一级、二级、三级……明纹. 明纹中心位置分别为 $x=\pm D\lambda/d, x=\pm 2D\lambda/d, x=\pm 3D\lambda/d,\cdots$. 它们对称地分布在中央明纹的两侧，如图 14-15 所示.

根据干涉减弱条件(14-10)，若 P 点处为暗纹，则

$$\delta = d\,\frac{x}{D} = \pm(2k+1)\frac{\lambda}{2}$$

即

$$x = \pm(2k+1)\frac{D\lambda}{2d} \quad (k=0,1,2,\cdots) \tag{14-12b}$$

式(14-12b)中，当 k 依次取 $0,1,2,3,\cdots$ 时，对应的一级、二级、三级……暗纹中心位置分别为 $x=\pm D\lambda/2d, x=\pm 3D\lambda/2d, x=\pm 5D\lambda/2d,\cdots$. 所以，相邻两条暗纹之间为明纹，即干涉条纹明暗相间，如图 14-15 所示.

由式(14-12a)或(14-12b)可以求得相邻明纹或相邻暗纹之间的距离(也称条纹间距)为

$$\Delta x=\frac{D}{d}\lambda \tag{14-13}$$

由以上讨论可知：

(1) 杨氏双缝干涉的干涉条纹是一些明暗相间、与双缝平行、等间距的直条纹,条纹相对于中央明纹两边对称.

(2) 若入射光的波长 λ 确定,条纹间距 Δx 与 D 成正比,与两缝间距 d 成反比,d 越大,条纹间距越小,条纹越密. 所以,在实验中总是使 d 较小或屏幕足够远,以保证干涉条纹间距 Δx 足够大,而能够分辨清楚.

(3) 若 D 和 d 确定,条纹间距 Δx 与入射光波长 λ 成正比,波长越短,条纹间距越小,条纹越密;波长越长,条纹间距越大,条纹越疏.

(4) 如果用白光入射,则屏上除中央明纹仍为白光外,其他各级条纹由于不同波长的光形成的明、暗纹的位置不同而呈现彩色条纹. 如图 14-16 所示,当白光入射时,最短的紫光与最长的红光的各级明纹位置分布,各级干涉条纹中紫光条纹总是出现在靠近中央明纹一边,而红色条纹离中央明纹的距离比同一级的紫色条纹远. 当条纹级次增大时,由于不同波长条纹间距不同,不同级的条纹可能互相重叠.

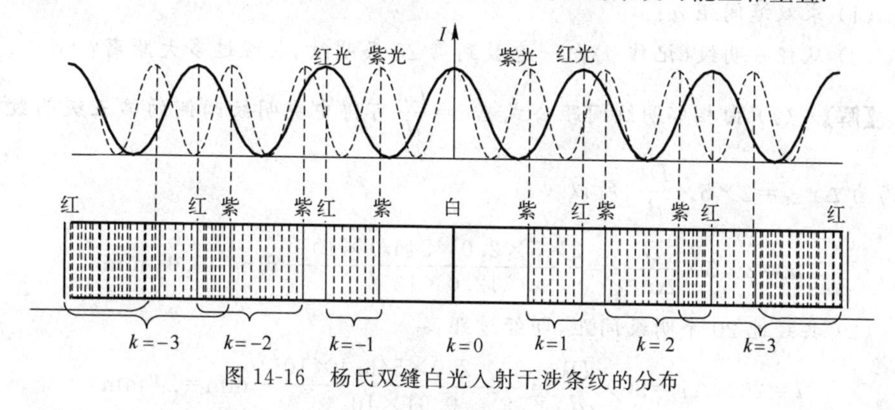

图 14-16　杨氏双缝白光入射干涉条纹的分布

由图 14-16 可以看出,最先发生重叠的是某一级次的红光和高一级次的紫光. 因此,能观测到的从紫光到红光排列的清晰可见的光谱级次可由下式求得

$$k\lambda_{红}=(k+1)\lambda_{紫}$$

所以

$$k=\frac{\lambda_{紫}}{\lambda_{红}-\lambda_{紫}}=\frac{400}{760-400}\approx 1.1$$

由于 k 只能取整数,说明从紫光到红光清晰可见的光谱只有一级,其余级次的各种颜色光重叠而成为混合光谱.

【例 14-3】 单色光照射到相距为 0.2 mm 的双缝上,双缝与屏幕的垂直距离为 1 m.

(1) 从第一级明纹到同侧第四级明纹的距离为 7.5 mm,求单色光的波长;

(2) 若入射光的波长为 600 nm,求相邻两明纹的距离.

【解】 (1) 根据双缝干涉明纹分布条件

$$x=k\frac{D}{d}\lambda,\quad k=0,\pm1,\pm2,\cdots$$

得第一级明纹到同侧第四级明纹的距离为 $\Delta x_{1,4}=x_4-x_1=\frac{D\lambda}{d}(k_4-k_1)$,由此得

$$\lambda=\frac{d\Delta x_{1,4}}{D(k_4-k_1)}$$

将 $d=0.2\text{ mm}$,$\Delta x_{1,4}=7.5\text{ mm}$,$D=1\text{ m}$ 代入上式得

$$\lambda=500\text{ nm}$$

(2) 当 $\lambda=600\text{ nm}$ 时,由相邻明纹间距公式得

$$\Delta x=\frac{D\lambda}{d}=\frac{1\,000}{0.2}\times6\times10^{-4}\text{ mm}=3.0\text{ mm}$$

【例 14-4】 在杨氏实验中,用波长 $\lambda=546.1\text{ nm}$ 的单色光正入射到双缝上,屏幕距双缝的距离为 $D=2.0\text{ m}$,测得中央明纹两侧的第五级明纹的距离为 $\Delta x_{5,5}=12.0\text{ mm}$.

(1) 求双缝间距 d;

(2) 从任一明纹(记作 0)向一边数到第 20 条明纹,共经过多大距离?

【解】 (1) 由相邻明纹间距公式 $\Delta x=\frac{D\lambda}{d}$ 可得中央明纹两侧的第五级明纹的距离为 $\Delta x_{5,5}=2\times5\times\frac{D\lambda}{d}$,所以

$$d=2\times5\times\frac{D\lambda}{\Delta x_{5,5}}=\frac{2\times5\times2.0\times546.1\times10^{-9}}{12.0\times10^{-3}}\text{ mm}=0.91\text{ mm}$$

(2) 共经过 20 个明纹间距,即经过距离

$$l=20\times\Delta x=20\times\frac{D\lambda}{d}=\frac{20\times2.0\times546.1\times10^{-9}}{0.91\times10^{-3}}\text{ mm}=24\text{ mm}$$

【例 14-5】 如图 14-17 所示,在杨氏双缝实验中,入射光的波长为 $\lambda=589\text{ nm}$. 今将折射率 $n=1.58$ 的薄云母片覆盖在狭缝 S_1 上,这时观察到屏幕上零级明纹向上移到原来的第四级明纹处. 求此云母片厚度.

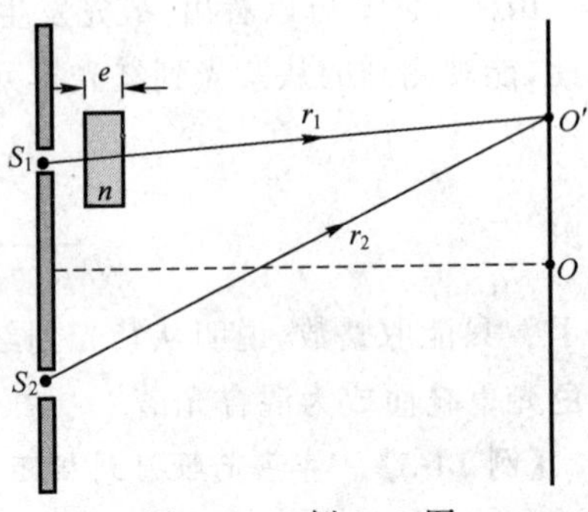

图 14-17 例 14-5 图

【解】 在未覆盖云母片时,屏幕上第 4 级明纹位于 O' 处,说明原来两束相干光在 O' 处的光程差应为 4λ,即

$$\delta=r_2-r_1=4\lambda \qquad ①$$

把云母片覆盖在狭缝 S_1 上时，零级明纹移到 O'处，设云母片厚度为 e，则两束相干光在 O'处的光程差应满足

$$\delta=r_2-(r_1-e+ne)=0 \qquad ②$$

联解式①和式②，代入题设数据，得云母片厚度为

$$e=\frac{4\lambda}{n-1}=\frac{4\times589}{1.58-1}\text{ nm}=4\ 062\text{ nm}$$

【例 14-6】 在双缝干涉实验中入射光为蓝绿光(440～540 nm)时，能观察到几级清晰可辨的彩色光谱？

【解】 当干涉条纹重叠时，光谱不再清晰可辨. 用 440～540 nm 的光入射时，第一次发生重叠的应是 $\lambda_2=540$ nm 的绿光的 k 级条纹与蓝光 $\lambda_1=440$ nm 的 $k+1$ 级条纹，即满足

$$k\lambda_2=(k+1)\lambda_1$$

将 $\lambda_2=540$ nm 和 $\lambda=440$ nm 代入上式，得

$$k=\frac{\lambda_1}{\lambda_2-\lambda_1}=\frac{440}{540-400}=4.4$$

因为 k 为整数，所以绿光的第五级条纹与蓝光的第六级条纹发生第一次重叠，即只能看到清晰可辨的四级条纹.

三、劳埃德镜

杨氏双缝干涉实验之后又有许多类似的实验相继问世，下面介绍一种劳埃德镜的装置.

如图 14-18 所示，S_1 是一狭缝光源，MN 为一平面镜. 从光源 S_1 发出的光波，一部分掠射(即入射角接近 90°)到平面镜上，经玻璃表面反射到达屏上；另一部分直接射到屏上.这两部分光也是相干光，它们同样是用分波阵面得到的. 反射光可看成由虚光源 S_2 发出的. S_1 和 S_2 构成一对相干光源，对于干涉条纹的分析与杨氏实验相同. 图中画有阴影的区域表示相干光在空间叠加的区域. 这时在屏上可以观察到明暗相间的干涉条纹.

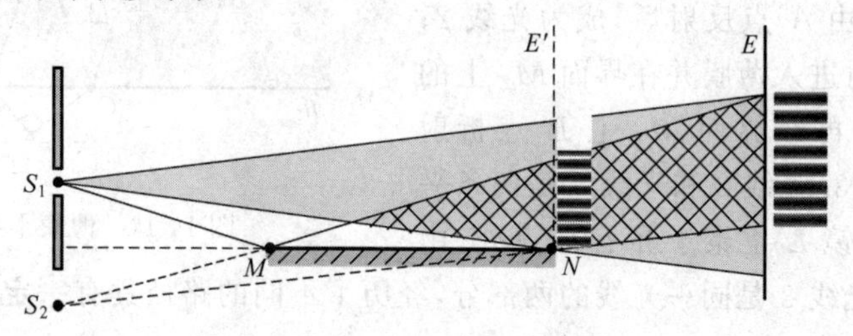

图 14-18　劳埃德镜实验

应该指出，在劳埃德镜实验中，如果把屏幕移近到和镜面边缘 N 相接触，即图 14-18 中 E'的位置，这时从 S_1 和 S_2 发出的光到达接触处的光程相等，应该出现

明纹，但实验结果却是暗纹，其他条纹也有相应的变化. 这一实验事实说明了由镜面反射出来的光和直接射到屏上的光在 N 处的相位相反，即相位差为 π. 由于直射光的相位不会变化，所以只能认为光从空气射向玻璃平板发生反射时，反射光的相位跃变了 π.

两种介质相比较，光在其中传播较快的一种称为光疏介质，光在其中传播较慢的一种称为光密介质. 光疏介质的折射率较小，而光密介质的折射率较大. 实验表明：光从光疏介质射到光密介质界面反射时，反射光的相位较之入射光的相位有 π 的突变. 我们知道，在波的传播方向上相距半波长的两点的相位差为 π，因此，上述现象可以看作光在反射点反射时多了（或少了）半个波长，所以常称为半波损失. 但应注意，当光从光密介质射入光疏介质而在分界面上反射时，并不发生相位突变的现象，即没有半波损失. 今后在讨论光波叠加计算光程差时必须考虑半波损失，否则会得出与实际情况不符的结果.

§14-3　薄膜干涉

本节开始讨论用分振幅法获得相干光产生干涉的实验，最典型的是薄膜干涉. 薄膜是指两个距离很近的界面形成的一个薄层，层内外具有不同的折射率. 光波经过两个界面反射、折射后相互叠加所形成的干涉现象，称为薄膜干涉. 平常看到的油膜或肥皂液膜在白光照射下产生的彩色花纹就是薄膜干涉的结果.

一、薄膜干涉的基本原理

如图 14-19 所示，将厚度为 e，折射率为 n_2 的介质薄膜放置在折射率为 n_1 的均匀介质中，其上、下界面分别记为 M_1 和 M_2. 设波长为 λ 的单色光由点光源 S 发出光线 1，以入射角 i 入射到界面 M_1 上的 A 点后，一部分由 A 点反射后，成为光线 2；另一部分折射进入薄膜并在界面 M_2 上的 C 点处反射，再经界面 M_1 上 B 点折射后，成为光线 3. 光线 2 和光线 3 是两条平行光线，经透镜 L 汇聚于屏上 P 点处. 由于光线 2 和光线 3 是同一光线的两部分，经历了不同的路径具有一定的光程差，所以它们是相干光.

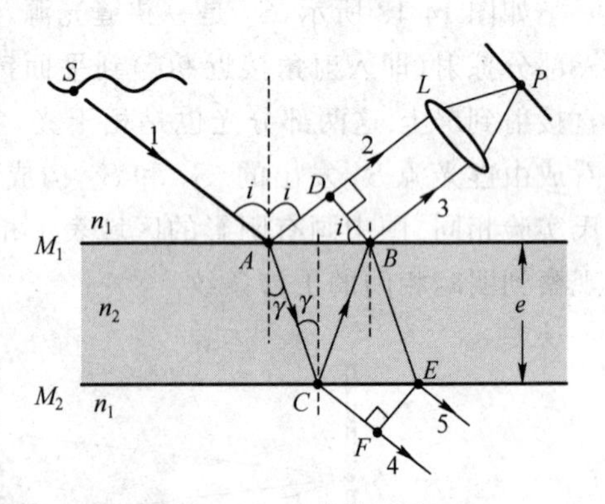

图 14-19　薄膜干涉

1. 计算光线 2 和光线 3 的光程差

如图 14-19 所示，过 B 点作 $BD \perp AD$，则 BP 与 DP 的光程相等，所以，光线 2

和光线 3 的光程差为

$$\delta=n_2(AC+CB)-n_1AD$$

此外，由于涉及光的反射，需要考虑半波损失问题，设 $n_1<n_2$，光线 2 在 A 点反射时有半波损失，于是光线 2 和光线 3 的光程差为

$$\delta=n_2(AC+CB)-n_1AD+\frac{\lambda}{2}$$

由图 14-19 中的几何关系，可得

$$AC=CB=\frac{e}{\cos\gamma}\ ,\quad AD=AB\sin i=2e\tan\gamma\sin i$$

式中，e 为薄膜厚度，γ 为折射角. 再利用折射定律 $n_1\sin i=n_2\sin\gamma$，可得

$$\begin{aligned}\delta&=2n_2AC-n_1AD+\frac{\lambda}{2}\\&=2n_2\frac{e}{\cos\gamma}-2n_1e\tan\gamma\sin i+\frac{\lambda}{2}\\&=2n_2e\cos\gamma+\frac{\lambda}{2}\end{aligned}$$

将式中 γ 角用入射角 i 表示，可得

$$\delta=2e\sqrt{n_2^2-n_1^2\sin^2 i}+\frac{\lambda}{2}\tag{14-14}$$

式中，λ 为真空中波长. 由上式可得反射光干涉明条纹和暗条纹的条件为

$$2e\sqrt{n_2^2-n_1^2\sin^2 i}+\frac{\lambda}{2}=\begin{cases}k\lambda & (k=1,2,3,\cdots)\text{明纹}\\(2k+1)\dfrac{\lambda}{2} & (k=0,1,2,\cdots)\text{暗纹}\end{cases}\tag{14-15}$$

2. 讨论透射光的干涉情况

讨论透射光的干涉情况即计算光线 4 和光线 5 的光程差. 如图 14-19 所示，过 E 点作 EF 垂直于光线 4，考虑到光线 5 经过两次反射，但是均无半波损失，光线 4 和光线 5 的光程差为

$$\delta'=n_2(CB+BE)-n_1CF=2e\sqrt{n_2^2-n_1^2\sin^2 i}\tag{14-16}$$

则透射光干涉明条纹和暗条纹的条件为

$$2e\sqrt{n_2^2-n_1^2\sin^2 i}=\begin{cases}k\lambda & (k=1,2,3,\cdots)\text{明纹}\\(2k+1)\dfrac{\lambda}{2} & (k=0,1,2,\cdots)\text{暗纹}\end{cases}\tag{14-17}$$

对于反射光干涉的条件式(14-15)和透射光干涉的条件式(14-17)，需要特别说明以下两点：

(1) 无论是反射干涉条件还是透射干涉条件，光程差中是否出现半波损失 $\lambda/2$，应从两界面反射时折射率的情况具体分析. 若两束相干光中只有一束在反射

时有半波损失，公式中就会出现 $\lambda/2$；若两束相干光在反射中均出现半波损失或均无半波损失，则公式中就不出现此项. 如图 14-20 所示，若 $n_1<n_2<n_3$，则反射两束光中无半波损失，两束透射光中有半波损失.

(2) 对于确定的薄膜厚度 e 以及 n_1，n_2，出现干涉明纹还是暗纹与入射角 i 有关. 如图 14-21 所示，凡是以相同的入射角 i 入射到薄膜上表面的光线，经上、下表面反射的相干光具有相同的光程差，因而产生相同的明条纹或暗条纹，所以称等倾干涉.

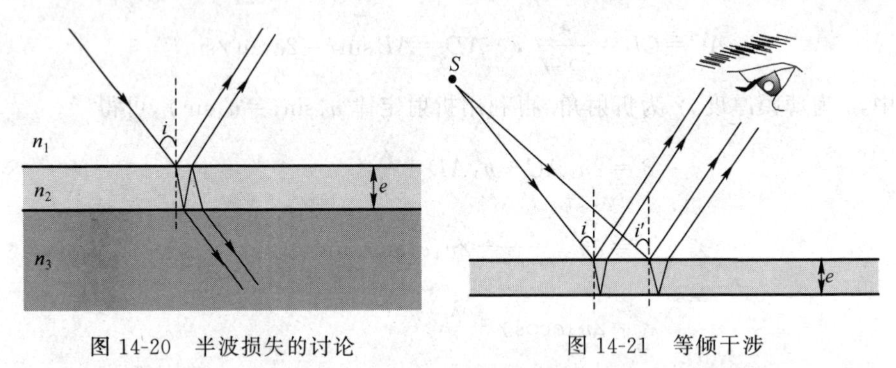

图 14-20　半波损失的讨论　　　　图 14-21　等倾干涉

薄膜干涉在工程技术中具有广泛的应用. 下面通过对不同薄膜的具体分析，介绍一些常用的薄膜干涉的应用.

二、垂直入射厚度相同的薄膜干涉

当单色光 λ 垂直入射到厚度 e 相同的薄膜上下表面时，如图 14-22 所示，由于入射角 $i=0$，如果 $n_1<n_2$，$n_2>n_3$，根据式(14-15)和式(14-17)，则反射光加强条件为

$$2n_2e+\frac{\lambda}{2}=k\lambda$$

透射光减弱条件为 $2n_2e=k\lambda+\frac{\lambda}{2}$

即在厚度 $e=\frac{\lambda}{4n_2}$，$e=\frac{3\lambda}{4n_2}$，…，反射加强时，透射必然减弱.

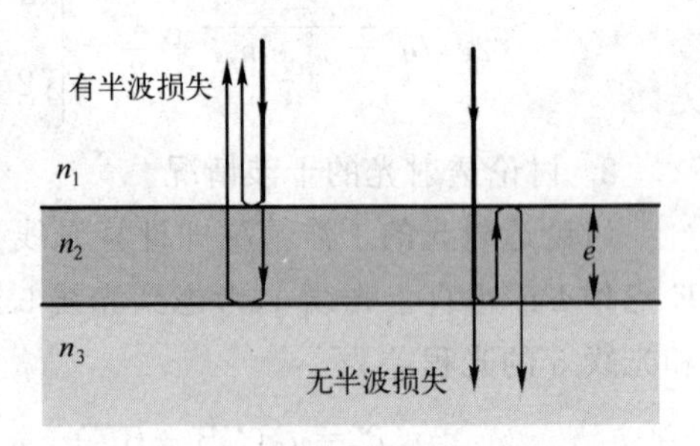

图 14-22　厚度相同的薄膜
($n_1<n_2$，$n_2>n_3$)

而反射光减弱条件为 $$2n_2e+\frac{\lambda}{2}=(2k+1)\frac{\lambda}{2}$$

透射光加强条件为 $$2n_2e=k\lambda$$

即在厚度 $e=\frac{\lambda}{2n_2}$，$e=\frac{\lambda}{n_2}$，$e=\frac{3\lambda}{2n_2}$，…，反射减弱时，透射必然加强.

如图 14-23 所示，当光线垂直入射时，如果 $n_1 < n_2 < n_3$，根据式(14-15)和式(14-17)，同样得出反射加强时，透射必然减弱；反射减弱时，透射必然加强的结论.

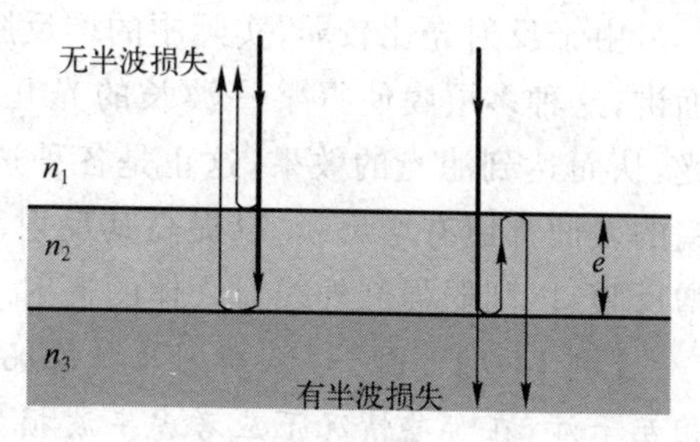

图 14-23　厚度相同的薄膜($n_1 < n_2 < n_3$)

总之，对一定厚度的薄膜，当反射加强时，透射一定减弱；如果反射减弱时，透射一定加强. 利用这一干涉原理，可以根据需要制作增透膜或增反膜.

三、增透膜与增反膜

光学仪器中，为了减少入射光能量在透镜等元件的玻璃表面反射时所产生的损失，常在这些元件的玻璃表面镀上一层均匀的透明薄膜. 当镀膜的厚度合适时，可以使得特定波长的反射光干涉相消，从而使得入射光几乎全部透过，这种使得透射光增强的薄膜称为增透膜.

照相机和助视光学仪器中，往往使透射增强的膜厚对应于人眼最敏感的黄绿光. 例如，在玻璃表面镀上一层氟化镁，以达到增加透射光的作用. 如图 14-24 所示，设空气的折射率为 $n_1 = 1$，氟化镁的折射率 $n_2 = 1.38$，玻璃的折射率 $n_3 = 1.5$. 则透射光的光程差

$$\delta = 2n_2 e + \frac{\lambda}{2}$$

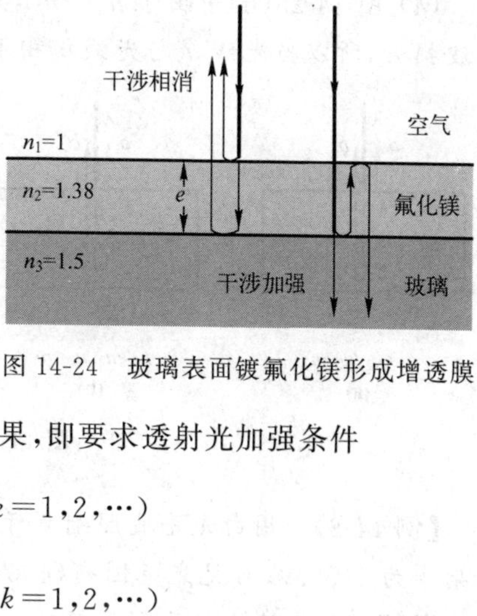

图 14-24　玻璃表面镀氟化镁形成增透膜

为了达到对某一波长 λ 的入射光增透效果，即要求透射光加强条件

$$2n_2 e + \frac{\lambda}{2} = k\lambda \quad (k = 1, 2, \cdots)$$

则

$$e = \left(k - \frac{1}{2}\right)\frac{\lambda}{2n_2} \quad (k = 1, 2, \cdots)$$

即膜厚为 $\frac{\lambda}{4n_2}, \frac{3\lambda}{4n_2}, \frac{5\lambda}{4n_2}, \cdots$ 时透射加强，其中增透膜的最小厚度为 $\frac{\lambda}{4n_2}$.

类似地，也可以利用介质薄膜来加强反射光. 如图 14-24 所示，反射光加强的条件

$$2n_2 e = k\lambda \quad (k = 1, 2, \cdots)$$

即膜厚为 $\frac{\lambda}{2n_2}, \frac{\lambda}{n_2}, \frac{3\lambda}{2n_2}, \cdots$ 时反射加强，其中增反膜的最小厚度为 $\frac{\lambda}{2n_2}$.

由于反射光比较弱，实际中的增反膜往往是由多层介质膜制作而成. 从另一方面讲，这种多层膜使得某一波长的光几乎全部被反射，透射光中不含这种波长的光，从而达到滤光的效果，这正是各种透射干涉滤光片的制作原理. 激光器中反射镜的表面都镀有增反膜，以提高其反射率；宇航员的头盔和面甲，其表面上亦需镀增反膜，以削弱强红外线对人体的透射.

【例 14-7】 图 14-25 所列几种情况下，介质膜上下表面的两条反射光线 a 与 b 相互干涉，在哪些情况下应考虑半波损失？在哪些情况下不需要考虑半波损失？

【解】 根据垂直入射时，光线自光疏媒质进入光密媒质并在表面上反射时才有半波损失的规则，判断如下：

(1) 图 14-25(a)中由于 $n_1<n_2$，光线 a 有半波损失；$n_2>n_3$，光线 b 没有半波损失，所以当光线 a 与光线 b 相干时要考虑半波损失，有附加光程差 $\lambda/2$.

(2) 图 14-25(b)中由于 $n_1>n_2$，光线 a 没有半波损失；$n_2<n_3$，光线 b 有半波损失，所以当光线 a 与光线 b 相干时要考虑半被损失，有附加光程差 $\lambda/2$.

(3) 图 14-25(c)中由于 $n_1<n_2$，光线 a 有半波损失；$n_2<n_3$，光线 b 也有半波损失，所以当光线 a 与光线 b 相干时，没有附加光程差.

(4) 图 14-25(d)中由于 $n_1>n_2$，光线 a 没有半波损失；$n_2>n_3$，光线 b 也没有半波损失，所以当光线 a 与光线 b 相干时，没有附加光程差.

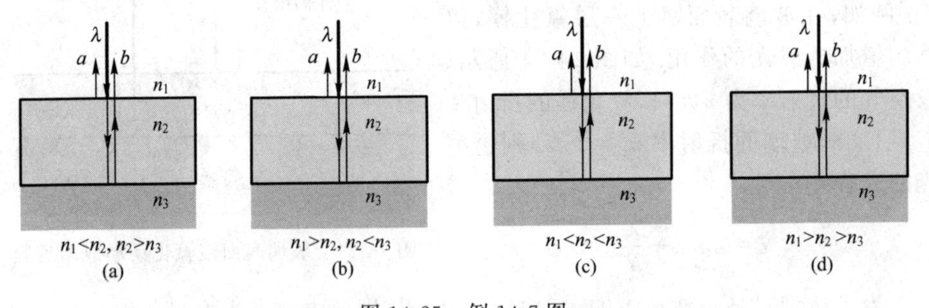

图 14-25　例 14-7 图

【例 14-8】 用白光垂直照射置于空气中厚度为 0.50 μm 的玻璃片. 玻璃片的折射率为 1.50. 在可见光范围内(400～760 nm)，哪些波长的反射光增强？

【解】 在玻璃片上表面反射光是从光疏介质到光密介质进行的，有半波损失，在玻璃片下表面反射光是从光密介质到光疏介质进行的，无半波损失. 所以在玻璃片上、下表面的反射光束的光程差为

$$\delta=2n_2d+\frac{\lambda}{2}$$

薄膜干涉反射增强的光波长应满足

$$2n_2d+\frac{\lambda}{2}=k\lambda$$

即

$$\lambda=\frac{2n_2e}{k-\frac{1}{2}}=\frac{4n_2e}{2k-1}=\frac{4\times1.5\times0.50\times10^{-6}}{2k-1}\mathrm{m}=\frac{3\times10^3}{2k-1}\mathrm{nm}$$

$$k=1,\ \lambda_1=\frac{3\times10^3}{2-1}\mathrm{nm}=3\,000\ \mathrm{nm}$$

$$k=2,\ \lambda_2=\frac{3\times10^3}{4-1}\mathrm{nm}=1\,000\ \mathrm{nm}$$

$$k=3,\ \lambda_3=\frac{3\times10^3}{6-1}\mathrm{nm}=600\ \mathrm{nm}$$

$$k=4,\ \lambda_4=\frac{3\times10^3}{8-1}\mathrm{nm}=428.6\ \mathrm{nm}$$

$$k=5,\ \lambda_5=\frac{3\times10^3}{10-1}\mathrm{nm}=333.3\ \mathrm{nm}$$

在可见光波长范围 400～760 nm 之间，反射光增强的有 600 nm 和 428.6 nm.

【例 14-9】 氦-氖激光器中的谐振腔反射镜，要求对 $\lambda=632.8$ nm 的单色光的反射率在 99% 以上，这种反射镜是在玻璃表面交替镀上高折射率材料 ZnS（$n_1=2.35$，称为高膜）和低折射率材料 MgF_2（$n_2=1.38$，称为低膜）的多层膜制成，共 13 层，如图 14-26 所示，求每层薄膜的最小厚度.

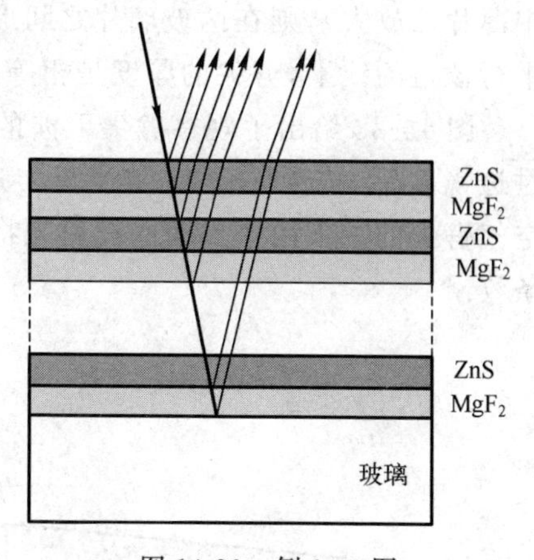

图 14-26　例 14-9 图

【解】 设光线以接近垂直入射到多层膜上，从空气入射到第一层 ZnS 膜上，为使反射加强，光程差应满足

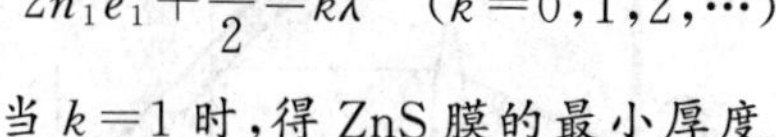

$$2n_1e_1+\frac{\lambda}{2}=k\lambda\quad(k=0,1,2,\cdots)$$

当 $k=1$ 时，得 ZnS 膜的最小厚度

$$e_1=\frac{\lambda}{4n_1}=\frac{632.8}{4\times2.35}\mathrm{nm}=67.3\ \mathrm{nm}$$

由于在 MgF_2 的上下表面反射时，为使反射加强，同样满足

$$2n_2e_2+\frac{\lambda}{2}=k\lambda$$

当 $k=1$ 时，得 MgF_2 膜的最小厚度

$$e_2=\frac{\lambda}{4n_2}=\frac{632.8}{4\times1.38}\mathrm{nm}=114.6\ \mathrm{nm}$$

可见，MgF_2 膜的最小厚度比 ZnS 膜的最小厚度厚了不少，按此交替镀膜，$\lambda=632.8$ nm 的激光经过每一层都反射加强，层数越多，总反射率越高，但是由于光的吸收，层数不宜太多，一般镀到 13～17 层.

§14-4 劈尖干涉 牛顿环

在薄膜干涉中，光程差 δ 与入射角 i 和膜厚 e 有关，凡是以相同入射角 i 入射到厚度不均匀的介质薄膜上的单色光，经上下表面反射后产生的相干光的光程差由两束光相遇点对应的厚度 e 决定，厚度相同处的光程差相同，形成同一级干涉条纹，这种薄膜干涉称为等厚干涉.

一、劈尖干涉

劈尖是常见的一种产生等厚干涉条纹的装置，所谓劈尖就是楔形薄膜. 图 14-27(a)所示为介质劈尖，图 14-27(b)所示为空气劈尖. 空气劈尖由两块平面玻璃板 G_1 和 G_2 组成，一端互相接触，另一端垫入一细丝或薄片(为清楚起见，图中薄片已放大)，则在两玻璃片之间形成空气劈尖，两玻璃片的交线叫做棱边. 在平行棱边的线上，劈尖的厚度是相等的.

图 14-28 给出了观察劈尖干涉的实验装置简图. 点光源 S 发出的单色光通过透镜 L 后，成为平行光，经半反半透镜 M 反射后，垂直入射到空气劈尖上，在空气劈尖的上下两个界面的反射光将相互干涉，通过显微镜 T 可以观察到干涉条纹.

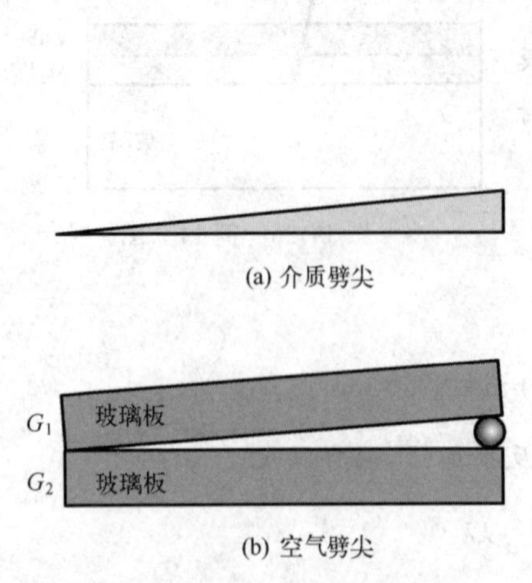

图 14-27 介质劈尖和空气劈尖

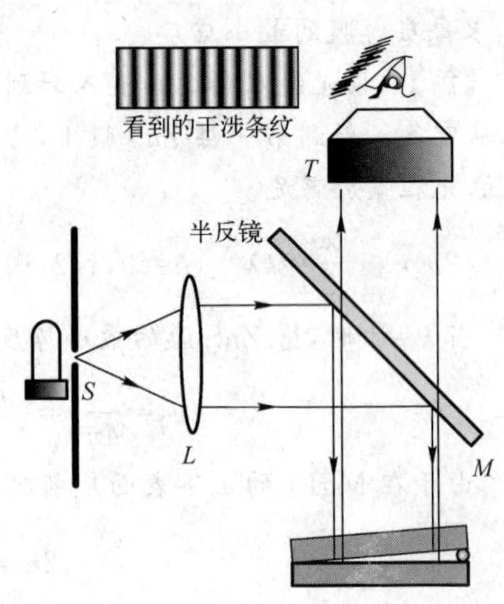

图 14-28 劈尖干涉实验装置简图

下面对劈尖干涉进行定量分析. 如图 14-29 所示，设玻璃的折射率为 n_1，劈尖的折射率 n_2，且 $n_1>n_2$，并设劈尖上表面 A 点处劈尖的厚度为 e. 当波长为 λ 的单色光垂直入射到 A 点后，一部分在该点反射，成为反射线 a，另一部分则折射入劈尖，它到达劈尖下表面时被反射成为光线 b. 实际上，由于 θ 角很小，入射线、透射线和反射线都几乎重合. 因为这两条光线 a 和 b 来源于同一束入射光线，所以它们一定是相干光，它们在劈尖表面附近相遇而产生干涉. 由薄膜干涉光程差计算式(14-14)，令 $i=0$，则两束光的光程差为

$$2n_2e+\frac{\lambda}{2}$$

由于各处的膜的原度 e 不同，所以光程差也不同，因而会产生干涉加强或减弱. 干涉加强产生明纹的条件是

$$2n_2e+\frac{\lambda}{2}=k\lambda \quad (k=1,2,\cdots) \tag{14-18}$$

干涉减弱产生暗纹的条件是

$$2n_2e+\frac{\lambda}{2}=(2k+1)\frac{\lambda}{2} \quad (k=0,1,2,\cdots) \tag{14-19}$$

式中，k 是干涉条纹的级次. 式(14-18)和式(14-19)表明，每级明或暗条纹都与一定的膜厚 e 相对应，所以这些条纹称为等厚条纹. 由于劈尖的等厚线是一些平行于棱边的直线，所以等厚条纹是一些与棱边平行的明暗相间的直条纹，如图 14-30 所示.

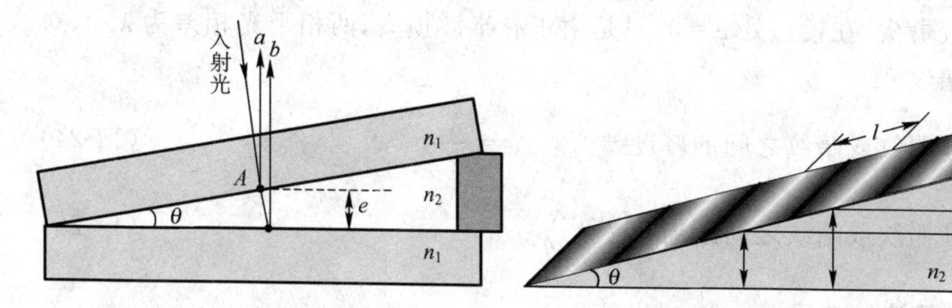

图 14-29　劈尖干涉光程差的计算　　图 14-30　劈尖干涉的干涉条纹

相邻两条明纹或暗纹对应的厚度为 Δe，对相邻的两条明纹，由式(14-18)有

$$2n_2e_k+\frac{\lambda}{2}=k\lambda$$

$$2n_2e_{k+1}+\frac{\lambda}{2}=(k+1)\lambda$$

两式相减得两条相邻明纹之间的厚度差

$$\Delta e=e_{k+1}-e_k=\frac{\lambda}{2n_2} \tag{14-20}$$

同理，两条相邻暗纹之间的厚度差也为 $\lambda/2n_2$. 如图 14-30 所示，设相邻两明条纹或暗条纹的间距为 l，则

$$l\sin\theta=\frac{\lambda}{2n_2}$$

所以

$$l=\frac{\lambda}{2n_2\sin\theta}$$

通常 θ 很小，所以 $\sin\theta\approx\theta$，上式又可改写为

$$l=\frac{\lambda}{2n_2\theta} \tag{14-21}$$

式(14-21)表明，劈尖干涉形成的干涉条纹是等间距的，条纹间距与劈尖角 θ 有关. θ 越大条纹间距越小，条纹越密. 当 θ 大到一定程度后条纹就密不可分了，所以干涉条纹只能在劈尖角度很小时才能观察到.

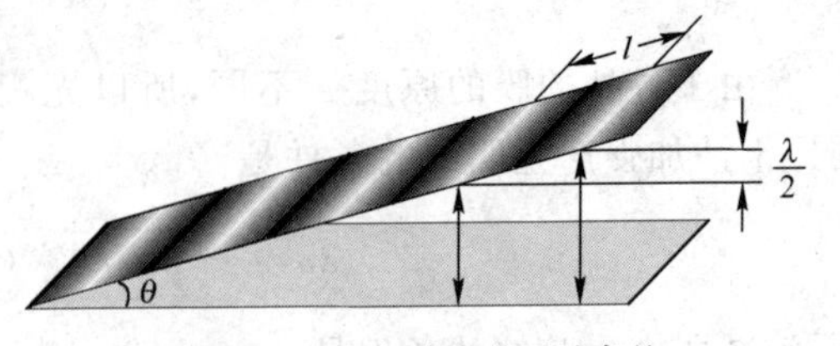

图 14-31　空气劈尖的干涉条纹

如图 14-31 所示，对与由两块平面玻璃或透明介质构成的空气劈尖，由于空气的折射率 $n_2\approx1$，以上各式分别改写如下所示.

反射光产生干涉的明纹条件为 $2e+\dfrac{\lambda}{2}=k\lambda\quad(k=1,2,\cdots)$　　(14-22)

反射光产生干涉的暗纹条件为 $2e+\dfrac{\lambda}{2}=(2k+1)\dfrac{\lambda}{2}\quad(k=0,1,2,\cdots)$　　(14-23)

对于空气劈尖，在棱边处 $e=0$，只是由于有半波损失，两相干光相差为 $\lambda/2$，对应于第 0 级暗纹.

两条相邻干涉明纹或暗纹之间的厚度差　$\Delta e=\dfrac{\lambda}{2}$　　(14-24)

两条相邻干涉明纹或暗纹之间距离　$l=\dfrac{\lambda}{2\theta}$　　(14-25)

二、劈尖干涉的应用

根据劈尖的干涉原理可以进行多种物理量的测量. 由于光学测量精度高，速度快，在工程技术实验室中得到广泛的应用. 下面通过一些例题予以介绍.

【例 14-10】 折射率为 1.60 的两块标准平面玻璃之间形成一个空气劈尖(劈尖角 θ 很小). 用波长 $\lambda=500\,\text{nm}$ 的单色光垂直入射，在观察反射光的干涉现象中，距劈尖棱边 $l=1.56\,\text{cm}$ 处是从棱边算起的第四条暗纹，求此空气劈尖的劈尖角 θ.

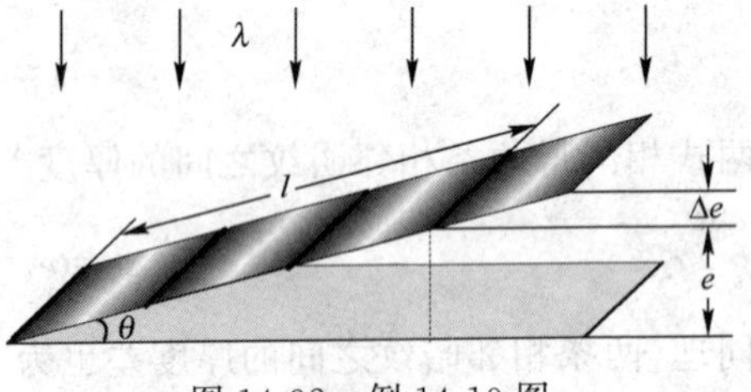

图 14-32　例 14-10 图

【解】 如图 14-32 所示，在空气劈尖情况下，棱边处为第一条暗纹，根据题意，第四条暗纹处，其空气膜的厚度为 3 倍相邻明纹的厚度差，即

$$e=3\Delta e=3\times\frac{\lambda}{2}=\frac{3\times500}{2}\,\text{nm}=750\,\text{nm}$$

劈尖角 θ 很小，则有

$$\theta=\frac{e}{l}=\frac{750}{1.56\times10^{7}}\text{rad}=4.8\times10^{-5}\text{rad}$$

【例 14-11】 如图 14-33 所示，在半导体元件生产中，为了测定硅片上 SiO_2 薄膜的厚度，需要将膜的一端腐蚀成如图劈尖状，用波长 589.3 nm 的钠光垂直照射后，观测到劈尖上共出现 9 条暗线，且第 9 条暗线正好位于劈尖的端点 A 处，已知 SiO_2 的折射率为 1.46，Si 的折射率为 3.42. 求 SiO_2 薄膜的厚度.

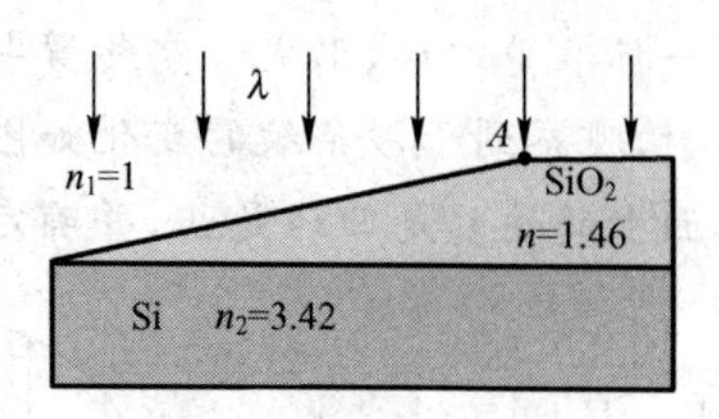

图 14-33　例 14-11 图

【解】 由折射率的关系 $n_1<n<n_3$，上下表面的反射光均存在半波损失，因而其光程差为

$$\delta=2ne$$

暗纹条件为

$$2ne=(2k+1)\frac{\lambda}{2}\quad(k=0,1,2,\cdots)$$

A 处第 9 条暗纹是 8 级暗纹，将 $k=8$ 代入上式，可得

$$e=(2k+1)\frac{\lambda}{4n}=\frac{17\times589.3}{4\times1.46}\text{nm}=1.72\,\mu\text{m}$$

所以 SiO_2 薄膜的厚度为 1.72 μm.

【例 14-12】 为了测量金属细丝的直径，把金属丝夹在两块标准平板玻璃之间，使空气形成劈尖（见图 14-34）. 用单色光垂直照射，得到等厚干涉条纹. 测出干涉条纹间的距离，就可以算出金属丝的直径. 设单色光的波长 $\lambda=589.3$ nm，金属丝与劈尖棱边间的距离 $L=28.88$ mm，测得第 1 条到第 30 条明纹间的距离为 4.295 mm，求金属丝的直径 d.

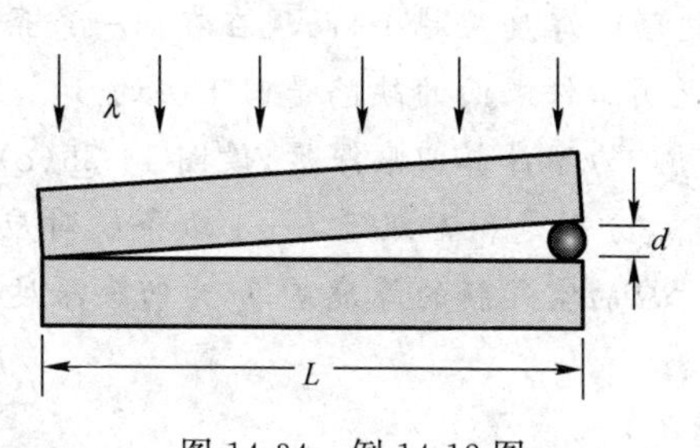

图 14-34　例 14-12 图

【解】 相邻两条明纹之间的距离 $l=4.295\div(30-1)\text{mm}=1.481\times10^{-4}$ m，相邻明纹之间空气膜的厚度相差 $\lambda/2$，于是

$$l\cdot\theta=\frac{\lambda}{2}$$

式中，θ 为劈尖的顶角，因为 θ 角很小，所以

$$L\cdot\theta=d$$

于是得到

$$l\,\frac{d}{L}=\frac{\lambda}{2}$$

所以

$$d=\frac{L}{l}\,\frac{\lambda}{2}=\frac{28.88\times10^{-3}\times589.3\times10^{-9}}{2\times1.481\times10^{-4}}=5.746\times10^{-5}\text{m}$$

求得金属丝的直径为 $d=5.746\times10^{-5}$ m.

【例 14-13】 利用等厚条纹可以检验精密加工的工件表面质量. 在工件表面上放一标准平玻璃，形成一空气劈尖，如图 14-35(a)所示，若以波长 λ 的单色光垂直入射，观察到干涉条纹的变化如图 14-35(b)所示. 试根据条纹弯曲方向，判断工件表面上的缺陷是凹还是凸，并确定其深度(或高度).

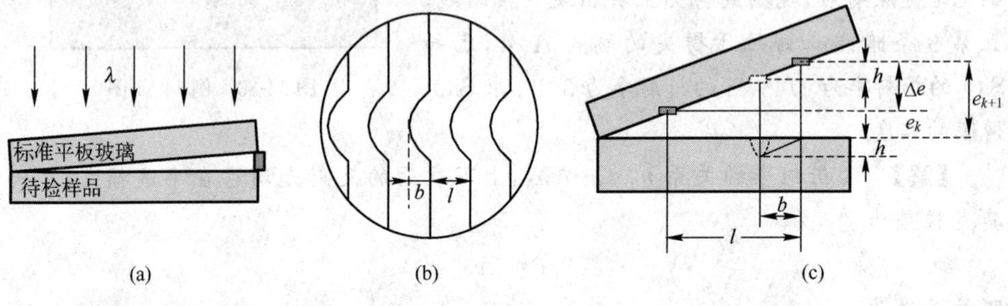

图 14-35 例 14-13 图

【解】 由于平玻璃下表面是"完全"平面，若工件表面也是平的，空气劈尖的干涉条纹应为平行于棱边的直条纹. 现在条纹有局部弯向棱边，说明在工件表面的相应位置处有不平的缺陷. 我们知道，同一条等厚条纹应对应相同的膜厚度，所以，在同一条纹上，弯向棱边的部分和直的部分所对应的膜厚度应该相等. 本来越靠近棱边膜的厚度应越小，而现在在同一条条纹上靠近棱边处和远离棱边处厚度相等，这说明工件表面的缺陷是凹下去的.

为了计算凹痕深度，设图 14-35(c)中 l 为条纹间隔，b 为条纹弯曲宽度，e_k 和 e_{k+1} 分别是和 k 级及 $k+1$ 级条纹对应的正常空气膜厚度. 以 Δe 表示相邻两条纹对应的空气膜的厚度差，h 为凹痕深度，则由相似三角形关系可得

$$\frac{h}{\Delta e}=\frac{b}{l}$$

对空气膜来说，$\Delta e=\dfrac{\lambda}{2}$，代入上式即可得

$$h=\frac{\lambda b}{2l}$$

若以波长 λ 的单色光入射，测得干涉条纹的间距 l 以及弯曲程度 b，则可计算出工件下凹深度 h. 同理，若干涉条纹远离棱边向上弯曲，则说明工件凸起，并可计算出凸起高度.

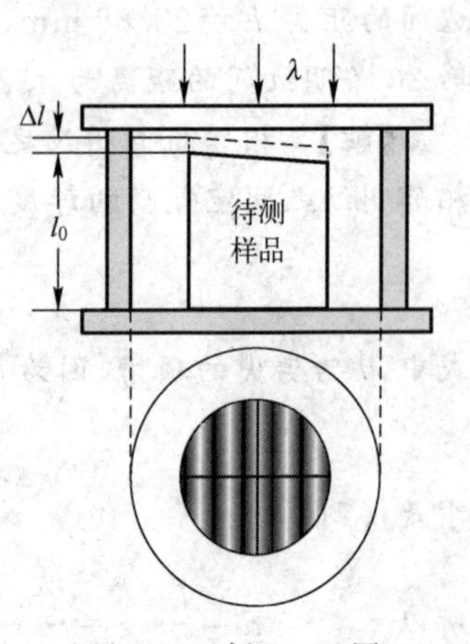

图 14-36 例 14-14 图

【例 14-14】 干涉膨胀仪如图 14-36 所示，将样品表面处理成光学平面，与平板玻璃构成楔形空气层，若波长 λ 的单色光垂直入射，可以看到干涉条

纹. 当待测样品的温度变化 ΔT 时,待测样品的长度发生变化,样品与玻璃板之间的空气薄层的厚度发生微小改变,空气层的厚度发生变化,引起干涉条纹的移动,测出条纹的移动数 N,试求样品的膨胀系数.

【解】 根据劈尖干涉原理,条纹移动一条,说明厚度改变 $\lambda/2$,则条纹移动 N 条,样品厚度改变

$$\Delta l = N\frac{\lambda}{2}$$

则样品的热膨胀系数

$$\beta = \frac{\Delta l}{l_0}\frac{1}{\Delta T} = \frac{N\lambda}{2l_0\Delta T}$$

三、牛顿环

牛顿环是等厚干涉的另一个典型应用. 如图 14-37(a) 所示,在一块平板玻璃上,放置一个曲率半径 R 很大的平凸透镜,这样,在两层玻璃之间就会形成一层厚度不等的空气薄膜. 这层膜在两玻璃的接触点处最薄(厚度为零),随着离 O 点距离的增大而变厚. 当单色平行光垂直入射该薄膜,经空气膜的上下表面反射后形成两束相干光,在膜表面相遇产生干涉. 形成的干涉条纹如图 14-37(b)所示,干涉条纹是一些以接触点为圆心的明暗相间的同心圆环,称为牛顿环. 实验室常将由平板玻璃和平凸透镜组成的光学器件也称为牛顿环.

λ
平凸透镜
空气
平玻璃
(a)

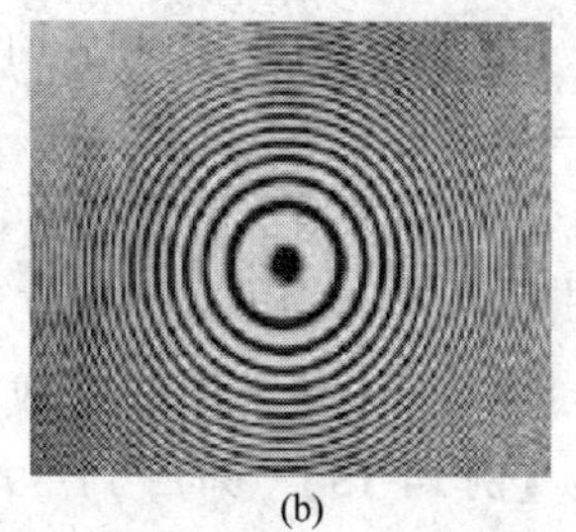
(b)

图 14-37　牛顿环及其干涉条纹

如图 14-38 所示,当波长为 λ 的单色平行光垂直入射,在空气膜厚度为 e 的 A 点分为两束,在空气膜上表面反射的光线 1 与在空气膜下表面反射的光线 2(反射点为 B)之间的光程差为

$$\delta = 2e + \frac{\lambda}{2}$$

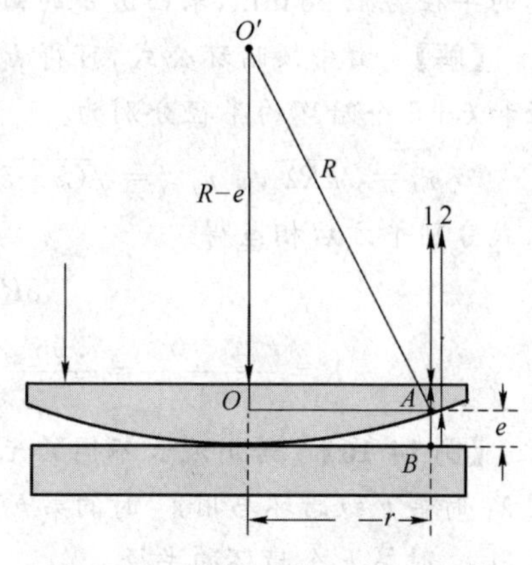

图 14-38　牛顿环干涉条纹的计算

则两束反射光产生干涉明条纹和暗条纹的条件如下所示.

干涉加强(明环):

$$2e + \frac{\lambda}{2} = k\lambda \quad (k = 1, 2, \cdots) \qquad (14\text{-}26)$$

干涉减弱(暗环):

$$2e+\frac{\lambda}{2}=(2k+1)\frac{\lambda}{2}\quad(k=0,1,2,\cdots)$$

即
$$2e=k\lambda\quad(k=0,1,2,\cdots)\tag{14-27}$$

为求得干涉圆环的半径 r 处的明暗程度，根据图 14-38 中的几何关系，可得

$$r^2=R^2-(R-e)^2=2eR-e^2$$

由于 $R\gg e$，上式中略去 e^2，有

$$r=\sqrt{2eR}\tag{14-28}$$

将式(14-26)和式(14-27)代入上式，在反射光中的明环和暗环的半径分别为

明环半径：
$$r=\sqrt{\left(k-\frac{1}{2}\right)R\lambda}\quad(k=1,2,\cdots)\tag{14-29}$$

暗环半径：
$$r=\sqrt{kR\lambda}\quad(k=0,1,2,\cdots)\tag{14-30}$$

根据以上讨论，对于牛顿环有以下几点说明：

(1) 牛顿环中心处，$r=0$，$e=0$，光程差 $\delta=\lambda/2$，所以反射式牛顿环的中心为暗斑，这是存在半波损失的缘故.

(2) 由式(14-26)和式(14-27)可以计算出，相邻明条纹或暗条纹的厚度差均为 $\Delta e=e_{k+1}-e_k=\lambda/2$.

(3) 在 θ 很小的情况下，条纹间距 l 与 θ 的关系式(14-25)仍成立，即 $l\theta=\lambda/2$，但在牛顿环中，由于随着半径 r 的增加，θ 逐渐增大，所以条纹间距越来越密.

(4) 由于环半径与 $\sqrt{\lambda}$ 成正比，当白光入射时，牛顿环为彩色环.

【例 14-15】 如图 14-39 所示，用氦氖激光器发出的波长 633 nm 的单色光做牛顿环实验，测得第 k 个暗环的半径为 5.63 mm，第 $k+5$ 个暗环的半径为 7.96 mm，求凸透镜的曲率半径 R.

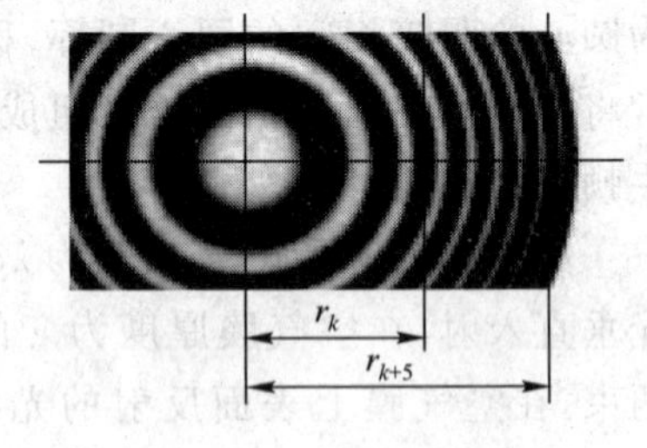

图 14-39 例 14-15 图

【解】 由牛顿暗环公式，可得 k 个暗环的半径和 $k+5$ 个暗环的半径分别为

$$r_k=\sqrt{kR\lambda},\quad r_{k+5}=\sqrt{(k+5)R\lambda}$$

两式分别平方后相差得

$$5R\lambda=r_{k+5}^2-r_k^2$$

则
$$R=\frac{r_{k+5}^2-r_k^2}{5\lambda}=\frac{7.96^2\times10^{-6}-5.63^2\times10^{-6}}{5\times6.33\times10^{-7}}\text{m}=10.0\text{ m}$$

【例 14-16】 若用波长不同的光观察牛顿环，$\lambda_1=600$ nm，$\lambda_2=450$ nm. 观察到用 λ_1 时第 k 级暗环与用 λ_2 时的第 $k+1$ 级暗环重合，已知透镜的曲率半径为 190 cm. 求用 λ_1 时第 k 个暗环的半径.

【解】 牛顿环中第 k 级暗条纹半径为

$$r_k=\sqrt{kR\lambda}$$

根据题意，波长为 λ_1 时的第 k 级暗条纹与波长为 λ_2 时的第 $k+1$ 级暗条纹在 r 处重合时，满足

$$\sqrt{kR\lambda_1}=\sqrt{(k+1)R\lambda_2}$$

于是

$$k=\frac{\lambda_2}{\lambda_1-\lambda_2}$$

$$r_k=\sqrt{kR\lambda_1}=\sqrt{\frac{R\lambda_1\lambda_2}{\lambda_1-\lambda_2}}=\sqrt{\frac{190\times10^{-2}\times600\times10^{-9}\times450\times10^{-9}}{(600-450)\times10^{-9}}}\ \mathrm{m}=1.85\times10^{-3}\ \mathrm{m}$$

§14-5　迈克耳孙干涉仪

干涉仪是根据光的干涉原理制成的光学仪器，是现代精密测量仪器之一. 干涉仪有各种形式，在科学技术领域有着广泛且重要的应用. 迈克耳孙干涉仪是为了研究光速问题于 1881 年由迈克耳孙精心设计的一种分振幅的干涉仪. 迈克耳孙因发明干涉仪和光速的测量获得 1907 年诺贝尔物理学奖. 图 14-40 所示为实验室中常用的一种迈克耳孙干涉仪.

图 14-41 所示为迈克耳孙干涉仪光路原理图，M_1 和 M_2 是两块精密磨光的平面反射镜，相互垂直放置，其中 M_1 是固定不动的，M_2 可以做微小移动. G_1 和 G_2 是厚度均匀的平行玻璃片，在 G_1 的下底其面上镀有半透明的薄银层(图中用粗线标出)，使照在 G_1 上的光线一半反射，一半透射，G_1 称为分光板，G_1 和 G_2 与 M_1 和 M_2 成 45°放置. 为了使入射光线具有各种倾角，光源 S 为扩展光源，并在其前方放置一凸透镜 L，以扩大视野.

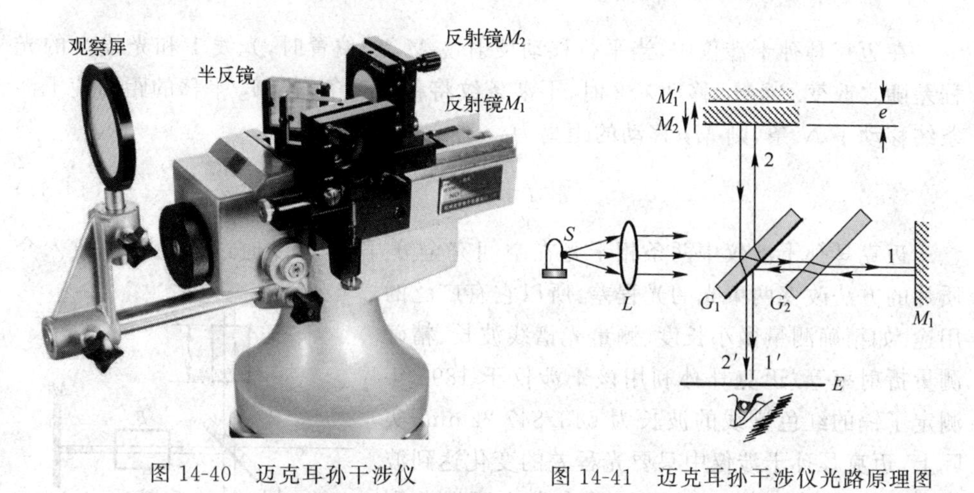

图 14-40　迈克耳孙干涉仪　　图 14-41　迈克耳孙干涉仪光路原理图

当 S 发出的光线经透镜 L 平行入射到 G_1 上，折射进入 G_1 的光线经镀银层成为两束，透射光线 1 穿过 G_2 向 M_1 传播，经 M_1 反射，再穿过 G_2，在 G_1 镀银层反

射向 E 处传播，成为光线 $1'$；镀银层反射光线 2 向 M_2 传播，经 M_2 反射后，再穿过 G_1 向 E 处传播，成为光线 $2'$. 光线 $1'$ 和光线 $2'$ 在 E 处相遇后，在屏上产生干涉.

由以上分析可知，装置中如果没有 G_2，则光线 1、2 分开后，光线 2 两次通过 G_1，而光线 1 没有再通过分光板，这样，两束光可能会由于光程差大于相干长度，相遇时不会产生干涉. 加入 G_2 后，光线 1 也两次经过同样厚度的介质 G_2，从而使两束光在玻璃介质中的光程相等. G_2 起补偿光程的作用，称为补偿板.

在图 14-41 中，M_1' 是 M_1 在 G_1 镀银层所成的像，所以从 M_1 反射回来的光线 $1'$ 可以看成从 M_1' 反射回来的. 由图可以看出，这就相当于在 M_1' 和 M_2 之间形成一空气薄膜. 因此，来自 M_1 的光线 $1'$ 和来自 M_2 的光线 $2'$，如同从空气膜上下表面反射回来的一样. 实际中，M_1 的位置固定，但其方位可以调节；M_2 在水平方向可做微小移动. 当调节 M_1，使其与 M_2 不严格垂直时，则 M_1' 与 M_2 不平行，它们之间形成一空气劈尖，在 E 处视场中产生的为等厚干涉条纹，如图 14-42(a)所示. 若调节 M_1，使其与 M_2 严格垂直时，则 M_1' 与 M_2 平行，它们之间空气薄膜厚度相同，在 E 处视场中产生的为等倾干涉条纹，如图 14-42(b)所示.

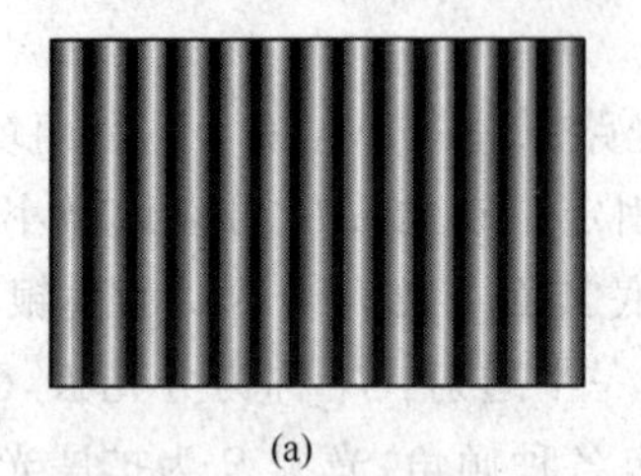

(a)

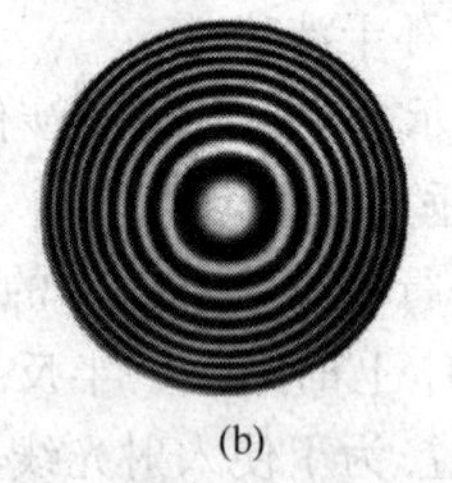

(b)

图 14-42　迈克耳孙干涉仪的等厚和等倾干涉条纹

在迈克耳孙干涉仪中，当平行移动反射镜 M_2 的位置时，光线 $1'$ 和光线 $2'$ 的光程差随之改变. 当 M_2 移动 $\lambda/2$ 时，干涉条纹将移动一条，若 M_2 平移的距离使干涉条纹移动了 N 条，则 M_2 移动的距离为

$$d = N\frac{\lambda}{2} \tag{14-31}$$

迈克耳孙干涉仪中两条相干光在空间完全分开，也可以通过在光路中放入介质片的方法改变两束光的光程差，所以它有广泛的用途. 如精确测量微小长度、测量光谱线波长、精确测量折射率等. 迈克耳孙利用该干涉仪于 1892 年测定了镉的红色谱线的波长为 643.847 22 nm. 实际上，迈克耳孙干涉仪中只要光程差的变化达到波长的 1/10，视场中的干涉条纹就会发生可以鉴别的移动，因此迈克耳孙干涉仪属于精密测量仪器.

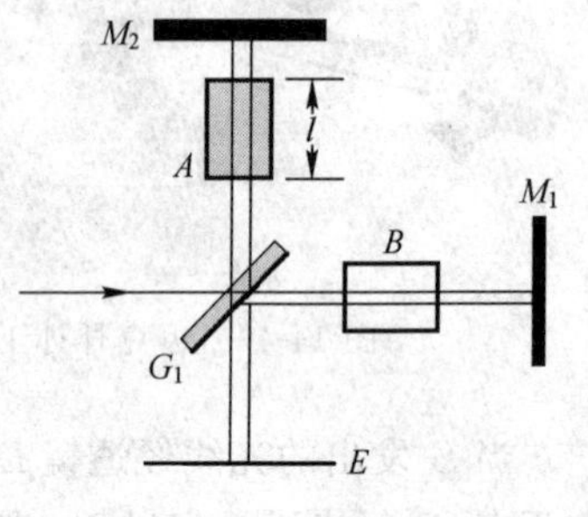

图 14-43　例 14-17 图

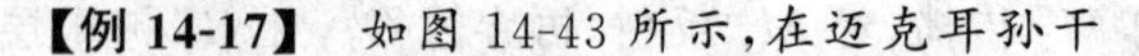

【例 14-17】　如图 14-43 所示，在迈克耳孙干

涉仪的两臂中，分别插入 $l=10.0\,\text{cm}$ 长的玻璃管 A、B，两管都抽成真空. 实验时，向 A 管中逐渐充入空气，直至压强达到 $1.013\times10^5\,\text{Pa}$，在此过程中，观测到 107.2 条干涉条纹的移动. 设所用的光波的波长 $\lambda=546\,\text{nm}$. 求空气的折射率.

【解】 设 A 在充入空气前，两相干光的光程差为 δ_1，充入空气后光程差为 δ_2，则充气前后光程差的变化量为

$$\Delta\delta=\delta_2-\delta_1=2nl-2l=2(n-1)l$$

由于条纹移动一条，光程差改变 λ，则有

$$2(n-1)l=107.2\lambda$$

空气的折射率为

$$n=1+\frac{107.2\lambda}{2l}=1+\frac{107.2\times546\times10^{-9}}{2\times10.0\times10^{-2}}=1.000\,292\,7$$

可见，迈克耳孙干涉仪的测量精度是比较高的.

习　题

14-1 设一束波长为 λ 的光线从 S 点出发，经折射率为 n_2 的平行透明介质板到达 P 点，它的光路为 $SABCP$，如图 14-44 所示，设介质的折射率 $n_1<n_2<n_3$，求光程.

14-2 如图 14-45 所示，在双缝干涉实验中，若把一厚度为 e、折射率为 n 的薄云母片覆盖在 S_1 缝上，中央明纹如何移动？已知 $SS_1=SS_2$，求覆盖薄云母片后两束光到原中央明纹 O 处的光程差.

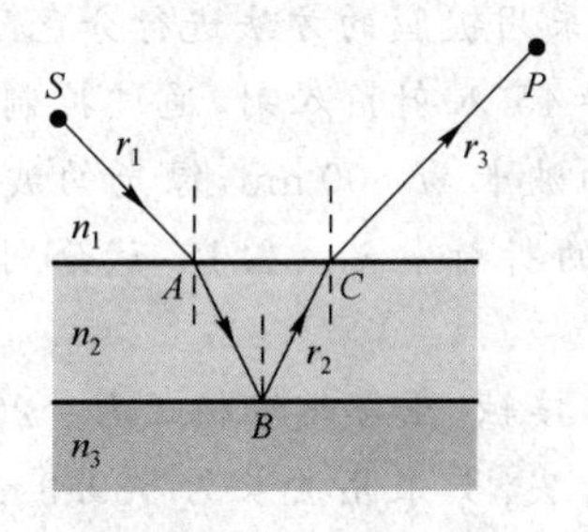

图 14-44　题 14-1 图

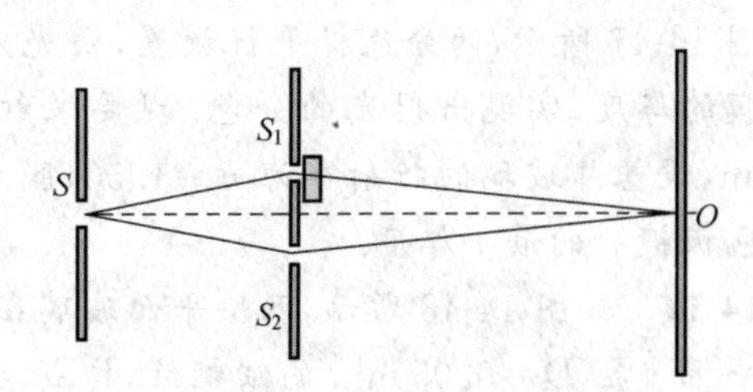

图 14-45　题 14-2 图

14-3 双缝干涉中，两缝间的距离 $d=S_1S_2=0.2\,\text{mm}$，屏幕离缝的距离 $D=200\,\text{mm}$，测得第 10 条级明纹中心 A 距中央明纹中心 O 的距离 $y_A=6\,\text{mm}$. 试求：

(1) S_1，S_2发出的光到达 A 时的光程差；

(2) 入射光的波长；

(3) 干涉条纹的间隔.

14-4 如图 14-46 所示,双缝干涉实验中 $SS_1=SS_2$,用波长 λ 的光照射 S_1 和 S_2,通过空气后在屏幕上形成干涉条纹,已知 P 点处为第三级亮条纹,求 S_1 到 P 和 S_2 到 P 点的光程差,若将整个装置放在某种透明液体中,P 点为第四级亮条纹,求该液体的折射率.

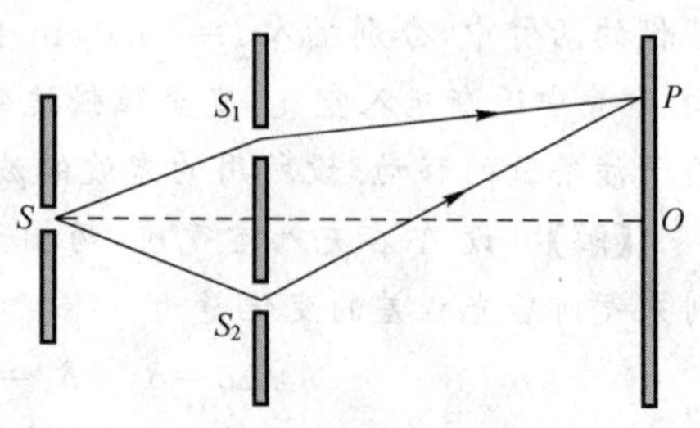

图 14-46 题 14-4 图

14-5 由弧光灯发出的光通过一绿色滤光片后,照射到相距为 0.60 mm 的双缝上,在距双缝 2.5 m 远处的屏幕上出现干涉条纹. 现测得相邻两明条纹中心的距离为 2.27 mm,求入射光的波长.

14-6 在双缝干涉实验中,两缝间的距离为 0.3 mm,屏幕离缝隙的距离为 1.2 m,在屏上测得两条第五级明纹中心的距离为 22.78 mm. 问所用的单色光波长为多少,它是什么颜色的光.

14-7 在双缝装置中,用一很薄的云母片($n=1.58$)覆盖其中一条狭缝,这时屏幕上的第七条明条纹恰好移到屏幕中央原零级明条纹的位置. 如果入射光的波长为 550 nm,则该云母片的厚度应为多少?

14-8 波长为 589.0 nm 的钠光,照射到双缝干涉仪上,在缝后的光屏上产生角距离为 1°的干涉条纹,试求双缝的间距.

14-9 白光垂直照到空气中一厚度为 380 nm 的肥皂膜上,设肥皂膜的折射率为 1.33. 问该膜的正面呈现什么颜色,背面呈现什么颜色.

14-10 在棱镜($n_1=1.52$)表面涂一层增透膜($n_2=1.30$),为使此增透膜适用于 550 nm 波长的光,膜的厚度应取何值?

14-11 彩色电视机常用的三基色的分光系统采用镀膜的方法进行分色. 其原理如图 14-47 所示,两分色板平行放置,白光以 $i=45^\circ$入射角入射,通过控制分色板镀膜的厚度,实现出射光的分色. 现要求红光的波长为 600 nm,绿光的波长为 520 nm,设基片玻璃的折射率为 $n=1.50$,膜材料的折射率 $n'=2.12$,试分别求出两分色板镀膜的最小厚度.

14-12 如图 14-48 所示,两块平面玻璃在一端接触,在与此端相距 $L=20$ mm 处夹一根直径 $D=0.05$ mm 的细铜丝,构成空气劈尖. 如果用波长为 589.3 nm 的黄光照射,相邻暗纹的间距是多少?

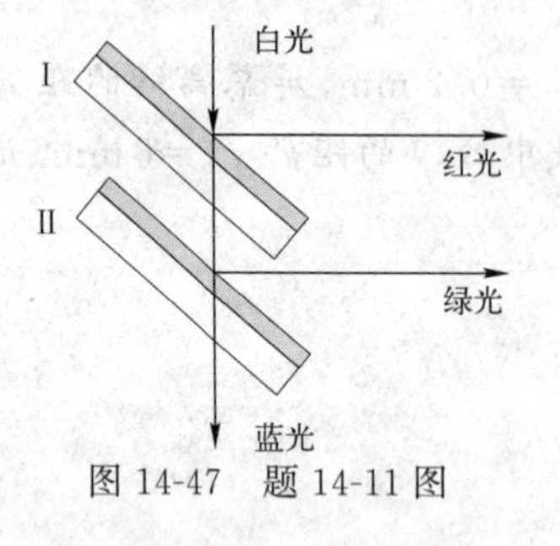

图 14-47 题 14-11 图

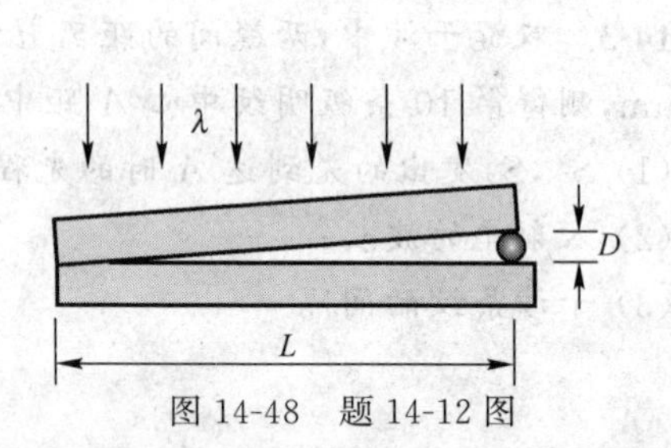

图 14-48 题 14-12 图

14-13　有一劈尖折射率 $n=1.4$，尖角 $\theta=10^{-4}$ rad. 在某一单色光的垂直照射下，可测得相邻明条纹间的距离为 0.25 cm，试求：

(1) 此单色光的波长；

(2) 如果劈尖长为 3.5 cm，那么总共可出现多少条明条纹？

14-14　氦-氖激光器发出波长为 632.8 nm 的单色光，垂直照射在由两块玻璃片构成的劈尖上，玻璃片一端接触，另一端夹着一块云母片. 测得 50 条条纹的距离为 6.35×10^{-3} m，棱边到云母片的距离为 30.31×10^{-3} m，求云母片的厚度.

14-15　在很薄的玻璃劈尖上，垂直地照射波长为 589.3 nm 的黄光，测得相邻暗纹中心的间距为 5×10^{-3} m，玻璃的折射率为 1.52，求劈尖的夹角.

14-16　如图 14-49 所示，检查一玻璃平晶（标准的光学玻璃平板）两表面的平行度时，用波长 $\lambda=632.8$ nm 的氦-氖激光器垂直照射，得到 20 条干涉条纹，且两端点 M 与 N 都是明条纹，设玻璃的折射率 $n=1.50$，求平晶两端的厚度差.

14-17　如图 14-50 所示，平面玻璃板是由两部分组成（冕牌玻璃 $n=1.50$，火石玻璃 $n=1.75$），透镜是用冕牌玻璃制成，而透镜和玻璃之间充满二硫化碳（$n=1.62$）. 问由此而成的牛顿环反射光的干涉花样如何？为什么？试绘出其干涉图案.

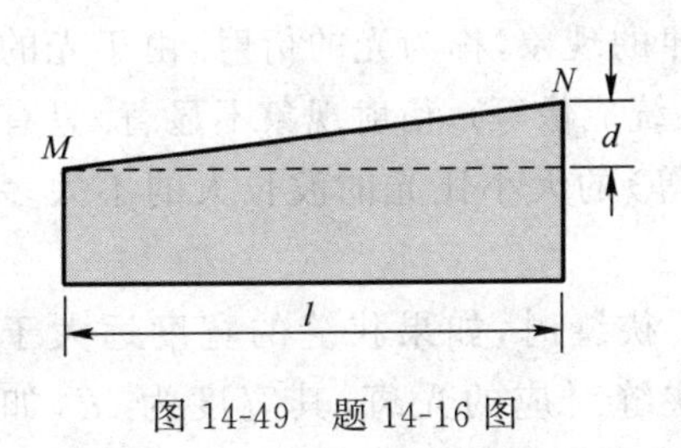

图 14-49　题 14-16 图

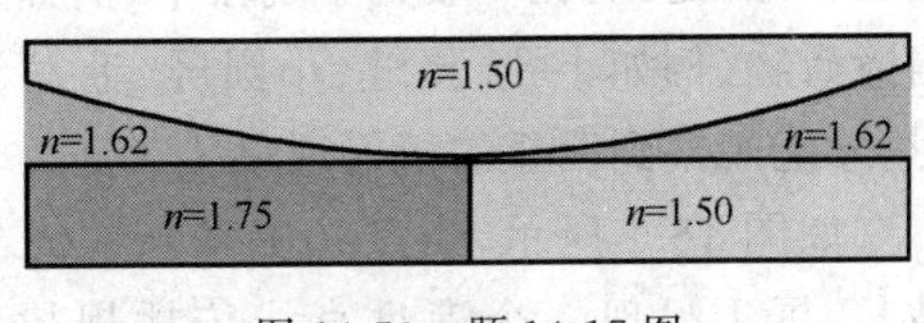

图 14-50　题 14-17 图

14-18　用波长为 589.3 nm 的黄光观察牛顿环，测得某明环的半径为 1.0 mm，在它外面第四个明环的半径为 3.0 mm. 求平凸透镜的曲率半径.

14-19　用钠光灯观察牛顿环时，看到第 k 级暗纹半径 $r_k=4$ mm，第 $k+5$ 级暗纹半径 $r_{k+5}=6$ mm，已知钠黄光的波长为 589.3 nm，求平凸透镜的曲率半径 R 和级数 k 的值.

第15章 光的衍射

在上一章中我们讲述了光的干涉，这是光的波动性的一个特征，光的波动性的另一个重要特征是光的衍射.

§15-1 光的衍射现象 惠更斯-菲涅耳原理

一、光的衍射现象

波在传播过程中，遇到障碍物（如孔、缝等）限制时，会偏离直线方向. 当障碍物线度与波长接近时，将明显地受到障碍物的影响，产生波动所特有的衍射现象.

光波也同样存在着衍射现象，光在传播过程中，能够绕过障碍物的边缘而偏离直线传播，并且在光场中形成一定光强分布规律的现象，称为光的衍射. 由于光的波长很短，因此，在一般光学现象中（例如光学系统成像等），衍射现象不显著. 只有当障碍物（例如小孔、狭缝、小圆屏、毛发、细针等）的大小比光的波长大的不太多时，才能观察到明显的衍射现象.

如图15-1所示，当点光源发出的光经过一狭缝时，如果狭缝的宽度远大于波长，屏上呈现一个满足直线传播规律的与狭缝对应的光斑，其宽度为 cd，如图15-1(a)所示. 若缝宽逐渐减小，使穿过它的光束变得更窄，则屏幕上的光斑更狭窄. 当狭缝的宽度逐渐减小到一定程度（约 10^{-4} m），在屏幕上光斑不但不变窄，反而会逐渐加宽，如图15-1(b)中的 $c'd'$ 所示. 这时，光斑的亮度也发生了明显的变化，由原来的均匀分布变成了明暗相间的条纹，而且光斑边缘也失去了明显的界限，出现了明显的衍射现象. 同样，若将狭缝换成很小的圆孔，则屏幕上会出现中央亮斑和周围的衍射圆环.

如图15-2所示，当光线遇到很小的圆屏障碍物时，在圆屏的几何阴影区中心居然出现亮斑，衍射不仅使物体在屏上失去清晰的轮廓，而且在其周围出现明暗相间的条纹.

以上几个例子说明，光在传播过程中发生了不符合直线传播规律的情况，这就是光的波动性所表现出来的衍射现象.

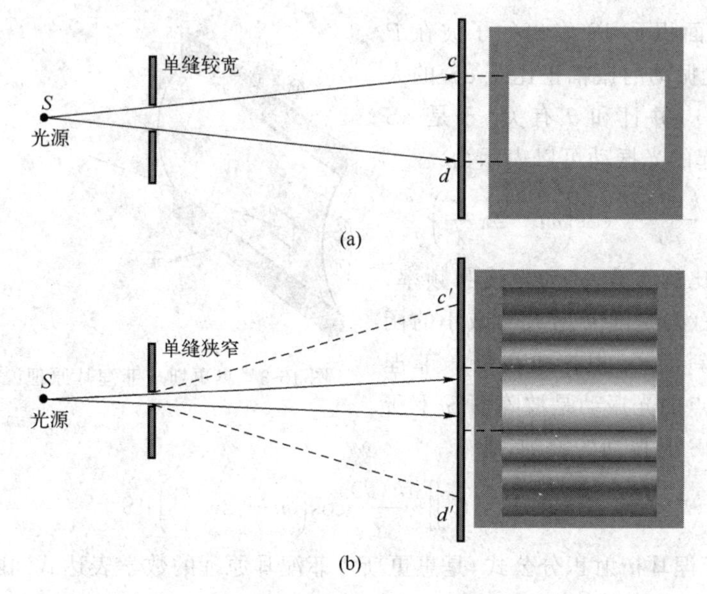

图 15-1　单缝衍射及其衍射条纹

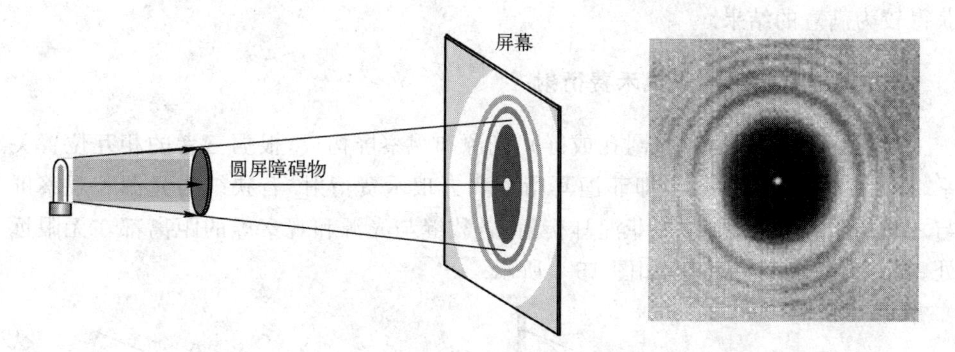

图 15-2　圆屏衍射及其衍射亮度

二、惠更斯-菲涅耳原理

在机械波一章中我们介绍了惠更斯原理，提出了子波的概念，并用惠更斯原理解释了波的反射、折射、衍射等现象. 惠更斯原理可定性说明波的衍射现象，但不能解释光的衍射图样中光强的分布. 后来菲涅耳在肯定惠更斯所述子波概念的基础上，用子波相干叠加的思想补充了惠更斯原理，称为惠更斯－菲涅耳原理，为衍射理论奠定了基础. **惠更斯-菲涅耳原理**的表述为：从同一波阵面各点发出的子波，传播到空间某一点相遇时，各子波之间也可以相互叠加而产生干涉.

根据惠更斯-菲涅耳原理，如果已知光波在某一时刻的波阵面 S，就可以计算出波传播到 S 前方一点的合振动的振幅和相位. 如图 15-3 所示，S 为某时刻单缝处的波阵面，设 P 为波阵面 S 前方的一点，把波阵面 S 分成许多微小的面积元

dS,每一个面积元 dS 发出的子波在 P 点引起的光振动的振幅正比于 dS 的大小,反比于 r,并且和 θ 有关. 于是 dS 在 P 点引起的光振动可以表示为

$$dE = C\frac{k(\theta)dS}{r}\cos\left(\omega t - 2\pi\frac{r}{\lambda}\right)$$

式中,C 为比例常数,ω 为光波圆频率,λ 为波长,$k(\theta)$是随 θ 增大而减小的函数,称为倾斜因子. 根据惠更斯—菲涅耳原理,P 点的光振动是波阵面 S 上所有面积元 dS 光振动的叠加,即

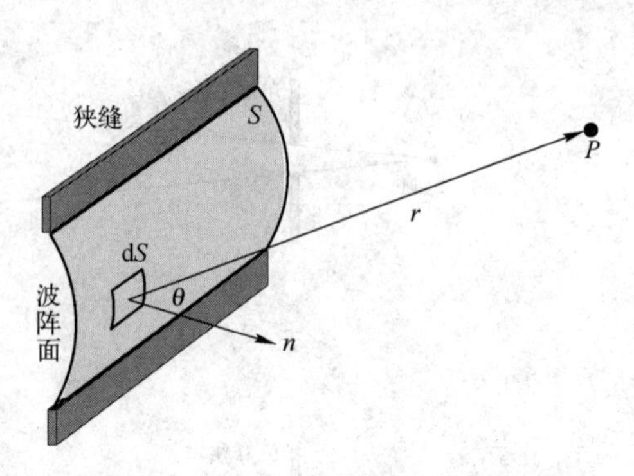

图 15-3　惠更斯—菲涅耳原理说明用图

$$E = \int dE = C\iint_S \frac{k(\theta)}{r}\cos\left(\omega t - 2\pi\frac{r}{\lambda}\right)dS$$

此式称为菲涅耳衍射积分公式,是惠更斯—菲涅耳原理的数学表达式. 由于理论计算比较复杂,为说明问题简单起见,下面采用半波带法处理单缝的衍射现象,也可获得较为满意的结果.

三、菲涅耳衍射和夫琅禾费衍射

衍射系统主要由狭缝(圆孔或屏)、光源和观察屏构成,根据三者的相互位置关系,一般把衍射分成两类,即菲涅耳衍射和夫琅禾费衍射. 若狭缝与光源和观察屏与之间的距离有限,则称为菲涅耳衍射;若狭缝与光源和观察屏的距离都在无限远处,则称为夫琅禾费衍射,如图 15-4 所示.

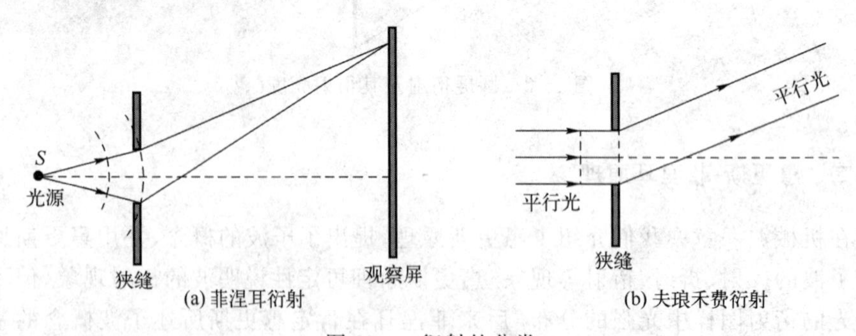

图 15-4　衍射的分类

在夫琅禾费衍射中,入射到狭缝(圆孔或屏)的光是平行光束,在无限远处的屏幕上的光也是平行光束,即狭缝的入射光和衍射光都是平行光束,所以夫琅禾费衍射也称平行光束衍射. 由于夫琅禾费衍射在实际应用和理论上都十分重要,而且这类衍射的分析与计算都比菲涅耳衍射简单,因此我们重点讨论单缝夫琅禾费衍射.

§15-2　单缝夫琅禾费衍射

一、单缝夫琅禾费衍射实验及其衍射条纹

在实际中，为了实现单缝衍射，常把光源 S 放在透镜 L_1 的焦点上，而把屏放在透镜 L_2 的焦平面上，利用两块透镜，使得狭缝的入射光和衍射光都是平行光，实现夫琅禾费衍射.

单缝夫琅禾费衍射的实验装置如图 15-5(a)所示，光源 S 放在透镜 L_1 的焦点上，因此从透镜 L_1 穿出的光线形成一平行光束，这束平行光照射在缝宽为 a 的单缝 K 上. 单缝后放置透镜 L_2，透镜 L_1 和 L_2 的主轴在一条直线上. 通过单缝的光束经过透镜 L_2，在 L_2 的焦平面处的屏幕 E 上将出现一组明暗相间的平行直条纹，其中央明纹又宽又亮，宽度约为两侧明纹宽度的两倍，如图 15-5(b)所示. 中央明纹两侧对称地分布着明暗相间的条纹，两侧明纹的光强比中央明纹弱得多. 下面我们用菲涅耳半波带法来说明单缝夫琅禾费衍射条纹的形成及光强分布.

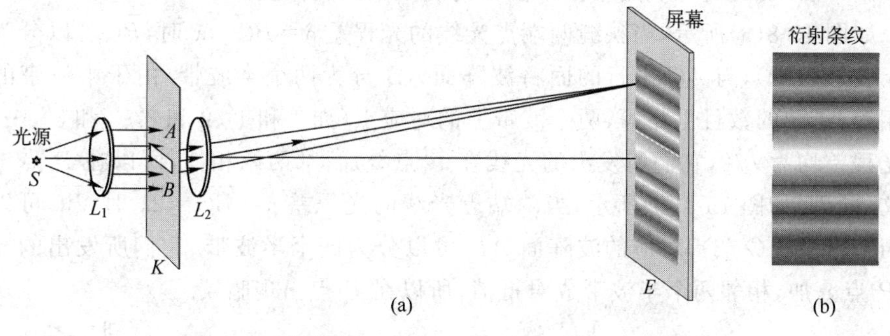

图 15-5　单缝夫琅禾费衍射实验装置及其衍射条纹

二、单缝衍射的半波带法

如图 15-6 所示，首先考虑沿入射方向传播的平行光束，它经过透镜 L_2 会聚于焦点 O，由于在单缝处的波阵面是同相位面，所以，这些形成光束的光线相位相同，且经过透镜后不会引起附加的光程差，在 O 点会聚时仍然保持相位相同，因而互相加强. 这样，在正对狭缝中心 O 处就应出现平行于单缝的亮纹，叫做中央明纹.

其次，再讨论其他方向上的衍射情况. 如图 15-7 所示，设单缝的宽度为 a，在平行单色光 λ 的垂直照射下，位于单缝所在处的波阵面 AB 上的子波向各个方向传播，衍射角为 φ 的一束平行光经过透镜后，聚焦在焦平面上的 P 点. 过 A 点作这束平行光的垂直平面 AC，从垂直于该平行光束的平面 AC 之后，光束中各光线到 P 点的光程相等，所以我们只讨论同相位面 AB 上各子波到平面 AC 的光程差即可.

由图可以得出，这束平行光在单缝边缘的两条光线的光程差为

$$\delta=\overline{BC}=a\sin\varphi$$

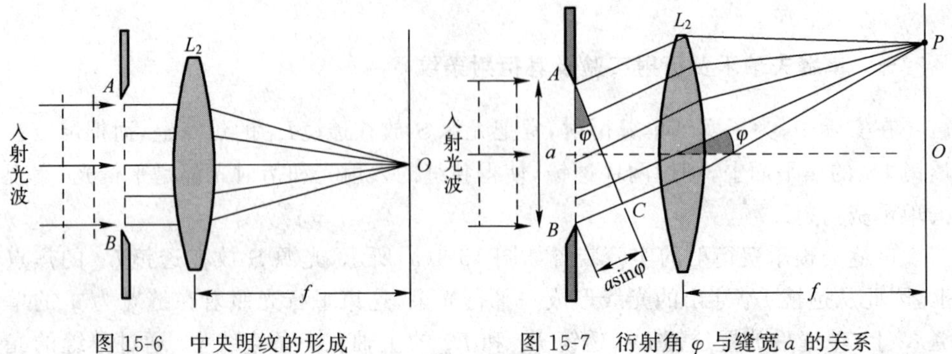

图 15-6　中央明纹的形成　　　图 15-7　衍射角 φ 与缝宽 a 的关系

为了根据这个光程差确定 P 点处条纹的明暗程度，我们利用菲涅耳的半波带法，即将波阵面 AB 分割成许多面积相等的波带，使每个波带上对应点的子波到 P 点的光程差总是相差半个波长($\lambda/2$)，这样的波带称为半波带，这样的研究方法称为半波带法. 首先研究利用半波带法如何确定暗纹的位置.

如图 15-8(a)所示，当狭缝两端点光线的光程差 $\delta=\overline{BC}=\lambda$ 时，$\overline{BC}$可以分为两个半波长($\lambda/2$)，与 AC 平行的面将波阵面 AB 分为两个半波带. 由于半波带的面积相等，子波的数目也相等，两个波带上的对应点(如 1 和 1′、2 和 2′、3 和 3′、……)的光程差均为 $\lambda/2$，它们所发出的光线在 P 点叠加，都两两相消，所以在 P 点出现暗纹. 同理，如图 15-8(b)所示，当两端点光线的光程差 $\delta=\overline{BC}=2\lambda$ 时，$\overline{BC}$可以分为四个半波长($\lambda/2$)，对应的波阵面 AB 可以分为四个半波带. 它们所发出的光线在 P 点叠加，相邻两个半波带成对抵消，所以在 P 点出现暗纹.

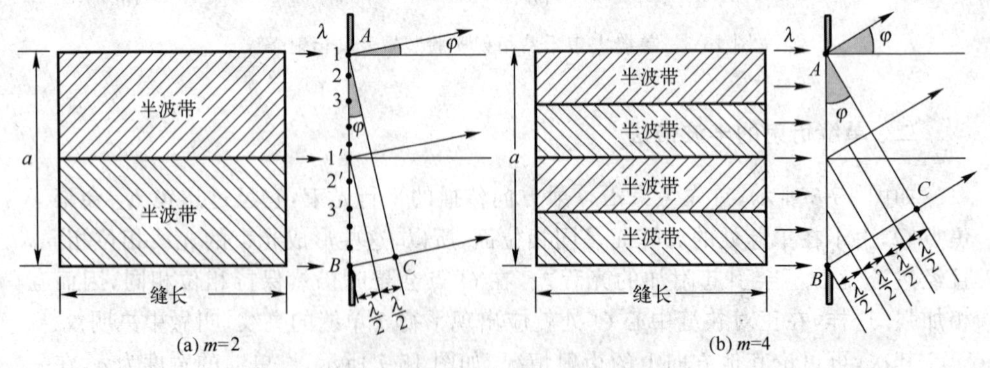

图 15-8　AB 波阵面分成偶数个半波带

综上所诉，当$\overline{BC}$是半波长的偶数倍，即波长的整数倍时，单缝可以分成偶数个半波带，所有半波带的作用成对相互抵消，在 P 点出现暗纹，其数学式表达为

$$a\sin\varphi=\pm k\lambda \quad (k=1,2,3,\cdots) \tag{15-1}$$

式中，a 为单缝宽度，φ 为衍射角，k 为暗纹的级次. 式(15-1)给出了暗纹对应的衍射角，对应于 $k=1,2,\cdots$，分别称为第 1 级、第 2 级、……，式中正负号表示各级暗纹对称分布于中央明纹两侧.

下面讨论利用半波带法确定明纹的位置. 如图 15-9(a)所示，当两端点的光程差 $\delta=\overline{BC}=3\lambda/2$ 时，$\overline{BC}$可以分为三个半波长($\lambda/2$)，与 AC 平行的面将波阵面 AB 分为三个半波带. 由于相邻两个半波带的面积相等，子波的数目也相等，两个波带上的对应点的光程差均为 $\lambda/2$，它们所发出的光线在 P 点叠加，都两两相消，只留下一个半波带，所以在 P 点出现明纹. 同理，如图 15-9(b)所示，当两端点的光程差 $\delta=\overline{BC}=5\lambda/2$ 时，$\overline{BC}$可以分为五个半波长($\lambda/2$)，对应的波阵面 AB 可以分为五个半波带，相邻两个半波带成对抵消，只留下一个半波带，所以在 P 点出现明纹.

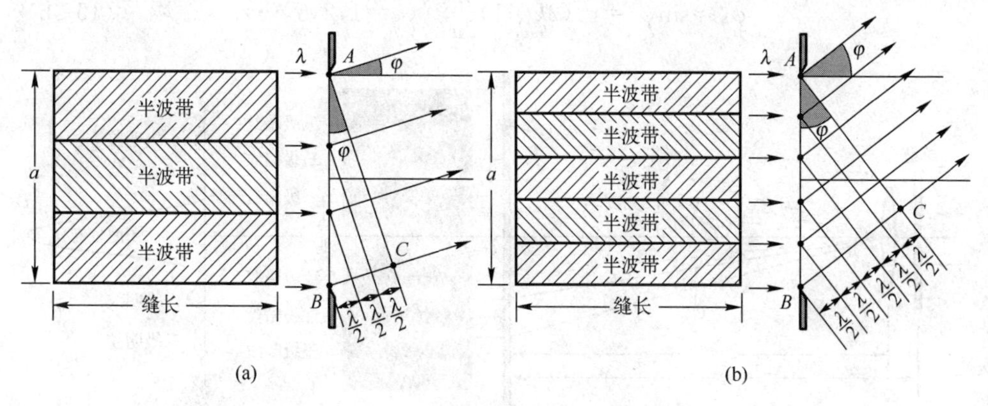

图 15-9　AB 波阵面分成奇数个半波带

综上所述，当$\overline{BC}$是半波长的奇数倍时，单缝可以分成奇数个半波带，相邻两个半波带的作用成对相互抵消，剩下一个未被抵消的半波带，在 P 点出现明纹，其数学式表达为

$$a\sin\varphi=\pm(2k+1)\frac{\lambda}{2} \quad (k=1,2,3,\cdots) \tag{15-2}$$

上式给出了明纹对应的衍射角，对应于 $k=1,2,\cdots$，分别称为第 1 级、第 2 级、……式中正负号表示各级明纹对称分布于中央明纹两侧.

三、单缝衍射的讨论

1. 条纹的角位置与线位置

以上利用菲涅耳半波带法给出了单缝夫琅禾费衍射的中央明纹以及各级暗纹和明纹对应的衍射角 φ. 当波长为 λ 的平行光垂直入射到宽度为 a 的单缝上时，中央明纹的衍射角 $\varphi=0$，其他各级衍射条纹在屏幕上的位置，可由其相应的衍射角

决定. 由式(15-1),可得 k 级暗纹对应的衍射角

$$\varphi_k=\pm\arcsin k\frac{\lambda}{a}\quad(k=1,2,3,\cdots)$$

当 φ 比较小时

$$\varphi_k\approx\sin\varphi_k=\pm k\frac{\lambda}{a}\quad(k=1,2,3,\cdots)\tag{15-3a}$$

当 k 分别取 1,2,…时,各级衍射角如图 15-10(a)所示. 由式(15-2),可得 k 级明纹对应的衍射角,即 k 级明纹对应的角位置

$$\varphi_k=\pm\arcsin(2k+1)\frac{\lambda}{2a}\quad(k=1,2,3,\cdots)$$

当 φ 比较小时

$$\varphi_k\approx\sin\varphi_k=\pm(2k+1)\frac{\lambda}{2a}\quad(k=1,2,3,\cdots)\tag{15-3b}$$

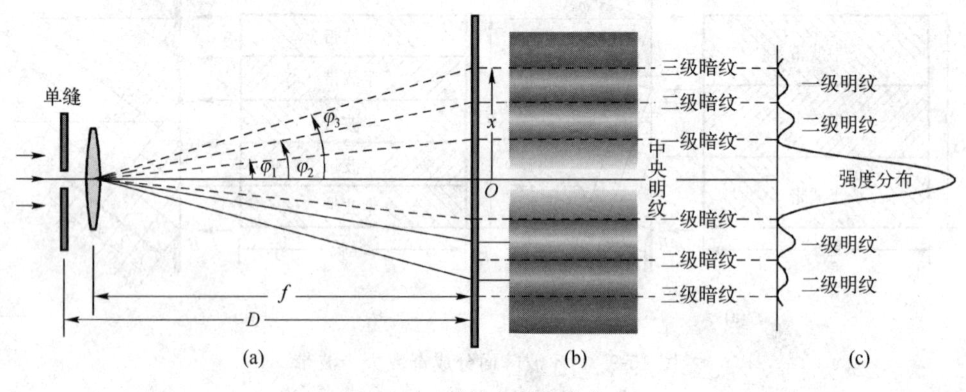

图 15-10 单缝衍射条纹分布

各级条纹在屏幕上的位置也可用线位置表示,如图 15-10(a)所示,取中央明纹中心 O 为坐标原点,用条纹中心到 O 点的距离 x 表示条纹的位置,由图中的几何关系,有

$$x=f\tan\varphi$$

当 φ 比较小时,$\tan\varphi\approx\sin\varphi=\varphi$,由式(15-3a)各级暗纹在屏幕上的线位置为

$$x_k=f\tan\varphi_k=f\varphi_k=\pm k\frac{f}{a}\lambda\quad(k=1,2,3,\cdots)\tag{15-4a}$$

由式(15-3b)各级明纹在屏幕上的线位置为

$$x_k=f\tan\varphi_k=f\varphi_k=\pm(2k+1)\frac{f}{2a}\lambda\quad(k=1,2,3,\cdots)\tag{15-4b}$$

2. 条纹间距

当 φ 比较小时,第 $k+1$ 级暗纹和第 k 级暗纹之间的距离为条纹的宽度

$$\Delta x = x_{k+1} - x_k = \frac{f}{a}\lambda \tag{15-5}$$

上式说明，除中央明纹之外，各级条纹是等宽度的.

3. 中央明纹的宽度与半角宽度

如图 15-10(b)所示，中央明纹的宽度可由两个第一级暗纹之间范围来确定，即

$$-\lambda < a\sin\varphi < \lambda$$

当 φ 比较小时，一级暗纹对应的角位置为

$$\varphi_1 \approx \sin\varphi_1 = \frac{\lambda}{a}$$

于是中央明纹在屏上的线宽度为

$$\Delta x_0 = 2f\tan\varphi \approx 2f\sin\varphi = 2\frac{f}{a}\lambda = 2\Delta x \tag{15-6}$$

故中央明纹在屏上的线宽度约为其他条纹宽度的两倍. 所以称一级暗纹对应的角位置 $\varphi_1 \approx \lambda/a$ 为半角宽度，而将条纹间距 Δx 称为中央明纹的半宽度.

4. 光强分布

由图 15-10(c)所示单缝衍射的光强分布曲线可以看出，各级明纹的光强并不相同. 中央明纹的较其他级次条纹亮，而且随着级次的增加，强度衰减很快. 根据半波带法，条纹级次 k 越大，单缝处波阵面分成的半波带数越多，则每个半波带的面积越小，在汇聚处引起的光强就越弱，由于各级明纹只有未被抵消的最后一个半波带提供光强，随着条纹级次 k 的增大，亮度减弱. 中央明纹是单缝上所有子波发出的光干涉加强的结果，因此光强最大.

5. 波长 λ 与条纹位置关系

由式(15-1)和式(15-2)可知，当缝宽 a 一定时，$\sin\varphi$ 与波长 λ 成正比，而单色光的衍射条纹的位置是由 $\sin\varphi$ 决定的. 因此，如果入射光为白光，白光中各种波长的光抵达 O 点都没有光程差，所以中央是白色明纹. 但在 O 点两侧的各级条纹中，不同波长的单色光在屏幕上的衍射条纹将不完全重叠. 各种单色光的条纹将随波长的不同而略微错开，最靠近 O 点的为紫色，最外的为红色.

6. 缝宽 a 与条纹位置关系

由式(15-1)可见，对给定波长 λ 的单色光来说，a 越小，与各级条纹相对应的 φ 角就越大，亦即作用越显著. 反之，a 越大，与各级条纹相对应的 φ 角将越小，这些条纹都向中央明纹靠近、逐渐分辨不清，衍射作用也就越不显著. 如果 a 与 λ 相比为很大(即 $a >> \lambda$)，各级衍射条纹将全部密集于中央明纹附近而无法分辨，只能观察到一条亮纹，它就是单缝的像，这时衍射现象将趋于消失，从单缝射出的平行光束将沿直线传播. 由此可知，通常所说的光的直线传播现象，只是光的波长较障碍物的线度为很小，亦即衍射现象不显著时的情况.

【例 15-1】 用波长 $\lambda = 600\,\text{nm}$ 的平行光垂直照射一单缝，已知单缝宽度 $a =$

0.05 mm,求:

(1) 中央明纹角宽度;

(2) 若将此装置全部浸入折射率为 $n=1.62$ 的二硫化碳液体中,中央明纹角宽度变为多少.

【解】 (1) 由单缝衍射暗纹公式 $a\sin\varphi=k\lambda$,当 $k=1$ 时,$a\sin\varphi_1=\lambda$,$\varphi_1\approx\lambda/a$,所以中央明纹角宽度为

$$2\varphi_1=\frac{2\lambda}{a}=\frac{2\times600\times10^{-9}}{0.05\times10^{-3}}\text{rad}=2.4\times10^{-2}\text{rad}$$

(2) 浸入折射率为 $n=1.62$ 的介质中,单缝边缘处两束光的光程差为 $na\sin\varphi$,于是暗纹公式为 $na\sin\varphi=k\lambda$,当 $k=1$ 时,得第一级暗纹衍射角为

$$\varphi_1\approx\sin\varphi_1=\frac{\lambda}{na}$$

中央明纹角宽度为

$$2\varphi_1=\frac{2\lambda}{na}=\frac{2\times600\times10^{-9}}{1.62\times0.05\times10^{-3}}\text{rad}=1.48\times10^{-2}\text{rad}$$

【例 15-2】 波长 $\lambda=500\text{ nm}$ 的单色光,垂直照射到宽为 $a=0.25\text{ mm}$ 的单缝上.在缝后置一凸透镜,使之形成衍射条纹,若透镜焦距为 $f=25\text{ cm}$,求:(1)屏幕上第一级暗纹中心与点 O 的距离;(2)中央明纹的宽度;(3)其他各级明纹的宽度.

【解】 (1) 单缝衍射暗纹公式为 $a\sin\varphi=k\lambda$,因 φ 角很小,故有近似关系式

$$\sin\varphi\approx\tan\varphi\approx\frac{x}{f}$$

设第一级暗纹中心与中央明纹中心的距离为 x_1,则

$$x_1\approx f\sin\varphi_1=f\,\frac{\lambda}{a}=\frac{25\times10^{-2}\times500\times10^{-9}}{25\times10^{-5}}\text{m}=0.05\text{ cm}$$

(2) 中央明纹的宽度 s_0 即为 O 点两侧第一级暗纹之间的距离,则

$$s_0=2x_1=0.1\text{ cm}$$

(3) 设 k 级暗纹的位置为 x_k,任何一级明纹的宽度为 $x_{k+1}-x_k$,则

$$x_{k+1}-x_k=(\varphi_{k+1}-\varphi_k)f=\left[\frac{(k+1)\lambda}{a}-\frac{k\lambda}{a}\right]f=\frac{\lambda f}{a}=0.05\text{ cm}$$

可见,除中央明纹外,所有其他各级明纹的宽度均相等,而中央明纹的宽度为其他明纹宽度的两倍.

§ 15-3 衍射光栅

单缝衍射中,缝越窄,衍射现象越明显,但随之而来的问题是由于狭缝变窄而使通过狭缝的光能量减小,衍射明纹的强度也就减弱,以致条纹分辨不清;增大狭

缝宽度，虽然条纹有足够的亮度，但因条纹挤得很密而不易分辨，因此用单缝来精确测定光波波长是有困难的. 为了获得亮度大、条纹细、分得开的明暗纹，人们往往利用光栅这一光学元件.

一、光栅与光栅常数

由大量等宽、等间距的平行狭缝组成的光学元件称为**光栅**，如图 15-11(a)所示. 最早的光栅是夫琅禾费用 0.005 mm 的细线制成的. 通常光栅是在一块透明的平玻璃片上，用金刚石刀刻出一系列等间距且等宽度的平行刻痕而成. 每一条刻痕相当于一条毛玻璃窄条，它基本上不透光，只有两条刻痕之间的光滑部分透光，相当于一条单缝，这样的光栅称为平面透射光栅，如图 15-11(b)所示. 实用的光栅，每毫米内有几百乃至上千条刻痕. 图 15-11(c)是在光洁度很高的金属表面刻一系列等间距的平行细槽而构成反射光栅. 设透光狭缝宽度为 a，不透光部分的宽度为 b，则相邻两狭缝之间的间距 $d=a+b$，d 称为光栅常数.

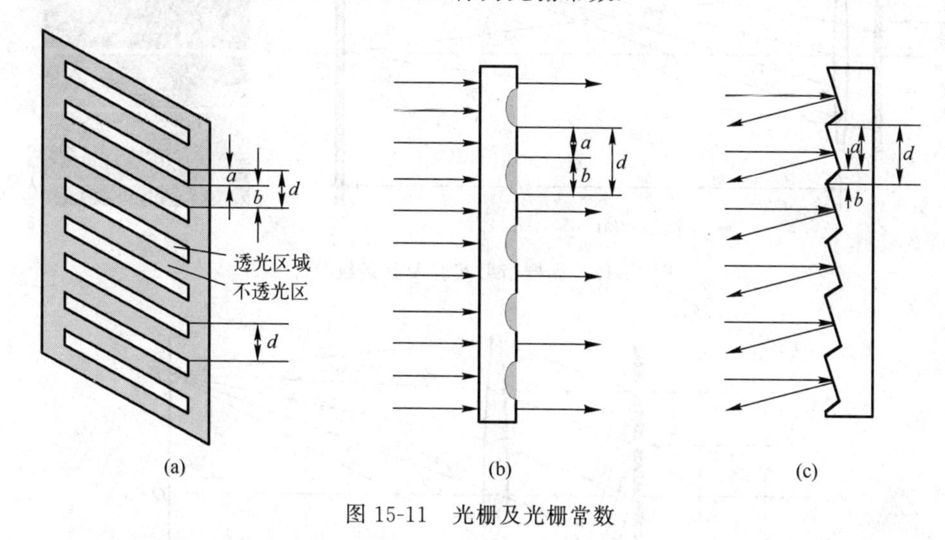

图 15-11　光栅及光栅常数

光栅衍射的装置如图 15-12(a)所示. 一束平行单色光垂直照射在具有 N 条缝的光栅上，透镜 L 将光栅发出的衍射光聚焦于位于透镜焦平面的屏上，屏上的光强分布即为光栅的衍射图样. 当光栅的狭缝数足够多时，在屏上看到的光栅衍射图样如图 15-12(b)所示，中央是一条亮线，两边是一些对称分布的又细又亮的条纹，而且亮线之间的距离很大. 下面我们讨论为什么光通过较多的狭缝后会出现又细又亮且距离很大的衍射条纹.

二、光栅方程

设波长为 λ 的单色平行光垂直入射到光栅上，如图 15-13 所示，从相邻两缝发

出的沿衍射角为 φ 方向的两平行光线经过透镜会聚于屏上 P 点时，它们之间的光程差为 $d\sin\varphi$. 当这个光程差恰为波长 λ 的整数倍时，这两束光将在 P 点干涉加强，这时其他透光缝发出的沿衍射角 φ 的光线的光程差也是波长 λ 的整数倍，因而干涉相互加强. 所以，平行光垂直入射到透射光栅，出现干涉加强（亮条纹）的衍射角 φ 应满足下式

$$d\sin\varphi=\pm k\lambda \ (k=0,1,2,\cdots) \tag{15-7}$$

上式称为光栅方程（光栅公式）. 式中，$d=a+b$ 为光栅常数，k 表示明纹的级数，$k=0$时，$\varphi=0$ 为零级亮纹，又称中央主极大条纹. 对应 $k=1,2,\cdots\cdots$ 的亮条纹分别叫 1 级、2 级，……主极大条纹. 正负号表示各主极大条纹对称分布在中央主极大条纹的两侧.

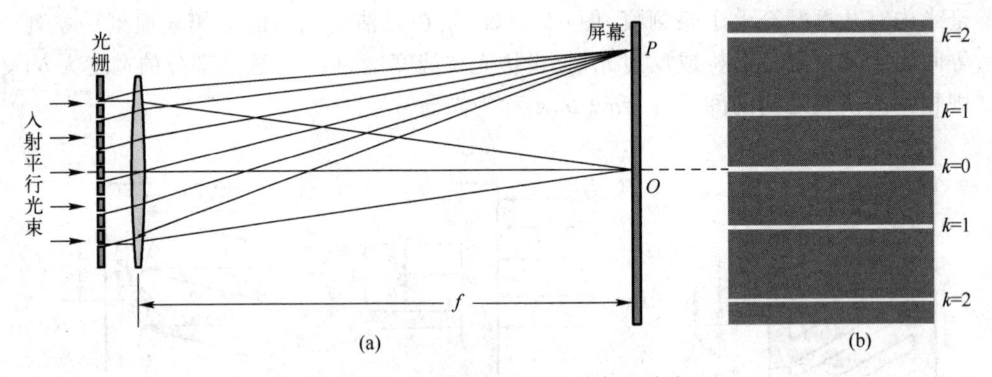

图 15-12　光栅衍射实验及其条纹分布

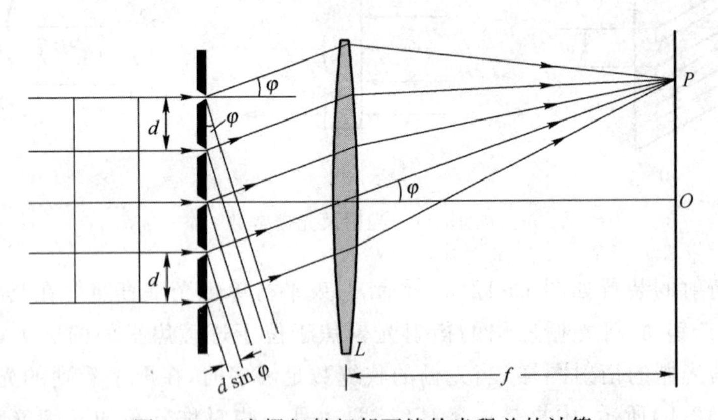

图 15-13　光栅衍射相邻两缝的光程差的计算

一般来说，在光栅衍射中，当 φ 角满足光栅方程式(15-7)时，是合成光强为最大的必要条件. 可以证明（略），在其他 φ 角，即相邻两主极大之间，由于各缝发出的光的相互干涉而产生强度很小的次极大或极小（暗纹），这样就在这些主极大条纹之间充满了大量的次极大和暗纹. 由于次极大的强度很小，当光栅狭缝数 N 很大

时，在主极大明纹之间实际上形成了一片黑暗的背景. 这样光栅衍射图样是在黑暗的背景上出现了一些又细又亮分得很开的主极大条纹.

三、光栅衍射的讨论

1. 衍射明纹的角位置与线位置

由光栅方程式(15-7)可得，第 k 级明纹对应的衍射角为

$$\varphi_k = \arcsin \frac{k\lambda}{d} \tag{15-8}$$

当 $k=1,2,\cdots$ 得第一级、第二级、……明纹的衍射角为

$$\varphi_1 = \arcsin \frac{\lambda}{d}, \quad \varphi_2 = \arcsin \frac{2\lambda}{d}, \quad \cdots$$

可以看出，当入射光波长 λ 一定时，光栅常数 $d=a+b$ 越小，角位置 φ_k 越大，则屏上条纹间距也越大.

一般来说，对于许多实用的光栅，由于单位长度上狭缝数比较多，光栅常数 d 很小，衍射角比较大，所以各级明纹的角位置分得很开，而且由于光栅上狭缝总数很多，得到的明纹又细又亮，这样很容易确定明纹的角位置. 用如图 15-14 所示的分光计就可以对光栅衍射的角位置进行准确测量.

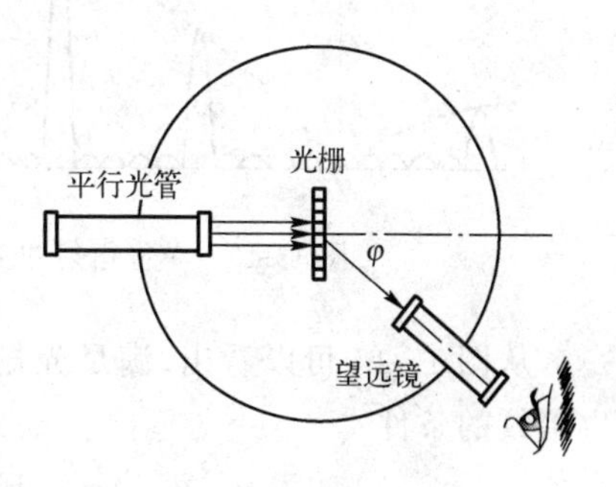

图 15-14　光栅衍射角的测量

如图 15-13 所示，若屏幕在透镜焦平面上，透镜焦距为 f，取屏上中央明纹中心 O 为坐标原点，第 k 级明纹在屏上 P 点的线位置为

$$x_k = f\tan\varphi_k \tag{15-9}$$

需要指出的是，在光栅衍射中，一般衍射角比较大，$\tan\varphi_k \neq \sin\varphi_k$. 只有当 φ_k 比较小时，$\tan\varphi_k \approx \sin\varphi_k$，才有

$$x_k = f\tan\varphi_k \approx f\sin\varphi_k = k\frac{f\lambda}{d}$$

2. 衍射明纹的缺级现象与光强

光栅方程式(15-7)只考虑了光栅上不同透光缝的光线之间的多缝干涉的结果，事实上在平行单色光垂直入射到光栅上时，透过光栅每个缝的光都有衍射，而且，这 N 个缝的 N 套单缝衍射条纹通过透镜后完全重合. 光栅的衍射条纹应是单缝衍射和多缝干涉的综合结果，即 N 个缝的干涉条纹要受到单缝衍射的调制，如图 15-15 所示. 图中(a)为多缝干涉的光强分布，(b)为单缝衍射的光强分布，(c)为单缝衍射对多缝干涉主极大的调制结果.

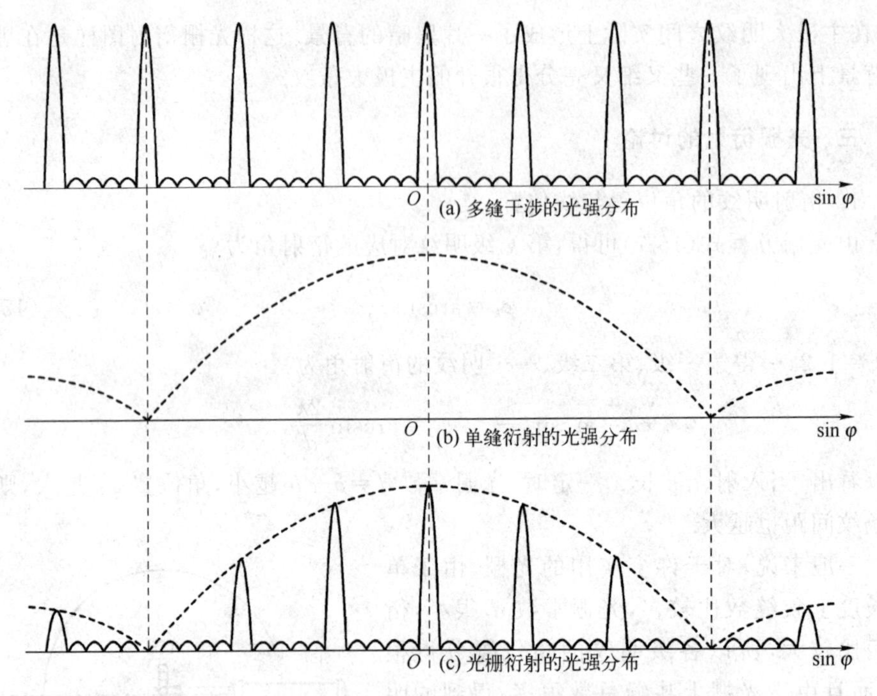

图 15-15　单缝衍射和多缝干涉形成的光栅衍射的光强分布

从图 15-15 可以看出，满足光栅方程式(15-7)的 φ 角还同时满足单缝衍射产生暗纹的条件

$$a\sin\varphi=\pm k'\lambda \quad (k'=0,1,2,\cdots) \tag{15-10}$$

因为由各个狭缝所射出的光都已各自满足暗纹的条件，当然也就谈不上缝与缝之间的干涉加强了，所以虽然按式(15-7)来说将出现明纹，实际上却不可能出现，这种现象称为缺级现象. 被缺掉的 k 级明纹可计算如下

$$\begin{cases}(a+b)\sin\varphi=\pm k\lambda & ①\\ a\sin\varphi=\pm k'\lambda & ②\end{cases}$$

①②两式联立消去 $\sin\varphi$ 得

$$\frac{a+b}{a}=\frac{k}{k'}$$

被缺的明纹为

$$k=\frac{a+b}{a}k' \quad (k'=\pm1,\pm2,\cdots) \tag{15-11}$$

当 k' 取 1,2,…，相应的 k 值为所缺明纹的对应级数. 例如，当 $a+b=4a$ 时，缺级的级数为 $k=\pm4,\pm8,\cdots$级.

最后需要说明的是，由于单缝衍射的影响，在不同衍射方向上衍射光强不同，如图 15-15(b)所示. 所以，不同方向上相互干涉形成的主极大(各级明纹)的强度也受单缝衍射光强的影响,衍射光强大的方向上主极大光强大,衍射光强小的方向上主极大光强小.

3. 明纹的最高级次

光栅的衍射角 φ 比较大,当平行单色光垂直入射到透射光栅上时,由于 $\varphi \leqslant 90°$,所以由光栅方程

$$(a+b)\sin\varphi = \pm k\lambda$$

将衍射角的最大值 $\varphi = 90°$代入上式,屏幕上可出现的最高级次的明纹为

$$k_{\mathrm{m}} = \frac{a+b}{\lambda} \tag{15-12}$$

由于 $\varphi = 90°$的衍射光并不会在衍射场中出现,且 k 为整数,所以由上式计算出的 k_{m} 只取整数部分;如果由上式计算出的 k_{m} 是整数,则看到的最高级次应为 $k_{\mathrm{m}}-1$ 级.

四、光栅光谱

由光栅方程 $d\sin\varphi = \pm k\lambda$ 可知,对于给定常数 d 的光栅,不同波长的同一级主极大亮条纹,除中央零级外均不重合,并且按照波长的次序,自中央零级开始向左右两侧由短波向长波散开. 另外,由于每一波长的主极大在衍射图样中都是很细锐的亮线. 这样,当含有多种波长的复色光垂直照射在光栅上时,在其后透镜的焦平面上将得到该复色光所有波长的、按波长次序排列的细亮线,并且对于每一级 k 都有一组这样的细亮线,我们称光栅对复色光这种衍射图样为光栅光谱. 图 15-16(a)所示为含有六种特征波长的汞白光(405 nm,435 nm,546.1 nm,579 nm,615 nm 和 623 nm)的光栅光谱. 图 15-16(b)所示为具有各种连续波长的太阳光(400～760 nm) 的连续光栅光谱.

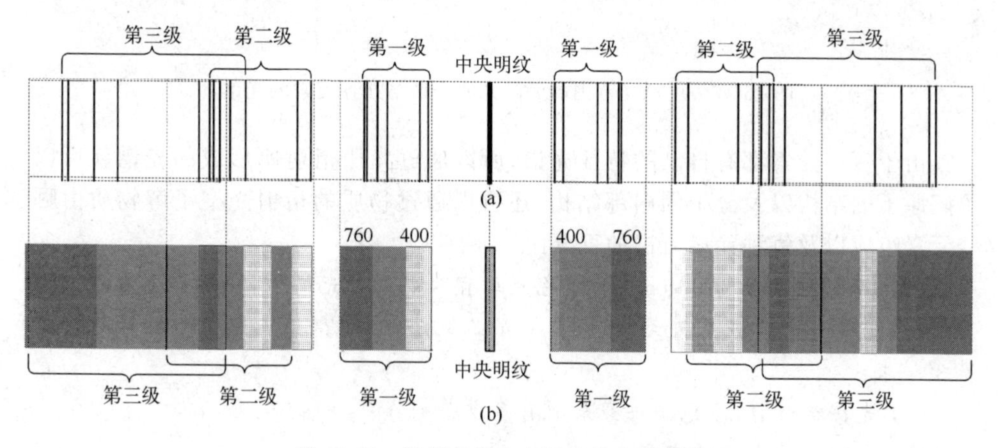

图 15-16　汞复色光和太阳光的光栅光谱

在光栅光谱中，可能会出现波长较长的 k_1 级光谱线与波长较短的 $k_2(k_2>k_1)$ 级光谱线落在同一角位置 φ 上，这种现象称为重级现象. 重级时一定同时满足

$$\begin{cases} d\sin\varphi = k_1\lambda_1 \\ d\sin\varphi = k_2\lambda_2 \end{cases}$$

则有

$$k_1\lambda_1 = k_2\lambda_2$$

即

$$\frac{\lambda_1}{\lambda_2} = \frac{k_2}{k_1} \tag{15-13}$$

上式说明，当 λ_1/λ_2 为整数比时，有重级现象. 例如，在图 15-16(b)中，波长为 $\lambda_2=400\,\text{nm}$ 的第三级光谱与波长为 $\lambda_1=600\,\text{nm}$ 的第二级光谱重叠.

光栅能将复色光分解成单色光，光栅对光的色散作用使它成为光谱仪的核心部件. 如果光栅常数 d 很小，则光栅光谱能将光谱分得很开. 图 15-17 所示为在可见光范围内太阳光的连续光谱和几种元素发出的特征光谱示意图.

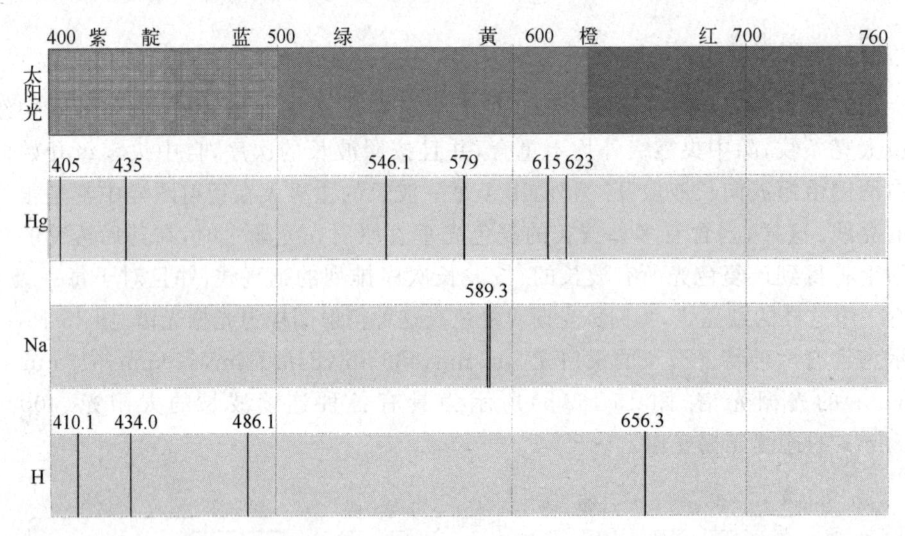

图 15-17　可见光范围内太阳光的光谱与几种元素的光谱

由于每种元素都有自己的特征光谱，所以通过光栅衍射所形成的光谱就可以了解原子的结构以及分子的内部结构，还可以通过物质的衍射光谱了解物质由哪些元素组成以及每种元素所占的百分比.

【例 15-3】 波长为 600 nm 的单色光垂直入射到一光栅上，在屏幕上看到中央明纹、第一级和第二级主极大明纹，其中第三级缺级. 测得第二级主极大的衍射角为 30°. 求：

(1) 光栅常数 d，该光栅每毫米刻有多少条刻线；

(2) 光栅中透光缝的宽度 a；

(3) 可能看到的最高级次和可以看到多少条衍射主极大.

【解】 (1) 由光栅方程

$$(a+b)\sin\varphi=\pm k\lambda$$

得
$$(a+b)=\frac{2\lambda}{\sin\varphi_2}=\frac{2\times600\times10^{-9}}{\sin30^\circ}\text{m}=2.4\times10^{-3}\text{ mm}$$

每毫米的刻线数

$$n=\frac{1}{d}=\frac{1}{2.4\times10^{-3}}\text{条/mm}=417\text{条/mm}.$$

(2) 第三级为第一次缺级,说明该衍射角对应光栅衍射第三级和单缝衍射的第一级暗纹,即

$$(a+b)\sin\varphi=3\lambda$$

$$a\sin\varphi=\lambda$$

则有
$$a=\frac{a+b}{3}=\frac{2.4\times10^{-3}}{3}\text{mm}=0.8\times10^{-3}\text{mm}$$

(3) 由光栅公式,衍射场中可能出现的最高级次为

$$k_{\text{m}}=\frac{a+b}{\lambda}=\frac{2.4\times10^{-3}}{600\times10^{-6}}=4$$

说明第四级正好对应 90°衍射角,所以可以看到最高级次为第三级,但是第三级为缺级,所以可以在屏幕上看到 $k=0,\pm1,\pm2$ 级,共5条亮条纹.

【例 15-4】 用白光垂直照射在每厘米有 6 500 条刻线的平面光栅上,求第三级光谱的张角.

【解】 设白光是由紫光($\lambda_1=400\text{ nm}$)和红光($\lambda_2=760\text{ nm}$)之间的各色光组成的.已知光栅常数 $a+b=1/6\,500\text{ cm}$.设第三级($k=3$)紫光和红光的衍射角分别为 θ_1 和 θ_2,由光栅方程得

$$\sin\theta_1=\frac{k\lambda_1}{a+b}=3\times4\times10^{-5}\times6\,500=0.78$$

得
$$\theta_1=51.26^\circ$$

而
$$\sin\theta_2=\frac{k\lambda_2}{a+b}=3\times7.6\times10^{-5}\times6\,500=1.48$$

这说明不存在第三级红光明纹,如图 15-18所示,即第三级光谱只能出现一部分光谱,这一部分光谱的张角为

$$\Delta\theta=90.00^\circ-51.26^\circ=38.74^\circ$$

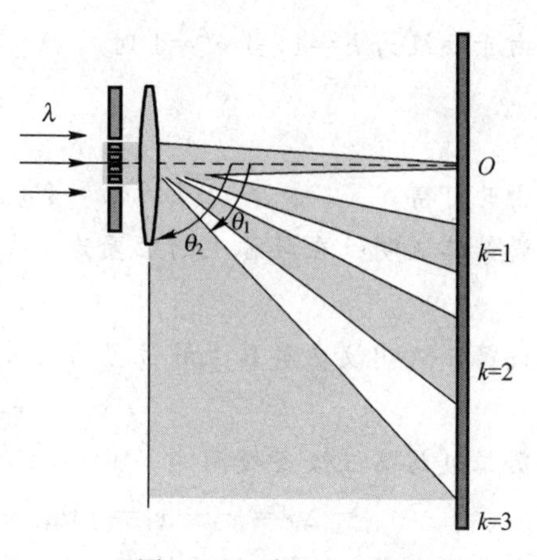

图 15-18　例 15-4 图

【例 15-5】 波长范围在 450～650 nm 之间的复色平面光垂直照射在每厘米有 5 000 条刻线的平面光栅上,屏幕放在透镜的焦平面处,屏上第二级光谱线各色光在屏上所占的范围宽度为 35.1 cm,求透镜焦距 f.

【解】 光栅常数

$$a+b=1\,\text{cm}/5\,000=2\times10^{-6}\,\text{m}$$

设 $\lambda_1=450\,\text{nm}$,对应的衍射角为 φ_1;$\lambda_2=650\,\text{nm}$,对应的衍射角为 φ_2. 由光栅方程,对第二级谱线,有

$$(a+b)\sin\varphi_1=2\lambda_1,\quad (a+b)\sin\varphi_2=2\lambda_2$$

所以 $$\varphi_1=\arcsin\frac{2\lambda_1}{a+b}=\arcsin\frac{2\times450\times10^{-9}}{2\times10^{-6}}=\arcsin0.450=26.74^\circ$$

$$\varphi_2=\arcsin\frac{2\lambda_2}{a+b}=\arcsin\frac{2\times650\times10^{-9}}{2\times10^{-6}}=\arcsin0.650=40.54^\circ$$

此处 φ_1、φ_2 不是很小,不能用 $\sin\varphi\approx\tan\varphi$ 的近似,谱线的线位置分别为

$$x_1=f\tan\varphi_1,\ x_2=f\tan\varphi_2$$

所以第二级谱线宽为

$$x_2-x_1=f(\tan\varphi_2-\tan\varphi_1)$$

所以 $$f=\frac{x_2-x_1}{\tan\varphi_2-\tan\varphi_1}=\frac{35.1\times10^{-2}}{\tan40.54^\circ-\tan26.74^\circ}\text{m}=1\,\text{m}$$

【例 15-6】 已知光栅狭缝宽为 $1.2\times10^{-6}\,\text{m}$,当波长为 500 nm 的单色光垂直入射在光栅上,发现第四级为缺级,第二级和第三级明纹的间距为 1 cm. 求:

(1) 透镜的焦距 f;

(2) 计算屏幕上可以出现的明纹的最高级数;

(3) 屏幕上一共可以出现多少条明纹.

【解】 (1) 由 $(a+b)\sin\varphi=k\lambda$,$a\sin\varphi=k'\lambda$ 比较可得

$$k=\frac{a+b}{a}k'$$

由于缺级为 $k=4$,当 $k'=1$ 时

$$\frac{a+b}{a}=4$$

由此可得 $$a+b=4a=4\times1.2\times10^{-6}=4.8\times10^{-6}\,\text{m}$$

设第二级明纹在屏幕上的位置为 x_2,则

$$x_2=f\tan\varphi_2$$

设第三级明纹在屏幕上的位置为 x_3,则

$$x_3=f\tan\varphi_3$$

第二级与第三级条纹间距

$$\Delta x=x_3-x_2=f\tan\varphi_3-f\tan\varphi_2=f(\tan\varphi_3-\tan\varphi_2)$$

由光栅公式,对第二级明纹有

$$\sin\varphi_1=\frac{2\lambda}{a+b}=\frac{2\times5\,000\times10^{-10}}{4.8\times10^{-6}}=\frac{1}{4.8}=0.203\,8$$

对第三级明纹有

$$\sin\varphi_2=\frac{3\lambda}{a+b}=\frac{3\times 5\,000\times 10^{-10}}{4.8\times 10^{-6}}=\frac{1.5}{4.8}=0.312\,5$$

由此可知 $\varphi_1\approx 12^\circ,\varphi_2\approx 17^\circ$，并求得 $\tan\varphi_1\approx 0.212\,6,\tan\varphi_2\approx 0.342\,9$ 所以

$$f=\frac{\Delta x}{\tan\varphi_3-\tan\varphi_2}=\frac{1\times 10^{-2}}{0.3249-0.2126}\mathrm{m}=8.9\times 10^{-2}\,\mathrm{m}$$

(2) 由 $\varphi=\frac{\pi}{2},\sin\varphi=1$，可求得最高明纹级次为

$$k_m=\frac{a+b}{\lambda}=\frac{4.8\times 10^{-6}}{5\times 10^{-7}}\text{级}=9.6\text{ 级}$$

所以可以出现的最高级次为 9 级.

(3) 由于 $\pm 4,\pm 8$ 为缺级，屏幕上一共可以出现 15 条明纹，分别为 $0,\pm 1,\pm 2,\pm 3,\pm 5,\pm 6,\pm 7,\pm 9$ 级.

§15-4　圆孔衍射与光学仪器的分辨率

在几何光学中讨论光学仪器成像时，总认为只要适当选择透镜的焦距，以得到所需要的放大率，就可以把任何微小的物体放大到可以看清楚的程度. 实际上这是不可能的，因为各种光学仪器都要受到光的波动性的影响，即使把物体所成的像放得很大，由于光的衍射现象，物体上很细微的部分仍有可能分辨不出来.

为了说明光的衍射现象对光学仪器分辨能力的限制，下面我们先来讨论具有实际意义的圆孔衍射.

一、圆孔衍射与艾里斑

当光通过狭缝时要产生衍射现象. 如图 15-5 所示，中央明纹的半角宽度为 $\varphi_1\approx\sin\varphi_1=\frac{\lambda}{a}$. 同样，当光通过圆孔时也要产生衍射现象. 将夫琅禾费单缝衍射实验装置图 15-5 中的单缝用圆孔代替，如图 15-19 所示，当用单色光垂直入射到很小的圆孔上，则在观测屏上出现的不是与圆孔同样大小的像，而是比小孔几何影子大的亮斑，亮斑周围为明暗相间的圆环图样. 而且，圆孔的直径越小，亮斑的半径越大，周围的明暗相间圆环也越向外扩展. 我们把以第一暗环为边界的中央亮斑称为艾里斑. 艾里斑的光强度约占整个入射光强的 84%.

如图 15-19 所示，设圆孔的直径为 D，透镜焦距为 f，艾里斑的直径为 d，则由衍射理论计算得出(略)，艾里斑的半角宽度为

$$\theta=1.22\frac{\lambda}{D}\tag{15-14}$$

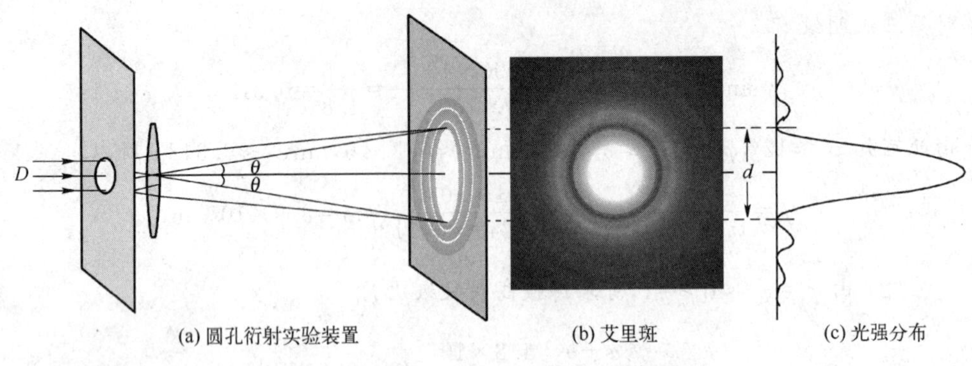

图 15-19　圆孔衍射及其艾里斑的半角宽度

将上式与单缝衍射中央明纹的半角宽度 $\varphi_1=\lambda/a$ 相比较，基本上还是一致的，只是在圆孔衍射中，多了一个反映几何形状不同的因子 1.22.

二、光学仪器的分辨率

大多数的光学仪器都要通过透镜将入射光汇聚成像，透镜的边缘一般都是圆形的，可以看作一个圆孔. 从几何光学来看，在物体通过透镜成像时，每一个物点对应一个像点. 但是，由于光的衍射，物点的像不可能是一个几何点，而是一个具有一定大小的艾里斑.

例如，显微镜的物镜就可以看成一个小圆孔，用显微镜观察一个物体上的两个发光点 S_1、S_2，从 S_1、S_2 发出的光经过显微镜的透镜成像时，将形成两个艾里斑，分别为 S_1、S_2 的像，如果这两个艾里斑分得很开，艾里斑的边缘没有重叠，我们就能够分辨出 S_1、S_2 两点，如图 15-20 所示.

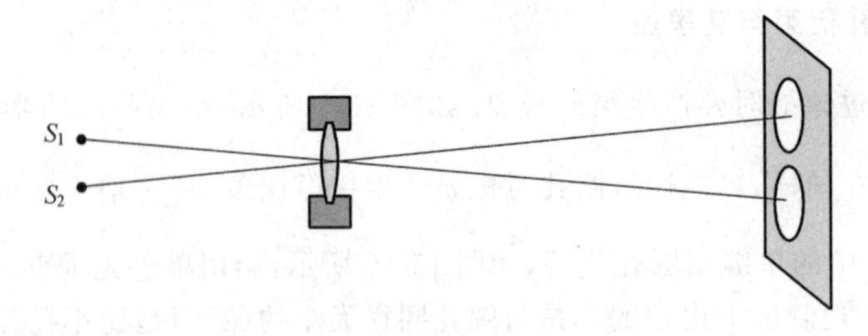

图 15-20　物体上两个发光点经物镜小孔后成为两个光斑

如果两个点光源形成的艾里斑距离很近，大部分相互重叠，如图 15-21(a)所示，两个点光源就不能分辨. 如果这两个艾里斑足够小，或者距离足够远，如图 15-21(c)所示，两个点光源就能分辨. 如图 15-21(b)所示，根据判断和实验，我们规定：对一个光学仪器来说，如果一个点光源的衍射图样的艾里斑中心恰好和另一个点光源的艾里斑的边缘(第一级暗纹)重合，则这两个点光源恰好为这一光学仪器所分辨.

这一规定称为**瑞利判据**.

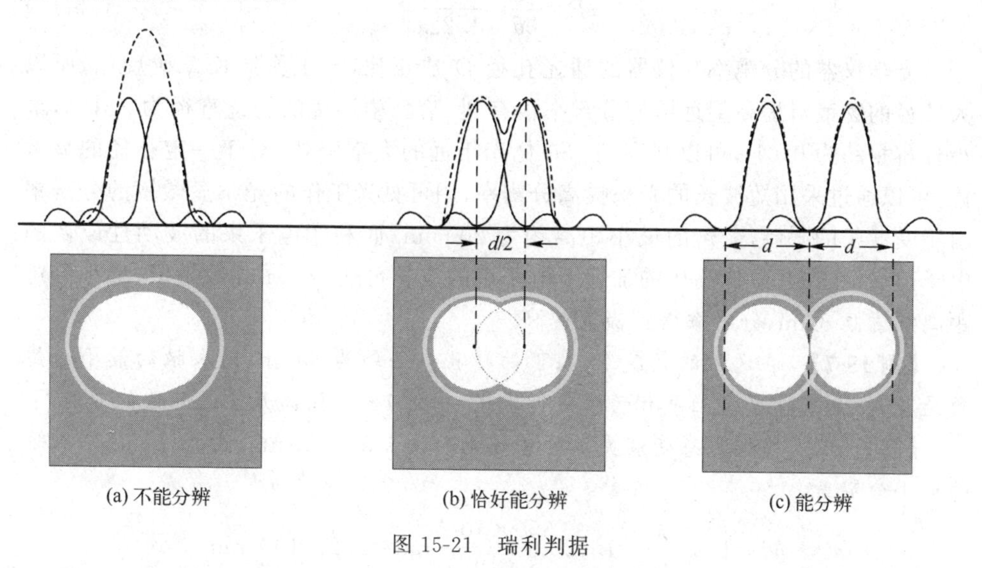

图 15-21　瑞利判据

按照瑞利判据,"恰能分辨"的两个点光源的艾里斑中心的距离为 $d/2$. 此时,两点光源在透镜处的张角称为最小分辨角,用 $\delta\theta$ 表示,如图 15-22 所示.

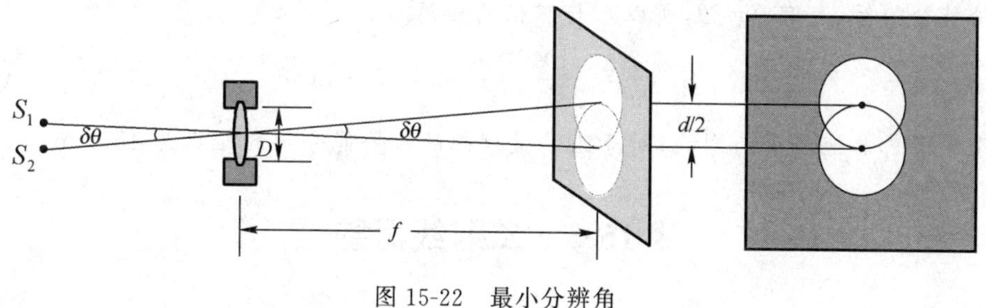

图 15-22　最小分辨角

对于直径为 D 的圆孔衍射图样,第一级暗纹对应的艾里斑的半角宽度为

$$\theta=1.22\frac{\lambda}{D}$$

由图 15-22 可知,最小分辨角 $\delta\theta$ 等于艾里斑的半角宽度,则最小分辨角

$$\delta\theta=1.22\frac{\lambda}{D} \tag{15-15}$$

上式表明,最小分辨角 $\delta\theta$ 由仪器的孔径 D 和入射光的波长 λ 决定. 如果透镜对所观察的物体上的两点所张的角小于最小分辨角,则物体上两点的像将重叠,以致无法分辨.

在光学中,常将最小分辨角的倒数称为光学仪器的分辨率,即分辨率 R 为

$$R=\frac{1}{\delta\theta}=\frac{D}{1.22\lambda} \tag{15-16}$$

光学仪器的分辨率与仪器的通光孔径 D 成正比，与工作波长 λ 成反比，所以大口径的物镜对提高望远镜的分辨率很有利. 哈勃望远镜的物镜直径为 2.4 m，最小分辨角约为 0.01°，可以观察到 130 亿光年远的太空深处. 对于一定孔径的显微镜，可以通过采用短波长的光来提高分辨率，用可见光工作的光学显微镜的分辨率由于受波长的限制，分辨的最小距离约为 200 nm. 而利用电子束的波动性成像的电子显微镜，在几万伏高压的加速下电子束的波长可达 10^{-3} nm 数量级，最小分辨距离约为 0.3 nm，分辨率得到极大提高.

【例 15-7】 在通常的亮度下，人眼的瞳孔直径约为 3 mm，问人眼的最小分辨角是多大. 如果在黑板上画有两根平行直线，相距 1 cm. 问离开多远处恰能分辨.

【解】 以人的视觉感受最灵敏的黄绿光的波长 $\lambda=550$ nm，由式(15-15)，人眼的最小分辨角

$$\delta\theta=1.22\,\frac{\lambda}{D}=1.22\,\frac{550\times10^{-9}}{3\times10^{-3}}\text{rad}=2.2\times10^{-4}\,\text{rad}$$

设人与黑板的距离为 S，平行线间的距离为 l，相应的张角为 θ，则有

$$l\approx S\theta$$

当恰能分辨时，应有 $\theta=\delta\theta$，所以人与黑板的距离

$$S=\frac{l}{\delta\theta}=\frac{1\times10^{-2}}{2.2\times10^{-4}}\text{m}=45.5\text{ m}$$

如果不考虑其他因素的影响，对于眼睛最理想的人恰能分辨的距离为 45.5 m.

§15-5 X 射线衍射

X 射线由伦琴于 1895 年发现，故又称伦琴射线. 图 15-23 所示为产生 X 射线的 X 射线管的结构原理示意图. 抽成真空的玻璃管内的热阴极 K 由电源加热产生热电子，电子在高压电源提供的强电场作用下加速，形成阴极射线，阴极射线中的电子高速撞击阴极板对面的阳极(又称对阴极)A 上，就从阳极上产生了 X 射线. X 射线具有很强的穿透能力，能够很容易地穿透人体、木材、很厚的金属材料以及其他对可见光不透明的物质，还能够使胶片感光、空气电离、荧光物质发光. 所以，X 射线一经发现，很快就被应用于医疗. 图 15-24 所示为世界上第一张 X 射线照片. 由于当时这是一种前所未知的射线，故称 X 射线. X 射线的发现具有重大的理论意义和实用价值，伦琴因此荣获首届诺贝尔物理学奖.

X 射线被发现之后，由于不受电场或磁场的影响，所以认为本质上和可见光一样，是一种波长很短的电磁波，但是当时很难用实验证明. 普通的光栅虽然可以用来测定波长，但是由于光栅常数的限制，对波长很短的电磁波无法测定. 人们苦于

无法用机械方法来制造 X 射线可用的光栅.

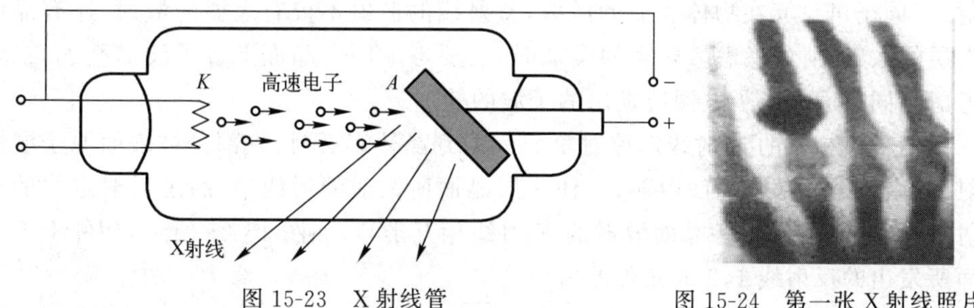

图 15-23　X 射线管

图 15-24　第一张 X 射线照片

1912 年,德国物理学家劳厄指出,晶体是由原子(离子或分子)按一定的点阵在空间作周期性排列而构成的,如图 15-25 所示. 晶体中相邻原子之间的距离在零点几纳米数量级,与 X 射线的波长的数量级相同. 因此,晶体相当于光栅常数很小的空间衍射光栅. 劳厄进行了晶体衍射实验,圆满地获得了 X 射线的衍射图样,从而证实了 X 射线的波动性,也随之开创了 X 射线作为晶体结构分析的重大应用.

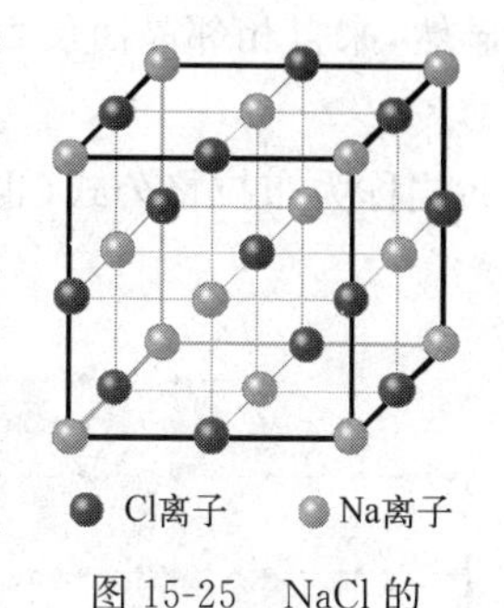

图 15-25　NaCl 的晶体结构

劳厄的实验装置如图 15-26(a)所示,PP' 为中间开一小孔的铅板,C 为单晶体,E 为照相底片,当 X 射线穿过小孔照射在晶体 C 上,将产生衍射,从而在底片上形成对称分布的衍射斑点,称为劳厄斑点,如图 15-26(b)所示. 通过分析劳厄斑点的排列位置,可以计算出晶体的结构,这是利用 X 射线进行结构分析时常用的方法.

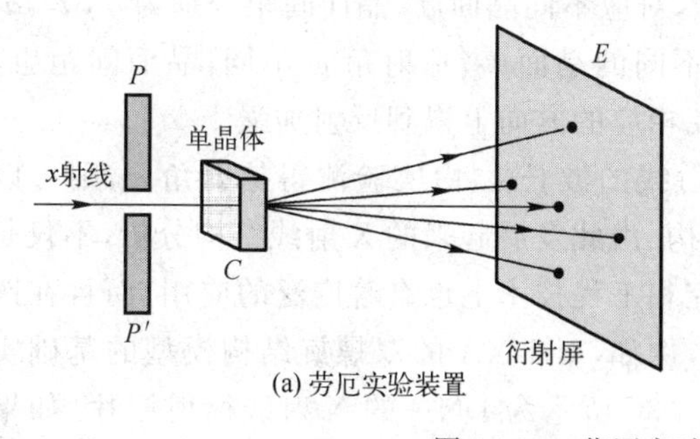

(a) 劳厄实验装置

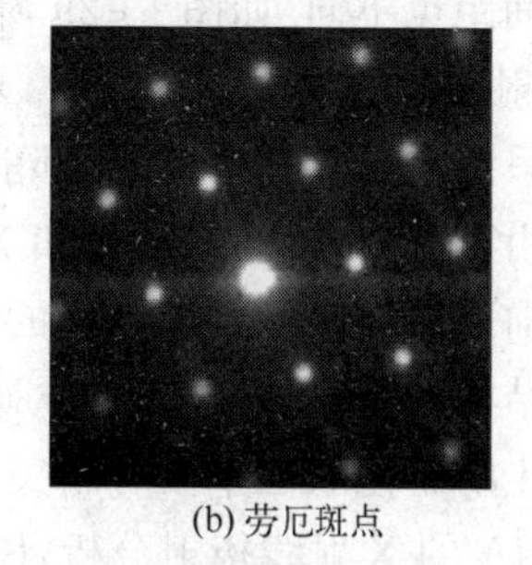

(b) 劳厄斑点

图 15-26　劳厄实验

1913 年,劳厄实验后不久,英国物理学家布拉格父子提出另一种研究 X 射线衍射的方法,通过研究 X 射线在晶体表面反射时的衍射,他们简化晶体空间点阵,将其当作反射光栅处理. 如图 15-27 所示,设想晶体是由一系列相互平行的原子层构成,每一原子层构成一个晶面,相邻晶面之间的距离称为晶面间距,用 d 表示. 当

X 射线照射时,晶体中每一个原子是一个子波中心,向各方向发出衍射线,称为散射.不同于可见光在物体表面的散射,X 射线的散射不仅有表面的散射,还有晶体内层的散射,所以考虑散射光的叠加时,一要考虑同一晶面上各子波的叠加,二要考虑不同晶面上各子波源所发出的子波的叠加.

当一束相干的 X 射线以掠射角 φ 入射到晶体表面时,一部分被表面原子层散射,其余将被内部各晶面散射,在任一层晶面所散射的射线中,满足反射定律的反射线强度最大.考虑各晶面散射的 X 射线相互干涉,如图 15-28 所示,相邻上下晶面所发出的反射线 1,2 的光程差为

$$\delta=\overline{AC}+\overline{CB}=2d\sin\varphi$$

显然,来自相邻晶面反射光干涉加强的条件为

$$\delta=2d\sin\varphi=k\lambda \quad (k=1,2,3,\cdots) \tag{15-17}$$

上式称为布拉格公式(也称布拉格方程或布拉格定律).

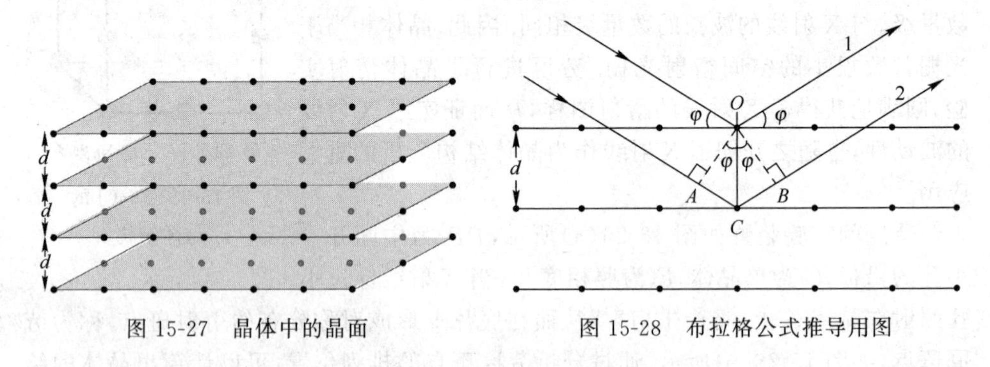

图 15-27 晶体中的晶面

图 15-28 布拉格公式推导用图

实际上晶体中存在取向不同的多个晶面族,不同晶面族的原子排列情况不同,晶面间距也不同.如图 15-29 所示,对应不同晶面族,晶面间距分别为 d,d',d'',d'''.当 X 射线入射到晶体表面时,对不同的晶面族,掠射角 φ 不同,晶面间距也不同,但是只要满足布拉格公式,都能在相应的方向上得到反射加强.

由布拉格公式,如果已知 X 射线的波长 λ,由实验测得掠射角 φ,则可以由不同方向上的面间距判断晶体的结构.由此发展起来的 X 射线结构分析,不仅是研究材料结构的重要手段,在科学研究和工程技术上也有着广泛的应用,而且在医学和分子生物学领域也不断有新突破,例如,对 DNA 的双螺旋结构模型的基础实验即为 DNA 的 X 射线衍射分析,图 15-30 所示为 DNA 的 X 射线衍射照片.如果用已知结构(d)的晶体做衍射,由实验测得掠射角 φ,由布拉格公式可以求出入射的 X 射线的波长,基于该原理的 X 射线光谱分析技术,在研究原子内部结构方面发挥了重要作用.

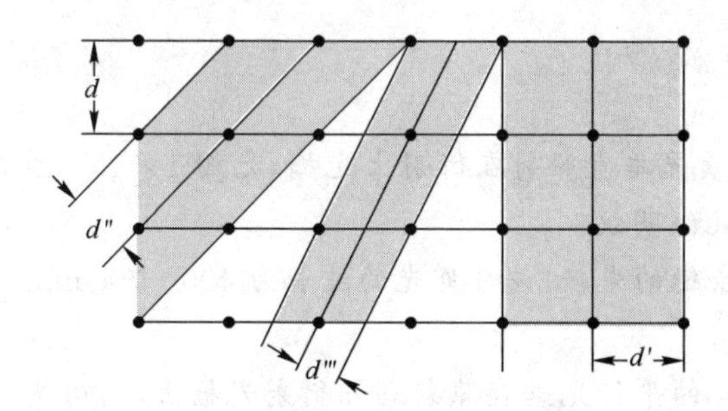

图15-29 晶体中的多个晶面族

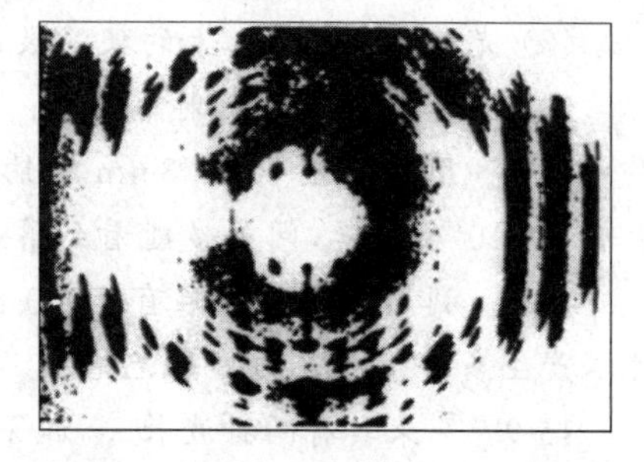

图15-30 DNA的X射线衍射图片

习 题

15-1 波长为500 nm的平行光线垂直入射于一宽为1 mm的狭缝，若在缝的后面有一焦距为100 cm的薄透镜，使光线聚焦于一屏幕上，试问在屏幕上从衍射图样的中心点到下列各点的距离如何？

(1) 第一级暗条纹；

(2) 第二级明纹的中心处；

(3) 第三级暗条纹.

15-2 已知单缝的宽度$a=0.60\,\text{mm}$，凸透镜的焦距$f=400\,\text{mm}$，在透镜的焦平面上放一屏幕. 用单色光垂直照射到单缝上，测得屏幕上第四级明纹中心距中央明纹中心为1.40 mm，求：

(1) 入射光的波长；

(2) 对应该明纹的半波数.

15-3 在单缝衍射实验中，已知照射光的波长$\lambda=546.1\,\text{nm}$，缝宽$a=0.10\,\text{mm}$，$f=500\,\text{mm}$，求：

(1) 中央明纹的宽度；

(2) 两旁各级明纹的宽度.

15-4 以$\lambda=589.3\,\text{nm}$的黄光照射在单缝上，缝后凸透镜的焦距$f=700\,\text{mm}$，屏放置在透镜的焦平面处. 在屏上测得中央明纹的宽度为2.0 mm，求该单缝的宽度. 如果用另一种单色光照射，测得中央明纹的宽度为1.5 mm，求此单色光的波长.

15-5 以波长$\lambda=632.8\,\text{nm}$的氦氖激光垂直照射在衍射光栅上，已知光栅$1\times10^{-2}\,\text{m}$上有1×10^{3}条狭缝. 求第三条明纹的衍射角.

15-6 为了测定某光栅的光栅常数，用氦—氖激光器的红光垂直地照射光栅. 已知照射光的波长$\lambda=632.8\,\text{nm}$，测得第一级明纹出现在38°的方向，求：

(1) 光栅常数；

(2) 光栅 1×10^{-2} m 上的狭缝数；

(3) 第二级明纹的衍射角.

15-7 用波长 $\lambda=589.3$ nm 的钠黄光垂直照射在衍射上光栅，光栅 1×10^{-2} m 上有 5×10^{3} 条狭缝，问最多能看到第几级明纹？

15-8 利用一个每厘米有 4 000 条缝的光栅，设可见光的波长为 400～700 nm. 可以产生多少条完整的可见光谱？

15-9 一束具有两种波长 λ_1 和 λ_2 的平行光垂直照射到一衍射光栅上，测得波长 λ_1 的第三级主极大衍射角和 λ_2 的第四级主级大衍射角均为 30°，已知 $\lambda_1=560$ nm，试求：

(1) 光栅常数 $a+b$；

(2) 波长 λ_2.

15-10 指出当衍射光栅常数为下述三种情况时，哪些级数的主极大衍射条纹消失.

(1) 光栅常数为狭缝宽度的 2 倍，即 $(a+b)=2a$；

(2) 光栅常数是狭缝宽度的 3 倍，即 $(a+b)=3a$；

(3) 光栅常数是狭缝宽度的 4 倍，即 $(a+b)=4a$.

15-11 波长 600 nm 的单色光垂直入射在一光栅上，第二、三级明纹分别出现在 $\sin\varphi_2=0.20$ 与 $\sin\varphi_3=0.30$ 处，第四级缺级. 试问：

(1) 光栅上相邻两缝的间距是多少？

(2) 光栅上狭缝的宽度是多少？

(3) 按上述选定的 a、b 值，在 $-90°<\varphi<90°$ 范围内，实际呈现的全部级数是多少.

15-12 在迎面驶来的汽车上，两盏前灯相距 120 cm，设夜间人眼的瞳孔直径为 5 mm，入射光波长 550 nm. 求人在离汽车多远的地方，眼睛恰能分辨这两盏前灯？

第16章 光的偏振

前两章我们重点讨论了光的干涉和衍射现象.在本章中我们通过介绍光的偏振的一些典型现象,讨论几种获得和检验偏振光的方法,从而了解偏振光的基本现象,掌握偏振光的基本规律.偏振光有广泛的应用,如摄影、立体电影、液晶显示原理等;很多光学仪器与偏振有关,如偏光显微镜、偏振光干涉仪、光弹性仪等.随着科学技术的发展,光学领域出现了许多新技术,如光通信、光子计算、光存储、生物光子技术都与光的偏振性有关.

§16-1 自然光和线偏振光

电磁波理论告诉我们,任何电磁波都是由两个互相垂直的电场强度 $\boldsymbol{E}$ 和磁场强度 $\boldsymbol{H}$ 来表征的,电磁波的传播方向与 $\boldsymbol{E}$ 和 $\boldsymbol{H}$ 构成一个右旋系统,如图16-1所示.由于对人的视觉等感光器件引起光效应的主要是电场强度 $\boldsymbol{E}$,所以我们把光波视为电场强度 $\boldsymbol{E}$ 振动的传播,其中 $\boldsymbol{E}$ 称为光矢量,$\boldsymbol{E}$ 的振动称为光振动,所以光波是横波,光的偏振现象也证明光波是横波,如图16-2所示.

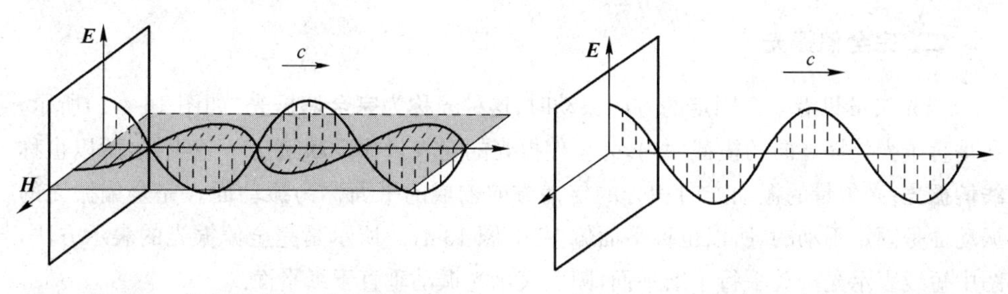

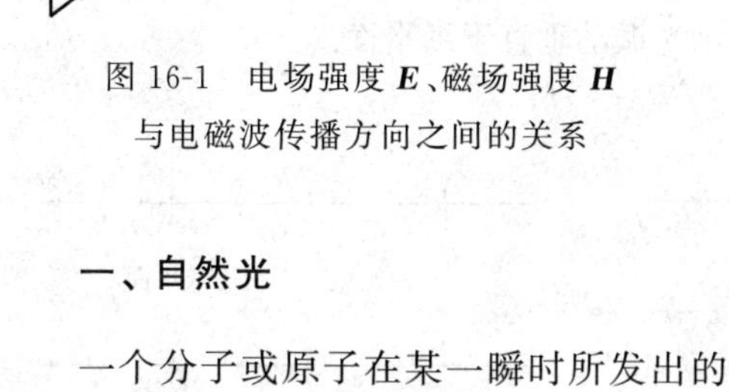

图16-1 电场强度 $\boldsymbol{E}$、磁场强度 $\boldsymbol{H}$ 与电磁波传播方向之间的关系

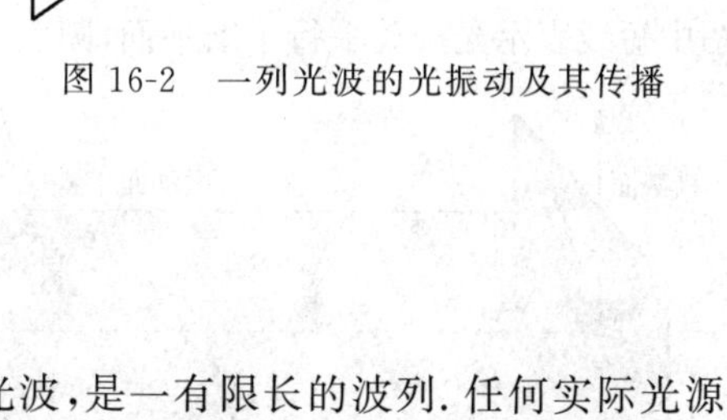

图16-2 一列光波的光振动及其传播

一、自然光

一个分子或原子在某一瞬时所发出的光波,是一有限长的波列.任何实际光源发出的光都是由为数极多的分子或原子各自独立发出的光波合成的,由于原子发光的间歇性和随机性,不同原子发出的光不仅初相位彼此无关,而且它们的振动方向也各不相关,是随机的.因此,就光源整体发出的光来说,光振动随机地分布在垂直于光传播方向的平面内的所有方向,且平均说来,没有哪一个振动方向较其他方

向更占优势,也就是说,在所有可能的方向上,$\boldsymbol{E}$ 的振幅都相等,这样的光叫做自然光,如图 16-3(a)所示.

在任一时刻 t,我们可把所有光矢量分解到相互垂直的两个方向,则这两个方向的振动是相等的,没有哪个占优势,故可用图 16-3(b)所示的方法来表示自然光. 由于 E_y 和 E_z 的振幅相等,所以这两个光振动各自都占自然光总光强的 1/2. 但应注意,由于自然光中光振动的无规则性,所以这两个相互垂直的光矢量之间并没有恒定的相位差.

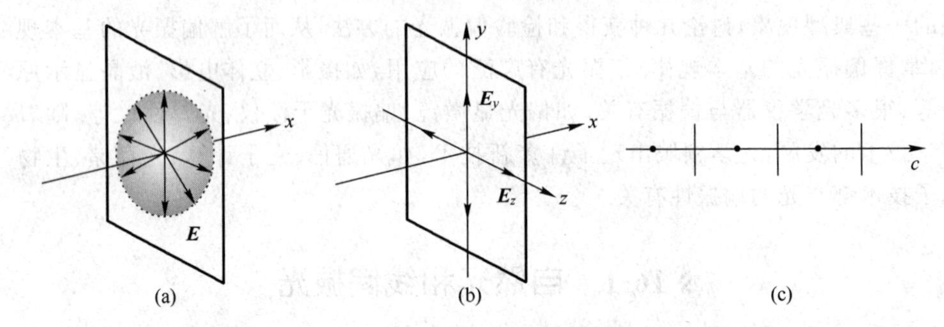

图 16-3　自然光及其图示法

为了简明地表示光的传播,常用与传播方向垂直的短竖线表示在纸平面内的光振动,而用点表示与纸平面垂直的光振动,以点和短竖线的多寡分别表示光振动的强弱. 对自然光来说,两种光振动的强弱相同,故点和短竖线一个隔一个作等距分布,意味着这两个方向振动强度一样,如图 16-3(c)所示.

二、完全偏振光

当光矢量只沿一个固定的方向振动时,这种光称为**完全偏振光**. 如图 16-4(a)所示,在垂直于光传播方向的横截面内,完全偏振光的光矢量振动轨迹为一条直线,所以也称**线偏振光**;光矢量的振动方向和光的传播方向构成的平面称为**振动面**。完全偏振光的振动面是固定不动的,所以也称平面偏振光. 图 16-4(b)所示是完全偏振光的表示方法,图中短线表示光振动平行于纸平面,圆点表示光振动垂直于纸平面.

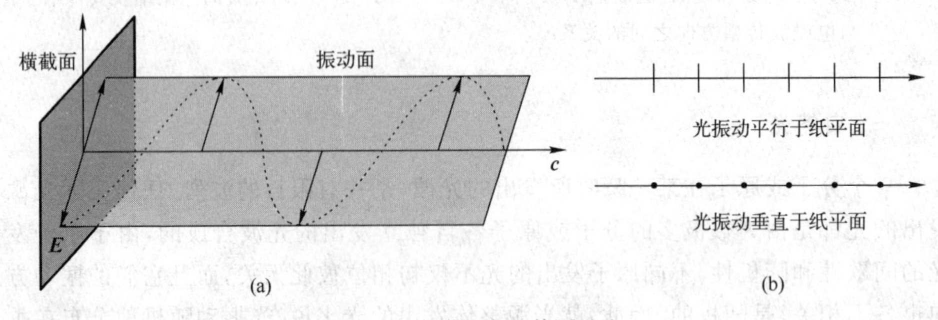

图 16-4　线偏振光及其图示法

三、部分偏振光

部分偏振光是介于线偏振光与自然光之间的一种偏振光，在垂直于这种光的传播方向的平面内，各方向的光振动都有，但它们的振幅不相等，这种部分偏振光用数目不等的圆点和短线表示．图 16-5(a)所示为平行于纸面的光振动大于垂直于纸面的光振动；图 16-5(b)所示为垂直于纸平面的光振动大于平行于纸平面的光振动．要注意，这种偏振光各方向的光矢量之间也没有固定的相位关系．

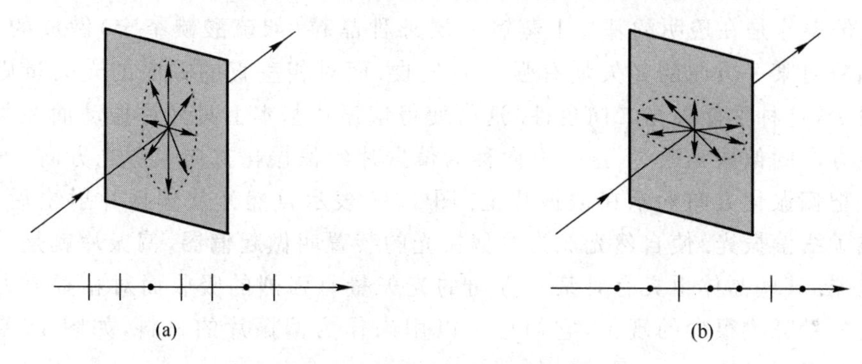

图 16-5　部分偏振光及其图示法

四、圆偏振光和椭圆偏振光

圆偏振光和椭圆偏振光的特点是光矢量在垂直于光的传播方向的平面内按一定频率旋转(左旋或右旋)．如果光矢量端点的轨迹是一个圆，那么这种光称为圆偏振光，如图 16-6(a)所示．如果光矢量端点的轨迹是一个椭圆，那么这种光称为椭圆偏振光，如图 16-6(b)所示．我们知道，两个相互正交方向上的同频率的简谐振动的合成为一椭圆，因此，圆偏振光和椭圆偏振光可用两个相互正交方向上的光振动来合成．与自然光表示不同，此处的两个光振动具有固定的相位关系．圆偏振光和椭圆偏振光有左旋和右旋的区别．

图 16-6　圆偏振光和椭圆偏振光

§ 16-2 偏振片的起偏与检偏 马吕斯定律

本节介绍常用偏振片的起偏和检偏的方法,以及偏振片的起偏和检偏所满足的基本规律.

一、偏振片 起偏与检偏

偏振片是在透明的基片上蒸镀一层某种晶粒(如硫酸碘奎宁)做成的.这种晶粒对某一方向的光矢量有强烈的吸收,而对相垂直的方向的光矢量则吸收很少,这种性能称为二向色性.这就使得偏振片基本上只允许振动面在某一特定方向的偏振光通过,这一方向称为偏振片的偏振化方向或透光方向.通常用↕把偏振化方向标示在偏振片上.图 16-7 表示自然光从偏振片射出后,就变成了线偏振光.使自然光成为线偏振光的装置叫做**起偏器**,偏振片就是一种起偏器.某些晶体也具有对某一方向的光矢量有强烈的吸收而对相垂直方向的光矢量吸收很少的现象,它们也可以用来作为偏振片的材料,如图 16-8 所示的电气石晶体.

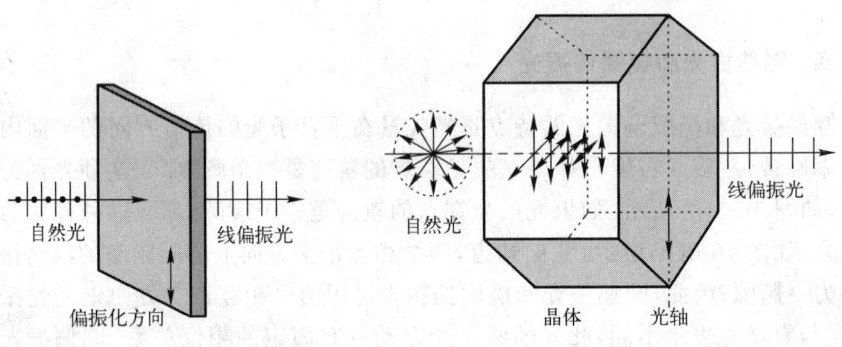

图 16-7 偏振片作为起偏器　　图 16-8 电气石晶体作为偏振片

偏振片也可以作为检偏器用来检验某一束光是否是偏振光,并判断其偏振化方向.如图 16-9(a)所示,让一束偏振光直射到偏振片上,当偏振片的偏振化方向与偏振光的光振动方向相同时,该偏振光可完全透过偏振片射出.如图 16-9(b)所示,若把偏振片转过 $\pi/2$,即当偏振片的偏振化方向与偏振光的光振动方向垂直时,则该偏振光将不能透过偏振片,即出射的光强度为零.当以偏振光的传播方向为轴,不停地旋转偏振片时,透射光将经历由最明亮到黑暗,再由黑暗变回到最明亮的变化过程,这种情况只有入射光是线偏振光时才有可能发生.如图 16-9(c)所示,如果让一束自然光垂直入射到偏振片上,上述现象就不会出现,因此这块偏振片就是一个检偏器.如果入射到偏振片的自然光强度为 I_0,则出射的偏振光的光强总是保持 $I_0/2$ 不变.

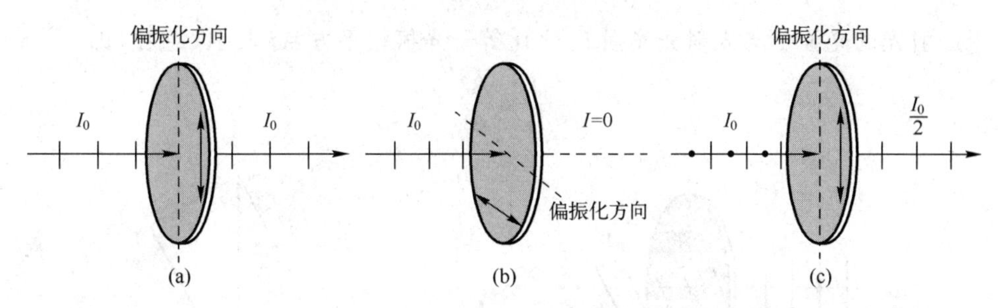

图 16-9　偏振片用作检偏器

上述光的偏振实验说明了光的横波特性. 为说明这个问题,我们将偏振片对光波的作用与狭缝对机械波的直观作用作一类比. 如图 16-10 所示,在波的传播路径上放置一个窄缝,对机械横波(例如绳子中的波动)而言,只有当窄缝方向与振动方向平行时,它才可以穿过窄缝继续前行,如图 16-10(a)所示;而当窄缝方向与其振动方向垂直时,由于振动受限,故无法穿过窄缝继续向前传播,如图 16-10(b)所示. 但对机械纵波来说,由于振动方向与传播方向平行,波向前传播时是不会受到窄缝影响的,如图 16-10(c)和 16-10(d)所示. 因此,从机械波能否通过不同取向的狭缝 AB,可以判断它是横波还是纵波. 作为横波的光波,在通过检偏器时,就显示出了与机械横波穿过狭缝时产生的类似效果.

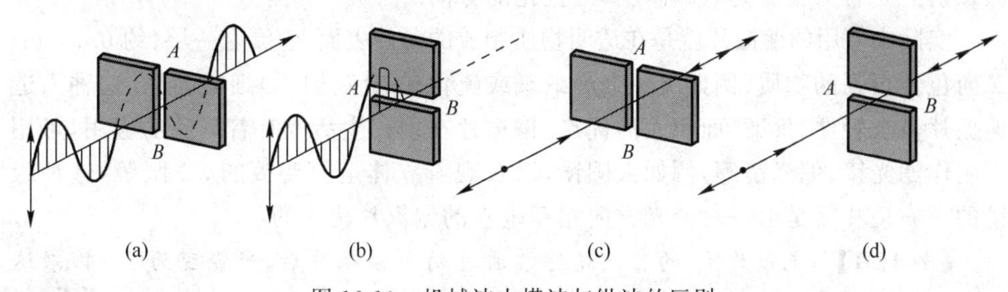

图 16-10　机械波中横波与纵波的区别

二、马吕斯定律

1809 年马吕斯由实验发现:强度为 I_0 的偏振光,通过偏振片后,透射光的强度为

$$I=I_0\cos^2\alpha \tag{16-1}$$

式中,α 是偏振光的光振动方向和检偏器偏振化方向之间的夹角. 上式称为马吕斯定律. 现在证明如下:

如果入射光的振幅为 A_0,可将光矢量分解为平行于偏振片的偏振化方向和垂直于偏振片的偏振化方向两个分量,分别为 $A_0\cos\alpha$ 和 $A_0\sin\alpha$,如图 16-11 所示. 显然,只有平行于偏振片的偏振化方向的振动分量 $A=A_0\cos\alpha$ 能够透过偏振片. 由

于透射光的光强 I 与入射光光强 I_0 之比等于光振幅平方 A^2 与 A_0^2 之比，即

$$\frac{I}{I_0}=\frac{A^2}{A_0^2}$$

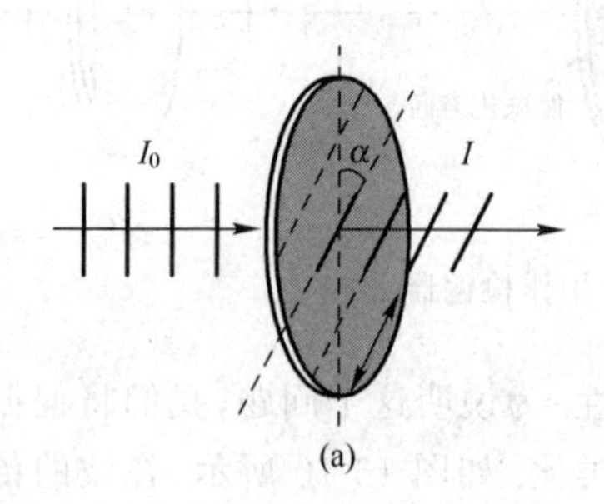

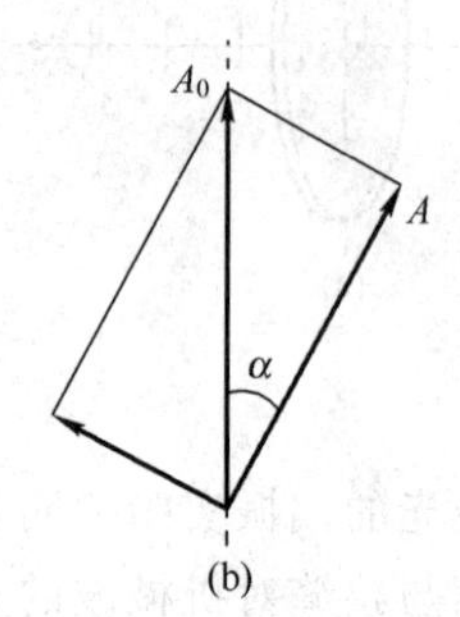

图 16-11　马吕斯定律

则
$$I=I_0\frac{A^2}{A_0^2}=I_0\cos^2\alpha$$

当起偏器与检偏器的偏振化方向平行，即 $\alpha=0$ 或 $\alpha=\pi$ 时，$I=I_0$，光强最大. 当两者偏振化方向相互垂直，即当 $\alpha=\pi/2$ 或 $\alpha=3\pi/2$ 时，$I=0$，光强为零，这时没有光从检偏器中射出. 若 α 介于上述各值之间，则光强在最大和零之间. 由此可检验入射光是否为偏振光，并确定其偏振化的方向.

实际中使用的偏振片就是在透明物质制成的薄片表面上，涂有一层（约 0.1 mm）二向色性很强的物质（例如硫酸金鸡纳碱或硫化碘-金鸡纳霜）细微晶粒. 这种人造偏振片具有轻便、价廉、面积大的优点. 偏振片在现代生活中有着广泛的应用，可用于制作滤光镜、偏光镜等，例如太阳镜，以及观看立体电影要戴的 3D 眼镜，这种眼镜的左右镜片就是由一对透光方向相互垂直的偏振片构成的.

【例 16-1】 光强为 I_0 的自然光连续通过两个偏振片后，光强变为 $I_0/4$，求这两个偏振片的偏振化方向之间的夹角.

【解】 自然光可以分解为相互垂直的两个分振动，并且每个分振动各占自然光强的 1/2. 当自然光通过第一个偏振片后，成为光强为 $I_0/2$ 的线偏振光，振动方向与该偏振片的偏振化方向相同. 如图 16-12 所示，如果第二个偏振片的偏振化方向与第一个偏振片的偏振化方向成 α 角，根据马吕斯定律，透射光强为

$$I=\frac{I_0}{2}\cos^2\alpha$$

已知 $I=\frac{I_0}{4}$，代入上式，得

$$\frac{I_0}{4}=\frac{I_0}{2}\cos^2\alpha$$

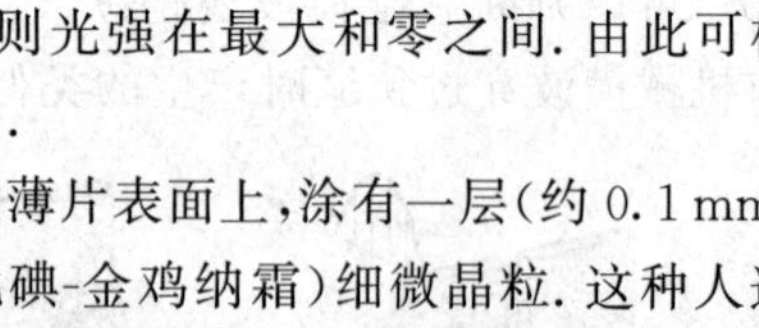

图 16-12　例 16-1 图

$$\cos\alpha = \pm\frac{\sqrt{2}}{2}$$

所以
$$\alpha = \pm 45° \text{ 或 } \alpha = \pm 135°$$

【例16-2】 让光强为 I_0 的自然光通过两个偏振化方向成 $\pi/3$ 的偏振片.(1) 求透射光强 I_1.(2) 在此两个偏振片之间再插入另一个偏振片,它的偏振化方向与前两个偏振片的偏振化方向均成 $\pi/6$,求透射光的光强 I_2.

【解】 (1) 如图16-13所示,自然光通过第一个偏振片 P_1 后光强变为 $I_0/2$,根据马吕斯定律,通过第二个偏振片 P_2 透射光强为

$$I_1 = \frac{I_0}{2}\cos^2\frac{\pi}{3} = \frac{I_0}{2}\left(\frac{1}{2}\right)^2 = \frac{I_0}{8}$$

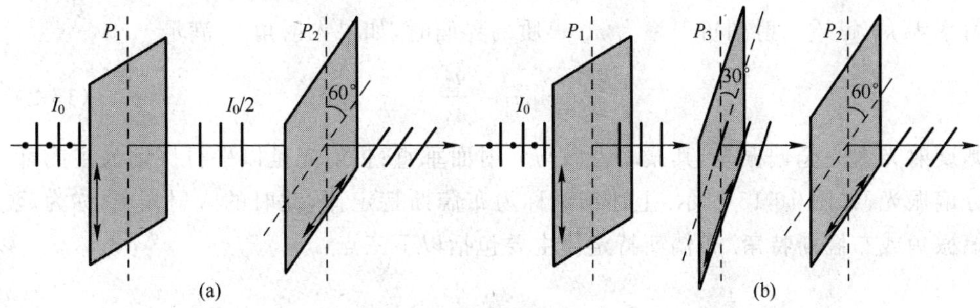

图16-13 例16-2图

(2) 自然光通过第一个偏振片 P_1 后光强变为 $I_0/2$,通过插入的偏振片 P_3 后的光强为 $\frac{I_0}{2}\cos^2\frac{\pi}{6}$,以此作为入射光强射在最后一个偏振片 P_2 上,根据马吕斯定律,透射光强为

$$I_2 = \left(\frac{I_0}{2}\cos^2\frac{\pi}{6}\right)\cos^2\frac{\pi}{6} = \frac{9}{32}I_0$$

【例16-3】 有两个偏振片,当它们的偏振化方向之间的夹角为30°时,一束自然光穿过它们,出射光强为 I_1;当它们的偏振化方向之间的夹角为60°时,另一束自然光穿过它们,出射光强为 I_2,且 $I_1 = I_2$,求两束自然光的强度之比.

【解】 设第一束自然光的强度为 I_{10},第二束自然光的强度为 I_{20},它们透过起偏器后,强度都减为原来的1/2,分别为 $I_{10}/2$ 和 $I_{20}/2$.根据马吕斯定律

$$I_1 = \frac{I_{10}}{2}\cos^2 30°$$

$$I_2 = \frac{I_{20}}{2}\cos^2 60°$$

由于 $I_1 = I_2$,两束单色自然光的强度之比为

$$\frac{I_{10}}{I_{20}} = \frac{\cos^2 60°}{\cos^2 30°} = \frac{1}{3}$$

§16-3 反射和折射光的偏振 布儒斯特定律

一、布儒斯特定律

布儒斯特在 1808 年发现：当自然光在两种各向同性介质的分界面上反射和折射时，反射光和折射光都是部分偏振光. 不过反射光中垂直于入射面的振动（简称垂直振动）较强，而折射光中平行于入射面的振动（简称平行振动）较强，如图 16-14 所示.

1818 年布儒斯特又发现反射光中偏振化程度与入射角有关，当入射光线从折射率为 n_1 媒质入射到折射率为 n_2 媒质的界面时，如果入射角 i_0 满足

$$\tan i_0=\frac{n_2}{n_1} \tag{16-2}$$

则反射光为完全偏振光，其振动方向与入射面垂直；折射光是以平行振动为主的部分偏振光，如图 16-15 所示. 上述结论称为布儒斯特定律，此时的入射角 i_0 称为**起偏振角**或**布儒斯特角**. 布儒斯特定律主要包括以下三点：

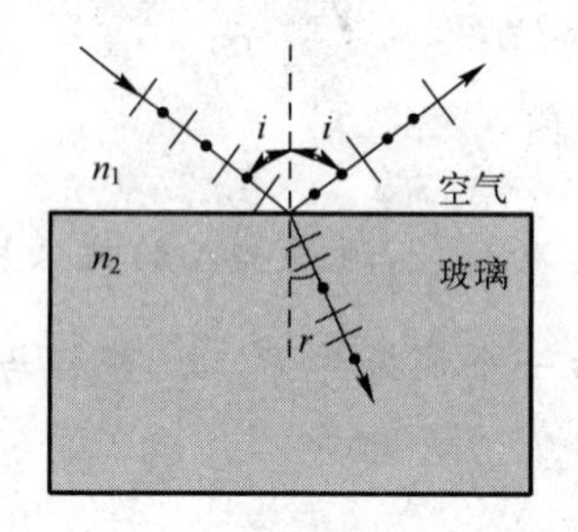

图 16-14 反射折射光的偏振现象

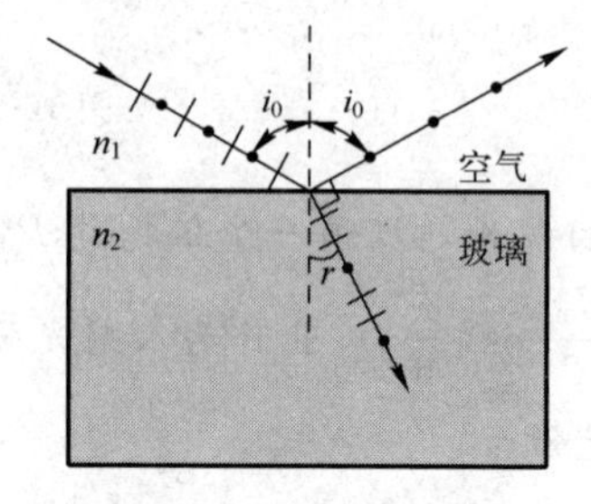

图 16-15 布儒斯特角

(1) 以布儒斯特角入射，反射光为线偏振光，折射光为部分偏振光.

(2) 布儒斯特角由界面两侧的折射率之比决定，即 $i_0=\arctan\frac{n_2}{n_1}$.

(3) 当以布儒斯特角入射时，反射光线与折射光线垂直. 这一点可以证明如下：

由于
$$\tan i_0=\frac{\sin i_0}{\cos i_0}=\frac{n_2}{n_1}$$
得
$$n_1\sin i_0=n_2\cos i_0$$
又根据折射定律
$$n_1\sin i_0=n_2\sin r$$
所以
$$\sin r=\cos i_0$$

即
$$i_0+r=\frac{\pi}{2}$$
这表明，当入射角为布儒斯特角时，反射光线和折射光线互相垂直.

二、玻璃片堆

自然光以起偏振角入射到两种介质界面时，尽管反射光是垂直振动的线偏振光，但其强度只是入射光强度的很小部分，光强很弱. 而折射光是以平行振动为主的部分偏振光. 如何增加反射光的强度和折射光的偏振化程度呢？

如图 16-16 所示，自然光以布儒斯特角 i_0 入射，在玻璃片的上表面反射光为线偏振光，折射光为部分偏振光. 折射光又要在玻璃下表面 B 点反射，入射角($90°-i_0$)恰为玻璃与空气界面的起偏振角，所以下表面的反射光也是垂直振动的线偏振光，经上表面折射后出射，且与上表面的反射线偏振光平行.

我们可以从反射光偏振中得到启发，只要把许多平行玻璃片叠合在一起构成玻璃片堆，如图 16-17 所示. 自然光以布儒斯特角 i_0 入射，反射光为偏振光，折射光为部分偏振光，折射光中垂直振动减少. 进入第二片玻璃时，又发生反射和折射，这样既增加反射光强度，又增加了透射光中的偏振化程度. 利用玻璃片堆的多次反射和折射，透射光就几乎只有平行于入射面的光振动了，因此透射也可近似看作线偏振光. 所以，自然光以布儒斯特角入射到玻璃片堆后，反射光为光振动垂直于入射面的线偏振光，折射光为光振动平行于入射面的线偏振光. 利用十块左右的薄玻璃片就可以制成一个实用玻璃片堆.

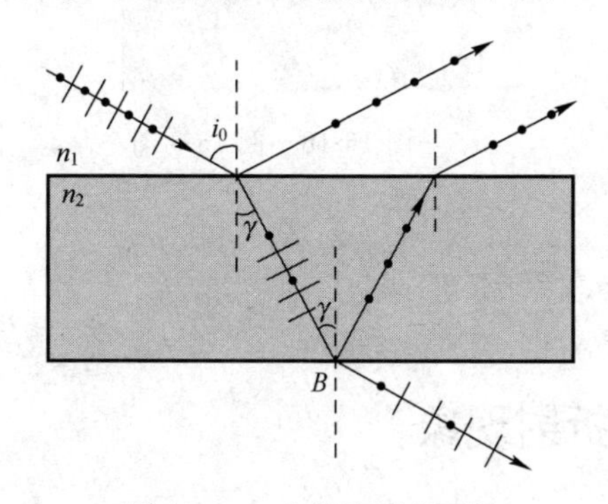

图 16-16 玻璃片下表面的入射角也是布儒斯特角

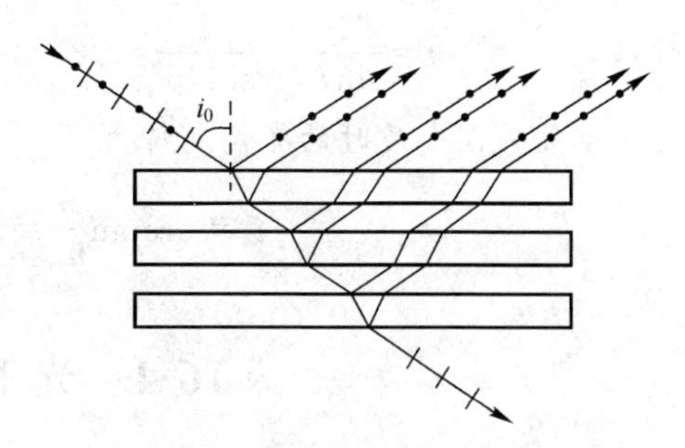

图 16-17 利用玻璃片堆产生完全偏振光

三、反射和折射偏振光的应用

由于进入人们视野的可见光大部分是反射光和折射光，即进入人们眼睛、照相机或摄影机的光大部分是部分偏振光. 随着科学技术的发展，偏振光在日常生活中的应用越来越多. 例如，登山运动员为了减少雪地反射强烈的部分偏振光的刺激，常常佩戴的登山镜,它实际上就是一副偏振化方向为一定角度的偏振片。摄影技术中经常用到的偏振镜,在拍摄水中、玻璃窗内的物体时,由于水面和玻璃表面的反射光会出现光斑,影响到照片质量,利用偏振镜可以减小或消除这些反射光的影响,使照片清晰;拍摄天空照片时,由于天空中存在大量散射光,波长越短散射越强,而且这些散射光都是部分偏振光,所以利用偏振镜拍摄蓝天,可以获得使天空更蓝的艺术效果.

【例 16-4】 某透明介质在空气中的布儒斯特角 $i_0=58.0°$,求它在水中的布儒斯特角,已知水的折射率为 1.33.

【解】 首先应根据布儒斯特定律求出这种透明介质的折射率,然后根据布儒斯特定律求出它在水中的布儒斯特角

$$\tan i_0=\frac{n}{1}$$

所以
$$n=\tan i_0=\tan 58.0°=1.60$$

该透明介质的折射率为 1.60,它在水中的布儒斯特角为

$$i_0'=\arctan\frac{1.60}{1.33}=50.3°$$

【例 16-5】 如图 16-18 所示,某透明介质对于空气的折射的临界角是 45°,求光从空气射向此介质时的布儒斯特角.

【解】 设介质的折射率为 n,空气折射率为 1,全反射时,$\gamma=90°$,即

$$n\sin i_c=n_0\sin\gamma=\sin 90°=1$$

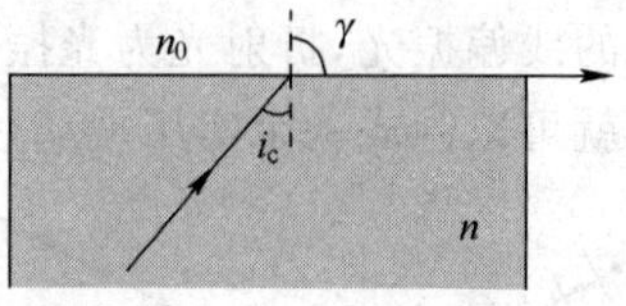

所以
$$n=\frac{1}{\sin i_c}=\frac{1}{\sin 45°}=\sqrt{2}$$

图 16-18 例 16-5 图

光从空气射向介质时的布儒斯特角

$$i_0=\arctan\frac{n}{n_0}=\arctan\sqrt{2}=54.7°$$

§ 16-4 光的双折射现象

一、晶体的双折射现象

一束光由一种介质进入另一种介质时,在两种介质的分界面上发生的折射光只有一束.但是,如果把一块透明的方解石($CaCO_3$ 晶体,也称冰洲石)晶体放在有字的纸面上时,可以看到晶体下面的字呈现双像,如图 16-19(a)所示.为什么会出现这种现象呢?这和晶体的性质有关.

研究发现,如图 16-19(b)所示,当一束自然光入射到各向异性介质(如方解石)

后，出现折射光会分为两束的现象，称为双折射现象. 所以通过方解石观察物体，就会出现双像了. 除了立方晶系外，光线进入各向异性晶体，会产生双折射现象，如石英（SiO_2）、红宝石（Al_2O_3）等晶体. 显然，晶体越厚，射出的两束光线分得越开.

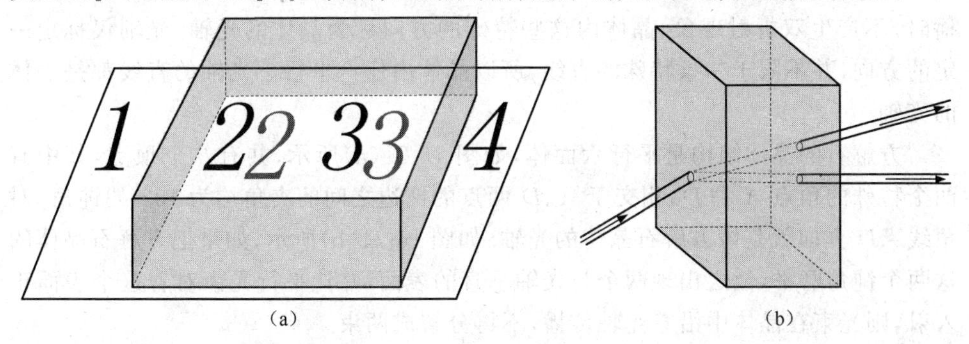

图 16-19　方解石的双折射现象

实验发现，当改变入射角 i 时，两束折射线之一遵守通常的折射定律，这束光线称为寻常光线，通常用 o 表示，简称 o 光（ordinary light）；而把另一束不遵守折射定律的光线称为非常光线，通常用 e 表示，简称 e 光（extraordinary light）. 这里所说的不遵守折射定律指的是，它不一定在入射面内，而且对不同的入射角 i，$\sin i/\sin\gamma$ 的量值也不是常数，如图 16-20(b)所示. 甚至在入射角 $i=0$ 时，寻常光线沿原方向前进，而非常光线一般不沿着原方向前进. 如图 16-20(b)所示，当入射光为自然光，入射角 $i=0$ 时，如果把方解石晶体旋转，将发现 o 光不动，而 e 光却随着晶体的旋转而转动.

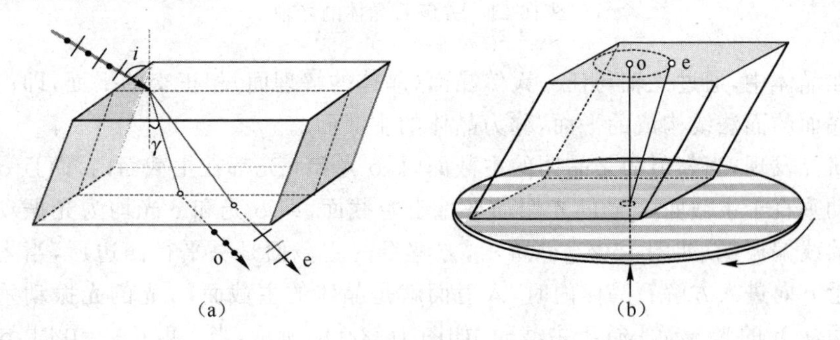

图 16-20　双折射现象中的 o 光和 e 光

实验还发现，当入射光为自然光时，o 光和 e 光均为线偏振光. 双折射现象与晶体结构密切相关. 为了进一步说明 o 光和 e 光的偏振性，下面简单介绍与晶体结构相关的一些光学性质.

二、晶体的光轴与主截面

晶体的双折射现象说明，o 光在晶体内各个方向的折射率不变，即 o 光在晶体内各个方向的传播速度不变；而 e 光在晶体内各个方向的折射率不同，即 e 光在晶体内各个方向的传播速度不同. 研究发现，各向异性的晶体内存在着某些特殊的方向，沿着这些特定的方向，o 光和 e 光的折射率和传播速度相同，光沿着这些方向传播时，不产生双折射现象，晶体内这些特殊的方向称为晶体的光轴. 光轴仅标定一定的方向，并不限于一条特殊的直线，所以晶体内任一平行于光轴的直线都是晶体的光轴.

方解石的晶体结构是平行六面体，如图 16-21(a)所示，共有八个顶点，其中有两个特殊的顶点 A 和 D，相交于 A、D 两点的棱边之间的夹角均为 102°的钝角. 对角线 AD 方向就是该方解石晶体的光轴. 如图 16-21(b)所示，如果把方解石晶体的这两个钝角磨平，使之出现两个与光轴垂直的表面，并让平行光束对着这个表面正入射，则光束在晶体中沿着光轴传播，不再分解成两束.

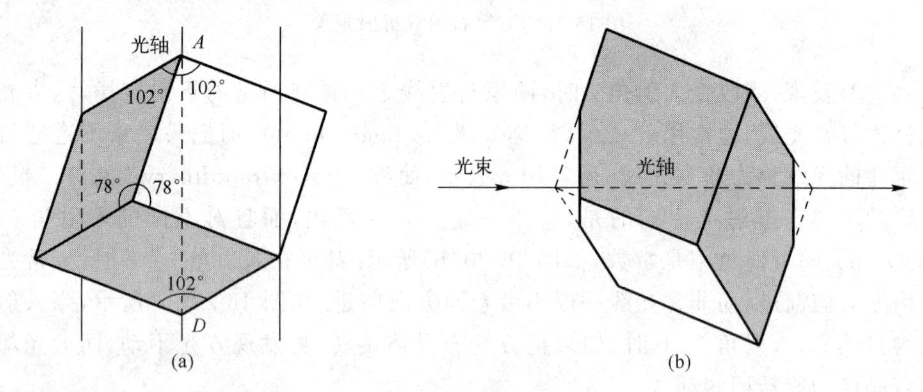

图 16-21 方解石晶体的光轴

在晶体中，通过光轴与任一天然晶面(晶体的解理面)相正交的平面，即由光轴与该晶面的面法线构成的平面，称为晶体的主截面.

研究发现，当入射面是晶体的主截面时，o 光和 e 光都在主截面内，而且 o 光的光振动垂直于主截面，e 光的光振动平行于主截面，即 o 光和 e 光均为光振动相互垂直的线偏振光. 如图 16-22(a)所示，方解石的主截面是一平行四边形，当入射光沿图示方向进入方解石晶体内时，入射面就是晶体的主截面，o 光的光振动垂直于主截面，e 光的光振动平行于主截面. 如图 16-22(b)所示，当入射角 $i=0$ 时，o 光沿直线前进，光振动垂直于主截面，e 光前进方向会有偏折且光振动在主截面内.

实际应用中，常常有意选择入射光的方向，使其在晶体的主截面内，以获得光振动相互垂直的线偏振光. 应该指出：在晶体内部 o 光和 e 光具有不同的传播特性，必须加以区分，但一旦从晶体射出来，进入各向同性介质(如空气)后就是普通的线偏振光，无所谓 o 光和 e 光了.

自然光通过各向异性的晶体的双折射现象，可以产生质量较高的线偏振光，利用该现象已经研制出了许多精巧的复合棱镜，用以获得线偏振光. 重要的是，人们通过对各种晶体的双折射现象的研究,产生了许多应用,有一些甚至影响、改变了我们的生活.

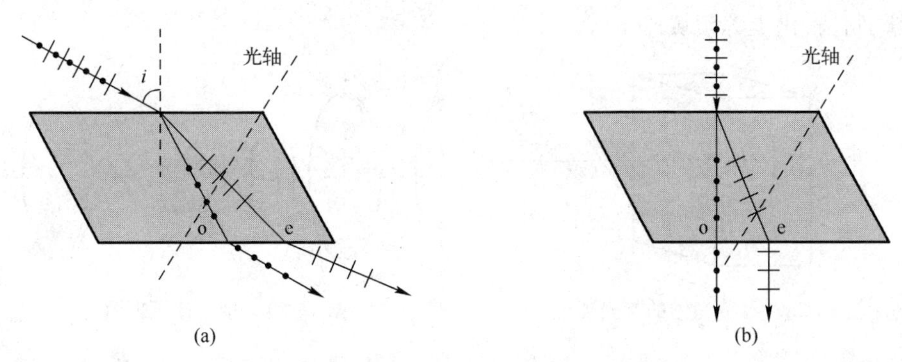

图 16-22 方解石晶体中的o光和e光的偏振态

§16-5 偏振光的应用

前面我们介绍了几种典型的产生偏振光的方法,以及相关的应用.随着科学技术的发展,光学领域出现了许多新技术,如光通信、光子计算、光存储、生物光子技术都与光的偏振性有关.下面介绍几种偏振光的应用.

一、旋光现象

线偏振光通过某些透明晶体(如石英)传播时,透射光虽然仍是线偏振光,但它的振动面却以光的传播方向为轴线旋转了一定的角度,这种现象称为旋光现象.除了石英(SiO_2)之外,有许多晶体如氯酸钠($NaClO_3$)、溴酸钠($NaBrO_3$)以及液体(松节油、糖的水溶液)都有旋光现象.图 16-23 所示为石英晶体的旋光现象示意图.

实验表明,旋光物质为晶体时,振动面旋转的角度 ϕ 与光在旋光物质中所经过的距离(即晶体的厚度)d 成正比

$$\phi=\alpha d \tag{16-3}$$

其中,比例系数 α 称为晶体的旋光率,它与晶体的性质及入射光的波长等有关.旋光率随波长而改变的现象称为旋光色散.

旋光物质为溶液时,振动面旋转的角度 ϕ 还与溶液的浓度 c 成正比

$$\phi=\alpha c d \tag{16-4}$$

其中,α 为溶液的旋光率.在制糖工业中,测定糖溶液浓度的量糖计,就是应用这一原理制成的.如图 16-24 所示,在给定的温度和波长下测出旋光率 α,然后再测出未知浓度的溶液使光振动旋转的角度 ϕ,就可以利用式(16-4)计算出该溶液的浓度.

许多有机药物、生物碱、生物体中的各种糖类等,都具有旋光性,并具有左旋和

右旋两种旋光异构物. 区别左旋和右旋对于了解分子结构和有关性质是重要的，某些药物的右旋和左旋异构分子式相同，但疗效却迥然不同. 旋光现象已广泛应用于制糖、制药、化工等领域.

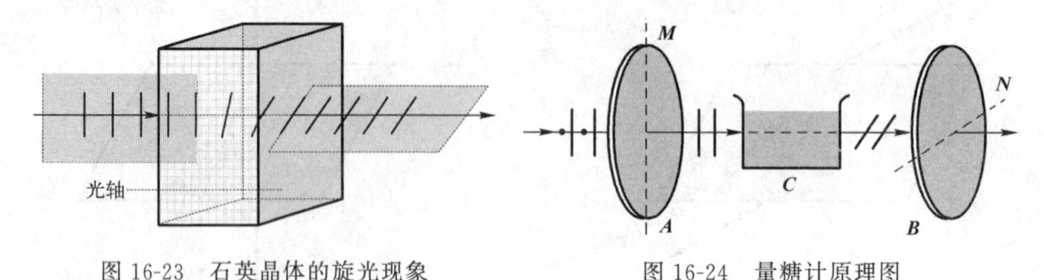

图 16-23　石英晶体的旋光现象　　　图 16-24　量糖计原理图

二、偏振光干涉

在实验室观察偏振光干涉的基本装置如图 16-25(a)所示，M 和 N 是两个偏振化方向相互垂直的偏振片，它们之间放入一块双折射晶片，CC'为晶片的光轴（光轴与晶片表面平行）. 单色自然光经过起偏器 M 后成为线偏振光 1，光 1 垂直入射到晶片的表面，显然，光 1 也垂直于晶片的光轴，光线进入晶片后发生双折射，将分成振动方向相互垂直的 o 光和 e 光，这两束光之间具有一定的相位差. 设晶片对 o 光和 e 光的折射率分别为 n_o 和 n_e，若入射光波长为 λ，晶片厚度为 d，则通过晶片后，o 光和 e 光的光程差为

$$\delta=(n_o-n_e)d \tag{16-5}$$

相位差为

$$\Delta\varphi'=\frac{2\pi}{\lambda}(n_o-n_e)d$$

显然，从晶片透射的 2 光中包含从同一光束中分出的、振动方向相互垂直的、有恒定相位差 $\Delta\varphi'$的两束光. 光 2 经偏振片 N 后，得到两束与 N 的偏振化方向平行的相干偏振光，在屏上将出现偏振光的干涉图样.

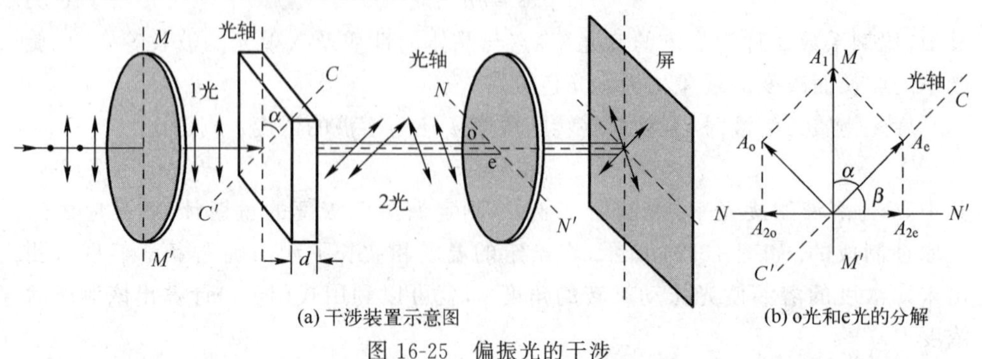

(a) 干涉装置示意图　　(b) o光和e光的分解

图 16-25　偏振光的干涉

如图 16-25(b)所示，分别以 MM' 和 NN' 表示偏振片 M 和 N 的偏振化方向，设 M 的偏振化方向 MM' 与晶片光轴 CC' 的夹角为 α，则偏振 1 光的光振动与光轴的夹角也为 α. 设 1 光的振幅矢量为 A_1，进入晶片分解为在 CC' 方向上的分量振幅 A_e 和垂直 CC' 方向上的分量振幅 A_o. 由图 16-24(b)可知

$$A_o = A_1 \sin\alpha, \quad A_e = A_1 \cos\alpha$$

如果不计晶片的吸收，A_e 和 A_o 就是 2 光中两束线偏振光的振幅.

2 光中两束偏振光只有与 N 偏振片偏振化方向 NN' 相同的分振动可以通过偏振片 N. 如图 16-25(b)所示，通过 N 的两束线偏振光的振幅 A_{2o}，A_{2e} 分别为

$$A_{2o} = A_1 \sin\alpha\cos\alpha, \quad A_{2e} = A_1 \cos\alpha\sin\alpha$$

所以，在 M 和 N 的偏振化方向正交时，$A_{2o} = A_{2e}$，两相干光的振幅相等. 由图可知，A_{2o} 和 A_{2e} 的方向相反，所以两束相干光除了由晶片厚度引起的光程差 $\Delta\varphi'$ 之外，还要附加以相位差 π. 因此，两束相干光的相位差为

$$\Delta\varphi = \Delta\varphi' + \pi = \frac{2\pi}{\lambda}(n_o - n_e)d + \pi \tag{16-6}$$

所以，产生干涉的条件如下：

(1) 当 $\Delta\varphi = 2k\pi$ 或 $(n_o - n_e)d = (2k-1)\frac{\lambda}{2}$　$(k=1,2,3,\cdots)$ 时，干涉加强.

(2) 当 $\Delta\varphi = (2k+1)\pi$ 或 $(n_o - n_e)d = k\lambda$　$(k=1,2,3,\cdots)$ 时，干涉减弱.

由以上讨论可知，在屏上出现干涉的明暗程度由晶片的厚度决定. 当用单色光入射时，如果晶片的厚度均匀一致，则屏上呈现最亮、最暗或介于两者之间，但并无干涉条纹. 如果厚度不均匀，则各处干涉情况不同，屏上出现干涉条纹.

若入射的自然光为白光，由于各种波长光的干涉条件各不相同，当晶片厚度一定时，屏上将出现一定的色彩，这种偏振光干涉时出现色彩的现象称为色偏振. 如果这时晶片各处厚度不同，则屏上出现彩色条纹.

色偏振是检验双折射现象极为灵敏的方法. 当材料的折射率 n_o 和 n_e 相差很小时，用直接观察 o 光和 e 光的方法很难确定是否双折射. 但是，把材料置于两个偏振片之间用白光照射，只要出现色偏振现象，就可以确定材料具有双折射性质. 此外，利用偏振光和偏振光干涉技术制成的偏光显微镜，可以用来测定晶体光轴的位置、矿物外表特征以及与光吸收有关的光学性质. 偏振光技术已经广泛应用于矿物学、岩石学、生物学、物理学、化学、药物学以及金属和冶金等领域.

三、光弹效应

一些在自然状态下各向同性的透明物质，如玻璃、塑料等，当内部存在应力或处于外电场或外磁场时，会变为光学上的各向异性介质，而显示出具有双折射的性质，这种双折射现象一般称为人为双折射. 光弹效应就属于人为双折射.

在图 16-26(a)所示的装置中，P_1、P_2 为两块偏振化方向互相垂直的偏振片，C 为玻璃、塑料等各向同性的透明材料做成的试样. 当对试样施加压力或拉力，这时试样 C 具有各向异性晶体的双折射特性. 当线偏振光入射到试样中，将产生双折射，产生的 o 光和 e 光再通过偏振片 P_2 后将产生干涉.

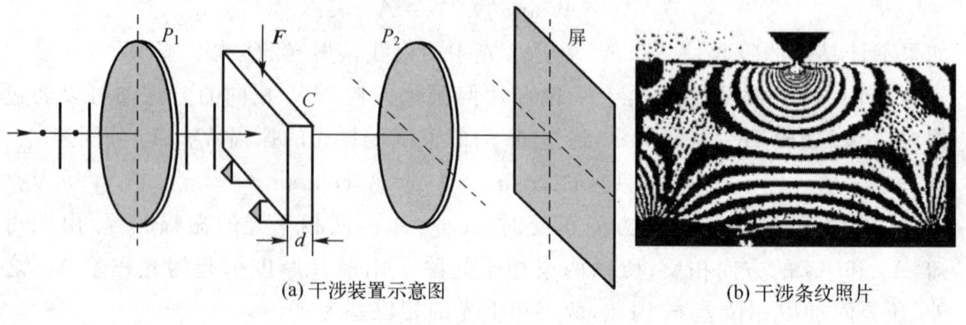

(a) 干涉装置示意图　　(b) 干涉条纹照片

图 16-26　光弹效应

如果试样内各处应力不相等，当用白光入射时，屏上出现彩色绚丽的干涉条纹，如图 16-26(b)所示. 试样内应力分布改变，彩色条纹也随之改变. 根据干涉条纹的分布，可以判断试样内部应力的分布情况. 一般来说，应力集中的地方，干涉条纹细而密集.

光弹效应是研究大型建筑结构、机器零部件在工作状态下内部应力分布和变化的有效方法. 为此用塑料等透明材料按一定比例做出相应的模型，并模拟这些结构或零部件的实际受力情况，对模型加上载荷，然后用上述方法观察干涉条纹，确定应力分布情况. 这种光弹性方法在工程技术中有着广泛的应用，已经发展成为专门学科——光测弹性学.

四、液晶

1888 年奥地利植物学家莱尼茨尔在合成胆醇脂时，发现该物质在 145～178℃ 时具有双折射现象，这就是液晶. 20 世纪 60 年代以后，液晶研究蓬勃发展起来，70 年代法国物理学家德然纳成功地建立了液晶的宏观相变理论，使液晶成为一门独立的学科，德然纳因此获得 1991 年诺贝尔物理学奖. 我国从 20 世纪 70 年代开始液晶的研究与开发. 现在已经成为液晶显示器件的生产大国. 液晶是介于液态和结晶态之间的一种物质形态，既具有液体的流动性，又具有晶体的各向异性，从而表现出许多独特的优良特性，在现代科学技术中有着广泛的应用.

液晶是一种有机化合物，在一定温度范围内，它具有液体的流动性、黏度、形变等机械性质；又具有晶体的热(热效应)、光(光效应)、电(电光效应)、磁(磁光效应)等物理性质. 目前已经发现或人工合成的液晶材料多达几千种，根据分子的排列方式，液晶可分为近晶相、向列相和胆甾相三种.

(1) 近晶相液晶的分子呈棒状,分层叠合,每层分子长轴互相平行,且与层面垂直.各层之间的距离可以变动,但各层之中的分子只能在本层中活动.

(2) 向列相液晶又称线性液晶,这种液晶中的分子也呈棒状,分子长轴相互平行,但并不分层,分子的长轴就是光轴.

(3) 胆甾相液晶中的许多分子也是分层排列的,逐层叠合,每层中分子长轴相互平行,相邻两层长轴逐层沿一定方向有一个微小的扭角,因此,每层分子长轴的排列方向就逐渐扭转成螺旋纹,所以也称"螺旋状相".许多胆甾相液晶都是胆甾醇的衍生物.

在玻璃表面涂上 SnO_2 薄膜就形成透明电极,透明电极之间,制成厚度约10 μm的液晶薄膜,称为液晶盒.液晶盒中液晶分子长轴与电极表面垂直时称为垂面排列,平行于表面时称为沿面排列.一种常用的液晶盒称为扭曲向列相液晶盒,液晶分子沿面排列,但是电极两面的分子的长轴方向旋转了90°.下面用扭曲向列相液晶盒说明液晶显示的工作原理.

如图16-27所示,将扭曲向列相液晶盒放在透光方向正交的两偏振片 P_1 和 P_2 之间.通过偏振片 P_1 的线偏振光进入液晶盒,不加电场时,扭曲向列相液晶使的光振动转过90°,光线能够通过偏振片 P_2,使得装置透光.在两电极间施加电场并超过某一数值(阈值)时,电极化作用使的液晶分子长轴方向都转向电场方向,通过偏振片 P_1 的线偏振光进入液晶盒,不受液晶盒影响,则不能够通过偏振片 P_2,使得装置不透光.

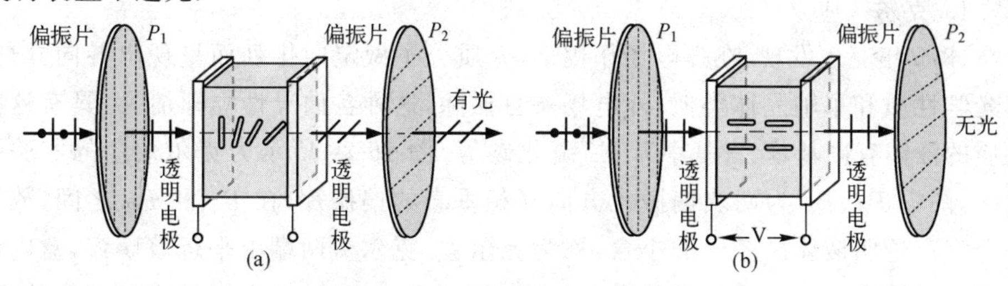

图16-27　扭曲向列相液晶原理示意图

液晶技术主要用于数字、图像的显示和测温,目前用于数字显示的多为向列相液晶,如图16-28所示,为7段液晶显示数码板.数码板的笔画由一组涂在玻璃上相互分离的电极组成,当其中几个电极加上电压之后,这几段就显示出来,组成某一数字.例如,图16-28中的5,就由1、2、3、6、5这几个电极组成.

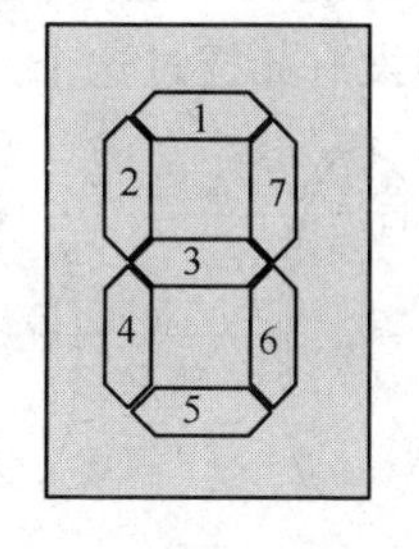

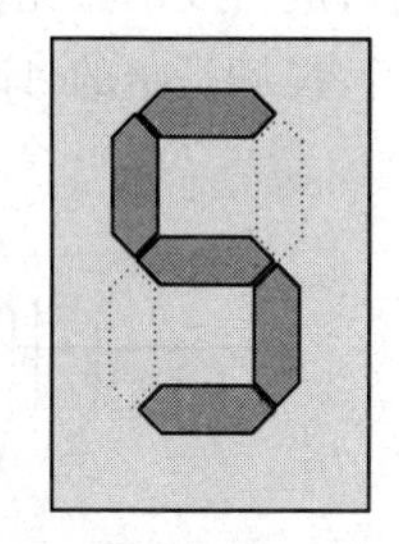

图16-28　液晶数字显示

液晶用于数码和图像的显示,也称LCD(liquid crystal display).液晶显示有以下独特的优点:(1)工作电压和功率消耗极低. 工作电压只要 3~5 V,工作电流只有几个 $\mu A/cm^2$,可与大规模集成电路直接匹配,使便携式计算机和电子仪表成为可能.(2)液晶盒是平板式结构,重量轻、体积小,使用方便,便于大批量生产,无论大型、小型、微型都适用.(3)液晶本身不发光,靠外来光就可以进行显示. 很适合人类视觉习惯.(4)显示信息量大,清晰度高.(5)在电控双折射中,若入射光为复色光,出射光的颜色随电压的变化而变化,可实现彩色显示,且不会产生颜色失真.(6)没有电磁辐射,不会产生信息泄露,对人体无害,保密度高.(7)液晶器件几乎没有劣化问题,寿命极长. 正是由于这些优点,人们开发了一系列的液晶显示产品,如电子手表、计算器、笔记本电脑、数字化仪表、液晶电视等.

虽然液晶已经发现一个多世纪,但其真正的发展不过几十年时间,尤其近年来发展可以说异常迅猛,现在液晶显示器已经广泛用于我们的家庭和日常生活. 当然液晶的应用不只限于显示. 利用胆甾相液晶对温度、辐射、声波、压力等都很敏感的特性制成的胶囊薄膜用途极广,如温度探测器(温度计、体温计、温度警戒显示等)、医疗热谱图、无损探伤、红外和微波测试等.

五、电光效应

在电场作用下,可以使某些各向同性的透明物质变为各向异性的双折射物质,从而光通过这些物质将产生双折射现象,这种现象称为**电光效应**. 主要有克尔效应和泡克尔斯效应两种.

1. 克尔效应

1875 年克尔发现,在强电场作用下,介质分子做定向排列而呈现出各向异性,其光学性质和单轴晶体类似;外电场一旦撤除,这种各向异性立即消失. 具有这种性质的液体有硝基苯、肖基甲苯、二硫化碳等. 图 16-29 所示为克尔效应的实验装置图,图中 P_1、P_2 为两块偏振化方向互相垂直的偏振片,在 P_1 和 P_2 之间,放置一个充有透明液体硝基苯的小盒,称为**克尔盒**. 克尔盒两端由平行玻璃窗,盒内封装有一对长为 l、间距为 d 的平行板电极. 电源未接通时,单色自然光经偏振片 P_1 后,成为线偏振光,通过克尔盒无任何变化,所以入射到与 P_1 正交的偏振片 P_2 后,视场是暗的,即没有光透过这个光学系统.

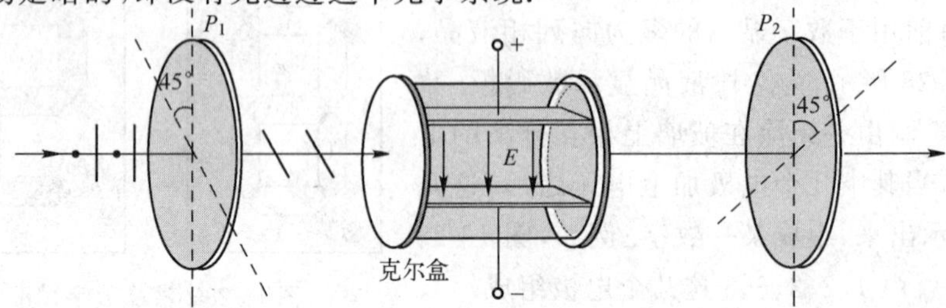

图 16-29　克尔效应

当接通电源后，在两极板间施加电压 U，克尔盒中的液体在电场 E 的作用下，使进入其中的线偏振光产生双折射. 实验表明，o 光和 e 光的光程差为

$$\delta=(n_o-n_e)d=kdE^2\lambda \tag{16-7}$$

式中，k 称为该物质的克尔常数，其单位为 m/V^2；E 为电场强度.

如果让电极之间的电场方向(即液体光轴方向)与两正交偏振片的透光方向均成 45°，并调节电极之间电压，使 o 光和 e 光发生相长干涉，则有如下现象发生：撤除盒内电场时，没有光线透过这个光学系统；加上电场后，入射到克尔盒的线偏振光全部透出. 这样一来，整个系统就起着一个"光开关"的作用.

克尔效应的重要应用就是作为控制光束"通"与"不通"的光开关或电光调制器. 克尔效应的特点是反应速度极快，即效应的建立和消失时间极短(约 10^{-9} s)，因而克尔盒作为光开关每秒可以动作 10^9 次，这样的高速开关在高速摄影、光测距、脉冲激光系统等方面非常有用.

2. 泡克尔斯效应

1893 年，泡克尔斯对某些晶体在电场作用下产生的线性电光效应进行了广泛研究. 最典型的是磷酸二氢钾(KH_2PO_4)晶体，简称 KDP，也具有电光效应. 这种晶体在自由状态下是单轴晶体，但是，在电场作用下变成双轴晶体，沿原来光轴的方向产生附加的双折射效应. 这种效应与克尔效应不同，其 o 光和 e 光折射率的差值与所加电场强度成正比，即

$$(n_o-n_e)\propto E$$

所以称为线性电光效应，也称泡克尔斯效应.

如图 16-30 所示，与克尔效应一样，不加电场时，没有光线透过这个光学系统；加上电场后，线偏振光透出透过这个光学系统. 泡克尔斯效应被用在电光调制领域. 由于克尔盒中的硝基苯液体有毒，且携带不方便，对它的纯度要求又很高. 因此，近年来克尔盒已逐渐为 KDP 晶体所代替. 特别是激光和光通信技术的发展，大大促进了电光晶体的研制.

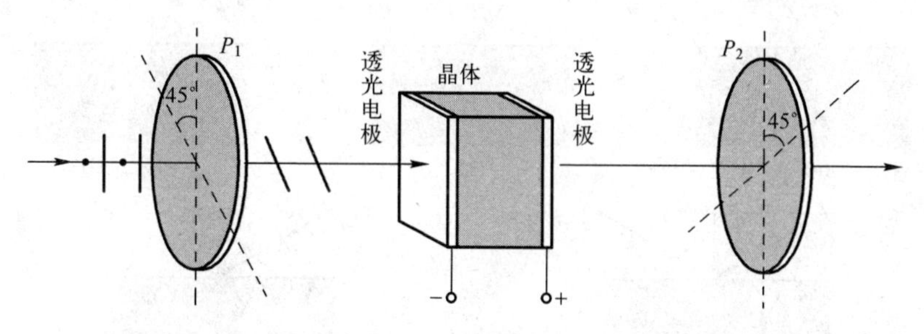

图 16-30　泡克尔斯效应

除 KDP 晶体外，在近代光学技术中常用具有电光效应的晶体还有砷化镓(GaAs)和铌酸锂($LiNbO_3$)等. 当加在晶体上的电场方向与通光方向平行时，称为纵

向电光调制；当通光方向与所加电场方向相垂直时，称为横向电光调制. 利用电光效应可以制作电光调制器、电光开关、电光光偏转器等，可用于光闸，激光器的Q开关和光波调制，并在高速摄影、光速测量、光通信、激光等技术中获得了重要应用.

16-1 一束光强为I_0的自然光垂直穿过两个偏振片，且此两偏振片的偏振化方向成45°，若不考虑偏振片的反射和吸收，求穿过两偏振片后的光强.

16-2 一束光强为I_0的自然光，相继通过三个偏振片P_1、P_2、P_3，出射光强为$I=I_0/8$，已知P_1和P_3的偏振化方向垂直，若以入射光线为轴旋转P_2，问P_2至少要旋转多大角度才能使透射光的光强为零.

16-3 把三个偏振片叠合起来，第一片与第三片的偏振化方向成90°，第二片的偏振化方向与其他两片的夹角都成45°，用自然光照射它们，求最后透射光的强度与入射光的强度的百分比. 如果把第二片偏振片抽出来，放到第三片偏振片的后面，它们仍保持原来的偏振化方向，透射光的强度为多少？

16-4 平行放置的两块偏振片，使它们的偏振化方向成60°.

(1) 如果两偏振片对光的振动方向与偏振化方向相同的光均无吸收，则让光强为I_0的自然光照射后，透射光的强度为多少？

(2) 如果两偏振片对光的振动方向与偏振化方向相同的光吸收10%的能量，则透射光的强度为多少？

16-5 在图16-31所示的各种情况中，以自然光或线偏振光入射于两种介质的界面时，问折射光和反射光各为什么性质的光. 并在图中所示的折射光和反射光上用点和短线把振动方向表示出来. 图中$i_0=\arctan n$，$i\neq i_0$.

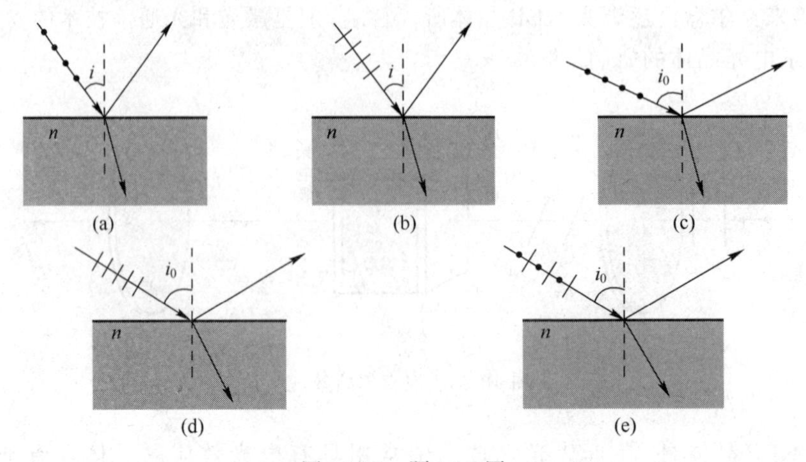

图16-31　题16-5图

16-6 求光线从空气射向水面时的起偏振角.(已知水的折射率为1.33)

16-7 求光线从水中射向玻璃面时的起偏振角.(已知玻璃的折射率为1.52)

16-8 一束自然光以 $i=56°18'$ 入射到玻璃上,发现反射光是线偏振光.求:

(1) 玻璃的折射率;

(2) 折射光的折射角.

16-9 自然光以布儒斯特角从空气入射到水中,又从水中的玻璃表面反射(见图16-32),若这束反射光是线偏振光,求玻璃表面与水平面的夹角.(已知水的折射率为1.33,玻璃的折射率为1.51)

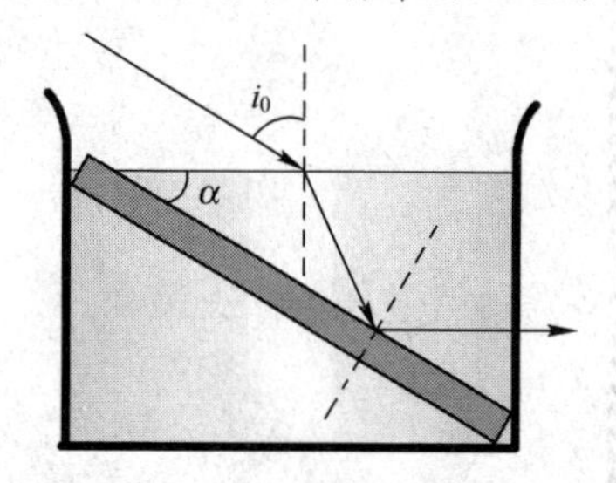

图16-32 题16-9图

第六篇　近代物理基础

我们前面介绍了牛顿力学、热物理学和麦克斯韦电磁场理论（包括光学）等内容，总称经典物理学，它能够解释自然界中许多物理现象，并在生产实践中获得了广泛的应用．然而，到 19 世纪末，在经典物理学取得辉煌成就的同时，在晴朗的物理学天空中还飘着两朵乌云，其一是称之为“紫外灾难”的黑体辐射实验；其二是企图解释“以太之谜”的迈克尔孙－莫雷实验．正是为了解决上述两个问题，物理学发生了一场深刻的革命，导致了相对论和量子力学的诞生．

本篇共三章，第 17 章简单介绍狭义相对论的基础知识，主要包括狭义相对论的基本原理、洛伦兹变换、狭义相对论的时空观和狭义相对论动力学基础；第 18 章介绍经典物理学无法解释的几个实验，以及为了解释这些实验而提出的量子理论；第 19 章主要介绍实物粒子的波粒二象性、不确定关系、波函数、薛定谔方程和定态问题等量子力学基本知识和解决问题的方法．

第17章　狭义相对论基础

狭义相对论的发现是人类对自然规律认识上的重大发展.这个发现是由20世纪初的社会生产和科学实践的水平和特点所决定的.19世纪中叶以后,电动力学虽然获得了重大的发展,但人们对电磁场的认识却并未摆脱机械观点,仍把电磁场看作一种弹性介质的运动形态.由于电磁波的传播速度比一般物体运动的速度要大得多,因此在19世纪末,当技术的发展已为精密的测量创造了物质条件时,人们在深入地研究了运动物体中的电磁现象和光现象后,便揭露出经典的时空理论与实验事实之间的深刻矛盾,发现了狭义相对论.

另外,19世纪后期和20世纪初,随着生产技术的迅速发展,人类对于自然现象的认识不断深化,形而上学和机械唯物主义在物理学中已开始动摇,人们发现了原子是可分割的,放射性元素能够转化,而量子效应的发现更从根本上动摇了经典物理学的概念.这就是相对论诞生前夕物理学所面临的形势.正是在此形势下,爱因斯坦分析了新的实验事实,摒弃了经典的时空理论,提出了狭义相对论基本原理.

在这一章中我们将先回顾经典力学的相对性原理,简单介绍在高速运动情况下经典理论与实验事实之间的深刻矛盾,进而建立起克服这些矛盾的狭义相对论的基本原理,给出洛仑兹变换,建立新的时空理论;在此基础上修改牛顿运动方程使之适用于物体的高速运动,近一步给出质量与速度的关系以及质量和能量的内在联系.

§17-1　伽利略变换与经典时空观

狭义相对论是为解决麦克斯韦电磁理论与经典时空理论的矛盾产生的.因此,在阐述狭义相对论时,有必要回顾一下力学相对性原理和伽利略变换基础上的经典时空观.

一、力学相对性原理

在力学中我们讲过,牛顿运动定律适用于一切惯性系,一个坐标系是不是惯性系,只能通过观察和实验来判断;而且相对于已知惯性系做匀速直线运动的任何参照系都是惯性系.对于惯性系有一个普遍的原理,即**力学相对性原理:力学定律在所有惯性系中都具有相同的形式.**或者说,力学规律相对于所有惯性系都是等价的. 这一原理是在实验的基础上总结出来的. 实验表明,它的确反映了物质和运动的客观性.

力学相对性原理提出的历史背景是维护日心说. 在日心说和地心说的争论中,有一种对日心说的非难:若地球以很大的速度飞行,那么空气和飞鸟都应早被地球甩掉了. 伽利略对比了静止和匀速运动的船上的若干实验,如水滴自由落体运动和向不同方向抛物等. 他指出,在匀速航行的船中,水滴依然垂直下落(见图 17-1);向不同的方向抛物体,不会发现向船尾比向船头容易抛得更远,即在船静止和匀速运动的情况下,力学实验无任何区别. 伽利略由此得出力学相对性原理最初的说法:不能在一个惯性参照系内部做力学实验来确定该参照系相对另一参照系的速度.

图 17-1　力学的相对性原理

二、伽利略变换

设有两个惯性系 S 和 S',相对做匀速直线运动. 在每一个惯性系中各取一直角坐标系. 为简单起见,令这两个坐标系各对应轴相互平行,并设 S' 相对于 S 沿 x 轴正方向以速度 u 匀速运动,$t=t'=0$ 时刻,O 和 O' 重合. 如图 17-2(a)所示,在 S 系和 S' 系中对同一质点 P 的运动进行观测. 设任一时刻 t,在 S 和 S' 中 P 点的时空坐标分别为 $P(x,y,z,t)$ 和 $P(x',y',z',t')$,则它们之间满足关系

$$\begin{cases} x'=x-ut \\ y'=y \\ z'=z \\ t'=t \end{cases} \tag{17-1a}$$

上式称为伽利略时空变换式,其逆变换为

$$\begin{cases} x=x'+ut \\ y=y' \\ z=z' \\ t=t' \end{cases} \tag{17-1b}$$

如图 17-2(b)所示,伽利略时空变换式的矢量表达为

$$\begin{cases} \boldsymbol{r}'=\boldsymbol{r}-\boldsymbol{u}t \\ t=t' \end{cases} \quad 或 \quad \begin{cases} \boldsymbol{r}=\boldsymbol{r}+\boldsymbol{u}t \\ t=t' \end{cases} \tag{17-1c}$$

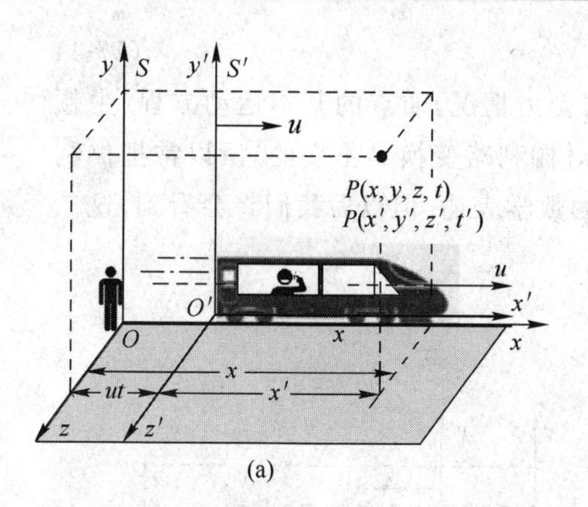

(a)

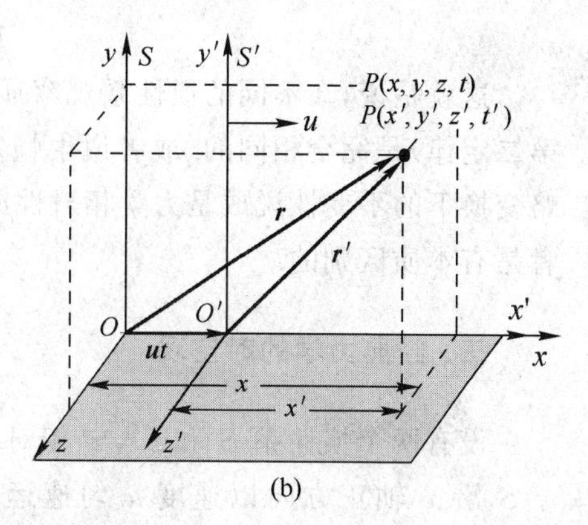

(b)

图 17-2　伽利略变换

将伽利略时空变换式(17-1a)对时间求导,得伽利略速度变换式

$$\begin{cases} v'_x = v_x - u \\ v'_y = v_y \\ v'_z = v_z \end{cases} \tag{17-2a}$$

伽利略速度变换式的逆变换为

$$\begin{cases} v_x = v'_x + u \\ v_y = v'_y \\ v_z = v'_z \end{cases} \tag{17-2b}$$

式(17-2)是速度各分量之间的换算关系式. 它和我们在力学中讨论过的相对运动的换算公式是完全一致的. 伽利略速度变换式的矢量表达式为

$$\boldsymbol{v}' = \boldsymbol{v} - \boldsymbol{u} \quad 或 \quad \boldsymbol{v} = \boldsymbol{v}' + \boldsymbol{u} \tag{17-2c}$$

将式(17-2)对时间求导,得到伽利略加速度变换式

$$\begin{cases} a'_x = a_x \\ a'_y = a_y \\ a'_z = a_z \end{cases} \tag{17-3a}$$

其矢量形式为

$$\boldsymbol{a}' = \boldsymbol{a} \tag{17-3b}$$

式(17-3)表明,在不同惯性系观察同一质点的运动,所得的加速度是相同的. 换句话说,物体的加速度在伽利略变换下是不变的.

经典力学认为,物体的质量 m 不随其相对于观察者(坐标系)的运动而改变. 由牛顿第二定律,有

$$\boldsymbol{F} = m\boldsymbol{a}(对\ S\ 系)$$
$$\boldsymbol{F}' = m\boldsymbol{a}'(对\ S'系)$$

由式(17-3b),则必有

$$\boldsymbol{F}=\boldsymbol{F}' \tag{17-4}$$

这就是说，在不同的惯性系观察质点的受力情况，质点的基本运动方程(牛顿第二定律)是完全相同的. 或者说牛顿定律对伽利略变换是不变的. 所以常把伽利略变换下的不变性说成是力学相对性原理的数学表述. 但以后我们将会看到，这二者是有本质区别的.

三、经典力学的时空观

设有两个惯性系 S 和 S'，S' 相对于 S 沿 x 轴正方向以速度 u 匀速运动，$t=t'=0$ 时刻，O 和 O' 重合. 如图 17-3所示，设 S 系中发生两事件的时空坐标分别为 $P_1(x_1,y_1,z_1,t_1)$ 和 $P_2(x_2,y_2,z_2,t_2)$. 现在我们根据伽利略变换，分析 S' 中对两事件的时间间隔和空间间隔，即分析经典力学的时空观.

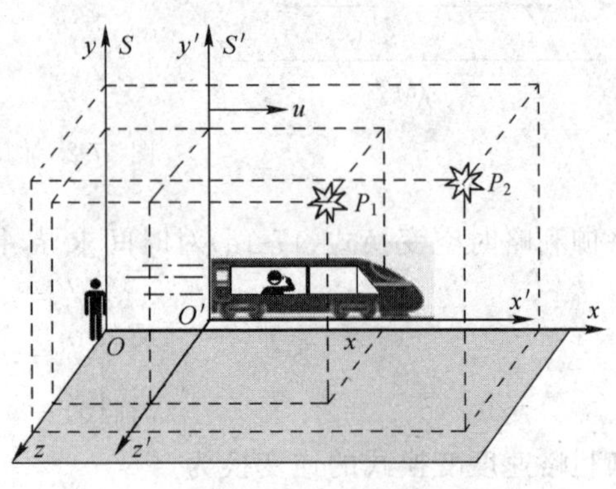

图 17-3 经典力学的时空观

1. 同时的绝对性

如果在 S 系中，两事件是同时发生的，即 $t_1=t_2$，根据伽利略变换式

$$t=t'$$

所以

$$t_1=t'_1,\quad t_2=t'_2$$

必有

$$t'_1=t'_2$$

上式表明，如果在 S 系中两事件是同时发生的，则 S' 系也认为两事件是同时发生的，即在经典力学中，同时是绝对的.

2. 时间间隔的绝对性

如果在 S 系中两事件的时间间隔 $\Delta t=t_2-t_1$，根据伽利略变换式

$$\Delta t'=t'_2-t'_1=t_2-t_1=\Delta t$$

即

$$\Delta t'=\Delta t$$

上式表明，在 S' 系中测得的时间间隔 $\Delta t'$ 与 S 系中测得的时间间隔 Δt 是相同的，即在经典力学中，所有惯性系中时间间隔也必定是相同的.

3. 空间间隔的绝对性

如果在 S 系中两事件的空间间隔 Δr，则

$$\Delta r=\sqrt{(\Delta x)^2+(\Delta y)^2+(\Delta z)^2}$$

根据伽利略变换式

$$\Delta x'=\Delta x,\quad \Delta y'=\Delta y,\quad \Delta z'=\Delta z$$

则有 $\Delta r'=\sqrt{(\Delta x')^2+(\Delta y')^2+(\Delta z')^2}=\sqrt{(\Delta x)^2+(\Delta y)^2+(\Delta z)^2}=\Delta r$

即
$$\Delta \boldsymbol{r}'=\Delta \boldsymbol{r}$$

上式表明,在经典力学中,S' 系中测得的空间间隔 $\Delta \boldsymbol{r}'$ 与 S 系中测得的空间间隔 $\Delta \boldsymbol{r}$ 是相同的. 或者说,空间长度与参考系的运动状态无关,即空间长度是绝对的.

用牛顿的话来说:“绝对真空的数学时间,就其本质而言,是永远均匀地流逝着,与任何外界事物无关.”“绝对空间就其本质而言,是与任何外界事物无关,它从不运动,并且永远不变.”这就是经典力学的时空观,也称绝对时空观. 按照这种观点,时间和空间是彼此独立、互不相关,并且是独立于物质和运动之外的某种东西. 实际上如果没有 $t'=t$ 这一假定,伽利略变换就不成立. 所以可以这样说,绝对时空的假定或默认($t'=t$)正是伽利略变换的前提,伽利略变换是经典时空观的数学描述. 但是应该注意,力学相对性原理却没有绝对时空这一前提,这是二者的区别所在,不能把它们完全等同起来.

四、经典时空理论的局限性

在物体低速运动范围内,伽利略变换和力学相对性原理是符合实际情况的. 然而,在涉及电磁现象,包括光的传播现象时,伽利略变换和力学相对性原理却遇到了不可克服的困难.

根据麦克斯韦电磁理论,电磁波在真空中的速度(即光速)$c=1/\sqrt{\varepsilon_0\mu_0}$ 是一个与参考系选择无关的常量,然而按照经典力学的伽利略变换式,物体的速度是和惯性系的选择有关的,这样光速就应随惯性系的选取而异,不再是一个不变的常量,所以在经典力学的基本方程式中速度是不允许作为普适常量出现的. 这样一来,在伽利略变换下,麦克斯韦方程组就不具有不变性了. 那么麦克斯韦方程组在什么参照系中成立?

在麦克斯韦预言电磁波之后,多数科学家就认为电磁波传播需要介质,这种介质称为“以太(ether)”,它充满整个宇宙. 电磁波是“以太”介质的机械运动状态,带电粒子的振动会引起“以太”的形变,而这种形变以弹性波形式的传播就是电磁波. 当时人们普遍认为,既然在电磁波的波动方程中出现了光速 c,这说明麦克斯韦方程组只在相对“以太”静止的参考系中成立,在这个参考系中电磁波在真空中沿各个方向的传播速度都等于恒量 c,而在相对于以太运动的惯性系中则一般不等于恒量. 于是这样的情况出现了:经典力学和经典电磁学具有很不相同的性质,前者满足伽利略相对性原理,所有惯性系都是等价的;而后者不满足伽利略相对性原理,并存在一个相对于“以太”静止的最优参考系. 人们把这个最优参考系称为绝对参考系,而把相对于绝对参考系的运动称为绝对运动. 地球在“以太”中穿行,测量地球相对于“以太”的绝对运动,自然就成了当时人们首先关心的问题,为此,人们设计了许多的实验,其中最著名的是迈克耳孙—莫雷实验.

§17-2　迈克耳孙-莫雷实验

实验设想"以太"(绝对静止的空间)相对于太阳系是静止不动的，则地球的公转速度就是其相对于"以太"的绝对速度，约为 $u=3\times10^4\ \mathrm{m\cdot s^{-1}}$. 迈克耳孙和莫雷利用地球的绝对速度和光速在方向上的不同，巧妙设计了他们的实验，可以测得地球相对于"以太"的绝对速度. 实验装置如图 17-4 所示，实际上就是放大了的迈克耳孙干涉仪，且整个装置可以绕垂直于图面的轴线转动，图中(b)为(a)绕轴转动 90°后的位置，并保持 $GM_1=GM_2=l$ 固定不变. 设地球相对于绝对参照系自左向右运动，速度为 $\boldsymbol{u}$，即干涉仪相对绝对参照系的速度为 $\boldsymbol{u}$.

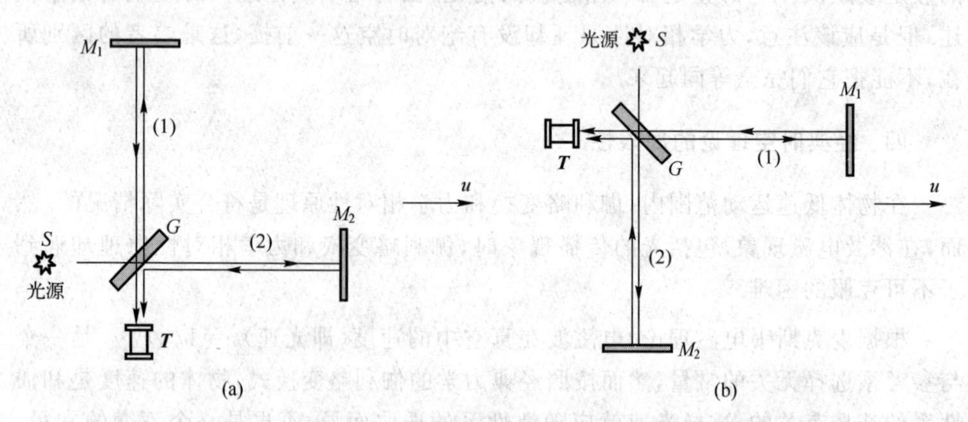

图 17-4　迈克耳孙-莫雷实验示意图

设由半反镜(分光板)分开的两束光线(1)和(2)沿不同路径回到 G 的时间分别为 t_1' 和 t_2'. 实验者是基于两个信念设计实验的：其一是光在绝对参照系 S 中向各个方向的速度均为 $\boldsymbol{c}$；其二是光相对于地球参考系 S'(实验室)的速度 $\boldsymbol{v}'$，可由伽利略变换式(17-2c)确定

$$\boldsymbol{v}'=\boldsymbol{c}-\boldsymbol{u}$$

式中，$\boldsymbol{u}$ 为地球相对于绝对参照系(以太)的速度. 这样，通过光的干涉实验，就可以测得地球相对于"以太"这个绝对参照系的速度.

当装置处于如图 17-4(a)所示位置时，GM_1 与 $\boldsymbol{u}$ 垂直，即 $\boldsymbol{v}'$ 与 $\boldsymbol{u}$ 垂直，$\boldsymbol{v}'$ 与 $\boldsymbol{c}$ 和 $\boldsymbol{u}$ 的矢量关系如图 17-5(a)和图 17-5(b)所示，光束(1)在实验室系 S' 中的速度

$$v'=\sqrt{c^2-u^2}$$

所以，光在由 $G\to M_1\to G$ 所用的时间为

$$t_1'=\frac{l}{\sqrt{c^2-u^2}}+\frac{l}{\sqrt{c^2-u^2}}=\frac{2l}{\sqrt{c^2-u^2}}\approx\frac{2l}{c}\left(1-\frac{u^2}{2c^2}\right)\quad(u\ll c)$$

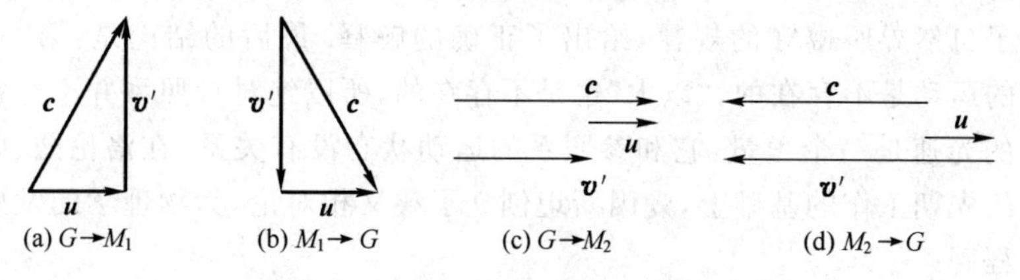

图 17-5　迈克耳孙－莫雷实验中速度的合成

现在来分析光束(2)所用时间. GM_2 与 $\boldsymbol{u}$ 平行，即 $\boldsymbol{v}'$ 与 $\boldsymbol{u}$ 平行，$\boldsymbol{v}'$ 与 $\boldsymbol{c}$ 和 $\boldsymbol{u}$ 的矢量关系如图 17-5(c)和图 17-5(d)所示，光束(2)在实验室系 S' 中的速度 v' 分别为 $v'=c-u$ 和 $v'=c+u$. 所以，光在由 $G\to M_2\to G$ 所用的时间为

$$t'_2=\frac{l}{c+u}+\frac{l}{c-u}=\frac{2cl}{c^2-u^2}\approx\frac{2l}{c}\left(1-\frac{u^2}{c^2}\right)\quad(u\ll c)$$

则

$$\Delta t'=t'_2-t'_1\approx\frac{lu^2}{c^3}$$

设实验中所用光的波长为 λ_0，则到达望远镜 T 的光束(1)和光束(2)的相位差为

$$\Delta\varphi=2\pi\frac{c\Delta t'}{\lambda_0}=2\pi\frac{lu^2}{\lambda_0 c^2}$$

在实验中，当观测到稳定的干涉条纹时，将整个干涉仪绕垂直于图面的轴线转动 90°，如图 17-4(b)所示，则到达 T 的光束(1)和光束(2)的相位差为 $-\Delta\varphi$. 这样，旋转前后到达 T 的光束(1)和光束(2)的相位差改变了 $2\Delta\varphi$，所以，当旋转干涉仪的过程中干涉条纹会移动，移动的条纹数为

$$\Delta N=\frac{2\Delta\varphi}{2\pi}=\frac{2lu^2}{\lambda_0 c^2}$$

实验中所用干涉光的波长 $\lambda_0=5.5\times10^{-7}$ m，$l=11$ m，$u=3\times10^4$ m · s^{-1}，$c=3\times10^8$ m · s^{-1}，将各值代入上式可得

$$\Delta N=0.4$$

即在干涉仪旋转过程中，应该看到 0.4 条干涉条纹的移动. 他们在白天、晚上在不同的方位，一年四季地进行观测，都没有观测到任何条纹的移动量(他们所设计仪器可以检测到 0.01 个条纹的移动量). 许多科学家在不同的年代、不同的地点、不同的条件用不同的手段重复迈克耳孙－莫雷的工作，但都是“零结果”.

由于伽利略速度变换公式来源于伽利略变换，上述实验说明伽利略变换在电磁现象(包括光现象)中是不成立的. 也有不少科学家提出不同的假说来解释迈克耳孙-莫雷实验的结果，但由于因袭了绝对时空观念，并企图在维持伽利略变换的前提下解释这些矛盾，结果都无一例外地失败了. 甚至有人把迈克耳孙-莫雷实验说成是物理学晴朗天空的“一朵乌云”. 爱因斯坦从迈克耳孙-莫雷实验的否定结果中看到了自然界所遵守的规律，给出了正确的解释. 最后的结论是：第一，相对于“以太”的运动是不存在的，“以太”也是不存在的，所以绝对参照系并不存在；第二，真空中的光速是一个恒量，它和参照系的运动状态没有关系. 在洛伦兹、庞加莱等人所做的先期工作的基础上，爱因斯坦创立了狭义相对论，为物理学的发展树立了新的里程碑.

§17-3 狭义相对论的基本原理和洛伦兹变换

一、狭义相对论基本原理

爱因斯坦坚信世界的统一性和合理性. 他在深入研究牛顿力学和麦克斯韦电磁场理论的基础上，认为相对性原理具有普适性，无论是对牛顿力学还是对麦克斯韦电磁场理论都是如此. 1905 年爱因斯坦在他那篇著名的论文《论动体的电动力学》中，摒弃了“以太”假说和绝对参考系的假设，提出了狭义相对论的两条基本原理：

1. 相对性原理

物理定律在所有惯性系中都具有完全相同的表达式，即所有的惯性系对运动的描述都是等效的. 它说明不能在一个惯性参照系内部通过力学现象、电磁现象或其他现象来确定该参照系相对另一参照系的速度. 它否定了绝对参照系的存在，即否定了“以太”的存在.

2. 光速不变原理

在所有惯性系中测量真空中光速都是 c. 它与光源或观察者的运动无关，与光的传播方向无关.

爱因斯坦提出的狭义相对论的基本原理，是与伽利略变换（或经典力学时空观）相矛盾的. 对一切惯性系，光速都是相同的，这就与伽利略速度变换公式相矛盾. 如图 17-6所示，设声波的传播速度为 $340\ \mathrm{m\cdot s^{-1}}$，机场地面向以速度 $300\ \mathrm{m\cdot s^{-1}}$ 的飞机发出同方向声波，飞行员测得声波的速度为 $40\ \mathrm{m\cdot s^{-1}}$，这是符合伽利略速度变换，也是被实验所证实了的. 但是，如图 17-7 所示，按照光速不变原理，机场发出的光束相对于地球以速度 c 传播，假设从相对于地球以速度 $u=1\times10^{8}\ \mathrm{m\cdot s^{-1}}$ 运动着的飞船上看，光速仍然是以速度 c 传播的，这是不符合伽利略速度变换的，但这是与实验观测一致的.

作为整个狭义相对论基础的这两条基本原理，最初是以假设提出的，而现在已经为大量实验所证实. 既然认可了这两条基本原理，而伽利略变换不符合光速不变原理，就必须加以修改.

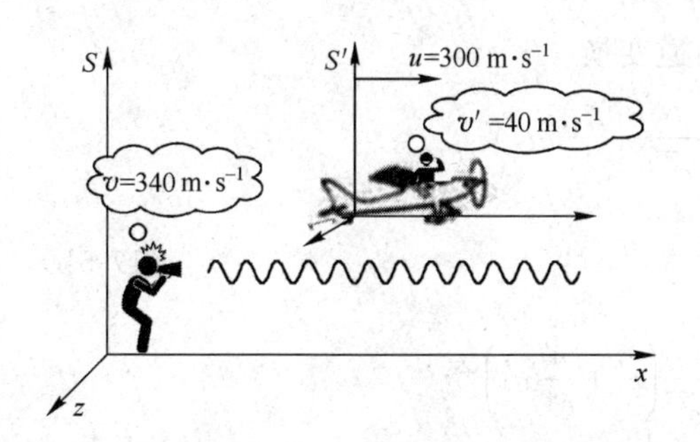

图 17-6　飞机上测量声速符合伽利略速度变换

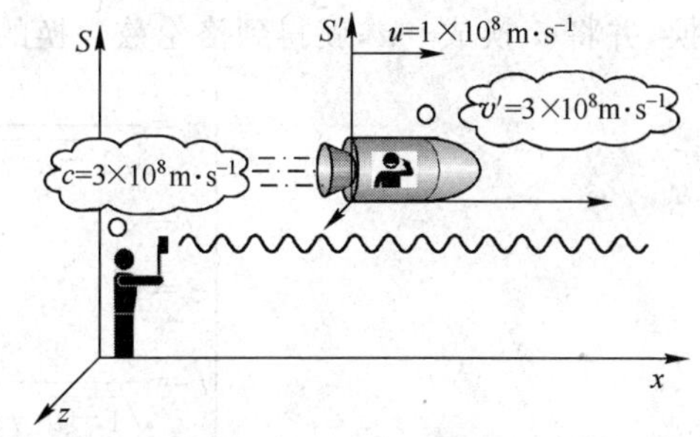

图 17-7　不符合伽利略变换的光速不变原理

二、洛伦兹变换

伽利略变换与狭义相对论的基本原理不相容,因此需要寻找一个满足狭义相对论基本原理的变换式,爱因斯坦导出了这一变换式,由于历史原因,一般称它为洛伦兹变换.

为简便起见,我们假设 S 系和 S' 系是两个相对做匀速直线运动的惯性坐标系,规定 S' 系沿 S 系的 x 轴正方向以速度 u 相对 S 系做匀速直线运动,x',y' 和 z' 轴分别与 x,y 和 z 轴平行,S 系的原点 O 与 S' 系的原点 O' 重合时两惯性坐标系在原点处的时钟都指示零点,即 $t=t'=0$ 时刻,O 和 O' 重合. 如图 17-8 所示,在 S 系和 S' 系中对同一事件 P 进行观测. 设任一时刻 t,在 S 和 S' 中 P 点的时空坐标分别为 $P(x,y,z,t)$ 和 $P(x',y',z',t')$. 由狭义相对论的相对性原理和光速不变原理,可导出该事件在两个惯性系 S 和 S' 中的时空坐标变换式如下:

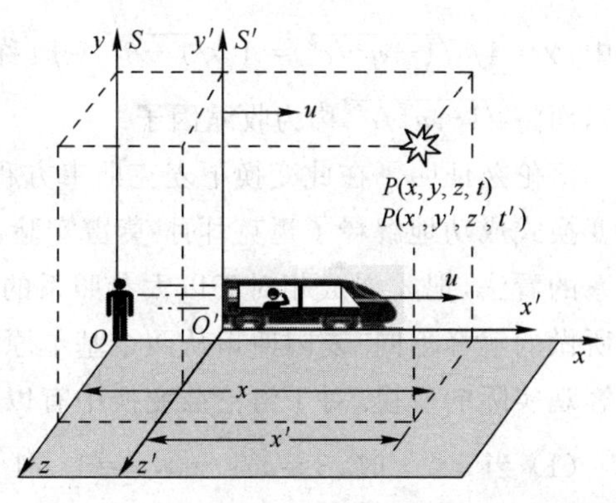

图 17-8　洛伦兹变换

$$\begin{cases} x'=\dfrac{1}{\sqrt{1-u^2/c^2}}(x-ut) \\ y'=y \\ z'=z \\ t'=\dfrac{1}{\sqrt{1-u^2/c^2}}\left(t-\dfrac{u}{c^2}x\right) \end{cases} \tag{17-5a}$$

这种新的变换称为洛伦兹变换. 在式(17-5a)中将带撇的量与不带撇的量互

换，并将 u 换成 $-u$，就得到洛伦兹变换的逆变换

$$\begin{cases} x=\dfrac{1}{\sqrt{1-u^2/c^2}}(x'+ut') \\ y=y' \\ z=z' \\ t=\dfrac{1}{\sqrt{1-u^2/c^2}}\left(t'+\dfrac{u}{c^2}x'\right) \end{cases} \tag{17-5b}$$

若令 $\beta=\dfrac{u}{c}$，$\gamma=\dfrac{1}{1-u^2/c^2}=\dfrac{1}{\sqrt{1-\beta^2}}$，则洛伦兹变换可以表示为

$$\begin{cases} x'=\gamma(x-ut) \\ y'=y \\ z'=z \\ t'=\gamma\left(t-\dfrac{\beta}{c}x\right) \end{cases} \quad 和 \quad \begin{cases} x=\gamma(x'+ut') \\ y=y' \\ z=z' \\ t=\gamma\left(t'+\dfrac{\beta}{c}x'\right) \end{cases} \tag{17-5c}$$

式中，$\gamma=1/\sqrt{1-u^2/c^2}=1/\sqrt{1-\beta^2}$ 一般称为相对论因子，或速度因子（膨胀因子），而将 $\sqrt{1-u^2/c^2}$ 称为收缩因子.

洛伦兹证明了在此变换下麦克斯韦方程组的形式保持不变. 1900 年拉莫尔用该变换式成功地解释了迈克耳孙-莫雷实验，但是他们仍然保留了“以太”和绝对参照系的看法，把 u 看成相对于以太参照系的速度，对洛伦兹变换的解释也与爱因斯坦所做的解释不同. 爱因斯坦从两个基本原理出发，认为洛伦兹变换是能够正确反映客观实际的变换. 对于洛伦兹变换中有以下几点说明：

(1) 当 $u\ll c$ 时，$\beta=u/c\to 0$，$\gamma=1/\sqrt{1-\beta^2}\to 1$，这时洛伦兹变换式(17-5a)和式(17-5b)就分别成为伽利略变换式(17-2a)和式(17-2b).

(2) 由于 $\gamma=1/\sqrt{1-u^2/c^2}$ 必须是实数，所以速度 u 必须满足 $u<c$. 于是得到一个十分重要的结论，一切物体的运动速度都不能超过真空中的光速 c，或者说真空中的光速 c 是物体运动的极限速度.

(3) 在伽利略变换中，$t'=t$，时间和空间是彼此独立的，即时间和空间是绝对的. 但在洛伦兹变换式(17-5)中，时间变换与空间有关，不再独立，在相对论中往往把时间和空间作为一个整体，称为时空.

三、两个基本原理与洛伦兹变换

现根据爱因斯坦的相对性原理和光速不变原理导出洛伦兹变换.

设有两个惯性系 S 和 S'，S' 相对于 S 沿 x 轴正方向以速度 u 匀速运动，$t=t'=0$ 时刻，O 和 O' 重合. 如图 17-9 所示，设一事件 P 在两惯性系中的时空坐标分别

为 $P(x,y,z,t)$ 和 $P(x',y',z',t')$. 显然有

$$y'=y$$
$$z'=z$$

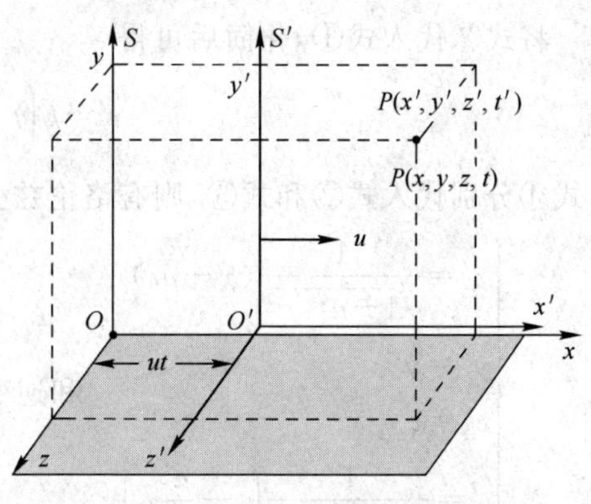

图 17-9　洛伦兹变换的推导

下面主要讨论 x' 与 x 和 t' 与 t 的变换关系. 对于 S 系中的原点 O,不论在任何瞬时,$x=0$;但由 S' 系来观察,在 t' 时刻 O 点的坐标 $x'=-ut'$,或 $x'+ut'=0$. 也就是说,对于发生在 S 系中点 O 处的事件,x 和 $x'+ut'$ 同时为零. 按照光速不变原理,各方向的光速是相同的,也就是要求时间和空间都是均匀(各向同性)的. 即它们之间的关系是线性的. 所以,对任意一点 P 的事件,x 和 $x'+ut'$ 之间的关系为线性关系,即

$$x=k(x'+ut') \tag{①}$$

同理,对于发生在 S' 系中的 O' 点的事件,在 S' 系中不论任何时刻,$x'=0$;而在 S 系中来观察,恒有 $x-ut=0$. 这样,对发生在任意一点 P 的事件,x' 和 $x-ut$ 之间的关系为线性关系,即

$$x'=k'(x-ut)$$

式中,k 和 k' 都是与时间 t 和 t' 无关的比例系数. 根据对称性原理,这两个惯性系对于物理定律是等价的,即可以认为 S 系相对于 S' 系以 $-u$ 沿 x 轴相反的方向相对 S' 系运动,因此 $k'=k$,所以

$$x'=k(x-ut) \tag{②}$$

将①和式②相乘,得

$$xx'=k^2(x'+ut')(x-ut) \tag{③}$$

这是在两个惯性系中测量同一事件所得的坐标、时间的关系式.

设当 O 和 O' 重合时发出一个光信号,沿 x 轴正向前进. 根据光速不变原理,在 S 系和 S' 系中的光速均为 c,则在 S 系中 $x=ct$. 而在 S' 系中 $x'=ct'$,将 $x=ct$ 和 $x'=ct'$ 代入式③,则

$$c^2tt'=k^2(ct'+ut')(ct-ut)$$
$$c^2=k^2(c^2-u^2)$$

所以

$$k^2=\frac{c^2}{c^2-u^2}$$

即

$$k=\frac{1}{\sqrt{1-u^2/c^2}} \tag{④}$$

将式②代入式①，化简后可得

$$t'=k\left(t-\frac{u}{c^2}x\right) \quad ⑤$$

将式④分别代入式②和式⑤，则有洛伦兹变换

$$\begin{cases} x'=\dfrac{1}{\sqrt{1-u^2/c^2}}(x-ut) \\ y'=y \\ z'=z \\ t'=\dfrac{1}{\sqrt{1-u^2/c^2}}\left(t-\dfrac{u}{c^2}x\right) \end{cases} \text{和逆变换} \begin{cases} x=\dfrac{1}{\sqrt{1-u^2/c^2}}(x'+ut') \\ y=y' \\ z=z' \\ t=\dfrac{1}{\sqrt{1-u^2/c^2}}\left(t'+\dfrac{u}{c^2}x'\right) \end{cases}$$

其中，洛伦兹变换的逆变换可用同样方式得到. 重要的是，在狭义相对论中，洛伦兹变换是相对论时空观的数学描述，是用相对论进行定量分析的基础，相对论的许多结论来源于洛伦兹变换. 下面讨论在洛伦兹变换下速度如何变换.

四、洛伦兹速度变换

如图 17-10 所示，如果在 S 系中有一物体以速度$\boldsymbol{v}$ (v_x, v_y, v_z)运动，那么，这个物体相对于 S'系中的速度$\boldsymbol{v}'(v'_x, v'_y, v'_z)$也应根据洛伦兹变换来进行计算. 按照洛伦兹变换

$$x'=\gamma(x-ut)$$

$$t'=\gamma\left(t-\frac{u}{c^2}x\right)$$

对以上两式取微分，则有

$$\mathrm{d}x'=\gamma(\mathrm{d}x-u\,\mathrm{d}t)$$

$$\mathrm{d}t'=\gamma\left(\mathrm{d}t-\frac{u}{c^2}\mathrm{d}x\right)$$

按照速度的定义，并利用上式得

$$v'_x=\frac{\mathrm{d}x'}{\mathrm{d}t'}=\frac{\mathrm{d}x-u\,\mathrm{d}t}{\mathrm{d}t-\frac{u}{c^2}\mathrm{d}x}$$

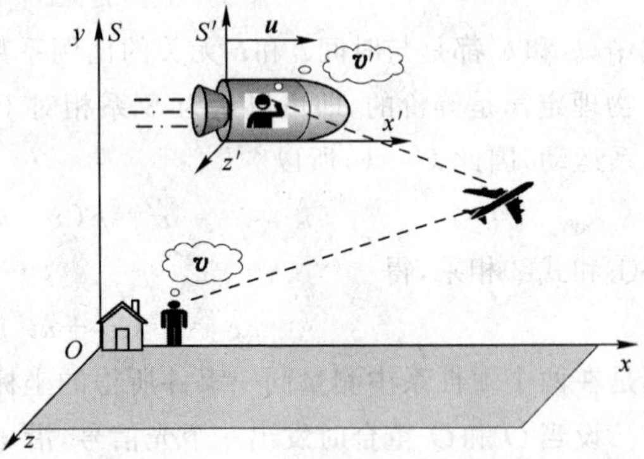

图 17-10　洛伦兹速度变换

上式右边分子和分母同除 $\mathrm{d}t$，且 $v_x=\dfrac{\mathrm{d}x}{\mathrm{d}t}$，则

$$v'_x=\frac{\mathrm{d}x-u\,\mathrm{d}t}{\mathrm{d}t-\frac{u}{c^2}\mathrm{d}x}=\frac{\frac{\mathrm{d}x}{\mathrm{d}t}-u}{1-\frac{u}{c^2}\frac{\mathrm{d}x}{\mathrm{d}t}}=\frac{v_x-u}{1-\frac{uv_x}{c^2}}$$

同理可以求得 v'_y 和 v'_z，从而得到洛伦兹速度变换

$$\begin{cases} v'_x=\dfrac{v_x-u}{1-uv_x/c^2} \\ v'_y=\dfrac{v_y\sqrt{1-u^2/c^2}}{1-uv_x/c^2} \\ v'_z=\dfrac{v_z\sqrt{1-u^2/c^2}}{1-uv_x/c^2} \end{cases} \quad 逆变换 \quad \begin{cases} v_x=\dfrac{v'_x+u}{1+uv'_x/c^2} \\ v_y=\dfrac{v'_y\sqrt{1-u^2/c^2}}{1+uv'_x/c^2} \\ v_z=\dfrac{v'_z\sqrt{1-u^2/c^2}}{1+uv'_x/c^2} \end{cases} \tag{17-6}$$

对洛伦兹速度变换认真分析，有以下几点说明：

(1) 在正变换各式中，将带撇与不带撇的 v 分量互换，u 换成 $-u$，便可以得到上列逆变换各式. 正变换与逆变换对应的各式形式相同，这正符合爱因斯坦的相对性原理.

(2) 当 $u\ll c$，$v\ll c$ 时，洛伦兹速度变换式(17-6)就退化为伽利略速度变换式

$$\begin{cases} v'_x=v_x-u \\ v'_y=v_y \\ v'_z=v_z \end{cases} \quad 逆变换 \quad \begin{cases} v_x=v'_x+u \\ v_y=v'_y \\ v_z=v'_z \end{cases}$$

(3) 可以验证，若在某一惯性系中的光速为 c，则在任一其他惯性系中的光速也为 c. 这正是爱因斯坦的光速不变原理的体现. 当然，这也是必然的，因为洛伦兹变换正是从光速不变原理推出来的.

例如，在 S 系中发出的沿 x 轴正向传播的一束光的速度为 c，即 $v_x=c$，$v_y=0$，$v_z=0$，那么由洛伦兹速度变换式(17-6)，S' 系中测得该光速为

$$v'_x=\frac{v_x-u}{1-uv_x/c^2}=\frac{c-u}{1-\dfrac{uc}{c^2}}=\frac{c-u}{\dfrac{c-u}{c}}=c$$

$$v'_y=0$$
$$v'_z=0$$

即 S' 系中人认为该光速也是以速度 c 向 x' 轴正向传播. 这样，不符合伽利略变换的光速不变的原理就有了合理解释，按照洛伦兹速度变换，迈克耳孙-莫雷实验就得到了完美的解释，相对论的速度变换还正确地解释了许多其他物理现象，在此就不一一列举了.

【例 17-1】 设想有一高速列车，相对地球以速率 $u=0.8c$ 做匀速运动. 在列车和地面分别建立 S' 系和 S 系. 如图 17-11所示，S' 相对于 S 沿 x 轴正方向以速度 u 匀速运动，$t=t'=0$ 时刻，O 和 O' 重合. S' 系中测得一闪光发生在时间 $t'=1.0\times10^{-6}$ s，位置为 $x'=30$ m，$y'=20$ m，$z'=10$ m.

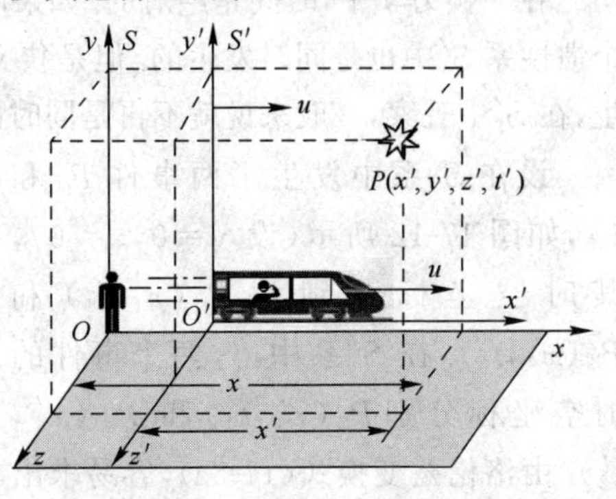

图 17-11　例 17-1 图

(1) 用伽利略变换求 S 中测量的闪

光发生的时间和地点.

(2) 用洛伦兹变换求 S 中测量的闪光发生的时间和地点.

【解】 (1) 由伽利略变换

$$t=t'=1.0\times10^{-6}\ \mathrm{s}$$

$$x=x'+ut'=30+0.8\times3\times10^{8}\times10^{-6}\ \mathrm{m}=270\ \mathrm{m}$$

$$y=y'=20\ \mathrm{m}$$

$$z=z'=10\ \mathrm{m}$$

(2) 由洛伦兹变换

$$\gamma=1/\sqrt{1-u^2/c^2}=\frac{1}{\sqrt{1-\left(\frac{0.8c}{c}\right)^2}}=\frac{1}{0.6}$$

$$t=\gamma\left(t'+\frac{u}{c^2}x'\right)=\frac{1}{0.6}\left(1.0\times10^{-6}+\frac{0.8\times30}{3\times10^{8}}\right)\mathrm{s}=1.8\times10^{-6}\ \mathrm{s}$$

$$x=\gamma(x'+ut')=\frac{1}{0.6}(30+0.8\times3\times10^{8}\times10^{-6})\ \mathrm{m}=450\ \mathrm{m}$$

$$y=y'=20\ \mathrm{m}$$

$$z=z'=10\ \mathrm{m}$$

比较用两种变换计算的结果，差别还是比较大的. 各种实验证明，S 中测得的结果与洛伦兹变换所得的结果一致，说明在高速运动时洛伦兹变换是正确的.

§ 17-4 狭义相对论的时空观

时间和空间是物理学中最基本的概念. 下面我们从洛伦兹变换出发，给出狭义相对论时空观的几个重要的相对论效应.

一、同时的相对性

在牛顿力学中，时间是绝对的. 如果两事件在惯性系 S 中同时发生，那么在另一个惯性系 S'中也是同时发生的. 但是狭义相对论认为，两事件在惯性系 S 中同时发生，在 S'中观察，一般来说就不再是同时的了，这就是狭义相对论的同时的相对性.

设在 S 系中发生了两事件 P_1 和 P_2，如图 17-12 所示(设 $y=0, z=0$)，其时空坐标分别为 $P_1(x_1, t_1)$ 和 $P_2(x_2, t_2)$. 在 S'系中，这两个事件的时空坐标分别 $P_1(x_1', t_1')$ 和 $P_2(x_2', t_2')$. 由洛伦兹变换式(17-5a)，容易求出这两个事件在 S'系中的时间分别为

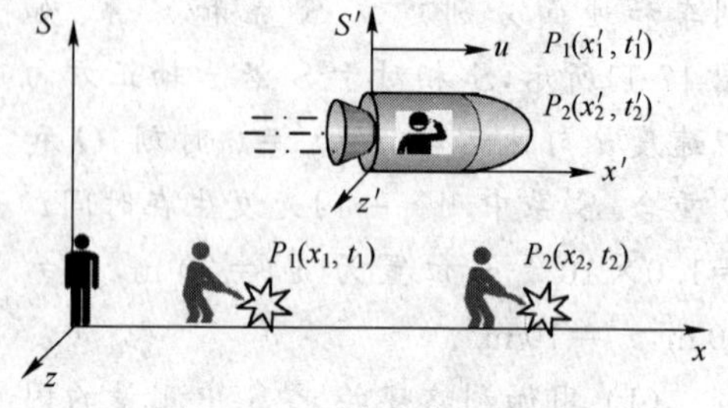

图 17-12 同时的相对性

$$t'_1=\gamma\left(t_1-\frac{u}{c^2}x_1\right)$$

$$t'_2=\gamma\left(t_2-\frac{u}{c^2}x_2\right)$$

两式相减得

$$\Delta t'=t'_2-t'_1=\gamma\left[(t_2-t_1)-\frac{u}{c^2}(x_2-x_1)\right] \tag{17-7}$$

上式说明，如果在 S 系中是同时发生的，即 $t_1=t_2$，$\Delta t'=t'_2-t'_1$ 也不一定为零，即在 S' 系中认为这两个事件不一定是同时发生的. 下面分两种情况讨论：

(1) 同时同地事件.

若两事件在 S 系中同时且同地发生，即 $x_1=x_2$，$t_1=t_2$，由式(17-7)得

$$\Delta t'=0$$

即

$$t'_2=t'_1$$

则说明在 S' 系中观察也是同时的. 即 S 系中同时且同地发生的两事件，在 S' 系中也认为是同时发生的.

(2) 同时不同地事件.

若两事件在 S 系中同时但异地发生，即 $t_1=t_2$ 但 $x_2\neq x_1$，由式(17-7)得

$$t'_2-t'_1=\gamma\frac{u}{c^2}(x_1-x_2)$$

只要 $x_2\neq x_1$，则有 $t'_2\neq t'_1$，说明在 S' 系中观察不是同时的. 也就是说，在 S 系中同时异地发生的两事件，在 S' 系中观察认为是不同时的. 所以在相对论中，同时的概念是相对的.

二、长度收缩

在伽利略变换中，两点之间的距离或物体的长度是不随惯性系而变的. 例如，长为 1 m 的尺子，不论在运动的车厢里或者在车站上去测量它，其长度都是 1 m. 但是，在洛伦兹变换下，情况又是怎样的呢？

如图 17-13 所示，一杆静置于 S' 系的 x' 轴，S' 系的观察者测得杆的长度 $l_0=x'_2-x'_1$，这是在相对于杆静止的参照系中测量到的物体的长度，称为杆的固有长度或本征长度. 由于杆随 S' 系相对于 S 系运动，S 系观察者要测量此杆的长度，就必须在 S 系的同一时刻 t 测出杆两端的坐标 x_1，x_2，才能得到杆长的正确值 $l=x_2-x_1$，这是在相对于杆运动的参照系中测量到的物体的长度. 根据洛伦兹坐标变换式(17-5b)中的空间变换关系，应有

$$x'_1=\frac{x_1-ut_1}{\sqrt{1-u^2/c^2}}$$

$$x'_2=\frac{x_2-ut_2}{\sqrt{1-u^2/c^2}}$$

则有
$$x_2'-x_1'=\frac{x_2-x_1-u(t_2-t_1)}{\sqrt{1-u^2/c^2}}$$

考虑到在 S 系测量运动杆两端的坐标必须同时这一要求，即 $t_1=t_2$ 时，测得杆在 S 系中的坐标值 x_1 和 x_2，杆的静止长度可表示为

$$l_0=x_2'-x_1'=\frac{x_2-x_1}{\sqrt{1-u^2/c^2}}=\frac{l}{\sqrt{1-u^2/c^2}}$$

即
$$l=l_0\sqrt{1-u^2/c^2} \tag{17-8}$$

上式中，由于 $\sqrt{1-u^2/c^2}<1$，一般称为收缩因子，所以有 $l<l_0$. 即在 S 系观测运动着的杆的长度比它的静止长度缩短了，这就是狭义相对论的长度收缩效应.

由于运动的相对性，长度收缩效应是互逆的. 如图 17-14 所示，放置在 S 系的杆，S 系的观察者测得杆的固有长度为 $l_0=x_2-x_1$. S' 系中的观察者要测量此杆的长度，就必须在 S' 系的同一时刻 t' 测出杆两端的坐标 x_1'，x_2'，才能得到杆长的正确值 $l=x_2'-x_1'$. 根据洛伦兹坐标变换

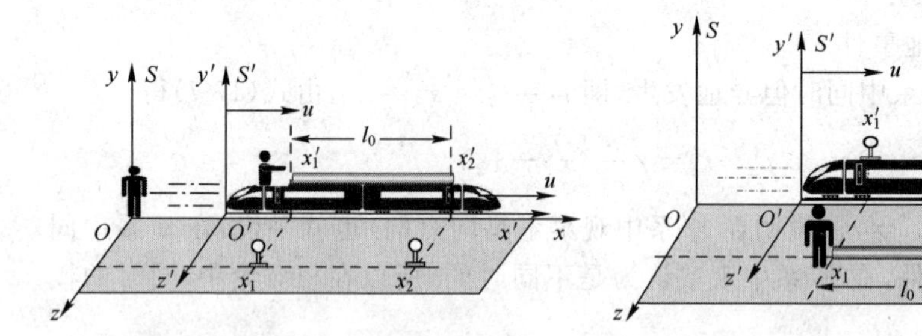

图 17-13　S' 中长 l_0 杆的量度　　　图 17-14　S 系中长 l_0 杆的量度

$$x_1=\frac{x_1'+ut_1'}{\sqrt{1-u^2/c^2}}$$

$$x_2=\frac{x_2'+ut_2'}{\sqrt{1-u^2/c^2}}$$

则
$$x_2-x_1=\frac{x_2'-x_1'+u(t_2'-t_1')}{\sqrt{1-u^2/c^2}}$$

由于 S' 系的同一时刻 t' 测量，即 $t_1'=t_2'$，所以也有

$$l=l_0\sqrt{1-u^2/c^2}$$

即 S' 系中的观测者观测杆同样也会得到收缩的结论. 总结以上分析，对于长度缩短，有以下几点需要说明：

(1) 根据洛伦兹坐标变换，$y=y'$，$z=z'$，即如果杆静置于 S' 系的 y' 轴或 z' 轴上，S 系和 S' 系的观察者测得杆的长度相同，等于杆的本征长度. 长度收缩效应只发生在物体相对于惯性系观察者的运动方向上，在与运动方向垂直的方向上没有

长度收缩效应.

(2) 由于运动的相对性，长度收缩也是相对的. 相对于观测者静止的物体没有收缩，长度收缩只发生在与观测者相对运动的物体上.

(3) 长度收缩效应是时空的基本属性，只是一种测量效应，物质结构并未发生变化.

(4) 在 $u \ll c$ 时，$l = l_0\sqrt{1-u^2/c^2} \approx l_0$，即对空间间隔的测量与参考系的选择无关，是绝对的，因此日常经验中绝对空间的概念(即牛顿绝对空间概念)是狭义相对论的低速近似.

【例 17-2】 如图 17-15 所示，设想有一火箭，相对地球以速率 $u = 0.95c$ 做直线运动. 若以火箭上的宇航员测得火箭长为 15 m，问地球上的人测得火箭有多长?

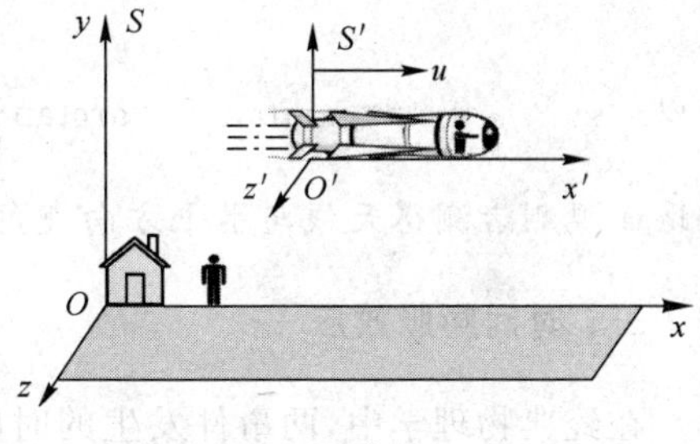

图 17-15　例 17-2 图

【解】 由于相对论效应，运动的长度缩短，由式(17-8)有

$$l = l_0\sqrt{1-u^2/c^2} = 15\sqrt{1-0.95^2}\ \text{m} = 4.68\ \text{m}$$

即从地球上测得火箭的长度只有 4.68 m.

【例 17-3】 如图 17-16 所示，设长 $l_0 = 10$ m 的天线固定在飞机上，以 $\theta_0 = 45°$ 伸出飞机体外，飞机沿水平方向以 $u = \dfrac{\sqrt{3}}{2}c$ 的速度飞行. 求:

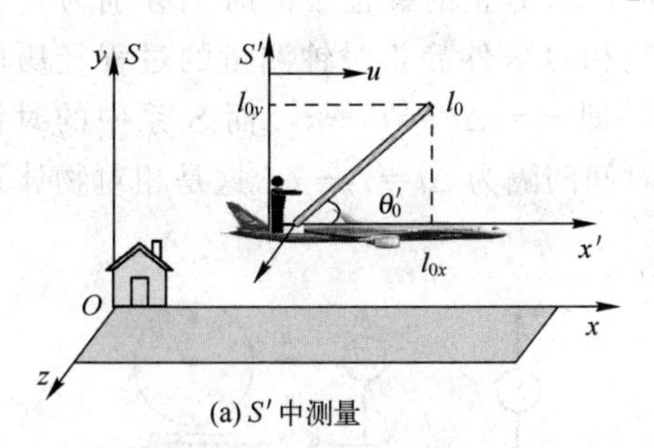

(a) S' 中测量

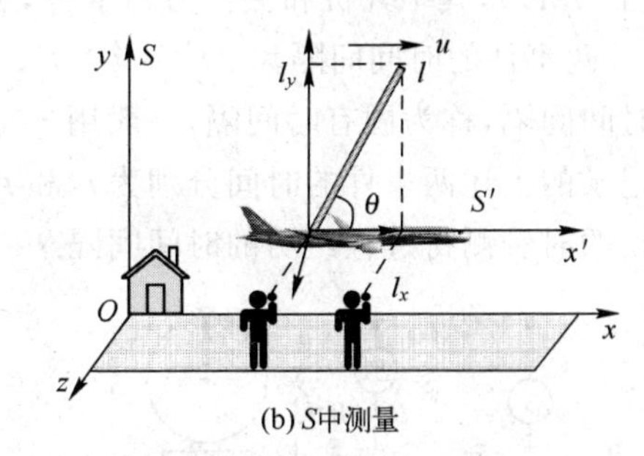

(b) S中测量

图 17-16　例 17-3 图

(1) 地面的观察者测得的天线的长度 l;

(2) 地面的观察者测得天线与飞机的交角是多少?

【解】 设飞机相对于 S' 系静止，在地面建立 S 系，且 S' 相对 S 沿 x 方向以速度 u 运动.

(1) 如图 17-16(a)所示，在 S' 系中测得天线在 x' 轴和 y' 轴上的长度分别为

$$l_{0x} = l_0\cos\theta_0,\qquad l_{0y} = l_0\sin\theta_0$$

即　$l_{0x} = l_0\cos\theta_0 = 10\cos 45°\ \text{m} = 5\sqrt{2}\ \text{m}$，　$l_{0y} = l_0\sin\theta_0 = 10\cos 45°\ \text{m} = 5\sqrt{2}\ \text{m}$

根据相对论效应，如图 17-16(b)所示，在 S 系中测得米尺在 x 轴上的长度为

$$l_x = l_{0x}\sqrt{1-u^2/c^2} = \sqrt{1-(\sqrt{3}/2)^2} \times 5\sqrt{2}\ \text{m} = 5\sqrt{2}/2\ \text{m}$$

由于在垂直于相对运动方向上没有长度收缩效应

$$l_y = l_{y0} = 5\sqrt{2}\ \text{m}$$

所以 $$l = \sqrt{l_x^2 + l_y^2} = \sqrt{(5\sqrt{2}/2)^2 + (5\sqrt{2})^2}\ \text{m} = 7.90\ \text{m}$$

即地面观测者测得天线长度为 7.90 m.

(2) 地面观测者测得 $$\tan\theta = \frac{l_y}{l_x}$$

所以 $$\theta = \arctan\frac{l_y}{l_x} = \arctan\frac{5\sqrt{2}}{5\sqrt{2}/2} = \arctan 2 = 63.43°$$

即地面观测者测得天线与水平方向夹角为 63.43°.

三、时间膨胀效应

在经典物理学中，两事件发生的时间间隔是不随惯性系而变的，是绝对的. 但是，在狭义相对论中，如同长度不是绝对的那样，时间间隔也不是绝对的. 设有两个惯性系 S 和 S'，S' 相对于 S 沿 x 轴正方向以速度 u 匀速运动，$t=t'=0$ 时刻，O 和 O' 重合.

设 S' 系中的 x'_0 处，发生某一过程(例如宇航员开机工作到关机结束工作，见图 17-17)，其中开机和关机为两事件，相对于 S' 静止的钟记录的时刻分别为 t'_1 和 t'_2，两事件的时间间隔为 $\Delta t' = t'_2 - t'_1$. 这是相对事件静止时钟测量的过程经历的时间间隔，称为固有时间隔，一般用 τ_0 表示，即 $\tau_0 = \Delta t' = t'_2 - t'_1$. 而 S 系中的时钟记录的上述两事件的时间分别为 t_1 和 t_2，时间间隔为 $\Delta t = t_2 - t_1$，这是相对物体运动的时钟测得过程经历的时间间隔.

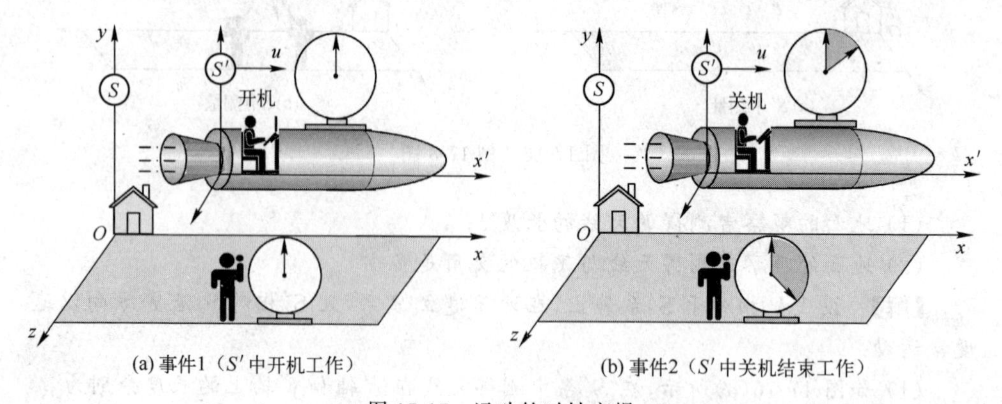

(a) 事件1（S' 中开机工作）　　(b) 事件2（S' 中关机结束工作）

图 17-17　运动的时钟变慢

根据洛伦兹坐标变换式(17-5b)中的时间变换关系,应有

$$t_1=\frac{t'_1+x'_0\frac{u}{c^2}}{\sqrt{1-u^2/c^2}},\quad t_2=\frac{t'_2+x'_0\frac{u}{c^2}}{\sqrt{1-u^2/c^2}}$$

于是

$$\Delta t=t_2-t_1=\frac{t'_2-t'_1}{\sqrt{1-u^2/c^2}}=\frac{\tau_0}{\sqrt{1-u^2/c^2}}$$

即

$$\Delta t=\gamma\tau_0 \tag{17-9}$$

由于$\gamma>1$,则$\Delta t>\tau_0$,上式表示,如果在S'系中同一地点相继发生的两个事件的时间间隔是τ_0,那么在S系中测得同样两个事件的时间间隔Δt总要比固有时间τ_0长,这就是狭义相对论的时间膨胀效应.由于S'系以速度u相对于S系运动,因此在S系看来运动的时钟变慢了,所以时间膨胀效应也称运动时钟变慢(动钟变慢)效应.

由于运动是相对的,所以时间膨胀效应是互逆的.如图17-18所示,设S系中的x_0处,发生开机和关机两事件,相对于S静止的时钟记录的时间分别为t_1和t_2,两事件的时间间隔为$\Delta t=t_2-t_1=\tau_0$,τ_0为固有时间.而S'系中的时钟记录的上述两事件的时间分别为t'_1和t'_2,时间间隔为$\Delta t'=t'_2-t'_1$.根据洛伦兹坐标变换式(17-5a)中的时间变换关系,应有

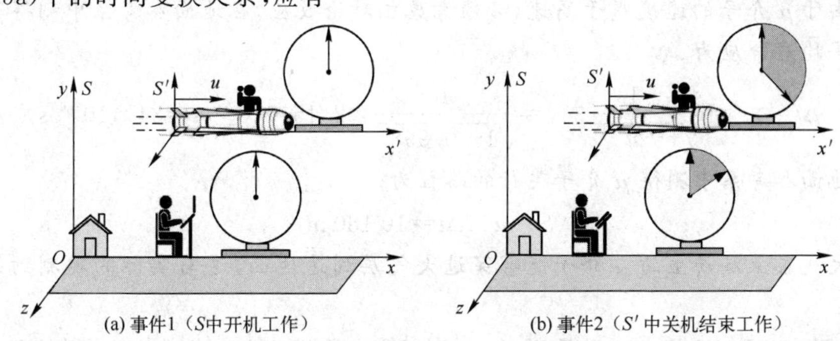

(a) 事件1（S中开机工作）　　(b) 事件2（S'中关机结束工作）

图 17-18　运动时钟变慢的相对性

$$t'_1=\gamma\left(t_1-\frac{u}{c^2}x_0\right),\quad t'_2=\gamma\left(t_2-\frac{u}{c^2}x_0\right)$$

$$\Delta t'=t'_2-t'_1=\gamma(t_2-t_2)$$

即

$$\Delta t'=\gamma\tau_0$$

由于$\gamma>1$,则$\Delta t'>\tau_0$,上式说明,如果在S系中同一地点相继发生的两个事件的时间间隔为τ_0,那么在S'系测得的$\Delta t'$也大于固有时间τ_0,即也发生了时间膨胀.总结以上分析,对于时间膨胀,有以下几点需要说明:

(1) 如果在一个惯性系中的同一地点发生两个事件的时间间隔为τ_0,在其他惯性系中测得两个事件的时间间隔总是要大于固有时间τ_0,称为时间膨胀效应,也称运动时钟变慢效应.

(2) 由于时间的相对性,时钟变慢效应也是相对的.如 S'系中观测者认为 S 系中的时钟变慢;而 S 系中观测者认为 S'系中的时钟变慢.

(3) 运动时钟变慢是一种测量效应,并不是由于运动使时钟的机械部件发生变化,使得运动时钟变慢.

(4) 当 $u \ll c$ 时,$\Delta t = \tau_0/\sqrt{1-u^2/c^2} \approx \tau_0$,即对时间间隔的测量与参考系的选择无关,是绝对的,因此,日常经验中绝对空间的概念,即牛顿绝对空间概念是狭义相对论的低速近似.

本节所讨论的同时的相对性、长度收缩效应、时间膨胀效应都是狭义相对论的时空观.在高能物理领域,狭义相对论的时空观得到了大量的实验证实.任何自然现象、任何学科或工程设计,只要涉及高速运动都必须考虑相对论效应.

【例 17-4】 宇宙射线在大气上层产生的 μ 介子的速度可达 $u=0.998c$.μ 介子是一种不稳定粒子,在相对 μ 介子静止的参考系中其平均寿命只有 $\tau_0 = 2.15\times 10^{-6}$ s.若不考虑相对论效应,μ 介子能够走过的平均距离是多少?设大气层的厚度约为 10 km,试判断大气层上层产生的 μ 介子能否穿透大气层到达地面?

【解】 若不考虑相对论效应,μ 介子能够运动的距离为

$$S_0 = u\tau_0 = 2.15\times 10^{-6}\times 0.998\times 3.00\times 10^{8}\ \text{m} = 644\ \text{m}$$

由于 μ 介子的速度属于高速,必须考虑相对论效应,在地面参考系中测得 μ 介子的平均寿命应为

$$\Delta t = \gamma\tau_0 = \frac{1}{\sqrt{1-u^2/c^2}}\tau_0 = \frac{1}{\sqrt{1-0.998^2}}\times 2.15\times 10^{-6}\ \text{s} \approx 34\times 10^{-6}\ \text{s}$$

则在地面参考系中测得 μ 介子飞行的路程为

$$S = u\times\Delta t = 10\,180\ \text{m}$$

所以大气层上层产生的 μ 介子能够穿过大气层到达地面,这与实际的观测结果相符合.

【例 17-5】 设想有一火箭以 $u=0.95c$ 的速率相对地球做直线运动.若火箭上宇航员的计时器记录他观测星云用去 10 min,则地球上的观察者测得此事用了多少时间?

【解】 由式(17-9)可得

$$\Delta t = \frac{\tau_0}{\sqrt{1-u^2/c^2}} = \frac{10}{\sqrt{1-0.95^2}}\ \text{min} = 32.01\ \text{min}$$

即地球上的计时器记录宇航员观测星云用了 32.01 min.

§ 17-5　狭义相对论动力学基础

狭义相对论采用了洛伦兹变换后,建立了新的时空观,同时也带来了新的问

题，这就是经典力学不满足洛伦兹变换，自然也就不满足新变换下的相对性原理.爱因斯坦认为，应该对经典力学进行改造或修正，以使它满足洛伦兹变换和洛伦兹变换下的相对性原理.经过这种改造的力学就是相对论力学.

一、质量对速率的依赖关系

在经典力学中，根据动能定理，做功将会使质点的动能增加，质点的运动速率将增大，速率增大到多么大，原则上是没有上限的.而实验证明这是错误的.例如，在真空管的两个电极之间施加电压对电极间的电子加速.实验发现，当电子速率越大时加速就越困难，并且无论施加多大的电压都不能使电子速率达到光速.这一事实意味着物体的质量不是绝对不变量，可能是速率的函数，随速率的增加而增大.可以证明，在相对论中，物体的质量是随物体的运动状态而变化的.

设物体相对于观察者静止的质量为 m_0，m_0 称为静质量.相对于观察者以速率 v 运动时的质量为 m，m 称为动质量.理论分析表明(理论证明略)，这两个质量间的关系为

$$m=\frac{m_0}{\sqrt{1-v^2/c^2}} \tag{17-10}$$

上式首先从理论上导出，尔后又被大量实验所证明，并成为近代设计各种加速器的理论基础.由式(17-10)，可以画出质量与速度的依赖关系曲线如图 17-19 所示，与实验所测得的一致.对于质量这个十分重要的物理量，现在相对论给出了对它的新认识.根据式(17-10)，可以得到如下几个有意义的推论：

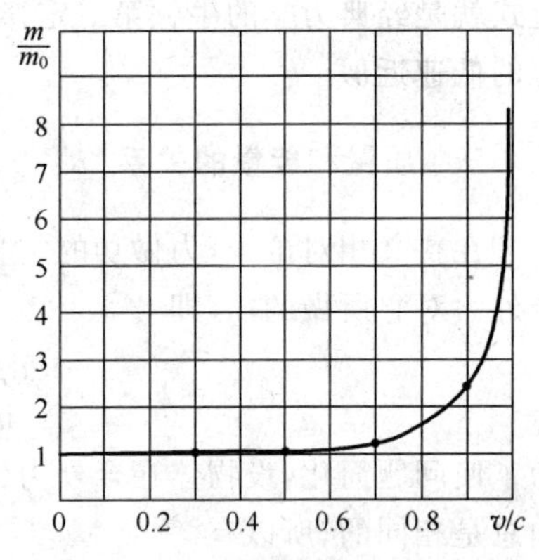

图 17-19　质量与速度的关系

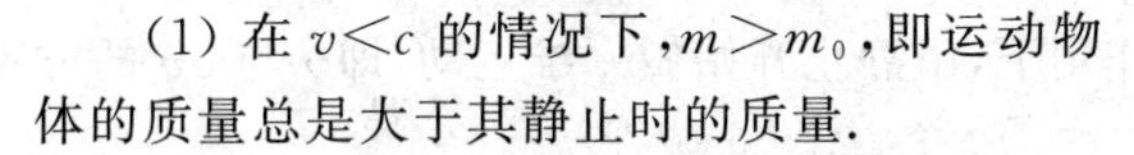

(1) 在 $v<c$ 的情况下，$m>m_0$，即运动物体的质量总是大于其静止时的质量.

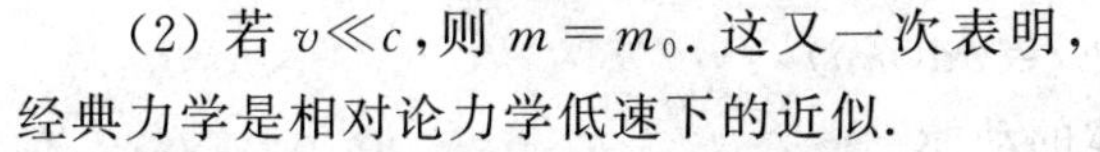

(2) 若 $v\ll c$，则 $m=m_0$.这又一次表明，经典力学是相对论力学低速下的近似.

(3) 若 $v=c$ 时，对 $m_0\neq 0$ 的物体，则 $m\to\infty$，这是不可能的，这说明不能把物体的速度加速到光速.但如果 $m_0=0$，则 m 可为有限值，例如光子、中微子等基本粒子，就正是这种情形，它们是没有静止质量的.

(4) 若 $v>c$，则 m 成为虚数，这是毫无意义的，这说明光速是一切运动物体的最大极限速度，超过光速是不可能的.

二、相对论中的动量与运动方程

在牛顿力学中，物体的动量被定义为 $\boldsymbol{p}=m\boldsymbol{v}$，其中质量是不随速度变化的常

量.但在高速情况下,物体的质量将按式(17-10)的规律变化,则在相对论中,动量的表达式将变为

$$\boldsymbol{p}=\frac{m_0\boldsymbol{v}}{\sqrt{1-v^2/c^2}} \tag{17-11a}$$

式中,$\frac{m_0}{\sqrt{1-v^2/c^2}}=m$.即在高速情况下,动量的表达形式不变,仍为

$$\boldsymbol{p}=m\boldsymbol{v} \tag{17-11b}$$

但是上式中的 m 是随速度变化的.与此相对应,相对论力学的基本方程应写为

$$\boldsymbol{F}=\frac{\mathrm{d}\boldsymbol{p}}{\mathrm{d}t} \tag{17-12a}$$

或

$$\boldsymbol{F}=\frac{\mathrm{d}}{\mathrm{d}t}(m\boldsymbol{v})=m\frac{\mathrm{d}\boldsymbol{v}}{\mathrm{d}t}+\boldsymbol{v}\frac{\mathrm{d}m}{\mathrm{d}t} \tag{17-12b}$$

可以证明,上式(17-12)对洛伦兹变换是不变的,对任何惯性系都适用.

当 $v\ll c$ 时,有 $m=m_0$,则

$$\boldsymbol{F}=\frac{\mathrm{d}\boldsymbol{p}}{\mathrm{d}t}=\frac{\mathrm{d}(m\boldsymbol{v})}{\mathrm{d}t}=\frac{\mathrm{d}(m_0\boldsymbol{v})}{\mathrm{d}t}=m_0\frac{\mathrm{d}\boldsymbol{v}}{\mathrm{d}t}=m_0\boldsymbol{a}$$

上式就是经典力学的牛顿第二定律.可见,牛顿第二定律只是相对论力学的基本方程的低速近似.

三、质量和能量的关系

在狭义相对论中,力做功的定义与牛顿力学相同,且定义物体动能的增量等于合外力对它所做的功,即

$$\mathrm{d}E_k=\boldsymbol{F}\cdot\mathrm{d}\boldsymbol{r}=\frac{\mathrm{d}\boldsymbol{p}}{\mathrm{d}t}\cdot\mathrm{d}\boldsymbol{r}=\mathrm{d}\boldsymbol{p}\cdot\frac{\mathrm{d}\boldsymbol{r}}{\mathrm{d}t}=\boldsymbol{v}\cdot\mathrm{d}(m\boldsymbol{v})$$

为了使问题简化,设物体在合外力作用下,由静止开始做一维运动,即 $\boldsymbol{v}$ 与 $\mathrm{d}\boldsymbol{v}$ 的方向总是相同的,所以有

$$\mathrm{d}E_k=v\mathrm{d}(mv)$$

当物体的速度由 0 增加到 v 时,物体的动能

$$E_k=\int_0^v\mathrm{d}E_k=\int_0^v v\mathrm{d}(mv)=\int_0^v v\mathrm{d}\left(\frac{m_0v}{\sqrt{1-\beta^2}}\right)$$

其中,$\beta=\frac{v}{c}$,则 $v=c\beta$

$$E_k=\int_0^\beta c\beta\mathrm{d}\left(\frac{m_0c\beta}{\sqrt{1-\beta^2}}\right)=m_0c^2\int_0^\beta\frac{\beta}{(1-\beta^2)^{\frac{3}{2}}}\mathrm{d}\beta$$

$$=m_0c^2\left[\frac{1}{\sqrt{1-\beta^2}}\right]_0^\beta=\frac{m_0}{\sqrt{1-v^2/c^2}}c^2-m_0c^2$$

即
$$E_k=mc^2-m_0c^2 \tag{17-13}$$
上式(17-13)就是狭义相对论的动能表达式,或狭义相对论的动能定理.式(17-13)中 E_k 是物体的动能,m_0 是物体的静止质量,$m=m_0/\sqrt{1-v^2/c^2}$ 是物体的动质量.在低速条件下,即 $v\ll c$ 时,则有

$$\frac{1}{\sqrt{1-v^2/c^2}}=1+\frac{1}{2}\left(\frac{v}{c}\right)^2+\frac{3}{8}\left(\frac{v}{c}\right)^4+\cdots\approx1+\frac{1}{2}\frac{v^2}{c^2}$$

$$E_k=mc^2-m_0c^2\approx\left(1+\frac{1}{2}\frac{v^2}{c^2}\right)m_0c^2-m_0c^2=\frac{1}{2}m_0v^2$$

所以,在 $v\ll c$ 时,狭义相对论的动能表达式成为牛顿力学的动能表达式.所以从能量角度看,牛顿力学是相对论力学的低速近似.

认真分析相对论的动能表达式,还会给我们一些重要的信息.由于物体动能 E_k 等于 mc^2 与 m_0c^2 之差,说明 mc^2 和 m_0c^2 也是物体的能量.若把 mc^2 看作物体的总能量,用 E 表示,把 m_0c^2 看作物体的静止能量,用 E_0 表示,则式(17-13)可写为动能
$$E_k=E-E_0 \tag{17-14}$$
静止能量
$$E_0=m_0c^2 \tag{17-15}$$
总能量
$$E=mc^2=\frac{m_0c^2}{\sqrt{1-v^2/c^2}} \tag{17-16}$$

式(17-16)就是狭义相对论中著名的**质能公式**,爱因斯坦认为这是他的狭义相对论中最有意义的结果.质能公式在核物理与基本粒子物理的理论与应用中,是十分重要的基本公式.下面对以上的这些结论进行一些必要的讨论.

(1) 质能关系式 $E=mc^2$ 揭示了物质的两个基本属性(质量和能量)之间的联系和对应关系.物体具有质量 m,必然同时就具有相应的能量 E.当质量发生变化 Δm 时,能量也随之发生变化,即
$$\Delta E=(m-m_0)c^2=\Delta mc^2 \tag{17-17}$$
当 $\Delta m>0$ 时,系统能量增加;当 $\Delta m<0$ 时,系统能量减少.

(2) 在经典力学中,封闭系统的总能量守恒,根据质能关系式 $E=mc^2$,意味着质量守恒.经典力学中的两个不相联系的守恒定律——质量守恒与能量守恒定律,在相对论中得到了统一表示.

(3) 物体静止时,即 $v=0$ 时,$E=mc^2\rightarrow E=m_0c^2$,$E_k=0$,但物体仍有静止能量 m_0c^2.静止能量 m_0c^2 就是物体静止时内部各层次所具有的一切内部能量,例如,分子运动动能、分子相互作用势能、分子内部原子间的相互作用能,以及原子内部、原子核内部、质子内部、中子内部相互作用的各种能量的总和.当物体或粒子内部结构发生变化时,其静止能量往往发生变化.科学家正是利用这一点,找到了释放原子能的途径和方法,使人类跨入了利用原子能的新时代,这是爱因斯坦相对论的伟大成就之一.

实验发现，一个质子的静止质量是 $1.6721\times10^{-27}\,\text{kg}$，一个中子的静止质量为 $1.6750\times10^{-27}\,\text{kg}$，一个氦核是由两个质子和两个中子组成，而氦核的静止质量为 $6.6425\times10^{-27}\,\text{kg}$，氦核的静止质量小于组成它的质子和中子的静止质量之和，其差值为

$$\Delta m_0=(2\times1.6721+2\times1.6750-6.6425)\times10^{-27}\,\text{kg}=0.0517\times10^{-27}\,\text{kg}$$

静止能量差额为

$$\Delta m_0c^2=0.0517\times10^{-27}\times(3\times10^8)^2\,\text{J}=4.653\times10^{-12}\,\text{J}$$

也就是说，按照质能关系，当两个静止的质子和两个静止的中子结合成一个氦核时，就会有 $4.653\times10^{-12}\,\text{J}$ 的能量释放出来. 那么，形成 1 mol 氦核（4 g），即形成 6.022×10^{23} 个氦核所放出的能量为

$$\Delta E_{\text{mol}}=6.022\times10^{23}\times4.653\times10^{-12}\,\text{J}\cdot\text{mol}^{-1}=2.802\times10^{12}\,\text{J}\cdot\text{mol}^{-1}$$

而燃烧 1 t 煤大约放出 $2.93\times10^{10}\,\text{J}$ 的热量. 所以形成 1 mol 氦核（4 g）所放出的能量相当于燃烧 100 t 煤放出的热量. 所以，由相对论的观点，能量并不短缺，短缺的是使物体释放能量的技术.

实验发现，当两个较轻的原子核聚合成一个较重的原子核时，往往会有能量释放出来，这种原子核的聚合称为**核聚变反应**. 例如，氢弹就是利用核聚变反应来产生巨大的能量. 实验也发现，一个重原子核分裂成两个中等质量的原子核时，也要放出能量，这样的过程称为**核裂变反应**. 例如，1 kg 铀 235 全部裂变释放出的能量大约为 $8\times10^{13}\,\text{J}$，相当于燃烧两千多吨煤所放出的热量. 对于一定的质量来说，在原子核反应过程所放出的能量要比在化学反应中所放出的化学能大几百万倍以上. 因此，利用原子核能具有重要意义. 当然，实际利用原子核能必须克服许多困难.

四、能量和动量的关系

根据相对论中动量表达式(17-11a)和质能关系式(17-16)

$$p=\frac{m_0v}{\sqrt{1-v^2/c^2}} \quad ①$$

$$E=\frac{m_0c^2}{\sqrt{1-v^2/c^2}} \quad ②$$

将以上二式左右两端平方，则有

$$p^2c^2=\frac{m_0^2c^2v^2}{1-v^2/c^2} \quad ③$$

$$E^2=\frac{m_0^2c^4}{1-v^2/c^2} \quad ④$$

式④减式③得

$$E^2-P^2c^2=\frac{m_0^2c^4}{1-v^2/c^2}-\frac{m_0^2c^2v^2}{1-v^2/c^2}=\frac{m_0^2c^2(c^2-v^2)}{\frac{c^2-v^2}{c^2}}=m_0^2c^4$$

则
$$E^2=m_0^2c^4+p^2c^2$$

即
$$E^2=E_0^2+p^2c^2 \tag{17-18}$$

上式给出了在相对论中动量与能量之间的关系，称为动量和能量关系式，它是相对论中重要的关系式．通过对该式的分析，可以得出一些重要的结论．

对于静质量为零的粒子，例如，光子的静止质量 $m_0=0$，$E_0=0$，则由式(17-18)得

$$E=pc$$

则，光子的动量为
$$p=\frac{E}{c} \tag{17-19}$$

根据质能关系
$$E=mc^2$$

光子的质量为
$$m=\frac{E}{c^2} \tag{17-20}$$

这说明光子虽没有静止质量和静止能量，但却有质量、动量和能量．这样，相对论就深刻地阐明了光子的物质性，相关内容在下一章介绍．

【例 17-6】 求把 1 kg 0 ℃的水加热到 100 ℃时所增加的质量．水的比热为 $4.18\,\mathrm{J\cdot g^{-1}\cdot K^{-1}}$．

【解】 1 kg 0 ℃的水加热到 100 ℃时所增加的能量为

$$\Delta E=4.18\times10^3\times100\,\mathrm{J}=4.18\times10^5\,\mathrm{J}$$

由 $\Delta E=\Delta mc^2$，则

$$\Delta m=\frac{\Delta E}{c^2}=\frac{4.18\times10^5}{(3\times10^8)^2}\mathrm{kg}=4.6\times10^{-12}\,\mathrm{kg}$$

这是系统能量发生变化而引起的质量变化．不过这种质量的变化大小，实验上无法测出来．但是，我们知道，在原子核反应中，由于质量变化而引起的能量变化是非常巨大的．

【例 17-7】 在参考系 S 中，有两个静质量都是 m_0 的粒子 A 和 B，分别以速率 v 沿同一直线相向运动，相碰后合在一起成为一个静质量为 M_0 的粒子，设没有能量释放，求 M_0．

【解】 以 M 表示合成粒子的质量，其速度为 $\boldsymbol{v}_m$，设碰前粒子 A 运动方向的单位矢量为 $\boldsymbol{i}$，则由动量守恒定律有

$$m_Av\boldsymbol{i}-m_Bv\boldsymbol{i}=M\boldsymbol{v}_m$$

因两粒子静质量相同，运动速率也一样，则 $m_A=m_B$，由上式可知 $\boldsymbol{v}_m=0$，即合成粒子静止，$M=M_0$，由能量守恒定律有

$$m_Ac^2+m_Bc^2=M_0c^2$$

$$M_0=m_A+m_B=\frac{2m_0}{\sqrt{1-v^2/c^2}}$$

【例 17-8】 计算氢弹爆炸中核聚变反应之一所放出的能量,其聚变反应为 ${}_1^2\mathrm{H}+{}_1^3\mathrm{H}\rightarrow{}_2^4\mathrm{He}+{}_0^1n$. 其中各粒子的静质量如下:

氘核(${}_1^2\mathrm{H}$) $m_\mathrm{D}=3.3437\times10^{-27}\,\mathrm{kg}$

氚核(${}_1^3\mathrm{H}$) $m_\mathrm{T}=5.0049\times10^{-27}\,\mathrm{kg}$

氦核(${}_2^4\mathrm{He}$) $m_\mathrm{He}=6.6425\times10^{-27}\,\mathrm{kg}$

中子(${}_0^1\mathrm{n}$) $m_\mathrm{n}=1.6750\times10^{-27}\,\mathrm{kg}$

【解】 反应前后静止质量之差为

$$\Delta m_0=(m_\mathrm{D}+m_\mathrm{T})-(m_\mathrm{He}+m_\mathrm{n})=0.0311\times10^{-27}\,\mathrm{kg}$$

释放的能量为

$$\Delta E=(\Delta m_0)c^2=2.799\times10^{-12}\,\mathrm{J}$$

1 kg 这种核燃料所释放的能量为

$$E=\frac{\Delta E}{m_\mathrm{D}+m_\mathrm{T}}=3.353\times10^{14}\,\mathrm{J\cdot kg^{-1}}$$

若 1 kg 铀 235 全部裂变释放出的能量大约为 8×10^{13} J. 则 1 kg 这种核燃料聚变后所释放的能量是 1 kg 铀 235 裂变所释放能量的四倍多.

习 题

17-1 设有两个惯性系 S 和 S',S' 相对于 S 沿 x 轴方向以 $u=3c/5$ 运动,它们的坐标原点在 $t=t'=0$ 时重合. 有一个事件,在 S' 参考系中发生在 $t'=5.0\times10^{-8}\,\mathrm{s}$,$x'=60\,\mathrm{m}$,$y'=0$,$z'=0$ 处,求该事件在 S 参考系中的时空坐标.

17-2 设 S' 系相对于 S 系以速率 $u=0.8c$ 沿 x 轴正向运动,在 S' 系中测得两个事件的空间间隔为 $\Delta x'=300\,\mathrm{m}$,时间间隔为 $\Delta t'=1.0\times10^{-6}\,\mathrm{s}$,求 S 系中测得两个事件的空间间隔和时间间隔.

17-3 在宇宙飞船上的人从飞船后面向前面的靶子发射一颗高速子弹,此人测得飞船长 60 m,子弹的速率是 $0.8c$,求当飞船对地球以 $0.6c$ 的速率运动时,地球上的观察者测得子弹飞行的时间是多少?

17-4 一短跑选手,在地球上以 10 s 的时间跑完 100 m,在飞行速率为 $0.98c$ 的飞船中观察者看来,这选手跑了多长时间和多长距离? 设飞船运动与选手奔跑同方向.

17-5 在 S 系中观察到两个事件同时发生在 x 轴上,其间距是 1 m,在 S' 系中观察这两个事件之间的距离是 2 m,求在 S' 系中观察这两个事件的时间间隔.

17-6 一直尺以 $u=0.6c$ 的速率沿 x 轴相对于惯性参考系 S 运动,在 S 参考系上测出该尺的长度$l=3.2\,\text{m}$，求尺的静止长度.

17-7　设惯性系S'相对于惯性系S以匀速$u=c/3$沿x轴方向运动，在S'系的$x'O'y'$平面内静置一长为$5\,\text{m}$，并与x'轴成$30°$的直杆.试问：在S系中的观测者测得此杆的长度和杆与x轴的夹角为多大？

17-8　一个立方体，沿它的一条棱边方向以速率u相对于惯性参考系S运动，设立方体的静止体积为V_0，静止质量为m_0，求它在S参考系中的密度.

17-9　设一米尺相对于你以$u=0.6c$的速率平行于尺长方向运动，你测得米尺长为多少？米尺通过你需要多少时间？

17-10　在一个实验室中以$0.6c$的速率运动的粒子，飞行了$3\,\text{m}$后衰变，实验室观测者测得该粒子的寿命为多少？一个与粒子一起运动的观测者测得粒子的寿命为多少？

17-11　一个星体以$0.99c$的速率离开地球，地球接收到它辐射出来的闪光按5昼夜的周期变化，求固定在星体上的实验室所测得的闪光周期.

17-12　π^+介子是不稳定的，它在衰变之前存在的平均寿命(相对于它所在的参考系)约为$2.6\times10^{-8}\,\text{s}$.

(1) 如果π^+介子相对于实验室运动的速率为$0.8c$，那么在实验室中测得它的平均寿命是多少？

(2) 衰变之前在实验室中测得它运动的距离是多少？

17-13　如果一观察者测出电子质量为$2m_e$，求电子的速度是多少？(m_e为电子的静止质量)

17-14　把一个电子从静止加速到$0.1c$，需对它做多少功？如果将电子从$0.8c$加速到$0.9c$，又需对它做多少功？(电子静质量$m_e=9.11\times10^{-31}\,\text{kg}$)

17-15　已知实验室中一个质子的速率为$0.99c$，求它的相对论总能量和动量是多少？动能是多少？(质子静质量$m_0=1.67\times10^{-27}\,\text{kg}$)

17-16　氢原子的结合能(从氢原子移去电子所需的能量)为$13.6\,\text{eV}$.当电子和质子结合为氢原子时损失了多少质量？

第18章　经典物理到量子物理

前面我们介绍了光的干涉、衍射和偏振等现象，这些现象充分证明了光具有波动性，即光是一种电磁波. 然而在19世纪末和20世纪初，人们又发现一些新的物理现象，例如涉及物质内部微观过程的“黑体辐射”“光电效应”以及“氢原子光谱”等问题，经典物理学对此显得无能为力. 因此，人们有必要在微观理论方面进行新的探索.

1900年，普朗克为了解释“黑体辐射”问题，提出了能量子假设，并导出了与实验结果相符合的黑体辐射公式. 在此之后，爱因斯坦对“光电效应”的解释，玻尔对“氢原子光谱”的解释，都进一步提出了“光子学说”，认识到电磁辐射以微粒的形式吸收和发射，从而揭示了光具有微粒和波动的双重特性.

§18-1　黑体辐射　普朗克的能量子假说

一、热辐射及其定量描述

任何物体（固体或液体），由于其分子中包含带电粒子，所以分子的热运动将导致该物体不断地向外发射电磁波. 因为这种辐射与物体的温度有关，所以也称**热辐射**. 由于电磁波具有能量，所以，从辐射物体表面就伴有能量向周围空间发射，这种以电磁波的形式传播的能量称为**辐射能**.

热辐射的能量以光速在空间传播，当射到其他物体上时，一部分能量将被吸收，一部分能量被反射，被吸收的能量将转变成热能. 例如，手靠近炽热火炉，就有热的感觉；又如，太阳虽然距地球约一亿五千万千米，且其间绝大部分空间又是真空，但是太阳的辐射能却传到了地球. 显然，辐射能既不是靠媒质的传导，也不是靠空气的对流.

热辐射是普遍现象，不论高温物体还是低温物体都有热辐射，物体向周围发射的电磁波按波长的分布，主要取决于物体的温度. 例如，金属物体当被加热到一定的温度时（$T\approx 800$ K），就开始发射可见光，随着温度的不断升高，光的颜色由暗红变红，又由红而黄，最后达到极高温度时耀眼的白色. 这说明温度的升高不仅增加了物体总的辐射能，而且改变了所发射出来的电磁波波长的分布. 在较低温度时，虽不能看到物体辐射的可见光，但通过专门的仪器检查，可以发现物体是在发出不可见的红外线. 图18-1所示为金属钨在不同温度热辐射能随波长的变化. 红外线有广泛的应用. 例如,夜间无可见光时,我们是看不到物体的,但是由于热辐射,各种物体都会发出红外线,利用红外摄影技术就可以取得景物的照片或录像,故也称红外热像技术. 红外辐射被发现后,随着对红外辐射规律、红外元器件研究的逐步发展,已经成为非常重要的科学研究和技术领域.

实验指出,一个物体在一定温度下和一定时间内,从物体表面的一定面积上所发射的、在任何一段波长范围内的辐射能都有一定的量值. 为了定量描述热辐射的基本规律,引入以下两个物理量.

(1) 辐射出射度. 在单位时间内,从物体表面单位面积上所辐射的各种波长电磁波能量的总和,称为该物体的**辐射出射度**. 简称**辐出度**. 它是辐射物体的温度 T 的函数,一般用 $M(T)$ 表示. $M(T)$ 的单位为 $W \cdot m^{-2}$.

(2) 单色辐出度. 在单位时间内,从物体表面单位面积上所辐射出来的波长在 $\lambda \sim \lambda + d\lambda$ 范围内的电磁波辐射能为 $dM(T)$,则定义

$$M_{\lambda}(T) = \frac{dM(T)}{d\lambda} \tag{18-1}$$

为该物体的**单色辐出度**,其单位为 $W \cdot m^{-3}$. $M_{\lambda}(T)$ 是辐射物体的温度 T 和波长 λ 的函数. 如图 18-2 所示,单色辐出度反映了在不同温度下辐射能按波长的分布. 在一定温度 T 时,物体的辐出度 $M(T)$ 和单色辐出度 $M_{\lambda}(T)$ 的关系为

$$M(T) = \int_{0}^{\infty} M_{\lambda}(T) d\lambda \tag{18-2}$$

上式表明,物体的辐出度是单色辐出度对所有波长的积分. 如图 18-2 所示,物体的辐出度为其单色辐出度曲线下面积.

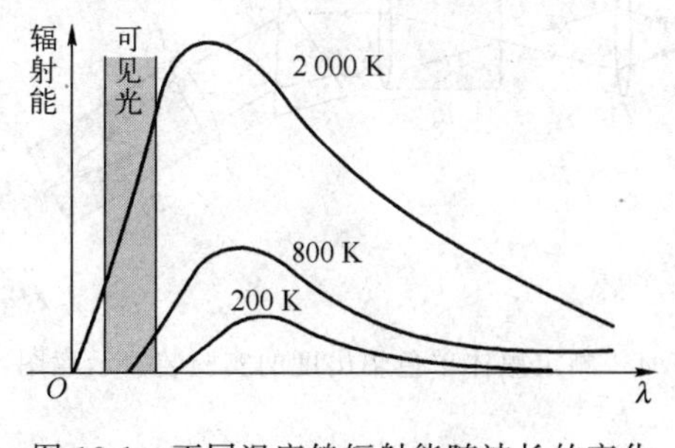

图 18-1　不同温度钨辐射能随波长的变化

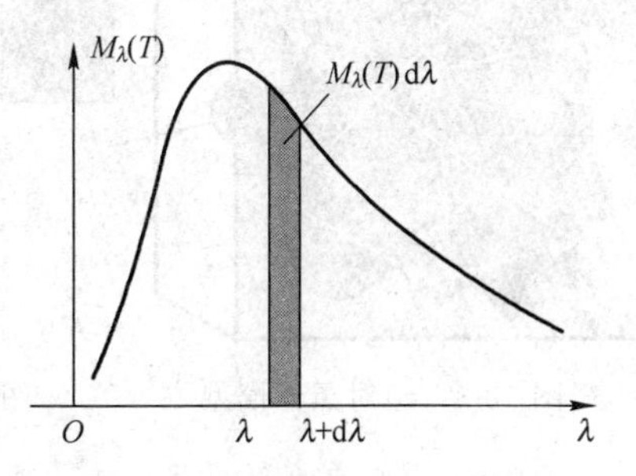

图 18-2　描述辐射的物理量

二、黑体辐射

任何物体在任何温度下,除了自身产生电磁辐射之外,还能吸收和反射外部的电磁波. 也就是说,为了研究物体的热辐射,首先要找到一种只吸收电磁波而没有反射的物体. 例如,在生活中体验到,深色的衣服吸收效果就好,最黑的煤炭可以吸收 95%以上的电磁波. 设想有一种物体能够吸收一切外来的电磁辐射,这种物体

称为**黑体**,或称**绝对黑体**. 这种能够全部吸收外来辐射而无反射的物体是很难实现的. 所以,黑体也像质点、刚体、理想气体一样,是一种理想化的模型. 自然界中的物体都不是绝对黑体,但可以设计绝对黑体模型来进行研究.

在实验室中,可以用不透明的材料制成开小孔的空腔,作为在任何温度下都能100%地吸收外来辐射的黑体模型. 如图 18-3 所示,对于空腔小孔来说,任何辐射进入小孔后,在空腔内进行多次反射吸收后,几乎不能从小孔反射,所以开小孔的空腔可以视为黑体模型. 另一方面,如果将小孔空腔加热,使之保持在一定温度 T,那么从小孔发出的辐射也可以认为是面积等于小孔面积的绝对黑体在温度 T 的辐射,故称**黑体辐射**.

利用黑体模型,可以用实验的方法测定黑体的单色辐出度和辐出度. 实验装置如图 18-4 所示,从黑体空腔小孔发出的辐射,经过透镜 L_1 和平行光管 B_1 成为平行光束而入射在棱镜 P 上,不同波长的射线将在棱镜内发生不同的偏向角,因而通过棱镜后取不同的方向. 如果平行光管 B_2 对准某一方向,在这个方向上具有一定波长的射线将聚焦在热电偶 G 上,因而可以测出这一波长的射线的功率(即单位时间内入射于热电偶的能量). 调节平行光管 B_2 的方向,则可测出不同波长的功率,即可以得到绝对黑体的单色辐出度 $M_\lambda(T)$随波长 λ 变化的规律. 改变黑体空腔的温度,就可以得到不同温度下绝对黑体的单色辐出度 $M_\lambda(T)$随波长 λ 变化的规律.

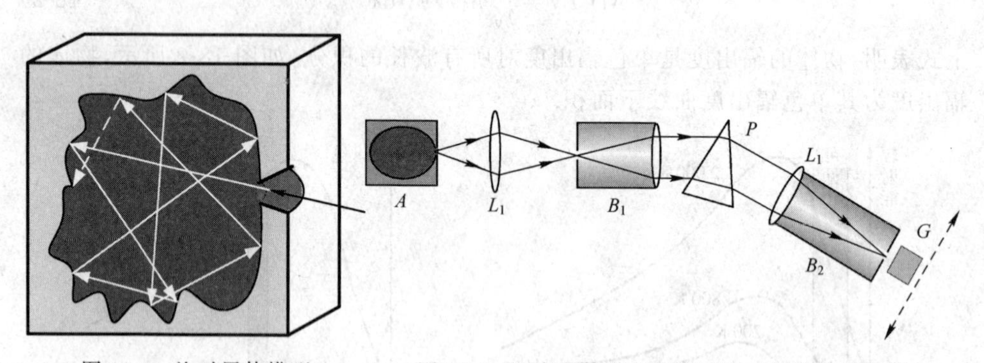

图 18-3　绝对黑体模型　　　图 18-4　测定黑体单色辐出度的实验装置示意图

三、黑体辐射的实验规律

对于不同的温度 T,绝对黑体的单色辐出度 $M_\lambda(T)$按波长 λ 分布的实验曲线如图 18-5 所示. 图中每条曲线下的面积等于绝对黑体在一定温度下的辐出度 $M(T)$,即

$$M(T)=\int_0^\infty M_\lambda(T)\mathrm{d}\lambda$$

如图 18-5 所示,随着温度的升高,曲线下的面积迅速增大;而曲线最大值所对

应的峰值波长 λ_m 移向波长减小的方向. 由实验结果,人们总结出黑体辐射的两条普遍规律:

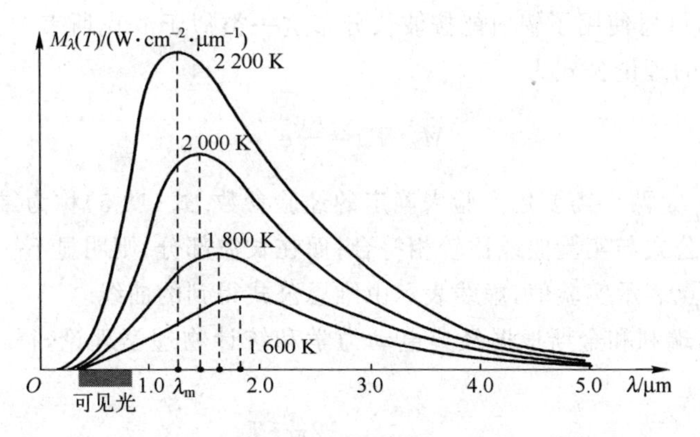

图 18-5　黑体单色辐出度随波长变化的曲线

(1) **斯特藩-玻尔兹曼定律**. 黑体的辐出度 $M(T)$ 与黑体温度 T 的四次方成正比,即

$$M(T)=\sigma T^4 \tag{18-3}$$

式中,$\sigma=5.672\times10^{-8}\ W\cdot m^{-2}\cdot K^{-4}$,称为斯特藩常数. 上式称为斯特藩-玻尔兹曼定律.

(2) **维恩位移定律**. 黑体的单色辐出度 $M_\lambda(T)$ 曲线最大值所对应的峰值波长 λ_m 与黑体的温度 T 成反比,即

$$\lambda_m T=b \tag{18-4}$$

式中,常数 $b=2.898\times10^{-3}\ m\cdot K$. 上式称为维恩位移定律. 该定律指出,在 λ_m 附近的辐射最强,随着温度的升高,辐射的峰值由长波逐渐向短波区移动. 这就是为什么当一个物体的温度升高时,它的颜色由红变黄、由黄变蓝,最后白炽化的缘由.

斯特藩－玻尔兹曼定律和维恩位移定律是黑体辐射的基本规律. 它们在现代科学技术中具有广泛的应用,是光测高温学、红外遥感、红外探测、红外隐身等红外技术的物理基础. 例如,在金属冶炼技术中,常在冶炼炉上开一个小孔,应用维恩位移定律来测定炉内温度可以达到足够准确的程度. 又如,以热辐射理论为基础的红外设备已应用于导弹预警、气象卫星、侦察卫星等现代技术设备.

四、经典物理学的困难

图 18-5 所示的曲线反映了黑体单色辐出度 $M_\lambda(T)$ 与 λ、T 的关系. 这些曲线都是实验的结果,如何从理论上给出符合这些实验曲线的函数关系式 $M_\lambda(T)=f(\lambda,T)$,成为 19 世纪物理学界的重要工作之一. 许多物理学家都企图在经典物理

的基础上导出这一关系式，但是都失败了，其中最典型的是维恩公式和瑞利－金斯公式.

1896 年，维恩使用了辐射能按波长分布这一类似于麦克斯韦的分子速率分布的思想，导出的理论公式为

$$M_\lambda(T)=\frac{c_1}{\lambda^5}e^{-\frac{c_2}{\lambda T}} \tag{18-5}$$

式中，c_1 和 c_2 是两个需要用实验来确定的经验参数. 式(18-5)称为**维恩公式**. 在短波方面，这个公式与实验曲线比较相符合；而在长波部分，则明显不一致. 如图 18-6 所示，图中圆点表示实验值，虚线表示由维恩公式得到的曲线.

1900 年，瑞利和金斯根据经典电动力学和统计物理学理论，得出一个黑体辐射公式

$$M_\lambda(T)=\frac{2\pi ckT}{\lambda^4} \tag{18-6}$$

式中，$k=1.38\times10^{-23}\ \mathrm{J\cdot K^{-1}}$ 为玻尔兹曼常数，$c=3.0\times10^8\ \mathrm{m\cdot s^{-1}}$ 为光速. 式(18-6)称为**瑞利-金斯公式**. 如图 18-6 所示，瑞利-金斯公式在长波段与实验符合得较好，而在短波的紫外区与实验不符. 按照式(18-6)，在短波极限 $\lambda\to0$ 时，$M_\lambda(T)\to\infty$，完全与实验不符合，这就是物理学历史上所谓的“紫外灾难”.

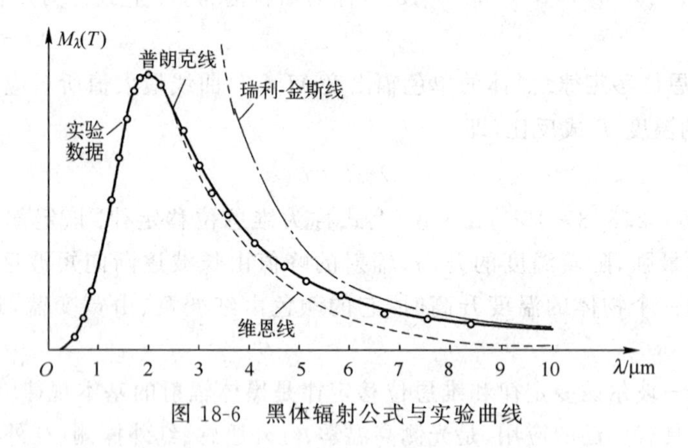

图 18-6　黑体辐射公式与实验曲线

瑞利－金斯公式和维恩公式都是用经典物理学的方法来研究热辐射，所得的结果虽然都与实验不完全符合，但是它们在近代物理学的发展上占有重要地位，因为它们明显地暴露了经典物理学的缺陷.

五、普朗克的量子化假说

1900 年，普朗克给出一个计算黑体单色辐出度的理论公式，称为普朗克公式

$$M_\lambda(T)=\frac{2\pi hc^2}{\lambda^5}\frac{1}{e^{\frac{hc}{k\lambda T}}-1} \tag{18-7}$$

式中，c 为光速，k 为玻尔兹曼常数，h 称为普朗克常量，即

$$h=6.63\times10^{-34}\ \mathrm{J\cdot s}$$

首先普朗克公式与实验曲线达到了完美的一致，可以说实验越准确，符合程度越好，如图 18-6 所示；其次，由于公式十分简单，公式中除了普朗克常数之外，c 和 k 也均为物理学基本常数，说明这里必定蕴藏着一个重要的科学原理. 在导出公式时，普朗克提出了与经典物理学格格不入的假设，称为普朗克的量子化假设.

普朗克的量子化假设主要有以下三条：

(1) 构成黑体的原子或分子可以视为带电的线性谐振子；

(2) 这些谐振子吸收或发射的能量是量子化的，只能是最小能量 ε 的整数倍，即 $\varepsilon, 2\varepsilon, 3\varepsilon, \cdots, n\varepsilon$；

(3) 最小能量 ε 与谐振子的频率 ν 的关系为

$$\varepsilon=h\nu \tag{18-8}$$

根据这个量子化假设，并应用经典统计理论，算出谐振子的平均能量，普朗克推导出了公式(18-7). 在能量概念上，普朗克的量子化假设与经典物理学有着本质的区别. 在经典热力学理论和电磁理论中，能量总是连续的，物体吸收或辐射能量也一定是连续的. 但是按照普朗克的量子化假设，能量却是不连续的，存在着能量的最小单元(能量子 $h\nu$)，物体辐射或吸收能量是这个最小单元的整数倍，而且是一份一份地按不连续的方式进行.

普朗克的量子化假设从理论上圆满地解释了热辐射现象，尽管当时不被物理学界普遍接受，但由于爱因斯坦、康普顿、玻尔等的发展、完善和推广，逐渐形成了在近代物理学中极为重要的量子理论.

【例 18-1】 温度为 20℃的黑体，其单色辐出度峰值所对应的波长是多少？

【解】 已知 $T=(273+20)\ \mathrm{K}=293\ \mathrm{K}$，由维恩位移定律，可得

$$\lambda_{\mathrm{m}}=\frac{b}{T}=\frac{2.898\times10^{-3}}{293}\ \mathrm{nm}=9\,890\ \mathrm{nm}$$

峰值波长 λ_{m} 为 9 890 nm，在红外区.

【例 18-2】 在太阳光谱实验中，测得单色辐出度的峰值所对应的波长 $\lambda_{\mathrm{m}}\approx 483\ \mathrm{nm}$，试估算太阳表面的温度.

【解】 对于太阳表面的发光情况，其背景可以认为是黑体，因此，发光的太阳也可以视为黑体中的小孔，由维恩位移定律

$$T=\frac{b}{\lambda_{\mathrm{m}}}=\frac{2.898\times10^{-3}}{483\times10^{-9}}\ \mathrm{K}=6\,000\ \mathrm{K}$$

【例 18-3】 试从普朗克公式推导出斯特藩-玻尔兹曼定律和维恩位移定律.

【解】 由普朗克公式

$$M_\lambda(T)=\frac{2\pi hc^2}{\lambda^5}\frac{1}{e^{\frac{hc}{k\lambda T}}-1}$$

令 $c_1=2\pi hc^2, x=\dfrac{hc}{k\lambda T}$,有

$$dx=-\frac{hc}{k\lambda^2 T}d\lambda=-\frac{k}{hc}Td\lambda$$

则普朗克公式可改写为

$$M_x(T)=\frac{c_1k^5T^5}{h^5c^5}\frac{x^5}{e^x-1} \qquad ①$$

所以黑体在一定温度下的辐出度为

$$M(T)=\int_0^\infty M_x(T)d\lambda=\frac{c_1k^4T^4}{h^4c^4}\int_0^\infty\frac{x^5}{e^x-1}dx$$

由于 $\displaystyle\int_0^\infty\frac{x^5}{e^x-1}dx=6.494$,所以

$$M(T)=6.494\frac{c_1k^4T^4}{h^4c^4}=\sigma T^4 \qquad ②$$

上式即为斯特藩—玻尔兹曼定律,其中,$\sigma=6.494\dfrac{2\pi k^4}{h^3c^2}=5.67\times10^{-8}\ W\cdot m^{-2}\cdot K^{-4}$.

求式①的极大值位置,可得维恩位移定律,由

$$\frac{dM_x(T)}{dx}=\frac{c_1k^5T^5}{h^5c^5}\frac{(e^x-1)5x^4-x^5e^x}{(e^x-1)^2}=0$$

得

$$5e^x-xe^x-5=0$$

解上式得

$$x_m=4.965$$

由于

$$x_m=\frac{hc}{k\lambda_m T}=4.965$$

所以

$$\lambda_m T=\frac{hc}{4.965k}=b \qquad ③$$

上式即为维恩位移定律,式中 $b=\dfrac{hc}{4.965k}=2.898\times10^{-3}\ m\cdot K$. 与维恩的实验值完全一致.

§18-2 光电效应

当光照射在某种金属导体上时,有可能使金属中的电子逸出金属表面,这种现象称为光电效应. 在光电效应中,光显示出它的粒子性,从而使人们对光的本性获得了进一步的认识.

一、光电效应的实验规律

光电效应现象实验装置简图如图 18-7 所示,当以某种频率的单色光投射到阴

极 K 上时,如果 K 接电源的负极,A 接电源正极,则可以观测到电路中有电流 I.说明有电子从金属阴极 K 的表面溢出,并在加速电压 $U=U_A-U_K(U_A>U_K)$的作用下,从 K 运动到 A,此刻的电子称为光电子,在电路中形成光电流.改变两极间电压 U,电流强度 I 也随之而变,两者之间的关系如图 18-8 中的伏安特性曲线所示.

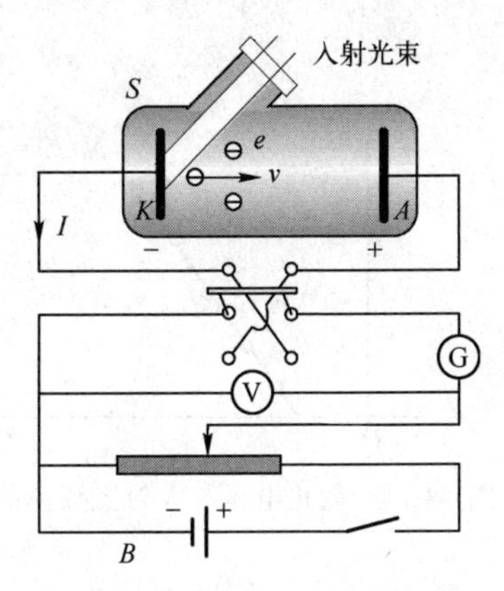

图 18-7　光电效应实验装置简图

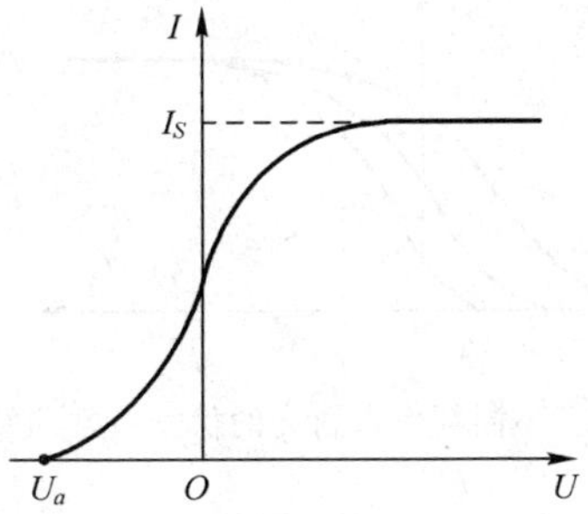

图 18-8　光电效应的伏安特性曲线

当两极间加上反向电动势($U_A<U_K$),即电压 U 为负值时,电子在逆向电场力作用下做减速运动,在电压达到一定值 U_a 时,光电子已不能到达阳极,于是光电流为零,这一电压 U_a 称为截止电压.这时电子从阴极逸出时具有的初动能全部消耗于克服电场力做功,故

$$eU_a=\frac{1}{2}mv^2 \tag{18-9}$$

式中,v 为电子从阴极的表面溢出后的最大速度.

在光电效应实验中,通过改变入射光的强度和频率,测量加速电压 U、光电流 I 以及截止电压 U_a 之间的关系,实验结果可以归纳为以下规律:

(1) 光电流与入射光强度的关系.

实验发现,当入射光的频率一定时,饱和光电流 I_S 与入射光强度成正比,如图 18-9 所示.由于饱和光电流的大小 I_S 取决于单位时间内自阴极 K 逸出的光电子数目 N,实验中用不同强度的光照射阴极 K 而得到的伏安特性曲线,可给出第一条实验规律:**单位时间内自阴极的金属表面逸出的光电子数与入射光的强度成正比**,即

$$I_S=Ne\propto 光强 \tag{18-10}$$

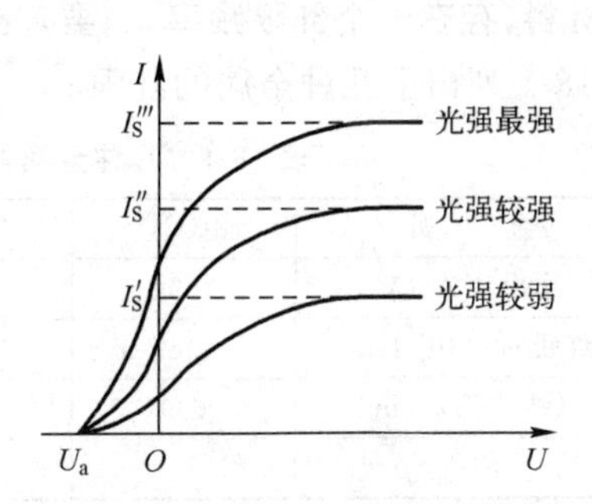

图 18-9　不同光强的伏安特性曲线

(2) 光电子的最大初动能与入射光频率的关系.

实验指出,用频率不同的光照射阴极 K 时,相应的截止电压 U_a 也不同,如图 18-10 所示.

截止电压 U_a 大小与光的频率 ν 存在着如图 18-11 所示的线性关系,即

$$U_a = \alpha\nu - \varphi \tag{18-11}$$

将此关系式代入式(18-9),得

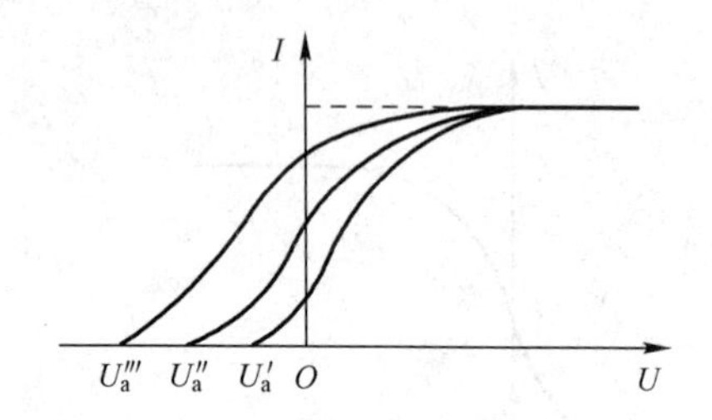

图 18-10 不同频率入射光的伏安特性曲线

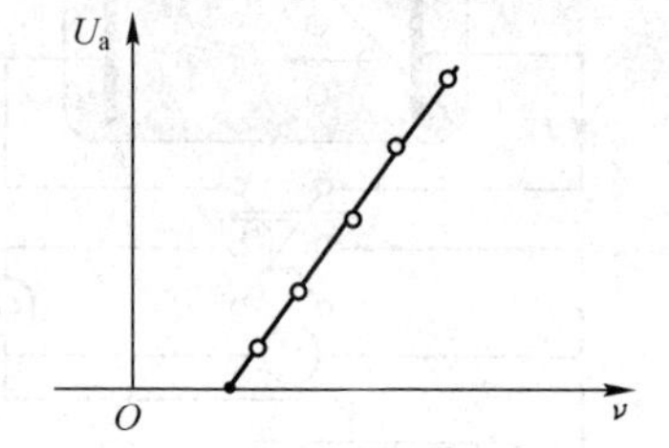

图 18-11 截止电压与入射光频率的关系

$$\frac{1}{2}mv^2 = e\alpha\nu - e\varphi \tag{18-12}$$

式中,e 是电子的电量(绝对值),α 是一个与阴极材料性质无关的常量,另一恒量 φ 则决定于材料的性质,于是得到第二条实验规律:**光电子的初动能和入射光的频率成线性关系,而且和入射光的强度无关.**

(3) 能产生光电效应的入射光的频率受到限制.

实验指出,当光的频率小于某一频率 ν_0 时,不论光的强度有多大,照射时间有多长,都不会产生光电效应,ν_0 称为截止频率(或红限).不同的金属有不同的截止频率.它可由式(18-12)来确定,因为要产生光电子,必须保证 $\frac{1}{2}mv^2 \geqslant 0$,即保证 $\nu \geqslant \nu_0$,$\nu_0 = \frac{\varphi}{\alpha}$ 是由材料性质决定的常数.由此可得第三条实验规律:**对于给定的阴极材料,存在一个红限频率 ν_0,要产生光电效应,入射光的频率必须大于红限 ν_0.** 如表 18-1 列出了几种金属的红限 ν_0.

表 18-1 几种金属的逸出功 A 和截止频率(红限)ν_0

金 属	铯(Cs)	铷(Rb)	钠(Na)	钙(Ca)	金(Au)
逸出功 A/eV	1.94	2.13	2.29	3.20	4.80
红线 ν_0/(10^{14} Hz)	4.69	5.15	5.53	7.73	11.60
红线波长 λ_0/nm	639	582	541	387	258
波段	红	黄	绿	紫外	紫外

表 18-1 中逸出功的单位用电子伏特表示.一个电子通过加速电压 1V 的区间,电场力作功为

$$A=qU=1.60\times10^{-19}\,\mathrm{C}\times1\,\mathrm{V}=1.60\times10^{-19}\,\mathrm{J}$$

即电子获得 1.60×10^{-19} J 的能量. 在近代物理学中,常把这个量作为一种能量的单位,称为电子伏特,符号为 eV

$$1\,\mathrm{eV}=1.60\times10^{-19}\,\mathrm{J}$$

(4) 光电效应的瞬时性.

根据实验测定,当入射光的频率大于红限频率时,无论光的强度多弱,都有光电子从金属表面逸出. 从接受光的照射到电子逸出金属表面,所需时间不超过 10^{-9} s. 这就是光电效应的"瞬时性". 故第四条实验规律为:**若入射光的频率大于红限频率,则入射光一开始照射,立刻就会产生光电效应.**

二、经典物理学的困难

上述光电效应的实验规律无法用经典的波动理论来解释. 首先,按照经典理论,光照射在金属上时,光的强度越大,则光电子获得的能量也就越多,它从金属表面逸出时的初动能也越大,所以光电子的初动能应与光强度有关. 但这与上述第二条实验规律不符.

其次,按照经典的波动理论,无论何种频率的光照射在金属上,只要入射光的强度足够大,或者照射时间足够长,使电子获得足够能量,它总可从金属中逸出,不存在实验所发现的红限问题,这与上述第三条实验规律不符.

再有,按照光的波动学说,金属中的电子从入射光波中连续不断地吸收能量时,必须积累到一定量值(至少须等于逸出功),才能逸出金属表面,这就需要一段积累能量的时间. 但是,这与上述第四条实验规律不符.

三、光子　爱因斯坦方程

为了解决经典电磁波理论在解释光电效应现象时所遇到的困难,1905 年爱因斯坦对光的本性提出了新的理论,他认为:光是一粒一粒的、以光速运动着的粒子流,这些粒子称为光子. 每一光子的能量为

$$\varepsilon=h\nu \tag{18-13}$$

式中,h 为普朗克常量,ν 为光的频率.

采用光子概念后,光电效应的实验规律立刻得到了合理的解释.

(1) 当频率一定时,光强越大,单位时间内打在金属表面的光子数越多,则单位时间内溢出金属表面的电子数越多,光电流越强,说明了第一条实验规律:饱和光电流正比于入射光强,即 $I_S=Ne\propto$光强.

(2) 当光照射到金属表面时,一个光子的能量可以立即被一个电子所吸收,不需要积累能量的时间,说明了第四条实验规律:光电效应的瞬时性.

(3) 当频率为 ν 的光照射在金属上时,电子吸收一个光子,便获得了能量 $h\nu$.

其中一部分能量消耗于电子从金属表面逸出时克服表面原子的引力所做的功,即所谓的逸出功 A,另一部分能量转换为光电子的动能 $mv^2/2$. 如图 18-12 所示,按照能量守恒定律

$$h\nu=\frac{1}{2}mv^2+A$$

或

$$\frac{1}{2}mv^2=h\nu-A \tag{18-14}$$

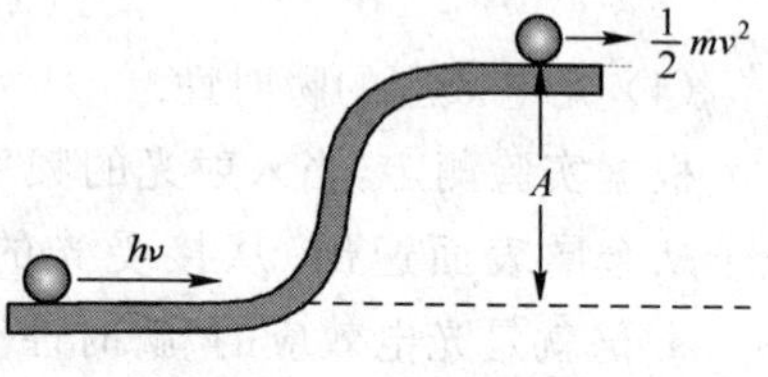

这个方程称为爱因斯坦光电效应方程. 说明了第二条实验规律:光电子的初动能与入射光的频率成正比,而且与入射光强无关.

图 18-12　光电子的能量关系示意图

(4) 方程(18-14)说明了截止频率的存在. 因为要产生光电子,必须保证 $mv^2/2\geqslant 0$,即保证 $\nu\geqslant\nu_0$,由式(18-14)得

$$\nu_0=\frac{A}{h} \tag{18-15}$$

说明频率等于截止频率 ν_0 的光子的能量,恰好等于该电子的逸出功. 当 $\nu<\nu_0=A/h$ 时,光子的能量小于该电子的逸出功,说明了第三条实验规律对于给定的阴极材料,存在一个截止频率 ν_0,要产生光电效应,入射光的频率必须大于截止频率 ν_0. 至此,光电效应的实验规律得到了圆满的解释.

不仅如此,将爱因斯坦方程(18-14)与实验方程(18-12)相比较

$$\frac{1}{2}mv^2=h\nu-A$$

$$\frac{1}{2}mv^2=e\alpha\nu-e\varphi$$

可得金属的逸出功

$$A=e\varphi \tag{18-16}$$

截止频率

$$h=e\alpha \tag{18-17}$$

爱因斯坦方程还说明:(1)普朗克常数 h 与光电效应中的常数 α 之间有一确定关系,$h=e\alpha$. e 的量值已知,α 的量值可以通过光电效应实验测定. 因而可以利用这一关系测定普朗克常量 h. (2)由式(18-16),式中的 φ 为电子溢出金属表面的电势,称为**溢出电势**. 这样,实验公式(18-11)中的恒量 φ 具有明确的物理意义,为体现材料性质的溢出电势.

爱因斯坦的光子假说不但能够圆满地解释光电效应,光子假说也能说明光的波动说所不能解释的其他许多现象,从而确立了光的粒子性.

四、光的波粒二象性

光的干涉、衍射现象证实了光具有波动性,光的偏振进一步证明光波是横波;光电效应和康普顿效应(下一节)使人们认识到,原来被认为是波的光具有粒子性;光的粒子性可用光子的质量、能量和动量来描述. 如上所述,光子的能量为

$$\varepsilon = h\nu$$

由于光子以速度 $v=c$ 运动，因此其静止质量为零，根据相对论能量与动量关系式(17-18)

$$E^2 = p^2c^2 + m_0^2c^4$$

光子的动量和能量的关系可写成

$$p = E/c$$

因此光子的动量为

$$p = \frac{E}{c} = \frac{h\nu}{c} = \frac{h}{\lambda} \tag{18-18}$$

因此对频率为 ν 的光子，其能量和动量分别为

$$\begin{cases} \varepsilon = h\nu \\ p = h/\lambda \end{cases}$$

总起来说，光在传播过程中，以它的干涉、衍射和偏振等现象，凸现出光的波动性；而在光电效应等现象中，当光和物质相互作用时，表现为具有质量、动量和能量的光的微粒性；因此，光具有波动和粒子两重性质. 这就是所谓光的波粒二象性.

光的二象性可从光子的能量 $\varepsilon=h\nu$ 和动量 $p=h/\lambda$ 这两个公式中体现出来. 能量 ε 和动量 p 显示出光具有粒子性；而频率 ν 和波长 λ 则显示出光具有波动性. 光的这两种性质借助于普朗克常量 h 定量地联系在一起，使我们对光的本性获得全面的认识.

五、光电效应的应用

利用光电效应可以制作成真空光电管、充气光电管和光电倍增管. 这些器件广泛用于自动控制和光电检测等方面. 图 18-13 所示为真空光电管示意图.

图 18-14 所示为光电继电器的原理示意图，是当光照射光电管时，产生了光电流，经放大器放大后，使电磁铁 A 磁化，吸引衔铁 B. 当光电管上没有光照时，光电流终止，电磁铁中无电流，衔铁释放. 把衔铁与控制电路连接起来就能起到自动控制作用，可以用于报警、自动计数等. 不过，真空光电管、充气光电管已经逐渐退出使用，被小巧灵敏的光敏二极管、光敏三极管所取代，这些半导体光电器件是基于内光电效应，如图 18-15 所示. 某些半导体材料吸收了能量足够大的光子后，并没有电子溢出，但是电导率增大，变得易于导电或产生电动势，这类现象称为内光电效应. 关于内光电效应就不在这里作介绍.

光电倍增管是在光电管的阴极和阳极之间安装了一系列次阴极(K_1，K_2，K_3，…)，图 18-16 所示为光电倍增管及其示意图，这些次阴极分别称为第一阴极、第二阴极、第三阴极……，次阴极的数目可达十多个. 各电极之间维持上百伏的电势差，阴极电势最低，各个阴极电势依次升高. 当光照射阴极时，发射的光电子在加速电场

的作用下,以一定的速度轰击第一阴极.一个入射电子将从第一阴极轰出多个电子,这些电子称为次级电子,这种现象称为二次电子发射效应.次级电子又经电场加速去轰击第二阴极,产生更多的次级电子.如此不断地倍增,阳极最后得到的电子数将是阴极发射电子数的 $10^4 \sim 10^8$ 倍,纵使在入射光很弱的情况下,也能产生足够大的光电流.

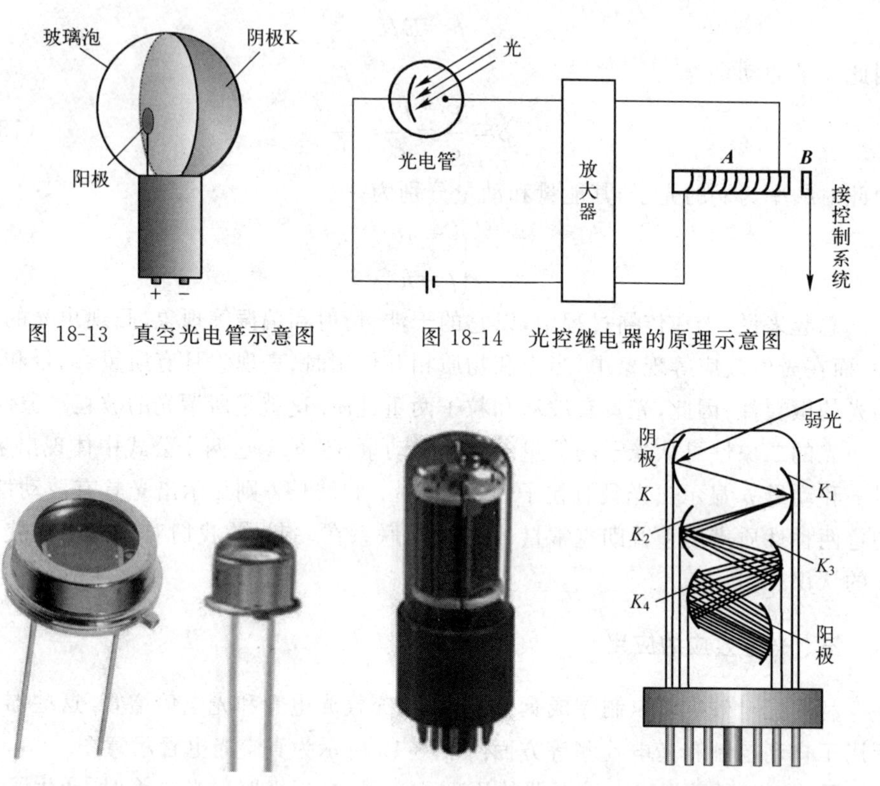

图 18-13　真空光电管示意图

图 18-14　光控继电器的原理示意图

图 18-15　光电二极管

图 18-16　光电倍增管及其示意图

光电倍增管作为光将微弱光信号转换成电信号的电子器件,被应用在光学测量仪器和光谱分析仪器中.它能在低能级光度学和光谱学方面测量波长 200～1 200 nm 的极微弱的辐射.激光检测仪器的发展与采用光电倍增管作为有效接收器密切有关.电视、电影的发射和图像传送也离不开光电倍增管.光电倍增管广泛地应用在冶金、电子、机械、化工、地质、医疗、核工业、天文和宇宙空间研究等领域.

【例 18-4】 能使铯产生光电效应的最大波长为 $\lambda_0 = 639$ nm.试求:(1)铯的截止频率;(2)铯的逸出功;(3)当波长 $\lambda = 400$ nm 的紫光照射在铯上时,铯所放出的光电子的速度?(电子的质量为 $m_e = 9.11 \times 10^{-31}$ kg,光速 $c = 3 \times 10^8$ m · s^{-1},普朗克常量 $h = 6.63 \times 10^{-34}$ J · s).

【解】(1) 铯的截止频率

$$\nu_0=\frac{c}{\lambda_0}=\frac{3\times10^8}{639\times10^{-9}}\ \text{Hz}=4.69\times10^{14}\ \text{Hz}$$

(2) 铯的逸出功

$$A=h\nu_0=6.63\times10^{-34}\times4.69\times10^{14}\ \text{J}=3.11\times10^{-19}\ \text{J}$$

$$A=1.94\ \text{eV}$$

(3) 根据爱因斯坦方程

$$\frac{1}{2}mv^2=h\nu-A$$

光电子的频率为　$$\nu=\frac{c}{\lambda}=\frac{3\times10^8}{400\times10^{-9}}\ \text{Hz}=7.5\times10^{14}\ \text{Hz}$$

光电子的速度

$$v=\sqrt{\frac{2}{m}(h\nu-A)}=\left(\frac{2(6.63\times10^{-34}\times7.5\times10^{14}-3.11\times10^{-19})}{9.11\times10^{-31}}\right)^{\frac{1}{2}}\ \text{m}\cdot\text{s}^{-1}$$
$$=6.39\times10^5\ \text{m}\cdot\text{s}^{-1}$$

即铯放出光电子的速度 $v=6.39\times10^5\ \text{m}\cdot\text{s}^{-1}$

【例 18-5】 当用波长为 $\lambda_1=3.5\times10^{-7}$ m 和 $\lambda_2=5.4\times10^{-7}$ m 的光轮流照射某一金属表面时,发现在这两种情况下光电子的最大速度的比值为 $\eta=2.0$. 求该金属的逸出功.

【解】根据爱因斯坦方程

$$h\nu_1=\frac{hc}{\lambda_1}=\frac{1}{2}mv_1^2+A \qquad h\nu_2=\frac{hc}{\lambda_2}=\frac{1}{2}mv_2^2+A$$

$$\frac{hc}{\lambda_1}-A=\frac{1}{2}mv_1^2 \qquad \frac{hc}{\lambda_2}-A=\frac{1}{2}mv_2^2$$

则有
$$\frac{\frac{hc}{\lambda_1}-A}{\frac{hc}{\lambda_2}-A}=\left(\frac{v_1}{v_2}\right)^2=\eta^2=4 \qquad A=\frac{hc}{3}\left(\frac{4}{\lambda_2}-\frac{1}{\lambda_1}\right)$$

所以 $$A=\frac{6.63\times10^{-34}\times3.0\times10^8}{3}\left(\frac{4}{5.4\times10^{-7}}-\frac{1}{3.5\times10^{-7}}\right)=3.02\times10^{-19}\ \text{J}=1.90\ \text{eV}$$

即该金属的逸出功 $A=1.90$ eV.

§18-3　康普顿效应

一、康普顿效应的实验及其规律

1922 年,康普顿用 X 射线通过物质的散射实验,进一步证实了光子的存在.

康普顿实验装置如图 18-17 所示，由 X 射线管发出波长为 λ_0 的射线，通过光阑后，投射到一块散射物质（如石墨）上，通过石墨后，向各个方向发出散射线. 各方向散射线的强度和波长由探测器来进行测定. 实验发现，如图 18-18 所示，当 X 射线被物质散射时，散射线的波长发生了改变，这种现象称为康普顿效应. 康普顿效应主要有如下实验规律：

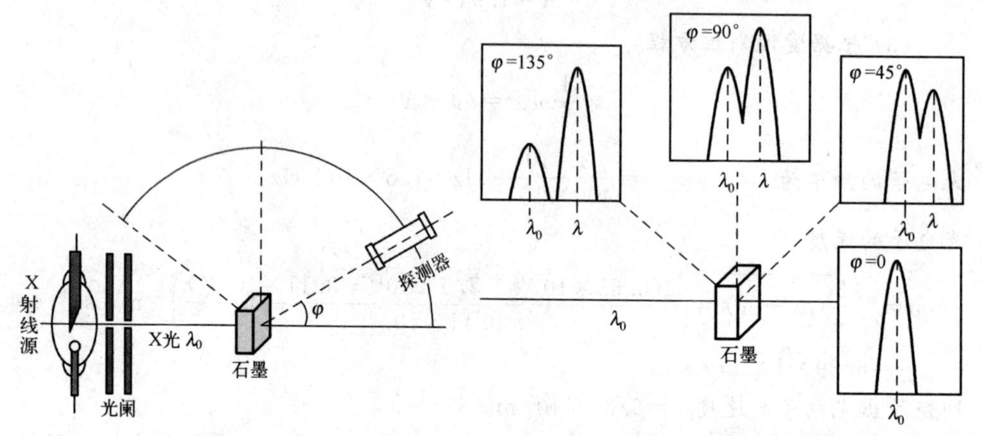

图 18-17　康普顿效应实验装置示意图

图 18-18　康普顿效应中不同散射角的实验曲线

(1) 散射线中除了有与入射线波长 λ_0 相同的射线外，还有比入射线波长 λ_0 更长的射线 λ；

(2) 散射线波长的变化 $\Delta\lambda=\lambda-\lambda_0$ 随散射角 φ 的增大而增大，即具有关系

$$\Delta\lambda=2\lambda_C\sin^2\frac{\varphi}{2} \tag{18-19}$$

式中，$\lambda_C=0.002\,41\,\text{nm}$，是一个实验得出的常量，数值上等于 $\varphi=\pi/2$ 时的波长改变量. λ_C 称为康普顿波长.

(3) 对于不同的散射物质（如碳、硫、铁），在同一散射角 φ 下，波长的改变量 $\Delta\lambda$ 都相同.

是什么原因引起散射光谱发生波长的变化呢？光的波动理论无法解释. 我们知道，X 射线是一种电磁波. 按照经典的电磁波理论，当波长为 λ_0 的电磁波射入物质时，引起物质中的带电粒子以与入射电磁波相同的频率做受迫振荡，并向各方向辐射出同一频率的电磁辐射，即散射电磁波的频率（或波长）应与入射电磁波的频率（或波长）相等，不应出现波长 $\lambda>\lambda_0$ 的谱线. 可见，经典电磁理论无法解释康普顿效应.

二、康普顿效应的光子解释

康普顿应用了爱因斯坦的光子理论，并根据能量和动量守恒定律，成功地解释了实验现象.

如果将入射的 X 射线束看成由光子流组成，由于 X 射线中一个光子的能量远大于散射物质中一个外层电子的束缚能，因此，入射的 X 射线光子与外层电子的相互作用，可以近似地看作光子与一个自由电子的弹性碰撞，如图 18-19 所示，且自由电子的速度甚小，可以忽略. 设碰撞前电子是静止的(即 $v_0=0$)，频率为 ν_0 的光子沿 Ox 轴方向入射，碰撞后频率为 ν 的光子沿 φ 角的方向散射出去，电子则获得了速度 v，沿 θ 角的方向运动. 由于光子的速率为 $c=3\times10^8\ \mathrm{m\cdot s^{-1}}$，故电子获得的速率也不小，可与光速相比. 由狭义相对论的质量与能量的关系，电子在碰撞前、后的相应能量为 m_0c^2 和 mc^2，其中，m_0 和 m 分别为电子在碰撞前、后的静止质量和运动质量. 碰撞前、后光子的能量为 $h\nu_0$ 和 $h\nu$.

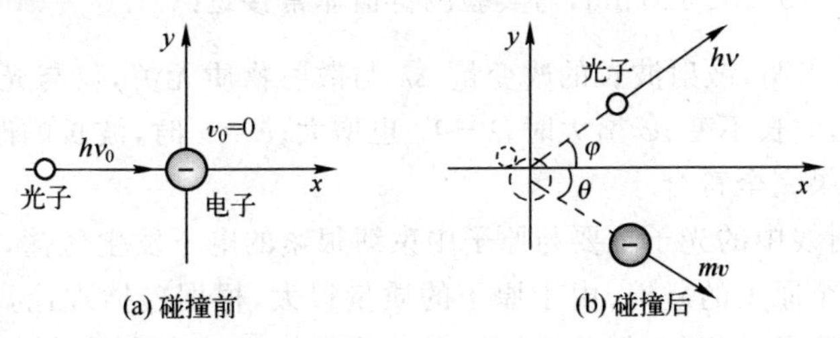

图 18-19　光子与自由电子的碰撞解释康普顿效应

在碰撞过程中能量守恒

$$m_0c^2+h\nu_0=h\nu+mc^2 \qquad ①$$

在碰撞过程中动量守恒，如图 18-20 所示

$$\boldsymbol{P}_{\nu0}=\boldsymbol{P}_{\nu}+m\boldsymbol{v} \qquad ②$$

利用余弦定理，式②为

$$(mv)^2=P_{\nu0}^2+P_{\nu}^2-2P_{\nu0}P_{\nu}\cos\varphi$$

式中，$P_{\nu0}=\dfrac{h\nu_0}{c}$，$P_{\nu}=\dfrac{h\nu}{c}$，则有

$$(mv)^2=\left(\frac{h\nu_0}{c}\right)^2+\left(\frac{h\nu}{c}\right)^2-2\frac{h\nu_0}{c}\frac{h\nu}{c}\cos\varphi$$

$$m^2v^2c^2=h^2\nu_0^2+h^2\nu^2-2h^2\nu_0\nu\cos\varphi \qquad ③$$

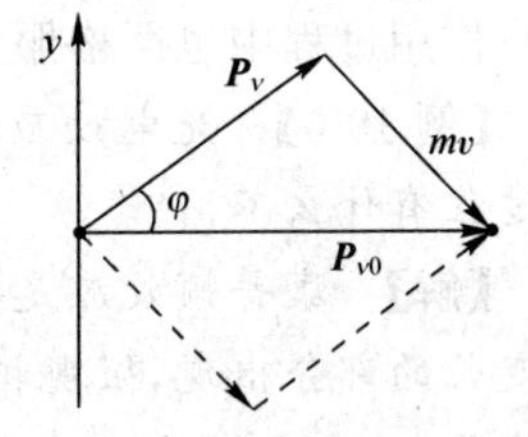

图 18-20　碰撞过程动量守恒

将式①改写为

$$mc^2=m_0c^2+h(\nu_0-\nu)$$

上式两边平方得

$$m^2c^4=m_0^2c^4+2m_0c^2h(\nu_0-\nu)+h^2\nu_0^2+h^2\nu^2-2h^2\nu_0\nu \qquad ④$$

式④与式③两式相减，得

$$m^2c^4\left(1-\frac{v^2}{c^2}\right)=m_0^2c^4+2m_0c^2h(\nu_0-\nu)-2h^2\nu_0\nu(1-\cos\varphi) \qquad ⑤$$

由于 $m^2\left(1-\dfrac{v^2}{c^2}\right)=m_0^2$，上式化简为

$$m_0c^2(\nu_0-\nu)=h\nu_0\nu(1-\cos\varphi) \qquad ⑥$$

再利用$\nu_0=\dfrac{c}{\lambda_0}$，$\nu=\dfrac{c}{\lambda}$，代入上式得

$$\Delta\lambda=\lambda-\lambda_0=\frac{h}{m_0c}(1-\cos\varphi) \qquad ⑦$$

利用三角函数关系式 $1-\cos\varphi=2\sin^2\dfrac{\varphi}{2}$，且令$\lambda_C=\dfrac{h}{m_0c}$，则有

$$\Delta\lambda=\lambda-\lambda_0=2\lambda_C\sin^2\frac{\varphi}{2} \qquad (18\text{-}20)$$

式中，$\lambda_C=\dfrac{h}{m_0c}=0.002\,426\,\text{nm}$，与实验测得值非常接近.

式(18-20)表明，散射波长的改变量 $\Delta\lambda$ 与散射物质无关，仅与光子的散射角 φ 有关. $\varphi=0$ 时，波长不变；φ 增大时，$\lambda-\lambda_0$ 也增大；$\varphi=\pi$ 时，波长的改变最大，这一结论与实验结果完全符合.

此外，入射线中的光子也要与原子中束缚很紧的电子发生碰撞，这种碰撞可以看作光子与整个原子的碰撞，由于原子的质量很大，根据碰撞理论，光子碰撞后不会显著地失去能量，因而散射时光的频率几乎不变，故在散射线中也有与入射线波长相同的射线. 由于轻原子中电子束缚不紧，重原子中的内层电子束缚很紧，因此，原子量小的物质康普顿效应较强，原子量大的物质康普顿效应不显著. 这在实验上也已被证实.

康普顿效应的发现进一步揭示了光的粒子性. 康普顿效应在理论分析和实验结果上的一致，直接证实了光子具有一定的能量和动量；并且证实了在微观粒子的相互作用过程中也严格服从能量守恒定律和动量守恒定律.

【例 18-6】 光电效应和康普顿效应都包含光子与电子的相互作用. 试问这两个过程有什么不同？

【解】 康普顿效应是指X射线通过物质时，除有波长不改变的部分外，还有波长变长的部分出现，微观机制对这一现象的解释是：光子和实物粒子一样是有动量和能量，能与电子发生碰撞，并且碰撞过程中能量和动量都守恒. 光子在碰撞过程中由于动量损失导致散射光波长变化. 详细的数学推导可以在理论上得到与实验完全符合的解释.

而光电效应是指物体中的束缚电子将一个光子的能量全部吸收，并且克服物体束缚，逸出物体表面，形成光电子. 从碰撞机制看，光子完全被电子吸收，碰撞之后不再有光子，这是一个完全非弹性碰撞的过程，而康普顿效应则是完全弹性碰撞的过程.

§ 18-4　原子结构和原子光谱　玻尔的氢原子理论

“原子是不可分割的最终质点”，这是20世纪以前人们的认识. 但是，由于电子

的发现，动摇了这种认识. 自 20 世纪初期以来，“原子结构”就成了物理学家所关注的重要课题. 曾有过多种关于原子结构模型的假设，其中比较有影响力的有“汤姆孙模型”“卢瑟福模型”和玻尔的氢原子模型. 原子是如此之小，它的结构情况只能从原子与外界交换的信息中推断出来，而原子发光便是一种主要的信息使者. 玻尔就是利用光的量子性成功解释了氢原子光谱规律，玻尔关于原子结构的模型，给人们提供了一幅原子结构的初步图像. 尽管后来发现它并不是真正确切的图像. 它的主要缺点在于将电子等微观粒子，看作经典的质点. 然而由于玻尔氢原子模型比较直观、形象，在一定场合下，作为粗糙的图像，至今仍在沿用.

一、早期的原子结构模型

1. 汤姆孙原子模型

20 世纪初，从实验事实已经知道，电子是一切原子的组成部分. 但是物质通常是中性的，足见原子中还有带正电的部分. 又从电子的荷质比（e/m）的测量知道，电子的质量比整个原子的质量要小得多. 当时已经知道电子的质量约为氢原子质量的 1/2 000.

根据上述实验事实，汤姆孙在 1904 年提出一个原子结构的模型，称为汤姆孙原子模型. 模型假定原子的带正电部分是一个原子大小、具有弹性的、冻胶状态的球，正电荷均匀分布在球内，而负电子则分布在球内不同位置上. 原子处于低能态时，电子固定在平衡位置上；原子处于高能态时，电子在平衡位置附近做振动.

2. 卢瑟福原子模型

在 1909 年卢瑟福、盖革和马斯登的合作中，希望通过 α 粒子散射实验来验证汤姆孙原子模型的正确性. 如图 18-21 所示，当从放射性物质中发射出来的高速 α 粒子（后来证明是 He^{++}），入射到厚度约为 400 nm 的金箔时，虽然观测到大部分 α 粒子穿过金箔后只偏转很小的角度，但也发现有少数的 α 粒子偏转角度大于 90°甚至达到 180°的大角度散射. 这种实验结果用汤姆孙原子模型根本无法解释.

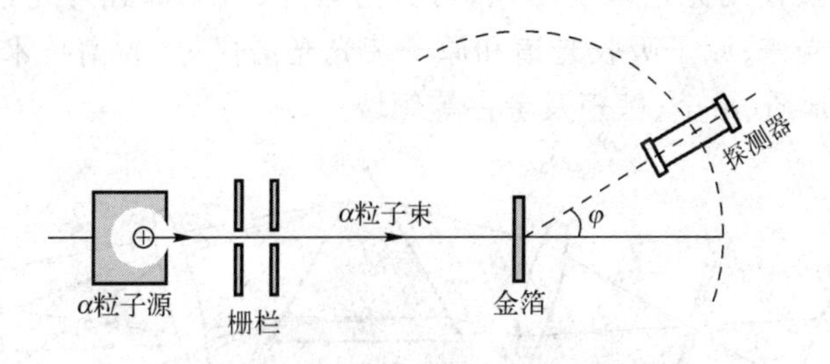

图 18-21　α 粒子散射实验装置简图

对于 α 粒子散射的实验结果，卢瑟福深表惊讶：“……经过思考，我认为反向散射必定是单次碰撞的结果，而当我做出计算时看到，除非采取一个原子的大部分质量集中在一个微小的核内的系统，否则是无法得到这种数量级的任何结果的. 这就是我后来提出的原子核心具有小体积大质量的想法.”如图 18-22 所示,卢瑟福认为,α 粒子向后散射,只有假定 α 粒子遇到了质量比它大的多的原子核心,才能予以解释.

1911 年,卢瑟福提出了原子核式结构模型(或有核模型):原子中正电部分集中在很小的区域($<10^{-12}$ m)中,原子质量主要集中在正电部分,形成原子核,而电子则分布在原子核周围绕核运动,原子的体积实际上就是电子的分布范围. 如图 18-23 所示,卢瑟福根据他的有核模型,对 α 粒子散射实验作了定量研究,得出了一个散射公式,与实验结果相吻合. 因此,卢瑟福的原子核式结构模型得到了公认,取代了汤姆孙模型.

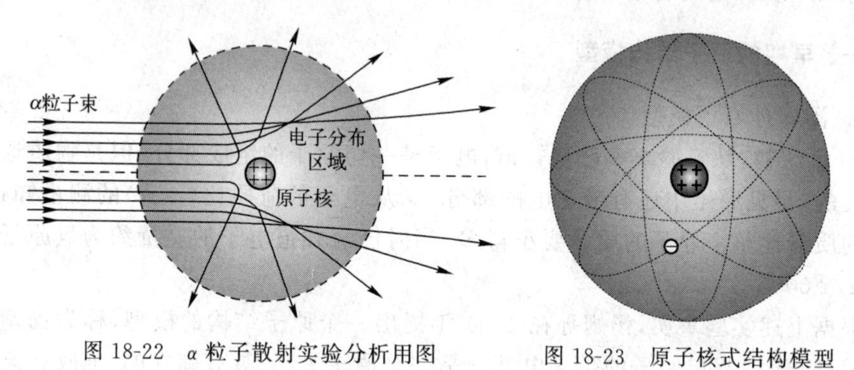

图 18-22 α 粒子散射实验分析用图　　图 18-23 原子核式结构模型

二、原子光谱与氢原子光谱

用光谱仪可以把光束按波长展开,把展开后的光谱拍摄成照片的光谱仪称为摄谱仪,如图 18-24 所示. 通过狭缝后的光经过棱镜展开后,不同波长的光线在底片上形成一些细线,称为光谱. 例如,太阳光和白炽灯光,在可见光范围内具有各种波长,它们构成了连续光谱. 研究发现,分子辐射的是带状光谱,原子辐射的是线状光谱,所以线状光谱也称**原子光谱**. 光谱仪按色散分光方式不同,可分为棱镜、光栅和干涉光谱仪;按使用光谱范围不同,可分为紫外、可见和红外光谱仪;按用途不同,可分为发射光谱、原子吸收光谱和原子荧光光谱仪等. 光谱技术广泛应用于物理、材料、化工、地质、冶金、医药及考古等领域.

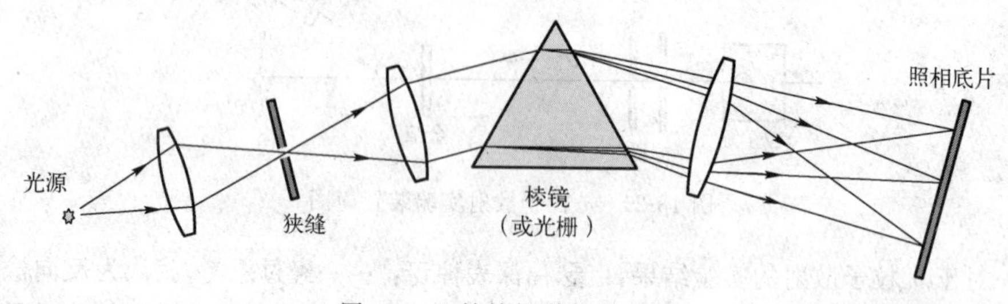

图 18-24 棱镜摄谱仪示意图

自从 1859 年本生发现钠的黄色线光谱之后，不少科学家对原子的线状光谱进行了研究. 如果用适当的方法使各种元素的原子发光，可以发现，它们的光谱各不相同，每种元素的谱线都有固定而且有规律的分布，所以把每一种元素的光谱称为**特征光谱**. 图 18-25 所示为 Na 元素和 Fe 元素在某一波长范围内的原子光谱.

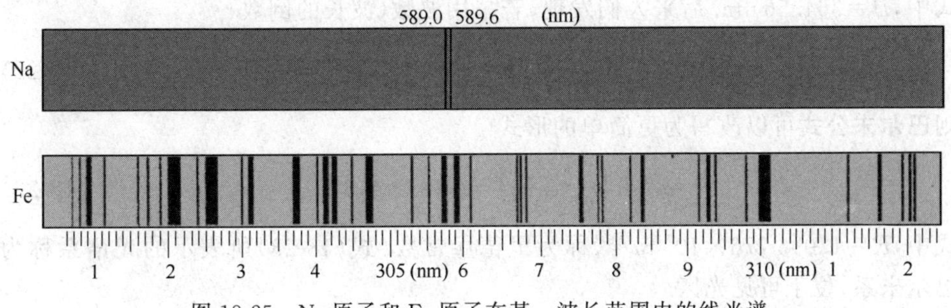

图 18-25　Na 原子和 Fe 原子在某一波长范围内的线光谱

早在原子理论建立以前，人们就积累了大量有关原子光谱的实验数据. 丰富的实验数据，可以为原子理论的建立提供有力的依据. 但是，各种元素的原子光谱都是十分复杂的，例如铁原子光谱，在可见光区域内就有 6 000 多条不同波长的谱线. 因此，要从这些数据中，整理出基本规律来，是十分困难的. 氢原子的结构和光谱最为简单，直到巴尔末发现了氢原子光谱的规律性，才使原子结构的研究得到了突破性进展.

从氢气放电管可以获得氢原子光谱. 人们早就发现氢原子光谱在可见区和紫外区有好多条谱线，构成一个很有规律的系统. 如图 18-26 所示，谱线的间隔和强度都向着短波方向递减，其中在可见光区有四条谱线，分别称为 H_α、H_β、H_γ、H_δ，它们的波长分别为

$$H_\alpha: \lambda = 656.21\ \text{nm}$$
$$H_\beta: \lambda = 486.07\ \text{nm}$$
$$H_\gamma: \lambda = 434.01\ \text{nm}$$
$$H_\delta: \lambda = 410.12\ \text{nm}$$

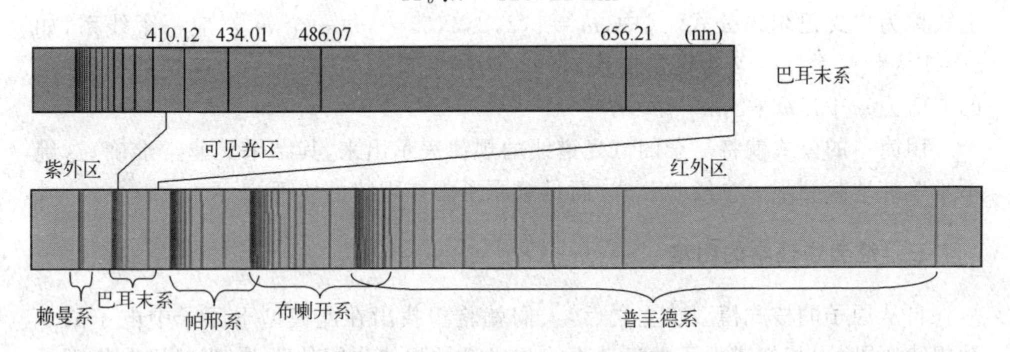

图 18-26　氢原子光谱及其谱线系

1885 年，瑞士数学家巴尔末发现，氢原子可见光谱的前四条谱线的波长可以归纳成一个简单的公式，即**巴尔末公式**

$$\lambda = B\,\frac{n^2}{n^4-4} \quad (n=3,4,5,6) \tag{18-21}$$

式中，$B=364.56\ \text{nm}$. 后来人们发现，若采用波数(波长的倒数)

$$\sigma = \frac{1}{\lambda} \tag{18-22}$$

则**巴尔末公式**可以改写为更简单的形式

$$\sigma = R\left(\frac{1}{2^2}-\frac{1}{n^2}\right) \quad (n=3,4,5,\cdots) \tag{18-23}$$

式中，$R=1.096\,776\times10^7\ \text{m}^{-1}$，称为里德堡常数. 式(18-23)所表示的光谱系称为巴尔末系，位于可见光区.

通过进一步观测，人们在紫外区发现了赖曼系(1916 年)

$$\sigma = R\left(\frac{1}{1^2}-\frac{1}{n^2}\right) \quad (n=2,3,4,\cdots)$$

在红外区先后发现了帕邢系(1908 年)

$$\sigma = R\left(\frac{1}{3^2}-\frac{1}{n^2}\right) \quad (n=4,5,6,\cdots)$$

布喇开系(1922 年)

$$\sigma = R\left(\frac{1}{4^2}-\frac{1}{n^2}\right) \quad (n=5,6,7,\cdots)$$

普丰德系(1924 年)

$$\sigma = R\left(\frac{1}{5^2}-\frac{1}{n^2}\right) \quad (n=6,7,8,\cdots)$$

将以上五个式子合并，可以得到如下氢原子的光谱公式

$$\sigma = R\left(\frac{1}{m^2}-\frac{1}{n^2}\right) \tag{18-24}$$

上式称为**广义巴尔末公式**. 式中，$m=1,2,3,4,5,\cdots$，每一个 m 对应一个线系，如 $m=1$ 为赖曼系，$m=2$ 为巴尔末系，$m=3$ 为帕邢系……. 对于一个确定的 m 值，n 的取值为 $m+1, m+2, m+3, \cdots$.

用简单的公式就将复杂的氢光谱线的规律表示出来，其结果又非常准确，这绝不是单纯地找到了一个经验公式，而是氢原子内在规律的体现.

三、经典物理学的困难

自从原子的核式模型建立之后，人们就希望找出在此模型下原子中电子的运动规律. 同时也想知道电子的运动规律与光谱的规律之间的联系. 当时经典物理学已经发展成熟，所以人们很自然地想到用经典物理学的规律去理解原子.

但是,依据原子结构的核式模型,根据经典物理学的规律来处理电磁辐射问题,又遇到障碍.按照经典电动力学理论,任何做加速运动的带电粒子都要发射电磁波.而电子绕原子核的旋转运动是加速运动,必然要不断发射电磁波,于是原子系统的能量会逐渐变小,电子的旋转半径也随之变小,电子就会落在原子核上.所以,按照经典理论,卢瑟福的原子核式结构模型是不稳定的系统,如图 18-27 所示.

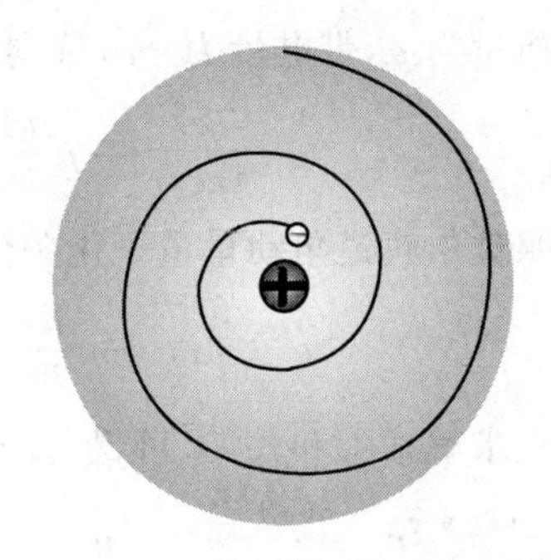

图 18-27　核式模型的不稳定性

另外,按照经典理论,电子在绕核运动的过程中,原子向外发射电磁波的频率等于原子中电子绕核运动的频率,由于电子绕核运动的轨道半径连续减小,而使得运动的频率或发出电磁波的频率连续增加,就大量的原子而言,它们发射的电磁波谱应该是连续的.但是,实验表明,原子的发射光谱是线状光谱,而且满足广义巴尔末公式.因此,用经典理论无法解释氢原子的光谱问题.

四、玻尔的氢原子理论

为了解决上述困难,1913 年丹麦物理学家玻尔将普朗克、爱因斯坦的量子理论推广到卢瑟福的原子核式结构模型中,并结合氢原子光谱的实验规律,对氢原子结构问题提出了三个基本假设,使氢原子的线状光谱得到了完美解释.奠定了原子结构的量子理论基础.玻尔的基本假设如下:

(1) 轨道角动量量子化假设.原子中电子绕原子核运动的轨道角动量 L 只能取 $h/2\pi$ 的整数倍,即

$$L=n\frac{h}{2\pi}\quad(n=1,2,3,\cdots)\tag{18-25}$$

式中,h 为普朗克常量;n 是一个不为零的正整数,称为量子数.上式(18-25)称为轨道角动量量子化条件.

(2) 定态假设.电子处于满足轨道角动量量子化条件运动时,原子既不辐射能量也不吸收能量,处于稳定的能量状态,这样的状态称为定态.这些定态的能量取不连续的值 $E_1,E_2,E_3,\cdots$,这些分立的定态能量称为能级,且 $E_1<E_2<E_3<\cdots$.

(3) 跃迁假设.当电子从一个轨道过渡到另一个轨道时,即原子从一个稳定状态跃迁到另一个稳定状态时,原子才能辐射或吸收一个频率为 ν 的光子的能量.设这两个定态能级分别为 E_n 和 E_m,且 $E_n>E_m$,则满足关系式

$$h\nu=E_n-E_m\tag{18-26}$$

式(18-26)称为跃迁条件.

根据上述玻尔的三个基本假设,按照经典理论,可以计算出氢原子的轨道半径和能量都是量子化的.如图 18-28 所示,设电子绕核做半径为 r 的圆周运动,电子

的质量为 μ，带电量为 $-e$，圆周运动的速度为 v. 则按照经典理论

$$\frac{e^2}{4\pi\varepsilon_0 r^2}=\mu\frac{v^2}{r} \quad ①$$

按照玻尔轨道角动量量子化条件

$$\mu r v=n\frac{h}{2\pi} \quad ②$$

联立求解式①和式②，可得

$$r_n=\frac{\varepsilon_0 h^2}{\pi\mu e^2}n^2 \quad (n=1,2,3,\cdots) \quad (18\text{-}27)$$

$$v_n=\frac{e^2}{2\varepsilon_0 h}\frac{1}{n} \quad (n=1,2,3,\cdots) \quad (18\text{-}28)$$

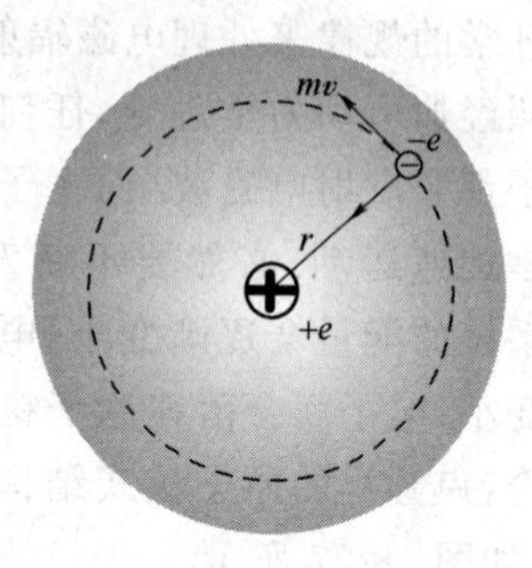

图 18-28 氢原子的定态轨道

则氢原子系统的能量

$$E=E_K+E_P=\frac{1}{2}\mu v_n^2-\frac{e^2}{4\pi\varepsilon_0 r_n}$$

将式(18-27)和式(18-28)代入上式，得氢原子的能级公式

$$E_n=-\frac{\mu e^4}{8\varepsilon_0^2 h^2}\frac{1}{n^2} \quad (n=1,2,3,\cdots) \quad (18\text{-}29)$$

式(18-27)和式(18-29)说明，由于角动量量子化的引入，使得电子绕核运动的半径 r_n 和氢原子系统的能量 E_n 都是量子化的. 将 $n=1$ 代入式(18-27)，得

$$r_1=\frac{\varepsilon_0 h^2}{\pi\mu e^2}$$

将 $\varepsilon_0=8.85\times10^{-12}\ \mathrm{C^2\cdot N^{-1}\cdot m^{-2}}$，$h=6.626\times10^{-34}\ \mathrm{J\cdot s^{-1}}$，$\mu=9.11\times10^{-31}\ \mathrm{kg}$，$e=1.60\times10^{-19}\ \mathrm{C}$ 代入上式，得

$$r_1=\frac{\varepsilon_0 h^2}{\pi\mu e^2}=5.29\times10^{-11}\ \mathrm{m} \quad (18\text{-}30)$$

r_1 是氢原子核外电子的最小轨道半径，称为玻尔半径. 将 $n=1$ 代入式(18-29)，得

$$E_1=-\frac{\mu e^4}{8\varepsilon_0^2 h^2}=2.17\times10^{-18}\ \mathrm{J}=-13.6\ \mathrm{eV} \quad (18\text{-}31)$$

式(18-31)为氢原子的最低能量，故 E_1 称为基态能量. 由于 $n>1$ 的各级能量大于基态能量，所以称为激发态. 如图 18-29(a)所示，按照玻尔的定态假设，原子能量处于定态时，原子既不辐射能量也不吸收能量. 当原子由基态跃迁到激发态时，原子必须吸收一定的能量. 例如，原子受到辐射或高能粒子的撞击等，这时可由基态轨道跃迁到量子数较大的轨道上运动. 处于激发态的原子能够自发地跃迁到能量较低的激发态或基态，在跃迁过程中，将发射一个一定频率的光子，其频率大小由关系式(18-26)决定.

根据玻尔的跃迁假设，可以很圆满地解释氢原子光谱的实验规律. 由跃迁条件式(18-26)，从 E_n 跃迁到 E_m($E_n>E_m$)所发出的光谱线的频率为

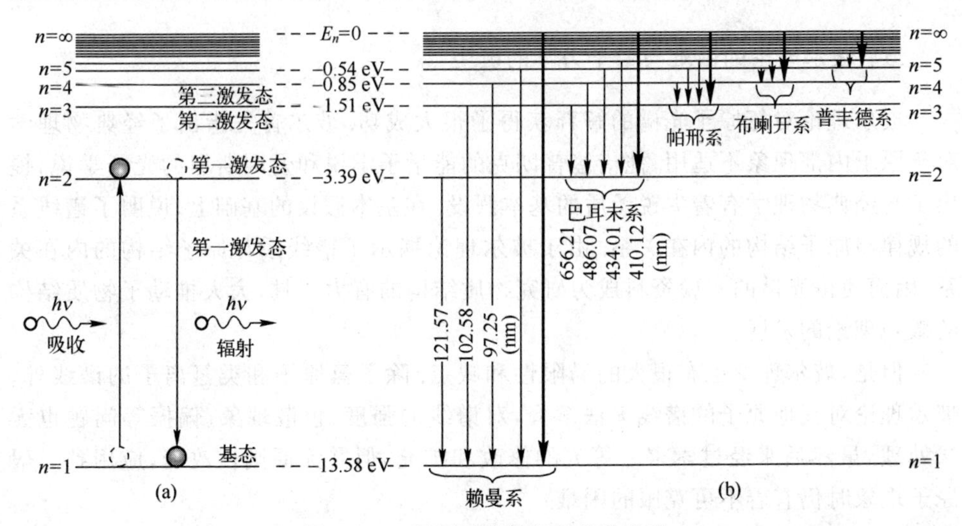

图 18-29　氢原子的能级及其谱线系

$$\nu=\frac{E_n-E_m}{h}$$

由波数与波长关系式(18-22)$\sigma=\frac{1}{\lambda}=\frac{\nu}{c}$，则

$$\sigma=\frac{\nu}{c}=\frac{1}{hc}(E_n-E_m)$$

由式(18-29)$E_n=-\frac{\mu e^4}{8\varepsilon_0^2h^2}\frac{1}{n^2}$，$E_m=-\frac{\mu e^4}{8\varepsilon_0^2h^2}\frac{1}{m^2}$，代入上式，得

$$\sigma=\frac{\mu e^4}{8\varepsilon_0^2h^3c}\left(\frac{1}{m^2}-\frac{1}{n^2}\right)$$

令 $R'=\frac{\mu e^4}{8\varepsilon_0^2h^3c}\ \mathrm{m}^{-1}$，则上式简化为

$$\sigma=R'\left(\frac{1}{m^2}-\frac{1}{n^2}\right) \tag{18-32}$$

上式即为广义巴尔末公式. 式中

$$R'=\frac{\mu e^4}{8\varepsilon_0^2h^3c}=1.097\,373\times10^7\ \mathrm{m}^{-1} \tag{18-33}$$

这个理论值与里德伯常数的实验值($R=1.096\ 776\ \mathrm{m}^{-1}$)符合得相当好. 在式(18-32)中，若令 $m=1$，$n=2,3,4,\cdots$，所得的谱线即为赖曼系；若令 $m=2$，$n=3,4,5,\cdots$，所得的谱线即为巴尔末系，如图 18-29(b)所示. 需要说明的是，在某一瞬时，一个氢原子只能发出特定频率的光子，实验中同时观测到不同的谱线，则是由大量处于不同激发态的原子所发出的光子的综合效果所致.

综上所述，玻尔理论能够很好地解释氢原子光谱的规律，因而在一定程度上反映了原子内部的运动规律.

五、玻尔理论的困难与量子力学的诞生

玻尔理论对氢原子光谱的解释获得了很大成功. 玻尔首先指出了经典物理学对于原子内部现象不适用,他借鉴普朗克的能量子学说和爱因斯坦的光子学说,提出了与经典物理学有着尖锐矛盾的基本假设. 在基本假设的基础上,说明了谱线系的规律与原子结构的内在关系. 由于玻尔理论揭示了谱线系与原子结构的内在关系,因而使得光谱的实验资料成为研究物质结构的有力工具,大大推动了物质结构的微观理论的发展.

但是,玻尔理论也有很大的局限性和缺点. 除了氢原子和类氢离子的谱线外,玻尔理论对其他原子的谱线无法解释,对谱线的强度、色散现象、偏振等问题也无法处理. 虽然后来经过索末菲等人的修改和扩充,但并无原则性改变,应用到一般原子现象时仍有着不可克服的困难.

玻尔理论的根本缺点是,处理问题的方法基本上没有跳出经典物理学的范畴. 在研究电子的运动状态时,仍应用经典力学的概念,将电子看作与宏观物体一样,是一个在每一瞬时有确定的位置并有一定轨道的粒子,沿袭使用了牛顿定律来处理. 只不过在上述经典理论的基础上,人为地引入一些量子条件而已. 所以说,玻尔理论是经典理论加上量子条件的混合物,并不是一套体系完整的理论.

实际上,微观粒子(电子、质子、中子、原子等)具有比宏观物体复杂得多的波粒二象性. 正是在这一基础上,薛定谔等人建立了描述微观粒子运动的波动力学,即现在所说的量子力学.

【例 18-7】 求氢原子的电离能,即把电子从 $n=1$ 的基态轨道移到距离原子核无限远处($n=\infty$)时,使氢原子变成为氢离子所做的功.

【解】 由氢原子的能量式(18-29)

$$E_n=-\frac{\mu e^4}{8\varepsilon_0^2 h^2}\frac{1}{n^2}$$

电子在($n=1$)基态时的能量为 $E_1=-\frac{\mu e^4}{8\varepsilon_0^2 h^2}$;

电子在距离核无限远处的电离态($n=\infty$)的能量为 $E_\infty=0$.

如图 18-30 所示,氢原子的电离能为

$$\Delta E=E_\infty-E_1=\frac{\mu e^4}{8\varepsilon_0^2 h^2}$$

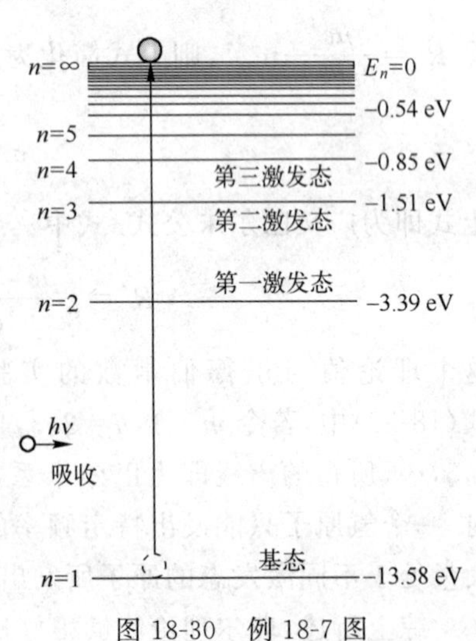

图 18-30　例 18-7 图

将 $\varepsilon_0=8.85\times10^{-12}\ \mathrm{C^2\cdot N^{-1}\cdot m^{-2}}$,$h=6.626\times10^{-34}\ \mathrm{J\cdot s^{-1}}$,$\mu=9.11\times10^{-31}\ \mathrm{kg}$,

$e=1.60\times10^{-19}$ C 代入上式，得

$$\Delta E=\frac{9.11\times10^{-31}\times(1.60\times10^{-19})^4}{8\times(8.85\times10^{-12})^2\times(6.63\times10^{-34})^2}\text{ J}=2.17\times10^{-18}\text{ J}$$

即　　$\Delta E=13.6$ eV

以上计算是利用玻尔氢原子理论得出的理论值，经实验测量氢原子的电离能的确为 13.6 eV，理论值与实验值完全符合.

【例 18-8】 在气体放电管中，用携带着能量 12.2 eV 的电子去轰击氢原子，试确定此时氢可能辐射的谱线波长.

【解】 设氢原子处于基态，如图 18-31 所示，由于

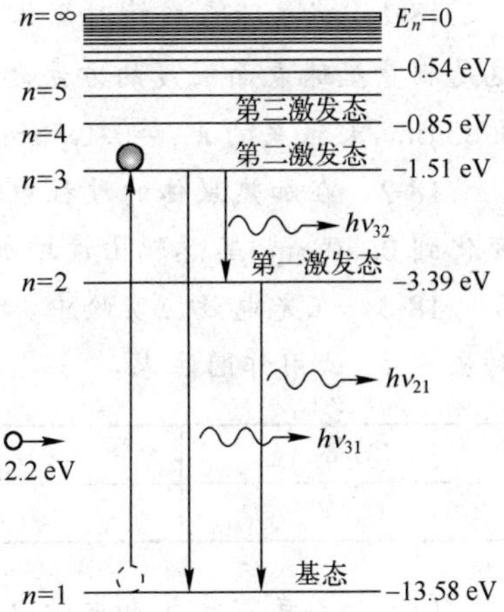

$$E_n=-\frac{\mu e^4}{8\varepsilon_0^2h^2}\frac{1}{n^2}$$

图 18-31　例 18-8 图

当 $n=1$ 时　　$E_1=-\dfrac{\mu e^4}{8\varepsilon_0^2h^2}=-13.6$ eV

当 $n=2$ 时　　$E_2=\dfrac{1}{2^2}E_1=-3.40$ eV　$\Delta E_{21}=E_2-E_1=10.2$ eV

当 $n=3$ 时　　$E_3=\dfrac{1}{3^2}E_1=-1.51$ eV　$\Delta E_{31}=E_3-E_1=12.09$ eV

当 $n=4$ 时　　$E_4=\dfrac{1}{4^2}E_1=-0.85$ eV　$\Delta E_{41}=E_4-E_1=12.75$ eV

所以，12.2 eV 的能量能使氢原子激发到 $n=3$ 的能级(第二激发态)，如图 18-31 所示，所以只可能出现以下跃迁.

第二激发态到基态：$\nu_{31}=\dfrac{1}{h}(E_3-E_1)=\dfrac{-1.51+13.6}{6.63\times10^{-34}}\times1.6\times10^{-19}\ \text{s}^{-1}=2.92\times10^{15}\ \text{s}^{-1}$

第一激发态到基态：$\nu_{21}=\dfrac{1}{h}(E_2-E_1)=\dfrac{-3.40+13.6}{6.63\times10^{-34}}\times1.6\times10^{-19}\ \text{s}^{-1}=2.46\times10^{15}\ \text{s}^{-1}$

第二到第一激发态：$\nu_{32}=\dfrac{1}{h}(E_3-E_1)=\dfrac{-1.51+3.40}{6.63\times10^{-34}}\times1.6\times10^{-19}\ \text{s}^{-1}=4.56\times10^{14}\ \text{s}^{-1}$

则辐射的可能波长：$\lambda_{31}=\dfrac{c}{\nu_{31}}=\dfrac{3\times10^8}{2.92\times10^{15}}=1.027\times10^{-7}\ \text{m}=102.7$ nm(紫外)

$$\lambda_{21}=\frac{c}{\nu_{21}}=\frac{3\times10^8}{2.46\times10^{15}}=1.218\times10^{-7}\ \text{m}=121.8\text{ nm(紫外)}$$

$$\lambda_{32}=\frac{c}{\nu_{32}}=\frac{3\times10^8}{4.56\times10^{14}}=6.578\times10^{-7}\ \text{m}=657.8\text{ nm(红色)}$$

习　题

18-1　将星球看成绝对黑体,利用维恩位移定律测量λ_m,便可求得其温度T,这是测量星球表面温度的方法之一.设测得:太阳的$\lambda_m=0.51\ \mu m$,北极星的$\lambda_m=0.35\ \mu m$,天狼星的$\lambda_m=0.29\ \mu m$.试求这些星球的表面温度.

18-2　在加热黑体的过程中,其单色辐出度的最大值所对应的波长由$0.69\ \mu m$变化到$0.50\ \mu m$.其总辐出度增加了几倍?

18-3　在光电效应实验中,测得某金属的截止电压U_a和入射光波长λ有如下对应关系.试用作图法求:

λ/m	3.60×10^{-7}	3.00×10^{-7}	2.40×10^{-7}
U_a/V	1.40	2.00	3.10

(1) 普朗克常量h和电子电量e的比值h/e;

(2) 该金属的逸出功;

(3) 该金属光电效应的红线.

18-4　波长为3.5×10^{-7} m的光子照射到一个表面,试验发现,从该表面发射出的能量最高的电子在1.5×10^{-5} T的磁场中偏转而成的圆轨道的半径为0.18 m.求这种材料的逸出功.

18-5　当用波长为$\lambda_1=3.5\times10^{-7}$ m和$\lambda=5.4\times10^{-7}$ m的光轮流照射某一金属表面时,发现在这两种情况下光电子的最大速度的比值为$\eta=2.0$.求该金属的逸出功.

18-6　钾的截止波长为577.0 nm,照射光子的能量至少为多少才能从钾中释放出光电子?

18-7　铂的逸出功为6.3 eV,计算使铂发生光电效应的截止频率.

18-8　铝的逸出功为4.2 eV,今有波长为200 nm的射线照射到铝的表面上,求:

(1) 光电子的最大动能;

(2) 截止电势差;

(3) 铝的截止频率.

18-9　计算波长为700 nm的光子所具有的能量、动量和质量.

18-10　如果一个光子的动量与一个动能为3.0 MeV的电子所具有的动量相等.求这个光子的能量.

18-11　设波长$\lambda=0.04$ nm的X射线被一个电子产生$90°$的康普顿散射,求其波长变化的百分比.

18-12　对处于第一激发态的氢原子,如果用可见光照射,能否使之电离?

18-13　试求当氢原子从 $n=5$ 的激发态跃迁到 $n=2$ 的第一激发态时，所发射的光子的波长.

18-14　自由电子与氢原子碰撞时，若能使氢原子激发而辐射，问自由电子的动能最小应为多少电子伏特？

18-15　当用 12.6 eV 的电子轰击处于激发态的氢原子时，这些氢原子所能达到的最高激发态是多少？

18-16　设氢原子中的电子在第一玻尔轨道上运动，计算由此引起的原子中心的磁感应强度.

第19章 量子力学基础

普朗克闯入了量子世界的大门.爱因斯坦敏锐地觉察到普朗克"量子"思想的普遍意义,并大胆地将之引入光辐射的研究,提出了"光量子"的概念,揭示了光的波粒二象性.玻尔根据卢瑟福的原子核式结构模型以及原子线光谱的规律性,并依托牛顿力学定律,建立了氢原子理论,初步奠定了原子物理学的基础.

为了进一步探索原子内部的结构,1924年,德布罗意将光的波粒二象性引申到实物粒子,提出了物质波的假设.1926年,在德布罗意假设的基础上,薛定谔提出了描述微观粒子运动规律的薛定谔方程.1928年,狄拉克又提出了相对论性狄拉克方程,它们是量子力学的基本方程.经过众多科学家的共同努力,终于在20世纪30年代建立了量子力学.量子力学和相对论一起,已经成为现代物理学的基础.

量子力学是反映微观世界运动规律的理论,已经成为原子物理学、核物理学、分子物理学的理论基础,也是凝聚态物理、材料物理、金属物理、半导体物理等的理论基础.量子力学不仅在物理学领域取得了巨大成就,而且应用于其他学科,例如在量子力学的基础上发展起来的量子化学、量子生物学、量子光学、量子通信等应用学科.可以说,量子力学支撑着当前主要的科学文明.本章主要介绍量子力学中的一些基本概念和基本方法,使我们对量子力学有一个初步了解.

§19-1 德布罗意波 实物粒子的波粒二象性

一、德布罗意假设

光不仅具有波动性,而且具有粒子性,即光具有波粒二象性.那么,其他实物粒子是否具有波动性呢?1924年,法国年青的博士研究生德布罗意在光的波粒二象性的启发下,大胆提出了实物粒子具有波动性的概念,把光的波粒二象性的概念推广到一切实物粒子,为量子力学的创建开辟了道路.

质量为 m 的粒子以速度 v 匀速运动时,具有能量 E 和动量 p.德布罗意认为,从波动性方面来看,它具有波长 λ 和频率 ν,而这些量之间的关系也应遵从下述关系

$$\nu=\frac{E}{h} \tag{19-1}$$

$$\lambda=\frac{h}{p} \tag{19-2}$$

式(19-1)和式(19-2)称为德布罗意关系,与爱因斯坦光子的关系式(18-13)和式(18-18)具有相同形式,但是德布罗意关系中的 E 和 p 是实物粒子的能量和动量. 这种与实物粒子相联系的波称为**德布罗意波**或**物质波**,而与之相联系的波长 λ 称为**德布罗意波长**. 对于德布罗意波需要说明两点:

(1) 德布罗意波长与玻尔的角动量量子化条件的关系. 如果将德布罗意波与驻波联系起来,自然就导出玻尔的量子化条件. 如图 19-1 所示,如果将氢原子中的电子绕核运动看作波,运动一周后的波应该光滑地衔接起来,相当于电子波在此圆周上形成稳定的驻波. 因此,电子绕核运动的轨道受到限制,即要求轨道的周长应该等于电子波长的整数倍. 设电子轨道的半径为 r,则有

$$2\pi r = n\lambda \quad (n=1,2,3,\cdots) \tag{19-3}$$

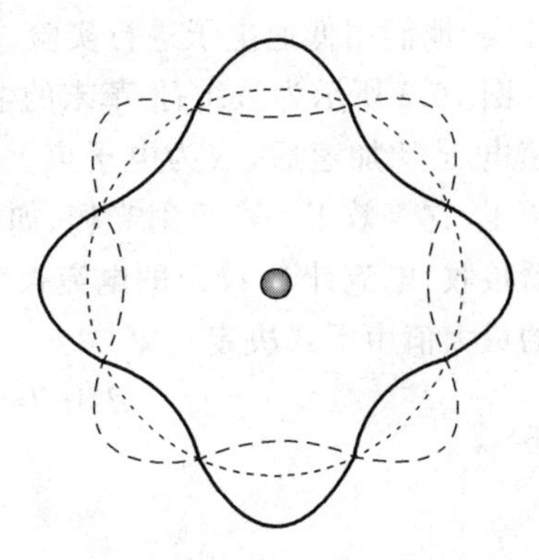

图 19-1　玻尔量子化条件的导出

由德布罗意关系式(19-2),可得电子绕核运动的角动量

$$mvr = n\frac{h}{2\pi} \tag{19-4}$$

式(19-4)正是玻尔的轨道角动量量子化条件. 也就是说,德布罗意的粒子(电子)的波粒二象性理论给了玻尔的轨道角动量量子化假设一个合理的解释.

(2) 电子的德布罗意波长. 设电子质量为 m,经加速电压 U 加速后,电子的速度为 v(见图 19-2),则

$$\frac{1}{2}mv^2 = eU \text{ 或 } v=\sqrt{\frac{2eU}{m}} \tag{19-5}$$

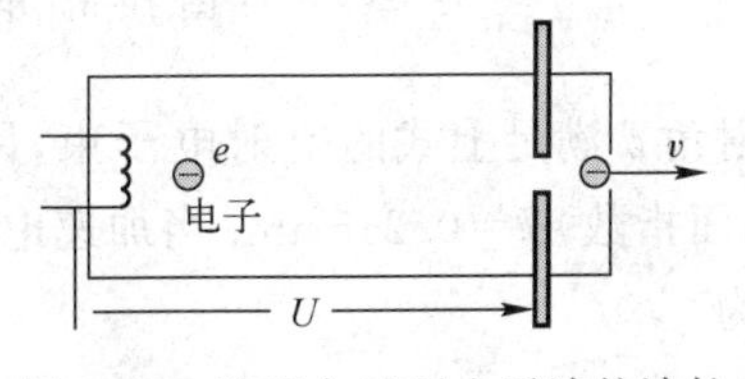

图 19-2　经 U 加速后电子波的波长

按照德布罗意关系,电子的德布罗意波长

$$\lambda = \frac{h}{p} = \frac{h}{mv} = \frac{h}{\sqrt{2em}}\frac{1}{\sqrt{U}} \tag{19-6}$$

将 $h=6.63\times10^{-34}\ \mathrm{J\cdot s}$, $m=9.11\times10^{-31}\ \mathrm{kg}$, $e=1.60\times10^{-19}\ \mathrm{C}$ 代入上式,得

$$\lambda = \frac{1.225}{\sqrt{U}}\ \mathrm{nm} \tag{19-7}$$

上式中加速电压的单位为伏特(V). 由上式可知,当加速电压为 150 V 时,电子的德布罗意波长 $\lambda=0.1$ nm,与 X 射线的波长在同一数量级. 而在 1912 年劳厄用晶体进行了衍射实验,获得了 X 射线的衍射图样. 所以,这样加速的电子是否具有波动性,应该能够用晶体衍射的方法检测出来.

二、德布罗意波的实验证明——电子衍射实验

1. 戴维孙－革末的单晶电子衍射实验

德布罗意关于物质波的假设,很快于 1927 年被戴维孙和革末的电子衍射实验所证实,他们用低速电子进行实验,获得了电子衍射图样,证实了物质波的存在.

图 19-3 所示为戴维孙-革末的电子衍射实验装置示意图. 从灯丝发出的电子经加速电压 U 加速后,成为电子束垂直入射到镍单晶表面,由于晶体表面整齐排列着原子,它等效于一个反射光栅,如图 19-4 所示,从晶体表面散射的电子由电子探测器接收,电流计 G 读出的电流强度反映了接收到电子的多少. 根据衍射理论,衍射的最大值由下式决定

$$d\sin\theta = k\lambda \ (k=1,2,3,\cdots)$$

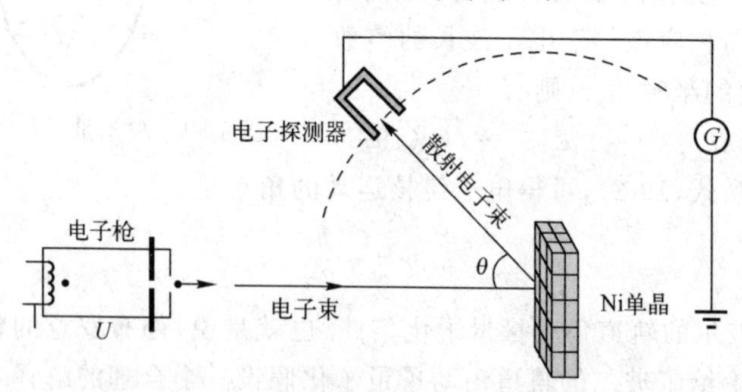

图 19-3　电子衍射实验装置示意图

散射角 θ 满足上式的衍射电子束,因衍射而加强. 实验中所用镍单晶的晶格常数(晶面指数)$d=0.215\,\text{nm}$. 当加速电压 $U=54\,\text{V}$ 时,由式(19-7)得电子德布罗意波长为

$$\lambda = \frac{1.225}{\sqrt{U}} = \frac{1.225}{\sqrt{54}}\,\text{nm} = 0.167\,\text{nm}$$

则一级 $k=1$ 衍射角

$$\theta = \arcsin\frac{0.167}{0.215} = \arcsin 0.77 = 51^\circ$$

戴维孙-革末实验测得的实验曲线如图 19-5 所示,当电子的加速电压为 $U=54\text{V}$ 时,在散射角 $\theta=50^\circ$处,曲线出现一个峰值. 这个峰值的存在是电子具有波动性的一个有力证据.

2. 汤姆孙的多晶电子衍射实验

在戴维孙-革末的单晶电子衍射实验完成以后,同年,汤姆孙用几万伏特的电压加速电子,使高能电子束通过多晶金属箔片,然后射到感光板上,如图 19-6 所示. 由于金属箔是由大量取向各异的微小晶粒组成,如果电子具有波动性质,德布罗意

关系是正确的,那么,电子束通过多晶体样品,衍射图样与 X 射线通过多晶体样品的衍射图样应该类似,实验证实了这一点. 图 19-7(a)为电子束通过铝箔形成的衍射图样,图 19-7(b)所示为 X 射线通过铝箔所形成的衍射图.

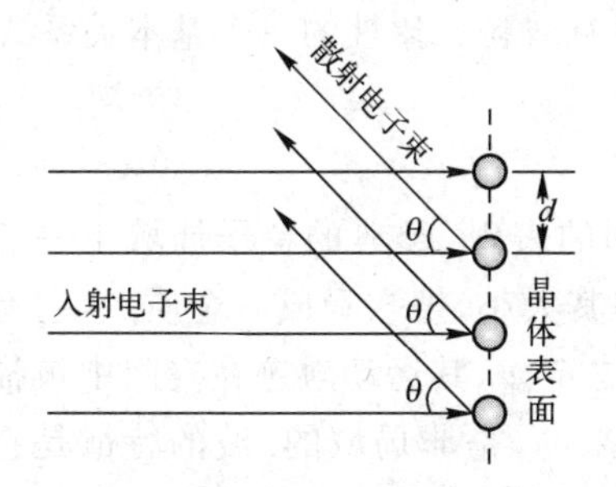

图 19-4　电子在晶体表面的散射

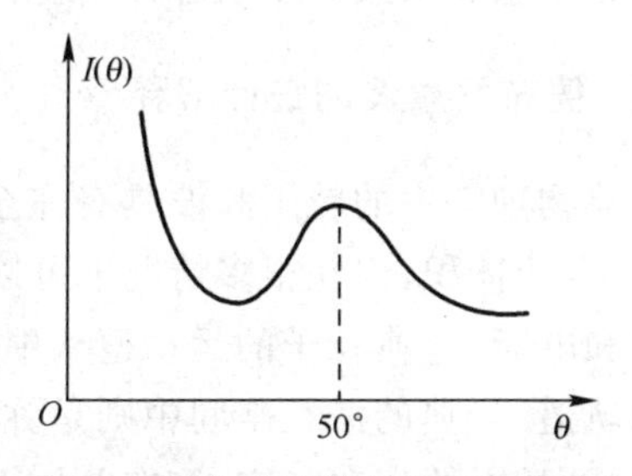

图 19-5　电子束散射的实验曲线

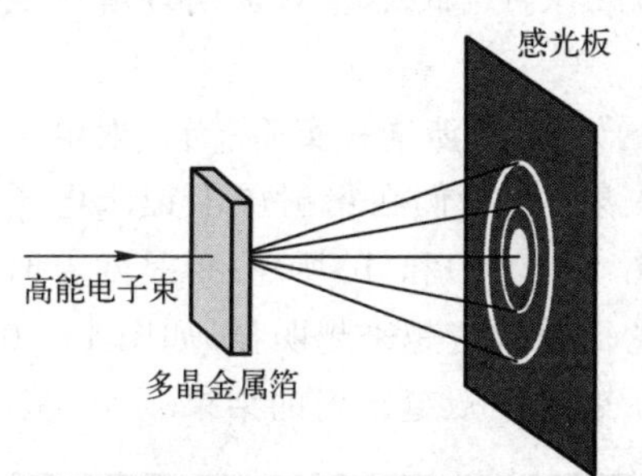

图 19-6　汤姆孙多晶电子衍射实验装置图

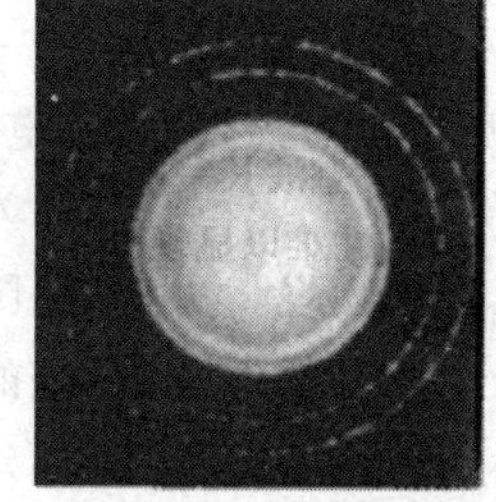

(a) 电子束穿过铝箔的衍射图

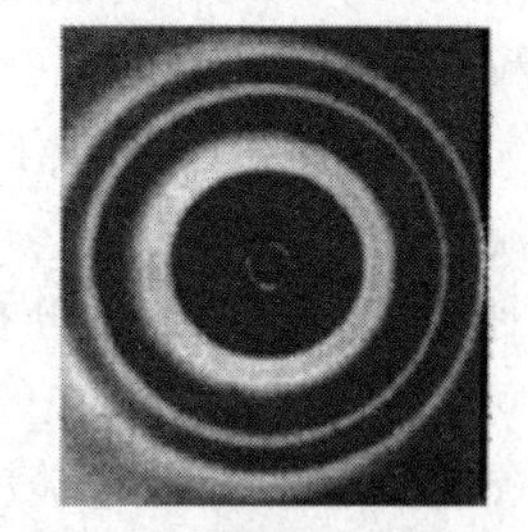

(b) X射线穿过铝箔的衍射图

图 19-7　多晶电子衍射图和多晶 X 射线衍射图

3. 单缝和双缝电子衍射实验

后来,科学家也实现了电子的单缝和双缝衍射实验. 如图 19-8 所示,当电子束通过双缝后,在衍射屏上出现了与光的双缝干涉相似的衍射条纹. 图 19-9(a)所示为电子单缝衍射图样;图 19-9(b)所示为电子双缝衍射图样,更进一步证实电子具有波动性.

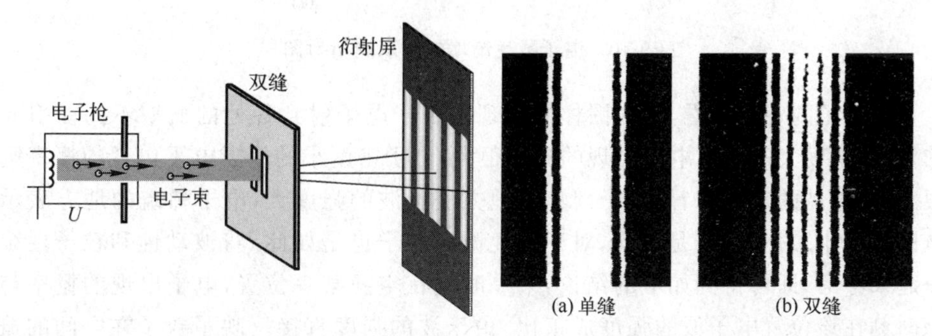

图 19-8　双缝电子衍射实验示意图

图 19-9　单缝和双缝电子衍射图样

电子的波动性获得了实验证实以后，在其他的一些实验中也观察到中性粒子，如原子、分子和中子等微观粒子也具有波动性，德布罗意关系式适用于其他微观粒子. 由此可见，一切微观粒子都具有波动性，德布罗意波的存在已是确实无疑的了，所以德布罗意关系式是表示各种实物粒子具有波粒二象性的一个基本关系式.

三、德布罗意波的统计解释

经典物理学中的粒子和波具有完全不同的表现. 经典的粒子局域于一定的空间，有一定的体积，但在很多情况下可以忽略其大小，把它看成一个质点，它有确定的质量和电荷. 经典粒子的运动遵从牛顿第二定律，其运动轨迹在空间中被描绘出确定的轨道. 经典的波在空间中则是弥散开来的，是非局域的. 波的特征是它的时空周期性，具有波长和频率，能够叠加而产生干涉和衍射现象. 然而近代实验证实，微观粒子同时具有波动性和粒子性，即具有波粒二象性. 那么，应该如何理解微观粒子的波粒二象性呢?

为了理解实物粒子的波动性，我们来研究电子双缝干涉这一实验. 当入射电子流的密度极其微小时，电子几乎是一个一个的入射. 当我们在衍射屏上记录电子时，在开始时得到的分布几乎毫无规律可言，如图 19-10(a)和(b)所示. 但是随着时间的延长、衍射屏上记录的电子数的增加，电子的衍射效应越来越明显，如图 19-10(c)、(d)和(e)所示. 最后得到的是图 19-9(b)所示的电子双缝衍射的结果.

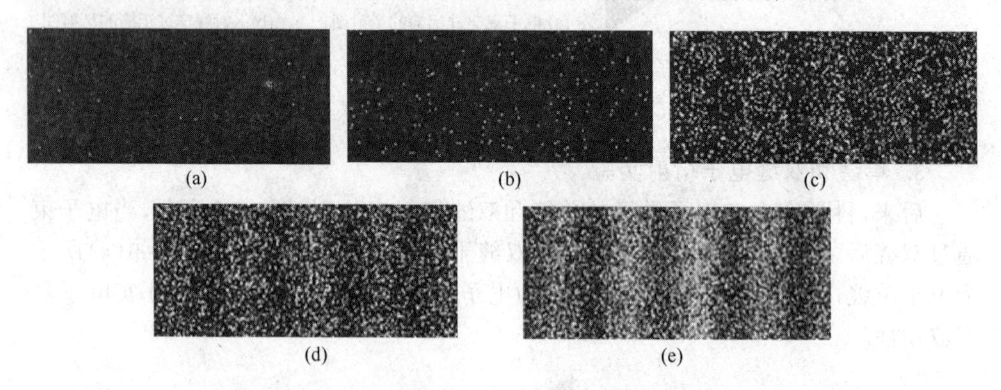

图 19-10　电子数逐渐增加时双缝衍射图样

从粒子的观点来看，衍射图样的出现是由于电子射到各处的概率不同而引起的，电子密度大的地方电子出现的概率很大，电子密度小的地方电子出现的概率则很小；从波动的观点来看，电子密集的地方表示波的强度大，电子稀疏的地方表示波的强度小. 对于电子是如此，对于其他微观粒子也是如此. 将波动性和粒子性统一起来考虑，即可得到如下的结论：某一时刻在空间某一位置，电子出现的概率与该时刻在该位置电子波的强度成正比. 由于波的强度直接反映了粒子在空间的概率分布，所以这种波也称概率波.

通过对电子衍射实验的分析得知，微观粒子的行为特征与经典粒子不同，因此不能用描述经典粒子的方法来描述微观粒子，对于微观粒子必须用新的方法描述。这个新的方法称为量子力学方法。那么，是否存在一个判据，它可以告诉我们，什么时候必须用量子力学的方法，什么时候可以应用经典力学的方法？这个判据就是不确定关系。

【例 19-1】 一个初速度为 0、质量为 m 的电子通过电势差为 U 的电场加速后，在非相对论情况下，求该电子的德布罗意波的波长。若一颗质量为 0.01 kg 的子弹以 1 000 m · s^{-1}的速率运动，求其德布罗意波的波长。

【解】 由动能定理，电子经电场加速后，电子的速度为

$$\frac{1}{2}m_e v^2 = eU \quad 或 \quad v=\sqrt{\frac{2eU}{m_e}}$$

则 $p=mv=\sqrt{2em_eU}$，代入式(19-2)，得

$$\lambda=\frac{h}{\sqrt{2em_e}}\frac{1}{\sqrt{U}}$$

将 $h=6.63\times10^{-34}$ J · s，$m_e=9.11\times10^{-31}$ kg，$e=1.60\times10^{-19}$ C 代入后，得

$$\lambda=\frac{1.225}{\sqrt{U}}\,\mathrm{nm}$$

如果用 150 V 的电势差加速电子，其德布罗意波长为

$$\lambda=\frac{1.225}{\sqrt{U}}=\frac{1.225}{\sqrt{150}}\,\mathrm{nm}=0.1\,\mathrm{nm}$$

可见，经 150 V 的电势差所加速电子的德布罗意波长是很短的，与 X 射线的波长相近，只有通过晶体点阵才能观察到衍射现象。

从原则上讲，宏观物体也具有波动性，并可以计算相应的波长。质量为 0.01 kg 的子弹以 1 000 m · s^{-1}的速率运动，其波长为

$$\lambda=\frac{h}{p}=\frac{6.63\times10^{-34}}{0.01\times1\,000}\,\mathrm{m}=6.63\times10^{-35}\,\mathrm{m}$$

这个波长实在太短，至今都无法测量。所以，对宏观物体而言，粒子性是主要表现，波动性根本无法测量，也根本显示不出。

【例 19-2】 当电子的德布罗意波长与可见光波长($\lambda=550$ nm)相同时，求它的动能是多少电子伏特。

【解】 在非相对论情况下，动能与动量的关系式

$$E_k=\frac{p^2}{2m_e}$$

由德布罗意关系

$$p=\frac{h}{\lambda}$$

所以
$$E_k=\frac{(h/\lambda)^2}{2m_e}=5.0\times10^{-6}\ \text{eV}$$

§ 19-2　不确定性原理

在经典物理学中，描述和确定一个质点的运动状态需要用两个物理量，即位置和动量，并且这两个物理量在任何瞬间都具有可以准确确定的值. 但是，对于具有波粒二象性的微观粒子来说，其位置和动量是不可能同时准确测定的. 微观粒子的位置和动量不可能同时准确确定的规律，是由海森伯提出的不确定原理来表示的.

一、位置和动量的不确定性关系

为说明这个问题，让我们看一下电子束经过单缝而发生衍射的现象. 如图 19-11 所示，电子束沿 y 方向射至宽度为 Δx 的狭缝上，在衍射屏的照相板上将得到像光的单缝衍射现象一样的强度分布图样. 根据单缝衍射暗纹公式(15-1)，第一级暗条纹所对应的衍射角应满足下面的关系

$$\sin\varphi=\frac{\lambda}{\Delta x} \tag{19-8}$$

式中，λ 是电子束的德布罗意波长. 两个第一级暗纹之间就是中央主极大的区域，说明大部分电子投射在这个区域内. 电子通过狭缝发生了 φ 角的偏斜，表明其动量 p 在 x 方向产生了 Δp_x 的改变. 电子动量 p 在 x 方向的改变量 Δp_x 可以表示为

$$\Delta p_x=p\sin\varphi=\frac{\lambda}{\Delta x}p \tag{19-9}$$

将德布罗意关系式(19-2)代入上式，得

$$\Delta x\Delta p_x=h \tag{19-10}$$

如果把电子衍射的次极大也考虑在内，Δp_x 还要大些，则式(19-10)应写成

$$\Delta x\Delta p_x\geqslant h \tag{19-11}$$

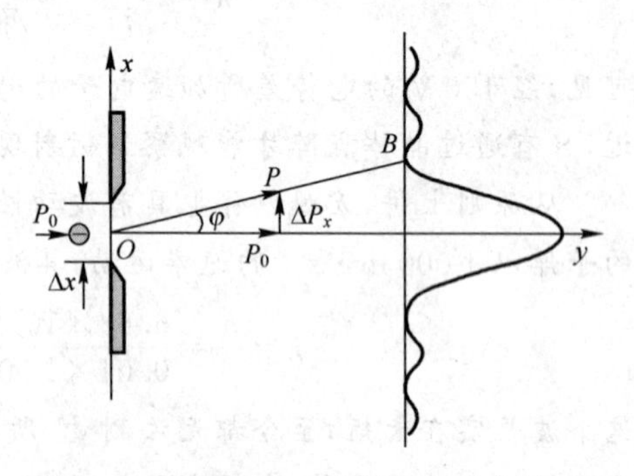

图 19-11　单缝电子衍射与不确定关系

式(19-11)表明，让电子束通过一个狭缝，实质上就是对电子的坐标进行了测量，电子的坐标被限制在一个范围 Δx（狭缝宽度）内，这时再对电子的动量 p 进行测量，则测量的准确度受到关系式(19-11)的制约. 狭缝宽度 Δx 越小，即电子的位置在 x 方向越准确，则动量 p 在 x 方向的改变量 Δp_x 就越大.

将上述关系推广到所有坐标及动量分量，则有

$$\Delta x\Delta p_x\geqslant h \tag{19-12a}$$
$$\Delta y\Delta p_y\geqslant h \tag{19-12b}$$

$$\Delta z\Delta p_z \geqslant h \tag{19-12c}$$

式(19-12)称为海森伯不确定性原理，也称不确定关系或测不准关系. 不确定性原理表明：用经典力学的方式来描述微观粒子的运动状态，只能在一定的近似程度内做到，**不能同时准确地测定微观粒子某一动量分量和与之对应的坐标分量**. 也就是说，测定粒子的坐标分量越准确(如 Δx 越小)，则相应的动量分量越不准确(如 Δp_x 越大)，反之亦然. 所以，不确定性原理也称测不准关系.

二、能量和时间的不确定性关系

不确定关系不仅存在于坐标和动量之间，也存在于能量和时间之间. 如果一个粒子处于某一状态的时间的不确定量(或时间范围)为 Δt，则它的能量必定有一个不确定量(或能量范围)ΔE，且存在类似的不确定关系，即

$$\Delta E\Delta t \geqslant h \tag{19-13}$$

式(19-13)称为能量和时间的不确定关系. 上式可以由(19-12a)导出. 对于能量为 E 的微观粒子，根据式(17-18)则有

$$E=\sqrt{p^2c^2+m_0^2c^4}$$

则有

$$\mathrm{d}E=\frac{1}{2}\frac{1}{\sqrt{p^2c^2+m_0^2c^4}}\times 2c^2p\,\mathrm{d}p=\frac{c^2p}{E}\mathrm{d}p=\frac{c^2p}{mc^2}\mathrm{d}p=v\,\mathrm{d}p$$

即

$$\Delta E=v\Delta p$$

则

$$\Delta E\Delta t=v\Delta t\Delta p$$

由 $\Delta x=v\Delta t$，和 $\Delta x\Delta p_x \geqslant h$，则有

$$\Delta E\Delta t \geqslant h$$

即，如果有位置和动量的不确定关系时，则必定有能量和时间的不确定关系.

能量和时间的不确定关系在讨论原于或其他系统的束缚态性质时是十分重要的. 实验表明，原子所处激发态的能量并不是单一数值，而是存在某个能量范围，这个能量范围称为能级宽度，用 ΔE 表示. 同时，原子处于这个激发态的时间是有一定长短的，原子处于这个激发态的平均时间 Δt 称为这个激发态的寿命. 实验测量证明，能级宽度 ΔE 与该状态的寿命 Δt 的乘积必定满足式(19-13)的关系.

【例 19-3】 如图 19-12 所示，一颗质量为 10 g 的子弹，枪口的直径为 0.5 cm，求子弹速度的不确定量.

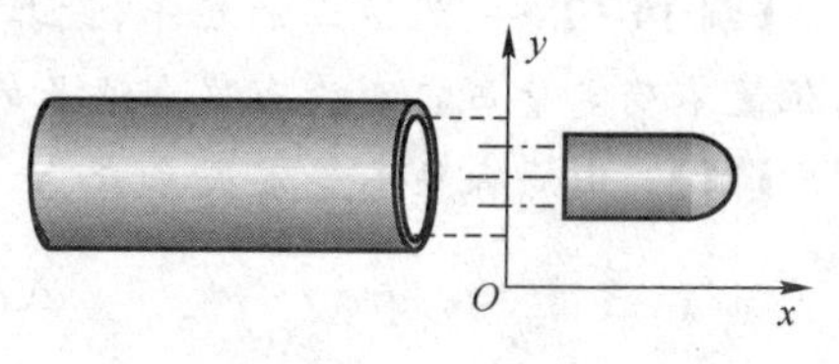

图 19-12　例 19-3 图

【解】 枪口的直径可以看作子弹的位置的不确定量

$$\Delta y=5\times10^{-2}\ \mathrm{m}$$

由不确定关系，动量的不确定量为

$$\Delta p_y \geqslant \frac{h}{\Delta y} = \frac{6.63\times10^{-34}}{5\times10^{-2}}\ \mathrm{kg\cdot m\cdot s^{-1}} = 1.33\times10^{-32}\ \mathrm{kg\cdot m\cdot s^{-1}}$$

速度的不确定量为

$$\Delta v_y = \frac{\Delta p_y}{m} \geqslant \frac{1.33\times10^{-32}}{1\times10^{-2}}\ \mathrm{m\cdot s^{-1}} = 1.33\times10^{-30}\ \mathrm{m\cdot s^{-1}}$$

即子弹横向速度的不确定量

$$\Delta v_y \geqslant 1.33\times10^{-30}\ \mathrm{m\cdot s^{-1}}$$

以上结果说明,子弹横向速度的不确定量远远小于子弹每秒几百米的速度.因此不确定关系对于像子弹这样的宏观物体的射击瞄准没有任何影响.也就是说,子弹的运动几乎不显示任何波粒二象性,所以,对于宏观物体完全可以视为粒子,轨道的概念是有意义的.

【例 19-4】 原子的线度按 1.0×10^{-9} m 估算,原于中的电子的动能 E_k 按 10 eV 估算,求原子中电子运动速度的不确定量.

【解】 原子的线度实际上就是原子中电子的运动范围,即电子的不确定度

$$\Delta x = 1.0\times10^{-9}\ \mathrm{m}$$

由海森伯不确定关系 $\Delta x \geqslant \dfrac{h}{\Delta p_x}$,则

$$\Delta v_x \geqslant \frac{h}{m\Delta x} = \frac{6.63\times10^{-34}}{9.11\times10^{-31}\times1.0\times10^{-9}}\ \mathrm{m\cdot s^{-1}} = 7.73\times10^{6}\ \mathrm{m\cdot s^{-1}}$$

按照经典力学计算,电子的速度

$$v = \sqrt{\frac{2E_k}{m}} = \sqrt{\frac{2\times10\times1.6\times10^{-19}}{9.11\times10^{-31}}}\ \mathrm{m\cdot s^{-1}} = 1.9\times10^{6}\ \mathrm{m\cdot s^{-1}}$$

比较原子中电子的速度 v 与电子速度的不确定量 Δv,发现 Δv 比 v 还大,说明原子中电子的速度完全不能确定.因此,谈原子中电子的速度是没有意义的,并且下一时刻粒子的位置也就完全不能确定.所以,对于原于内的电子运动,轨道的概念已失去意义.此例说明,如果一个物理系统的作用量的数值可以与普朗克常量相比拟时,不确定关系起着不可忽视的作用,该系统的行为必须在量子力学的框架内加以描述.

【例 19-5】 一维运动的粒子,设其动量的不确定量等于它的动量,试求此粒子的位置不确定量与它的德布罗意波长的关系.

【解】 由海森伯不确定关系式 $\Delta x\Delta p_x \geqslant h$,即

$$\Delta x \geqslant \frac{h}{\Delta p_x} \qquad ①$$

根据题意 $\Delta p_x = p$ 以及德布罗意波长公式 $\lambda = \dfrac{h}{p}$,得

$$\lambda = \frac{h}{\Delta p_x} \qquad ②$$

比较式①和式②得　$\Delta x \geqslant \lambda$

【例 19-6】 已知某激发态能级的平均寿命 $\tau = 10^{-8}$ s，求该激发态的能级宽度 ΔE 以及原子从该激发态跃迁到基态辐射谱线的自然宽度 $\Delta\nu$，如图 19-13 所示.

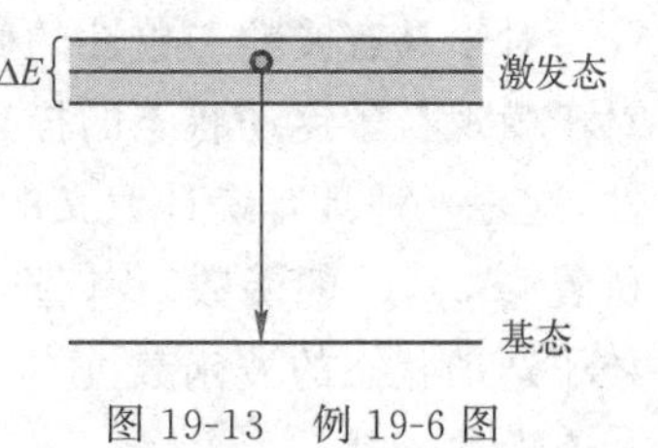

图 19-13　例 19-6 图

【解】 激发态的平均寿命即为时间的不确定量 $\Delta t = 1\times10^{-8}$ s，由不确定关系式

$$\Delta E \Delta t \geqslant h$$

则谱线的能级宽度

$$\Delta E \geqslant \frac{h}{\Delta t} = \frac{6.63\times10^{-34}}{10^{-8}\times1.6\times10^{-19}}\ \text{eV} = 4.1\times10^{-7}\ \text{eV}$$

根据德布罗意关系 $E = h\nu$，则

$$\Delta E = h\Delta\nu$$

则有

$$\Delta\nu\Delta t \geqslant 1$$

所以

$$\Delta\nu \geqslant \frac{1}{\Delta t} = \frac{1}{10^{-8}}\ \text{Hz} = 1\times10^{8}\ \text{Hz}$$

该激发态能级有一个宽度 $\Delta E = 4.1\times10^{-7}$ eV，对应的谱线有一个宽度 $\Delta\nu = 10^{8}$ Hz.

§ 19-3　波函数及其物理意义

微观粒子具有波粒二象性，基于其行为的特殊性，对微观粒子状态的描述也就具有特殊性. 量子力学用波函数来描述微观粒子的状态，而波函数能够提供有关粒子状态的全部信息. 那么，这个波函数应该取什么形式呢？下面将从最简单的自由粒子开始讨论.

一、描述自由粒子的波函数

在经典力学中，一个质点的运动状态是由它的空间坐标 $\boldsymbol{r}(x,y,z)$ 随时间的变化，即作为时间 t 的函数，或者说用函数 $f(x,y,z,t)$ 来描述质点的运动. 一旦描述质点运动状态的函数 $f(x,y,z,t)$ 确定，即描述质点运动的运动方程 $f(x,y,z,t)$ 确定，那么质点的运动轨道就完全确定下来了.

我们也知道，沿 x 方向传播的平面简谐波的表达式是坐标 x 和时间 t 的函数，其表达式为

$$y(x,t) = A\cos 2\pi\left(\nu t - \frac{x}{\lambda}\right) \tag{19-14}$$

式中，A 为振幅，ν 为波的频率，λ 为波长. 如果是机械波，y 表示位移；如果是电磁波，y 表示电场强度或磁场强度. 同时我们也知道，波的强度与振幅的平方成正比.

根据欧拉公式,式(19-14)可以用复数形式表示,即

$$y(x,t)=A\mathrm{e}^{-\mathrm{i}2\pi(\nu t-x/\lambda)} \tag{19-15}$$

对于机械波或电磁波来说,可以取用式(19-15)的实数部分. 总之,不论是粒子还是波,都可以用一个函数来描述其运动规律.

对于具有波粒二象性的微观粒子,粒子在空间的运动并不存在一条具体轨道. 对于微观粒子运动状态的描述不能采用经典力学的方式. 因为微观粒子具有波动性,这是一种具有统计意义的波,即概率波. 那么,在一定时刻 t,概率波应该是空间位置 (x,y,z) 的函数,我们把这个函数 $\Psi(x,y,z,t)$ 称为**波函数**. 为了对描述微观粒子运动状态的波函数 $\Psi(x,y,z,t)$ 有所了解,我们首先考察描述自由粒子运动状态的波函数.

由于微观自由粒子不受外力作用,所以它的能量 E 和动量 p 均为恒量,由德布罗意关系式(19-1)和式(19-2),它的频率 ν 和波长 λ 也应为恒量,则自由粒子对应的波为平面简谐波,所以沿 x 方向运动的自由粒子的波函数可以表示为

$$\Psi(x,t)=\psi_0\mathrm{e}^{-\mathrm{i}2\pi(\nu t-x/\lambda)} \tag{19-16}$$

式中,ψ_0 为概率波的振幅. 将德布罗意关系式 $\nu=\dfrac{E}{h}$、$\lambda=\dfrac{h}{P}$ 代入上式,则有

$$\Psi(x,t)=\psi_0\mathrm{e}^{-\mathrm{i}\frac{2\pi}{h}(Et-px)} \tag{19-17}$$

上式为沿 x 方向运动的自由粒子的波函数的表达式,把波函数写成复数形式主要是为了符合微观粒子波粒二象性的理论要求. 如果传播方向与 x 轴不一致,则其动量 p 的 y、z 分量 p_y、p_z 就不一定为零,自由粒子波函数的一般表达式为

$$\Psi(\boldsymbol{r},t)=\psi_0\mathrm{e}^{-\mathrm{i}\frac{2\pi}{h}(Et-p_xx-p_yy-p_zz)}=\psi_0\mathrm{e}^{-\mathrm{i}\frac{2\pi}{h}(Et-\boldsymbol{p}\cdot\boldsymbol{r})} \tag{19-18}$$

上式就是描述自由粒子运动状态的德布罗意平面波的波函数. 如果粒子在一势场中运动,则粒子不再是自由粒子,粒子的波动性也就不能用平面波描述,而必须采用更复杂的波函数描述. 从式(19-18)可以看出,波函数形式上是波的抽象,但是它又含有描述粒子特征的物理量 E 和 $\boldsymbol{p}$,因此波函数反映了微观粒子的波粒二象性.

二、波函数的物理意义

如图 19-14(a)所示,让电子逐个通过单缝,当时间很短时,在衍射屏只有几个电子,如(b)所示;随着时间的延长,衍射屏上记录的电子数的增加,电子的衍射效应越来越明显,如图(c)和(d)所示;当时间足够长时,得到的是如图(e)所示的电子衍射的结果. 通过对电子单缝衍射图样的分析说明,在某一时刻、在空间某一位置,电子出现的概率与该时刻在该位置电子波的强度成正比. 玻恩把波函数看作概率波的振幅,由于振幅的平方反映波的强度. 由此,玻恩在 1926 年提出了波函数的统

计解释,可以表述如下:

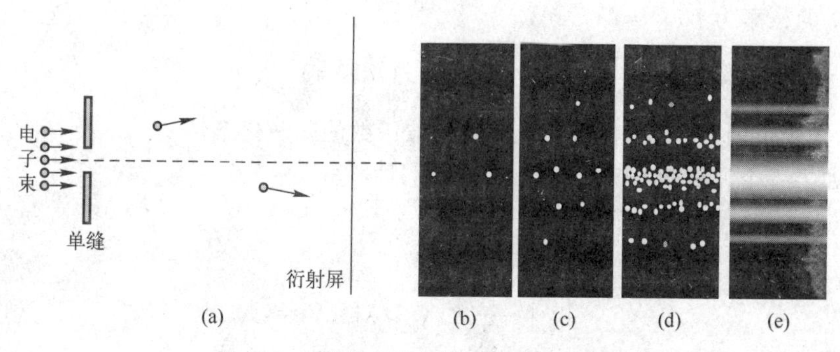

图 19-14　单缝电子衍射及其图样示意图

微观粒子用波函数 $\Psi(\boldsymbol{r},t)$描述,则 t 时刻在空间某处(x,y,z)单位体积内找到微观粒子的概率为

$$|\Psi(\boldsymbol{r},t)|^2=\Psi^*(\boldsymbol{r},t)\Psi(\boldsymbol{r},t) \tag{19-19}$$

也就是表明$|\Psi(\boldsymbol{r},t)|^2$ 为粒子 t 时刻在空间某处(x,y,z)出现的**概率密度**. 那么,t 时刻在空间某处(x,y,z)体积元 $\mathrm{d}V=\mathrm{d}x\mathrm{d}y\mathrm{d}z$ 内找到粒子的**概率**为

$$|\Psi(\boldsymbol{r},t)|^2\mathrm{d}V=\Psi^*(\boldsymbol{r},t)\Psi(\boldsymbol{r},t)\mathrm{d}x\mathrm{d}y\mathrm{d}z \tag{19-20}$$

这就是玻恩提出的波函数的统计解释,也就是波函数的物理意义. 它不仅成功地解释了电子的衍射实验,而且在解释其他许多问题时,所得的结果与实验也是符合的,因此,对波函数的这一统计解释,已为大家所公认. 玻恩也因此贡献于 1954 年获得诺贝尔物理学奖. 按照玻恩的统计解释,波函数描述的是处于相同条件下的大量粒子的一次行为,或者是一个粒子的多次重复行为. 一般来说,我们不能根据波函数预言一个粒子在某一时刻一定出现在某个地方,但是可以指出在空间各处找到该粒子的概率分别是多少,所以,微观粒子的波动性与其统计意义是密切相关的,波函数表示的正是这种统计性的概率波.

最后需要说明的是,经典力学的运动方程 $f(x,y,z,t)$,机械波或电磁波的波动方程 $y(x,t)=A\cos2\pi(\nu t-x/\lambda)$,都有其明确的物理意义. 微观粒子的波函数 $\psi(\boldsymbol{r},t)$没有明确的物理意义,有明确物理意义的是$|\Psi(\boldsymbol{r},t)|^2$,它表示 t 时刻在空间某处出现的概率密度.

三、波函数的归一化条件和标准条件

上面我们已经明确,微观粒子的运动状态可以用波函数描述,$|\Psi(\boldsymbol{r},t)|^2$ 表示在空间某处找到粒子的概率密度. 那么,波函数需要满足一些什么条件,才能保持其统计的特性?

根据波函数的统计解释,t 时刻在空间某处体积元 $\mathrm{d}V$ 内找到粒子的概率为$|\Psi(\boldsymbol{r},t)|^2\mathrm{d}V$. 由于粒子总是存在于空间中,它不在空间的这个地方出现,就在其

他地方出现,所以在整个空间内搜索,一定能够找到它. 也就是说,在整个空间内发现粒子的概率为100%,即

$$\iiint_V |\Psi(\boldsymbol{r},t)|^2 \mathrm{d}V = 1 \tag{19-21}$$

式中,积分范围 V 为所有空间,上式称为**波函数的归一化条件**.

如果一个波函数 $\psi_A(\boldsymbol{r},t)$尚未归一化,即

$$\iiint_V \left|\Psi_A(\boldsymbol{r},t)\right|^2 \mathrm{d}V = A \quad (A > 0)$$

则有

$$\iiint_V \left|\frac{1}{\sqrt{A}}\Psi_A(\boldsymbol{r},t)\right|^2 \mathrm{d}V = 1 \tag{19-22}$$

式中,$1/\sqrt{A}$ 称为归一化因子,而波函数 $\Psi(\boldsymbol{r},t)=\dfrac{1}{\sqrt{A}}\Psi_A(\boldsymbol{r},t)$已经成为归一化的波函数.

由于$|\Psi(\boldsymbol{r},t)|^2$ 表示在空间某处找到粒子的概率密度. 波函数还要满足几个标准条件:

(1) 波函数 $\Psi(\boldsymbol{r},t)$在整个空间是单值函数. 因为在空间给定点,粒子的概率密度是唯一确定的.

(2) 波函数 $\Psi(\boldsymbol{r},t)$在整个空间是有限函数. 因为在整个空间,粒子的概率不可能无限大.

(3) 波函数 $\Psi(\boldsymbol{r},t)$在整个空间是连续函数,而且它的一阶导数也应该是连续的. 因为在整个空间,粒子出现的概率是连续的.

前面已经介绍了自由粒子波函数的数学表达形式. 如果粒子受到外力的作用,它的动量就要发生变化,根据德布罗意关系式 $\lambda=\dfrac{h}{p}$,动量的变化会导致波长的改变. 这种情况下,波函数就不能取平面简谐波的形式,要用更为复杂的函数式来表示. 要想得到具体表示形式,需要建立和求解薛定谔方程.

【例 19-7】 有一沿 x 轴运动的粒子,描述其运动状态的波函数为 $\psi(x)=\dfrac{A}{1+ix}$,求:

(1) 归一化的波函数;

(2) 粒子的概率密度函数;

(3) 粒子概率最大的位置.

【解】 (1) 粒子的概率密度为

$$|\psi(x)|^2=\psi(x)\psi^*(x)=\frac{A}{1+ix}\frac{A}{1-ix}=\frac{A^2}{1+x^2}$$

由归一化条件得

$$\int_V |\psi|^2 dV = \int_{-\infty}^{\infty} \frac{A^2}{1+x^2}dx = A^2\int_{-\infty}^{\infty} \frac{1}{1+x^2}dx = A^2\pi = 1$$

归一化因子 $A=\frac{1}{\sqrt{\pi}}$,所以归一化的波函数为

$$\psi(x)=\frac{1}{\sqrt{\pi}}\frac{1}{1+ix}$$

(2) 概率密度函数为

$$|\psi(x)|^2=\psi(x)\psi*(x)=\frac{1}{\sqrt{\pi}}\frac{A}{1+ix}\frac{1}{\sqrt{\pi}}\frac{1}{1-ix}$$

所以
$$|\psi(x)|^2=\frac{1}{\pi}\frac{1}{1+x^2}$$

概率密度随分布如图 19-15 所示.

(3) 对概率密度函数求一阶导数

$$\frac{d}{dx}|\psi(x)|^2=\frac{d\left(\frac{1}{\pi}\frac{1}{1+x^2}\right)}{dx}=\frac{2x}{\pi(1+x^2)}=0$$

粒子在 $x=0$ 处的概率密度最大,且该处概率密度 $|\psi(x)|^2=\frac{1}{\pi}$,如图 19-15 所示.

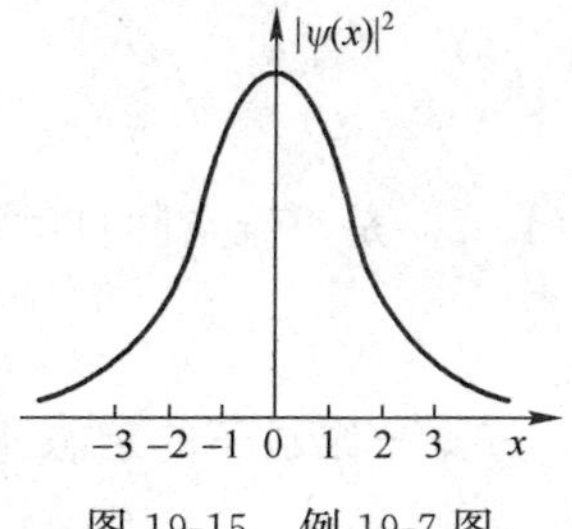

图 19-15　例 19-7 图

§ 19-4　薛定谔方程

在经典力学中,牛顿定律是质点运动所遵从的基本方程,由初始条件并解牛顿运动定律方程便可求出任意时刻描述质点运动的位置和动量. 奥地利物理学家薛定谔认为,对于微观粒子,用波函数描述粒子的运动状态,波函数也应该满足一个基本方程.

薛定谔方程是量子力学的基本方程,它和经典力学中的牛顿定律方程一样,只要给出粒子初始时刻的波函数,通过求解薛定谔方程,就可以确定粒子在任意时刻的波函数,即粒子的运动状态. 另外,薛定谔方程不能由其他基本原理推导出来,它的正确性只能靠实验来检验.

一、一维自由粒子的振幅方程

我们先从一维自由粒子的运动特点出发,来讨论一维自由粒子波函数所满足的方程. 如上节所述,一个沿 x 方向运动,具有确定动量 $p=mv$ 和能量 $E=p^2/2m$ 的粒子,可用平面简谐波函数式(19-17)描述,即

$$\Psi(x,t)=\psi_0 e^{-i\frac{2\pi}{h}(Et-px)}$$

上式也可以写成

$$\Psi(x,t)=\psi(x)\mathrm{e}^{-\mathrm{i}\frac{2\pi}{h}Et} \tag{19-23}$$

式中

$$\psi(x)=\psi_0\mathrm{e}^{\mathrm{i}\frac{2\pi}{h}px} \tag{19-24}$$

$\psi(x)$称为振幅函数，它是波函数中只与坐标有关，而与时间无关的部分，有时也称为**定态波函数**. 现在将定态函数 $\psi(x)$对 x 求二阶导数，即得

$$\frac{\mathrm{d}^2\psi(x)}{\mathrm{d}x^2}=\left(\mathrm{i}\frac{2\pi}{h}p\right)^2\psi_0\mathrm{e}^{\mathrm{i}\frac{2\pi}{h}px}=-\frac{4\pi^2}{h^2}p^2\psi(x) \tag{19-25}$$

将 $p^2=2mE$ 代入上式，整理后得

$$\frac{\mathrm{d}^2\psi(x)}{\mathrm{d}x^2}+\frac{8\pi^2 m}{h^2}E\psi(x)=0 \tag{19-26}$$

式(19-26)是一维空间自由粒子振幅函数所满足的规律，称为一维自由粒子的振幅方程.

二、一维粒子的定态薛定谔方程

如果粒子是在保守力场中运动，就不再是自由粒子了，这时，振幅函数所适合的方程可以用类似于自由粒子的方法建立. 设粒子在一维势场中运动，其势能为 $U(x)$，则粒子的能量

$$E=E_\mathrm{k}+U(x)=\frac{p^2}{2m}+U(x)$$

则

$$p^2=2m[E-U(x)] \tag{19-27}$$

将式(19-27)代入式(19-25)，并整理得

$$\frac{\mathrm{d}^2\psi(x)}{\mathrm{d}x^2}+\frac{8\pi^2 m}{h^2}[E-U(x)]\psi(x)=0 \tag{19-28}$$

因 $\psi(x)$只是坐标的函数，与时间无关，所以，$\psi(x)$所描述的是粒子在空间的一种稳定分布，所以称为定态波函数. 式(19-28)称为**一维粒子的定态薛定谔方程**. 若 $U(x)=0$，则式(19-28)成为式(19-26)，所以式(19-26)也称**一维自由粒子的定态薛定谔方程**.

三、定态薛定谔方程

如果粒子在三维势场中运动，势能 U 仅是坐标的函数，与时间无关，即 $U=U(x,y,z)$，则式(19-28)可以推广到三维空间，即

$$\frac{\partial^2\psi(x,y,z)}{\partial x^2}+\frac{\partial^2\psi(x,y,z)}{\partial y^2}+\frac{\partial^2\psi(x,y,z)}{\partial z^2}+\frac{8\pi^2 m}{h^2}[E-U(x,y,z)]\psi(x,y,z)=0 \tag{19-29}$$

式(19-29)称为**定态薛定谔方程**. 如果令 $\hbar=\dfrac{h}{2\pi}$,$\hbar$ 称为约化普朗克常量,并利用拉普拉斯算符

$$\nabla^2=\frac{\partial^2}{\partial x^2}+\frac{\partial^2}{\partial y^2}+\frac{\partial^2}{\partial z^2}$$

则定态薛定谔方程可以改写为

$$\nabla^2\psi+\frac{2m}{\hbar^2}(E-U)\psi=0 \tag{19-30}$$

对定态薛定谔方程可以这样来理解:一个质量为 m 处于不随时间变化的势场 $U(x,y,z)$ 中运动的微观粒子,用波函数 $\psi(x,y,z)$ 描述粒子的运动,该波函数满足薛定谔方程. 这个方程的一个解表示粒子运动的一个稳定状态,与这个解相对应的常数 E,就是粒子在这个稳定状态的能量. 在求解薛定谔方程时,波函数要求满足标准条件(单值、有限、连续),并且满足归一化条件. 由于这些条件的限制,只有当总能量 E 具有某些特定值时微分方程才有解,这些 E 值叫做本征值,而相应的波函数则称为本征解或本征函数.

薛定谔方程和物理学中的其他基本方程(如牛顿运动方程、麦克斯韦方程组)一样,其正确性只能由实验来检验. 1926 年薛定谔方程提出后,很快就被应用到有关原子、分子等许多微观物理问题中,并取得很大成功.

§ 19-5　定 态 问 题

本节通过对一维势阱和一维势垒中运动粒子的薛定谔方程的求解,介绍量子力学的基本概念和分析问题、解决问题的方法,并简单介绍扫描隧道显微镜的物理原理.

一、一维无限深势阱

设质量为 m 的粒子,只能在 $0<x<a$ 的区域内自由运动,在边界上受到突然升高的势能的阻拦,即

$$U(x)=\begin{cases}0 & \text{当 } 0<x<a\\ \infty & \text{当 } x\leqslant 0, x\geqslant a\end{cases} \tag{19-31}$$

势能曲线如图 19-16 所示. 可以看出,这个势能是不随时间变化的常量,因此只需求解一维定态薛定谔方程式(19-28)即可. 由于 $U(x)$ 在不同区域有不同的值,所以要分“势阱内”和“势阱外”两类区域进行讨论.

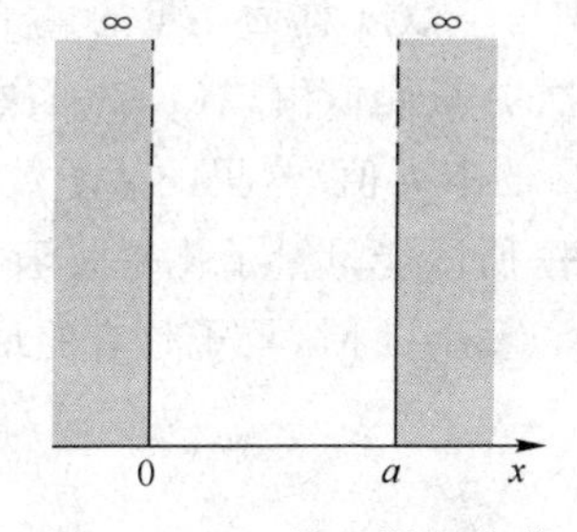

图 19-16　一维无限深势阱

在势阱外,$U(x)=\infty$,所以有

$$\psi(x)=0 \quad (x\leqslant 0, x\geqslant a) \tag{19-32}$$

在势阱内，$U(x)=0$，一维定态薛定谔方程为

$$\frac{d^2\psi(x)}{dx^2}+\frac{8\pi^2 m}{h^2}E\psi(x)=0 \quad (0<x<a) \tag{19-33}$$

令

$$\frac{8\pi^2 m}{h^2}E=k^2 \tag{①}$$

则式(19-33)成为

$$\frac{d^2\psi(x)}{dx^2}+k^2\psi(x)=0 \tag{②}$$

求解这个二阶常系数微分方程，其通解为

$$\psi(x)=A\sin kx+B\cos kx \tag{③}$$

式③中 A、B 和 k 可由边界条件和归一化条件决定. 根据式(19-32)，得边界条件

$$\psi(0)=0, \quad \psi(a)=0 \tag{④}$$

将边界条件 $\psi(0)=0$ 代入式③，得

$$B=0$$

则

$$\psi(x)=A\sin kx \tag{⑤}$$

将边界条件 $\psi(a)=0$ 代入式⑤，得

$$A\cos ka=0$$

由此得

$$ka=n\pi \quad (n=1,2,3,\cdots)$$

上式中 $n\neq 0$，因为若 $n=0$，则 $k=0$，$\psi(x)$ 恒为零，没有物理意义，所以

$$k=\frac{n\pi}{a} \quad (n=1,2,3,\cdots) \tag{⑥}$$

即在波函数 $\psi(x)=A\sin kx$ 中，k 的取值不是任意的，只能取 $n=1,2,3,\cdots$ 决定的一些值. 则由式①决定的 E 也只能取对应于各个 n 值的一些特定的分立值，将式⑥代入式①，E 用 E_n 表示，则

$$E_n=\frac{h^2}{8ma^2}n^2 \quad (n=1,2,3,\cdots) \tag{19-34}$$

式中正整数 n 称为能量的量子数. 可见，当粒子束缚在一维势阱中时，其能量是量子化的，只能取由式(19-34)决定的一系列不连续的分立值. E_n 称为本问题中的能量 E 的本征值. 这里的量子数 n 得到的过程非常自然，即波函数存在必须满足的条件，所以能量量子化是波函数存在必须满足的条件.

当 $n=1$ 时，粒子具有的最低能量，称为基态能级

$$E_1=\frac{h^2}{8ma^2} \tag{⑦}$$

当 $n=2,3,\cdots$ 时，可得

$$E_n = n^2 E_1 \quad ⑧$$

对不同的 n，可得不同的能级 E_n，如图 19-17 所示.

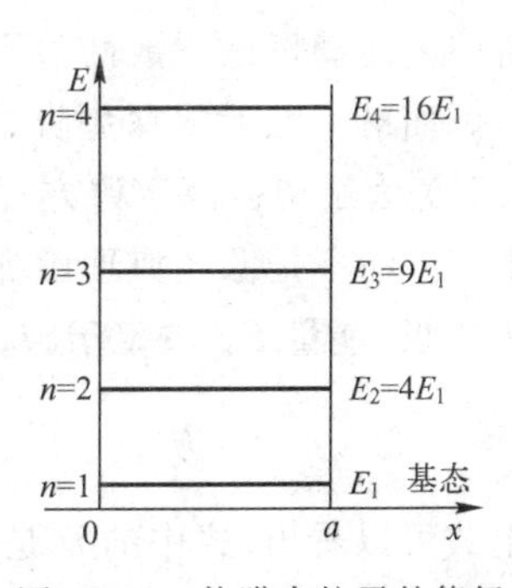

图 19-17　势阱中粒子的能级

与一定的能级 E_n 相对应，可得本问题的解

$$\psi_n(x) = A\sin\frac{n\pi}{a}x \quad (n=1,2,3,\cdots) \quad ⑨$$

上式称为各个本征值相应的本征函数. 至于式中的 A，可由归一化条件确定

$$\int_{-\infty}^{\infty} |\psi(x)|^2 \mathrm{d}x = 1$$

将式⑨代入上式，并把积分上、下限换为 0 和 a，则有

$$\int_0^a A^2 \sin^2\left(\frac{n\pi}{a}x\right)\mathrm{d}x = A^2\,\frac{a}{2} = 1$$

所以

$$A = \sqrt{\frac{2}{a}} \quad ⑩$$

最后得到一维无限深势阱中粒子薛定谔方程的解为

$$\psi_n(x) = \sqrt{\frac{2}{a}}\sin\frac{n\pi}{a}x \quad (19\text{-}35)$$

对于不同的 n，对应的能级 E_n，有相应的 $\psi_n(x)$ 和 $|\psi_n(x)|^2$，如图 19-18 所示.

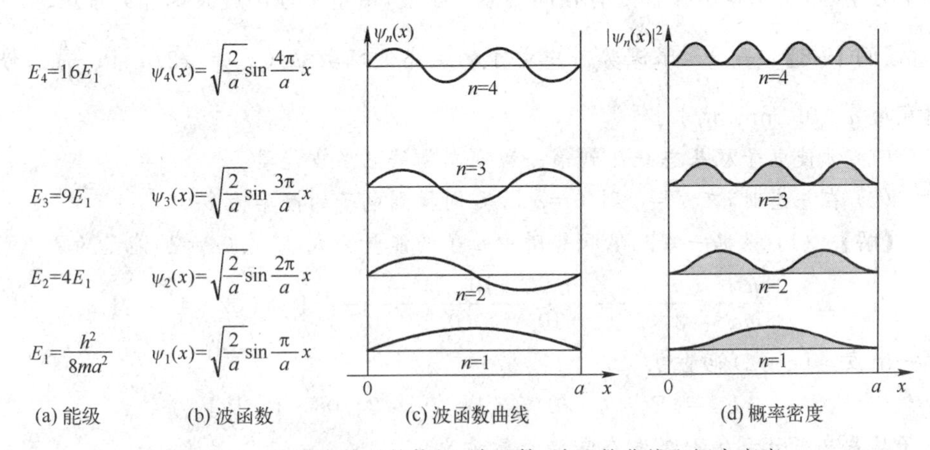

图 19-18　势阱中粒子的能级、波函数、波函数曲线和概率密度

以上得到的波函数 $\psi_n(x)$ 并不含有时间，实际上是定态波函数，也称振幅函数. 由式(19-23)，可以得到一维无限深势阱中粒子完整的波函数

$$\Psi_n(x,t) = \sqrt{2/a}\sin\frac{n\pi x}{a}\mathrm{e}^{-\mathrm{i}\frac{2\pi}{h}E_n t} \quad (19\text{-}36)$$

式中，E_n 由式(19-34)决定. 由上式可以看出，粒子的波函数在边界处为零，粒子在

势阱中的运动可以看成两端固定的弦线中的驻波.

下面对一维无限深势阱中粒子的结论进行讨论：

(1) 为了使得薛定谔方程的 $\psi(x)$ 有解，粒子的能量 E 只能取一系列不连续的数值 E_n. 而不是像经典理论那样，质点的能量具有连续性. 即能量是量子化的，形成了能级. 能量 E_n 决定于粒子的质量 m 和势阱的宽度 a，即

$$E_n=\frac{h^2}{8ma^2}n^2$$

由上式可以看出，式中的 h 是一个很小的常数. 只有当 m 和 a 同 h 具有相仿的数量级时，能量的量子化才能显示出来.

(2) 量子数 n 只能取 $n=1,2,3,\cdots$ 等整数，也是满足薛定谔方程的解的条件. 而且处于势阱中的粒子的最低能量不是零，而是

$$E_1=\frac{h^2}{8ma^2}$$

E_1 就是能量的最小值，即基态能量. 这样的结论在经典理论看来是不可理解的，但在量子力学中是可以理解的.

(3) 图 19-18 给出了势阱中 $\psi_n(x)$ 和 $|\psi_n(x)|^2$ 的分布情况. 处于势阱中粒子的不同能级所对应的概率密度不同，说明不同能量状态的粒子在势阱中各处出现的概率不同. 但是，当能量量子数 n 很大时，粒子在势阱中的概率密度分布曲线变得十分平坦，说明粒子在各处有相同的概率密度，由量子理论过渡到经典理论.

【例 19-8】 一维无限深势阱中电子的定态波函数 $\psi_n(x)=\sqrt{2/a}\sin\frac{n\pi}{a}x$，势阱宽度 $a=0.1\,\text{nm}$. 试求：

(1) 欲使电子从基态跃迁到第一激发态需给它多少能量.

(2) 在基态时，在 $x=0$ 到 $x=a/3$ 之间找到电子的概率为多少.

【解】 (1) 根据一维无限深势阱中粒子的能量公式，基态($n=1$)能量为

$$E_1=\frac{h^2}{8ma^2}=\frac{(6.63\times10^{-34})^2}{8\times9.11\times10^{-31}\times(0.1\times10^{-9})^2}\,\text{J}=6.02\times10^{-18}\,\text{J}$$

第一激发态($n=2$)能量为

$$E_2=4E_1=4\times6.02\times10^{-18}\,\text{J}=24.08\times10^{-18}\,\text{J}$$

电子从基态跃迁到第一激发态需要的能量为

$$\Delta E=E_2-E_1=(24.08\times10^{-18}-6.02\times10^{-18})\,\text{J}=1.806\times10^{-17}\,\text{J}$$

(2) 在基态时，电子在 $x=0$ 到 $x=a/3$ 之间找到电子的概率为

$$\int_0^{\frac{a}{3}}|\psi(x)|^2\text{d}x=\int_0^{\frac{a}{3}}\frac{2}{a}\sin^2\frac{\pi x}{a}\text{d}x=\frac{1}{3}-\frac{\sqrt{3}}{4\pi}$$

【例 19-9】 如果将长为 1 cm 的细金属导线中的电子视为一维无限深势阱中的电子. 电子的能量是多少？是量子化的还是连续的？

【解】 如果将电子视为一维无限深势阱中势能为零的粒子，则由式(19-34)

$$E_n=\frac{h^2}{8ma^2}n^2=\frac{(6.63\times10^{-34})^2}{8\times9.11\times10^{-31}\times(10^{-2})^2}n^2$$

则

$$E_n=3.7\times10^{-15}n^2\ \mathrm{eV}\quad(n=1,2,3,\cdots)$$

结果说明，金属中电子的能量非常密集，能量的量子化间隔根本无法测量，可以视为能量是连续的.

二、势垒贯穿与隧道效应

在两块金属之间有一很薄的绝缘层，电子在两边的金属内是自由的，但是不容易通过绝缘层. 从能量角度看这个问题，对于电子，这一绝缘层相当于图 19-19 所示的势垒.

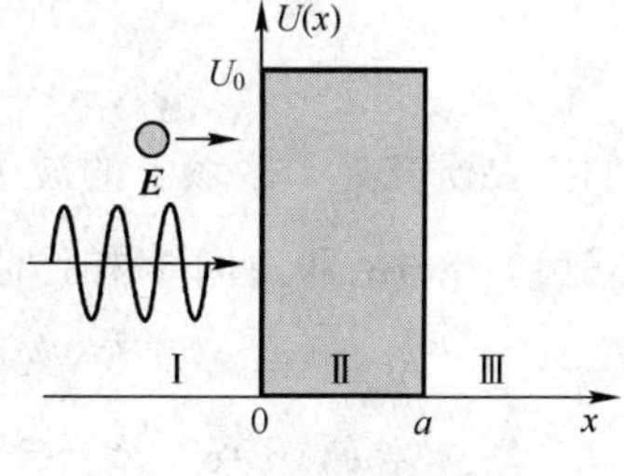

图 19-19　一维方势垒

若有一能量为 E 的粒子，从 $x<0$ 的区域沿 x 轴正向运动，遇到一个势垒，如果粒子的能量低于势垒的高度($E<U_0$)，该粒子的运动情况将如何？

按照经典力学的观点，粒子百分之百被弹回，根本不可能穿过该势垒，进入区域Ⅲ. 那么，按照量子力学的观点，该粒子的行为又如何呢？微观粒子具有波动性. 物质波是概率波，下面我们应用薛定谔方程来考察该粒子的概率波行为. 如图 19-19 所示，粒子在一维空间的势能

$$U(x)=\begin{cases}U_0 & 当\ 0\leqslant x\leqslant a\\ 0 & 当\ x<0,x>a\end{cases}\tag{19-37}$$

这种势垒称为一维方势垒. 显然，这是一个定态问题，描述该粒子状态的波函数满足一维定态薛定谔方程. 设 $\psi_1(x)$、$\psi_2(x)$、$\psi_3(x)$分别表示Ⅰ、Ⅱ、Ⅲ三个区域内的定态波函数. 则

$$\psi(x)=\begin{cases}\psi_1(x) & 当\ x<0\\ \psi_2(x) & 当\ 0\leqslant x\leqslant a\\ \psi_3(x) & 当\ x>a\end{cases}$$

它们分别满足如下三个一维定态薛定谔方程

$$\frac{\mathrm{d}^2\psi_1(x)}{\mathrm{d}x^2}+\frac{8\pi^2m}{h^2}E\psi_1(x)=0\quad(x<0)$$

$$\frac{\mathrm{d}^2\psi_2(x)}{\mathrm{d}x^2}+\frac{8\pi^2m}{h^2}(E-U_0)\psi_2(x)=0\quad(0\leqslant x\leqslant a)$$

$$\frac{\mathrm{d}^2\psi_3(x)}{\mathrm{d}x^2}+\frac{8\pi^2m}{h^2}E\psi_3(x)=0\quad(x>a)$$

令 $\frac{8\pi^2m}{h^2}E=k_1^2$，$\frac{8\pi^2m}{h^2}(E-U_0)=k_2^2$，将 k_1、k_2 代入以上三个方程，整理后得

$$\frac{\mathrm{d}^2\psi_1(x)}{\mathrm{d}x^2}+k_1^2\psi_1(x)=0 \quad (x<0)$$

$$\frac{\mathrm{d}^2\psi_2(x)}{\mathrm{d}x^2}+k_2^2\psi_2(x)=0 \quad (0\leqslant x\leqslant a)$$

$$\frac{\mathrm{d}^2\psi_3(x)}{\mathrm{d}x^2}+k_1^2\psi_3(x)=0 \quad (x>a)$$

这是我们非常熟悉的微分方程，其普遍解分别为

$$\psi_1(x)=A_1\mathrm{e}^{\mathrm{i}k_1x}+A_2\mathrm{e}^{-\mathrm{i}k_1x} \quad (x<0) \tag{19-38a}$$

$$\psi_2(x)=B_1\mathrm{e}^{\mathrm{i}k_2x}+B_2\mathrm{e}^{-\mathrm{i}k_2x} \quad (0\leqslant x\leqslant a) \tag{19-38b}$$

$$\psi_3(x)=C_1\mathrm{e}^{\mathrm{i}k_1x}+C_2\mathrm{e}^{-\mathrm{i}k_1x} \quad (x>a) \tag{19-38c}$$

我们主要研究处于区域Ⅰ的波函数 $\psi_1(x)$ 和区域Ⅲ的波函数 $\psi_3(x)$. 将式(19-38a)和式(19-38c)的两边同时乘上时间因子 $\mathrm{e}^{-\mathrm{i}\frac{2\pi}{h}Et}$，则得

$$\psi_1(x)\mathrm{e}^{-\mathrm{i}\frac{2\pi}{h}Et}=A_1\mathrm{e}^{\mathrm{i}k_1x}\mathrm{e}^{-\mathrm{i}\frac{2\pi}{h}Et}+A_2\mathrm{e}^{-\mathrm{i}k_1x}\mathrm{e}^{-\mathrm{i}\frac{2\pi}{h}Et} \quad (x<0) \tag{19-39a}$$

$$\psi_3(x)\mathrm{e}^{-\mathrm{i}\frac{2\pi}{h}Et}=C_1\mathrm{e}^{\mathrm{i}k_1x}\mathrm{e}^{-\mathrm{i}\frac{2\pi}{h}Et}+C_2\mathrm{e}^{-\mathrm{i}k_1x}\mathrm{e}^{-\mathrm{i}\frac{2\pi}{h}Et} \quad (x>a) \tag{19-39b}$$

现在分析上面两式的物理意义. 式(19-39a)右边的第一项表示沿 x 轴正向传播的平面波，即入射波；第二项表示沿 x 轴负向传播的平面波，即反射波. 可见在区域Ⅰ存在入射和反射两列平面波，在该区域描述粒子状态的波函数 $\Psi_1(x,t)$ 是沿相反方向传播的两列平面波的叠加. 如图 19-20 所示.

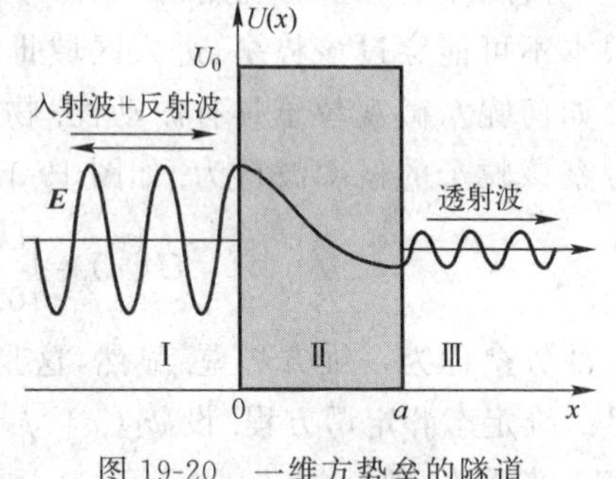

图 19-20　一维方势垒的隧道贯穿示意图

在区域Ⅲ，由于不存在反射波，所以式(19-39b)中的 $C_2=0$. 在该区域描述粒子状态的波函数 $\Psi_3(x,t)$ 是沿 x 轴正向传播的平面波，即透射波. 所以，区域Ⅰ的波函数 $\Psi_1(x,t)$ 和区域Ⅲ的波函数 $\Psi_3(x,t)$ 分别表示为

$$\Psi_1(x,t)=A_1\mathrm{e}^{\mathrm{i}k_1x}\mathrm{e}^{-\mathrm{i}\frac{2\pi}{h}Et}+A_2\mathrm{e}^{-\mathrm{i}k_1x}\mathrm{e}^{-\mathrm{i}\frac{2\pi}{h}Et} \quad (x<0) \tag{19-40a}$$

$$\Psi_3(x,t)=C_1\mathrm{e}^{\mathrm{i}k_1x}\mathrm{e}^{-\mathrm{i}\frac{2\pi}{h}Et} \quad (x>a) \tag{19-40b}$$

在量子力学中，概率波在势垒界面所显示的行为与经典电磁波在两种介质分界面上的行为有些类似. 由于概率波的振幅平方反映粒子在空间的概率分布. 虽然粒子的总能量低于势垒高度，但是按量子力学的观点，在区域Ⅲ的波函数并不为零，也就是说，原来在区域Ⅰ的粒子有穿过势垒进入区域Ⅲ的可能. 这种现象就好像粒子在势垒壁上“开凿”了一个隧道而钻出，所以称为**隧道效应**，如图 19-20 所示. 隧道效应已经被大量实验所证实. 例如，一种金属内的电子虽然不能溢出金属表面，但当两块金属宏观上接触在一起时，电子却可以穿过表面势垒而自由往来.

经计算(略)可以得到粒子的透射系数

$$T=\frac{|C_1|^2}{|A_1|^2}=e^{-\frac{4\pi}{h}a\sqrt{2m(U_0-E)}} \tag{19-41}$$

式中,A_1 是入射波振幅,C_1 是透射波振幅. 可见,势垒的宽度 a 越大,粒子穿透势垒的概率越小;粒子的能量越大,则穿透势垒的概率越大.

利用量子力学的隧道效应,就能对许多使经典观念感到为难的现象做出合理的解释. 除了前面所述的金属接触现象外,电子的场致发射、重核的 α 衰变都是微观粒子隧道效应的表现. 半导体和超导体中各种隧道器件就是隧道效应在生产实际中的应用. 1981 年研制成功的扫描隧道显微镜(STM),不但可以应用于材料表面形貌及电子结构的研究,而且可以作为一种表面加工工具实现纳米加工甚至单原子操作.

三、扫描隧道显微镜

1981 年,杰德·宾尼格和亨利克·罗赫尔利用隧道效应研制成功扫描隧道显微镜(scanning tunneling microscope,STM),它可以很准确地观测材料的表面结构. 由于这一卓越成就,两位科学家与电子显微镜的发明者卢卡斯分享了 1986 年的诺贝尔物理学奖.

扫描隧道显微镜的特点是不用光源也不用透镜. 它的显微部分的核心是一枚细而尖的金属探针,针尖的大小接近原子的尺寸. 如图 19-21 所示,若在针尖与被测表面之间加一微小的直流电压,当两者的间距很近(小于 1 nm)时,由于隧道效应而产生隧道电流 I_s,根据量子力学理论可以证明

$$I_s \propto U_s e^{-\sqrt{\overline{\Phi}}a} \tag{19-42}$$

式中,U_s 为外加电压,A 为常数,$\overline{\Phi}$为势垒区平均高度,a 为势垒宽度即针尖与样品表面间距. 由上式可以看出,隧道电流对间距 a 的变化非常敏感. 当 a 改变大约一个原子距离时,可以引起隧道电流一千倍的变化. 这是 STM 具有高精度的根本原因.

使用 STM 观测样品的表面结构时,先将探针推向样品表面,在探针和样品之间加上电压. 当探针在样品表面扫描时,若样品表面有凸凹不平的起伏,隧道电流将随之变化,若通过 STM 的反馈机构控制探针的运动,保持隧道电流不变,即探针与样品表面的实际距离不变,则探针扫描的运动轨迹就是样品表面的形貌,如图 19-22 所示. 将这些数据输入计算机中,在计算机显示屏上便可显示出样品表面的三维图像,扫描隧道显微镜的工作原理如图 19-23 所示.

扫描隧道显微镜的分辨率远远高于光学显微镜和电子显微镜. 其纵向最小分辨间距已达 0.005 nm,横向最小分辨间距已达 0.2 nm,而光学显微镜的最小分辨间距仅 200～380 nm,电子显微镜的最小分辨间距一般为几纳米. 另外,STM 与光学显微镜和电子显微镜不同,它不需要任何光学透镜,因此它不存在难以消除的像

差、球差和色差.

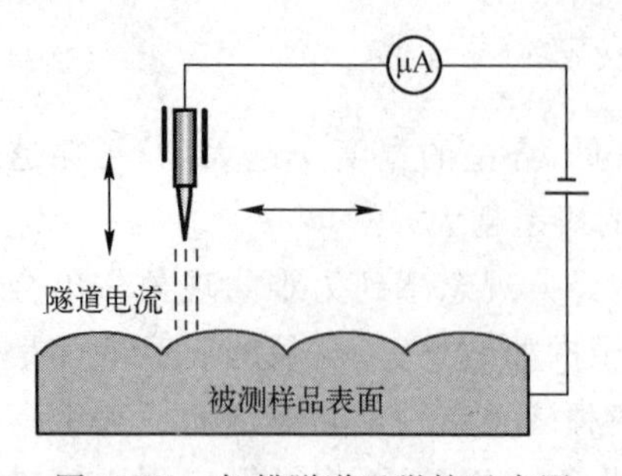

图 19-21 扫描隧道显微镜示意图

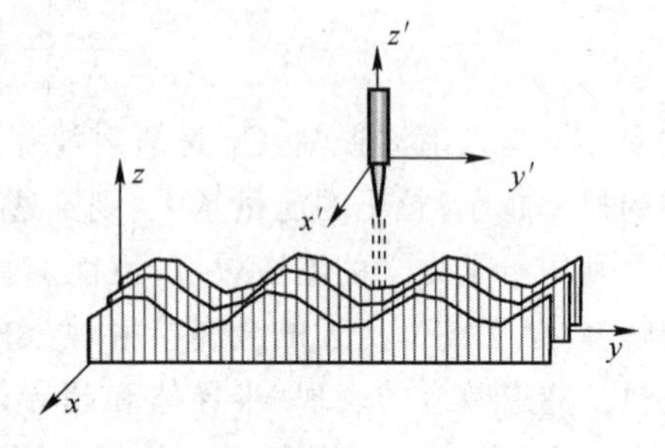

图 19-22 样品表面扫描示意图

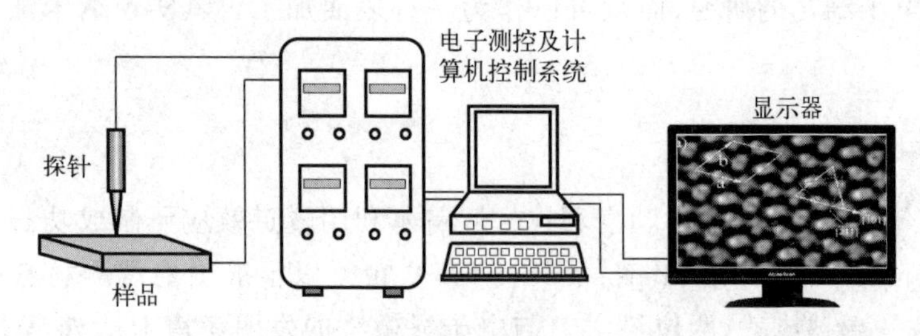

图 19-23 扫描隧道显微镜工作原理

扫描隧道显微镜不仅是观测原子世界的工具，而且还可以进行微加工. 当针尖与样品之间的电压$U_s > 5$ V 时，相应的能量足以使表面原子的迁移、键断裂. 1993 年恩格勒等在低温下用 STM 针尖在铜表面将 48 个铁原子排列成一个半径只有 7 nm 的圆环，称为量子围栏，如图 19-24 所示.

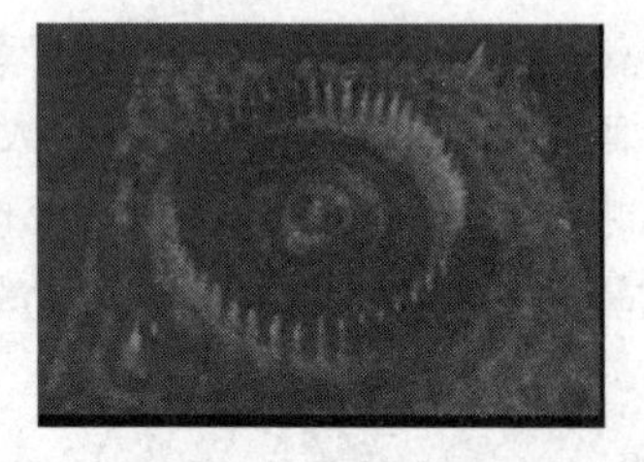

图 19-24 48 个铁原子形成的量子围栏

1993 年底至 1994 年初，中国科学院北京真空物理实验室的科研人员在常温下利用 STM 在硅单晶表面取走硅原子，在硅原子晶格背景上写出了最小的汉字“中国”. 后来，中国科学院化学研究所的科研人员在石墨表面通过搬迁碳原子，制成了世界上最小的中国地图.

随着实验技术的不断完善，扫描隧道显微镜在单原子操纵和纳米技术等诸多研究领域得到越来越广泛的应用，而且原子移植技术可以说是原子制造技术的起步. STM 在表面科学、材料科学和生命科学等领域的研究中有着广阔的应用前景.

§ 19-6 氢 原 子

薛定谔用他得到的方程精确计算求解了氢原子的能级问题，这是量子力学在创立初期最令人信服的成就. 即便是最简单的氢原子,其求解过程也是非常复杂的,所以我们只介绍氢原子的求解思路及结论,并讨论其物理意义.

一、氢原子的定态薛定谔方程

氢原子是由一个带正电($+e$)的质子和一个带负电($-e$)的电子组成. 由于原子核的质量远大于电子质量,为使问题简化,近似认为原子核是静止不动的,而质量为 μ 的电子处于原子核的库伦场中,则势能为

$$U(r)=-\frac{e^2}{4\pi\varepsilon_0 r} \tag{19-43}$$

式中,r 为电子和原子核之间的距离. 由于势能不随时间变化,这是一个定态问题,所以由式(19-30),其定态薛定谔方程为

$$\nabla^2\psi+\frac{2\mu}{\hbar^2}\left(E+\frac{e^2}{4\pi\varepsilon_0 r}\right)\psi=0 \tag{19-44}$$

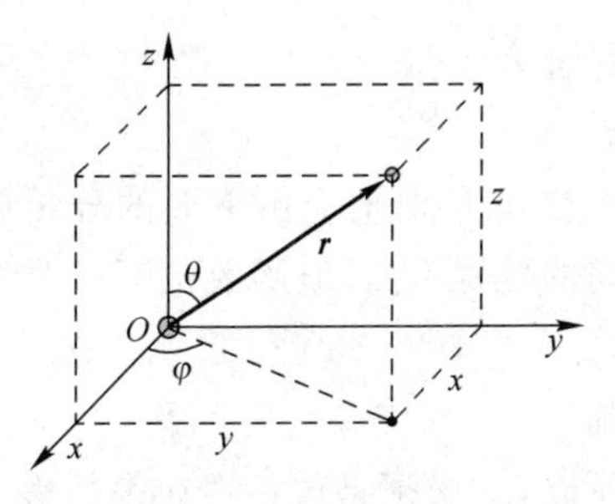

图 19-25　直角坐标与球坐标的变量关系

由于势能 $U(r)$ 是球对称的,为了方便求解,用球坐标(r,θ,φ)替换直角坐标(x,y,z),两套坐标变量之间的关系如图 19-25 所示. 因为 $x=r\sin\theta\cos\varphi$, $y=r\sin\theta\sin\varphi$, $z=r\cos\theta$,于是 $\psi=\psi(r,\theta,\varphi)$,式(19-44)中的拉普拉斯算符$\nabla^2$ 采用球坐标表示,即

$$\nabla^2=\frac{1}{r^2}\frac{\partial}{\partial r}\left(r^2\frac{\partial}{\partial r}\right)+\frac{1}{r^2\sin\theta}\frac{\partial}{\partial\theta}\left(\sin\theta\frac{\partial}{\partial\theta}\right)+\frac{1}{r^2\sin^2\theta}\frac{\partial^2}{\partial\varphi^2} \tag{19-45}$$

则定态薛定谔方程为

$$\frac{1}{r^2}\frac{\partial}{\partial r}\left(r^2\frac{\partial\psi}{\partial r}\right)+\frac{1}{r^2\sin\theta}\frac{\partial}{\partial\theta}\left(\sin\theta\frac{\partial\psi}{\partial\theta}\right)+\frac{1}{r^2\sin^2\theta}\frac{\partial^2\psi}{\partial\varphi^2}+\frac{2\mu}{\hbar^2}\left(E+\frac{e^2}{4\pi\varepsilon_0 r}\right)\psi=0 \tag{19-46}$$

用分离变量的方法求解式(19-46),设

$$\psi(r,\theta,\varphi)=R(r)\Theta(\theta)\Phi(\varphi) \tag{19-47}$$

式中,$R(r)$只是 r 的函数,$\Theta(\theta)$只是 θ 的函数,$\Phi(\varphi)$只是 φ 的函数. 将式(19-47)代入式(19-46),经过系列运算和整理,可以将关于 r,θ,φ 的偏微分方程(19-46)分解为以下三个分别只含 $R(r)$,$\Theta(\theta)$和 $\Phi(\varphi)$的常微分方程

$$\frac{\mathrm{d}^2\Phi}{\mathrm{d}\varphi^2}+m^2\Phi=0 \tag{19-48}$$

$$\frac{1}{\sin\theta}\frac{\mathrm{d}}{\mathrm{d}\theta}\left(\sin\theta\frac{\mathrm{d}\Theta}{\mathrm{d}\theta}\right)+\left[l(l+1)-\frac{m^2}{\sin^2\theta}\right]\Theta=0 \tag{19-49}$$

$$\frac{1}{r^2}\frac{\mathrm{d}}{\mathrm{d}r}\left(r^2\frac{\mathrm{d}R}{\mathrm{d}r}\right)+\frac{2\mu}{\hbar^2}\left[E+\frac{e^2}{4\pi\varepsilon_0 r}-\frac{\hbar^2}{2\mu}\frac{l(l+1)}{r^2}\right]R=0 \tag{19-50}$$

以上三式中,m 和 l 为分离变量过程中引入的常数,可以取不同的整数值.这样,对氢原子定态薛定谔方程的求解就转化为对以上三个常微分方程的求解.求解时必须满足波函数的标准条件和归一化条件.由于求解过程复杂,我们不作详细计算,仅就有关结论的导出缘由进行讨论.

二、定态薛定谔方程的解

首先看最简单的微分方程式(19-48),这是一个常系数线性方程

$$\frac{d^2\Phi}{d\varphi^2}+m^2\Phi=0$$

其解为

$$\Phi_m(\varphi)=Ae^{im\varphi} \tag{19-51}$$

参数 m 的取值应由下面的分析确定.从物理意义上看,当 φ 增加 2π 时,电子在空间的位置不变,波函数也不应改变,这就要求 $\Phi(\varphi+2\pi)=\Phi(\varphi)$,即

$$Ae^{im(\varphi+2\pi)}=Ae^{im\varphi}e^{i2\pi m}=Ae^{im\varphi}$$

则

$$e^{i2\pi m}=1$$

所以,m 必须是包括零在内的整数,即 $m=0,\pm1,\pm2,\cdots$.由归一化条件

$$\int_0^{2\pi}|\Phi_m(\varphi)|^2d\varphi=\int_0^{2\pi}A^2e^{-im\varphi}e^{im\varphi}d\varphi=1$$

得 $A=1/\sqrt{2\pi}$.所以,满足标准条件和归一化条件的式(19-48)的解为

$$\Phi_m(\varphi)=\frac{1}{\sqrt{2\pi}}e^{im\varphi}\quad(m=0,\pm1,\pm2,\cdots) \tag{19-52}$$

为了得到满足条件的解,就自然得出 m 只能取 $0,\pm1,\pm2,\cdots$ 等整数值.

把一定的 m 值代入式(19-49)并对 $\Theta(\theta)$ 求解,可以证明(略),为了使 $\Theta(\theta)$ 能满足标准化和归一化条件,l 只能取 $0,1,2,\cdots$ 等正整数.并且对一定的 m,必定有 $l\geqslant|m|$,或者反过来说,对于一定的 l,$|m|$ 的最大值只能取到 l,即

$$l=0,1,2,\cdots,\quad m=0,\pm1,\pm2,\cdots,\pm l \tag{19-53}$$

只有满足上式,方程式(19-49)才有解 $\Theta_{l,m}(\theta)$,它是一个与 l、m 有关的函数.

把一定的 l 值代入式(19-50)并对 $R(r)$ 求解,可得下面两种情况:

当 $E>0$ 时,E 可取任意值.实际上,$E=E_k+U>0$,即 $E_k>|U|$(这里 U 是负值),这时电子已不再受氢核的束缚,即电子处于自由状态.这显然不是我们要讨论的氢原子状态.

当 $E<0$ 时,为了使 $R(r)$ 满足波函数的标准条件,方程式(19-50)有解的条件是能量 E 必须满足

$$E_n=-\frac{\mu e^4}{(4\pi\varepsilon_0)^2(2\hbar^2)}\frac{1}{n^2}\quad(n=1,2,\cdots) \tag{19-54}$$

式中，n 只能取正整数；而且对 l 的取值提出了限制：当 n 一定后，l 只能取 0，1，2，…，$(n-1)$ 共 n 个不同的整数值. 所以说，这时能量是量子化的. 式中的 n 称为主量子数.

这样，微分方程式(19-50)的解 $R(r)$ 就与 n、l 有关，则径向波函数表示为 $R_{n,l}(r)$，所以描写氢原子中电子状态的波函数为

$$\psi_{n,l,m}(r,\theta,\varphi)=R_{n,l}(r)\Theta_{l,m}(\theta)\Phi_m(\varphi) \tag{19-55}$$

三个量子数 n、l 和 m 分别称为主量子数、角量子数和磁量子数，它们的取值和之间的关系可以表示为

$$\begin{cases} n=1,2,3,\cdots \\ l=0,1,2,\cdots,(n-1) \\ m=0,\pm1,\pm2,\cdots,\pm l \end{cases} \tag{19-56}$$

当 n、l、m 确定之后，波函数 $\psi_{n,l,m}(r,\theta,\varphi)$ 就确定了，氢原子的电子状态也就随之确定. 所以，对于一个确定的 n，对应一个确定的能量 E_n，就有多个状态与之对应. 下面介绍三个量子数的物理意义.

三、三个量子数的物理意义

1. 主量子数 n 与能量量子化

主量子数 n 只能取 1，2，3，…等正整数. 在氢原子中，n 是决定定态能量 E_n 的唯一量子数. 当 $n=1$ 时，得氢原子的基态能量 $E_1=-13.6\ \text{eV}$；$n=2,3,4,\cdots$ 时，就得到其不同的激发态. 不难看出，式(19-54)所给出的 E_n 和由玻尔轨道模型所得到的能级公式(18－29)完全相同，即将 $\hbar=h/(2\pi)$ 代入式(19-54)，则

$$E_n=-\frac{\mu e^4}{8\varepsilon_0^2h^2}\frac{1}{n^2} \tag{19-57}$$

它表明，处于束缚态的电子，其能量是量子化的，从而形成原子能级. 当然这个结论与原子光谱的实验结果符合得很好.

但是要注意到，上面量子数 n 的得出，是求解薛定谔方程自然得到的，这比在玻尔理论中人为设定的量子化条件要自然、合理.

2. 角量子数 l 与角动量量子化

可以证明(略)，只有当电子绕核运动的角动量满足下式所给出的关系时，方程(19-49)和(19-50)才有解，这个关系为

$$L=\sqrt{l(l+1)}\,\hbar \quad (l=0,1,2,\cdots,n-1) \tag{19-58}$$

上式说明核外电子的角动量只能取由 l 决定的一系列分立的值，即角动量也是量子化的，所以 l 称为角量子数(有时也称副量子数). 因此，角动量的数值 L 只能取 $0,\sqrt{2}\,\hbar,\sqrt{6}\,\hbar,\cdots$ 等分立值.

对不同的 n 值，只要 $l=0$，都可得电子的角动量的最小值，并且这个值为零.

对于同一个 n 值，l 可取不同的值($l<n$)，则电子的角动量就有不同的值，因而氢原子内电子的状态必须同时用 n 和 l 两个量子数才能准确描述. 通常用 s、p、d、f 等字母分别表示 $l=0,1,2,3$ 等状态. 例如，对 $n=3$，$l=0,1,2$ 的电子，就分别称为 3s、3p、3d 电子. 氢原子中电子的状态见表 19-1.

表 19-1 氢原子中电子的状态

n 值	$l=0$(s)	$l=1$(p)	$l=2$(d)	$l=3$(f)	$l=4$(g)	$l=5$(h)
$n=1$	1s					
$n=2$	2s	2p				
$n=3$	3s	3p	3d			
$n=4$	4s	4p	4d	4f		
$n=5$	5s	5p	5d	5f	5g	
$n=6$	6s	6p	6d	6f	6g	6h

在玻尔的氢原子理论中，玻尔曾假设电子轨道角动量是量子化的，即

$$L=n\hbar \quad (n=1,2,\cdots)$$

实验证明，量子力学的结果式(19-58)能够更好地反映微观系统的实际情况.

3. 磁量子数 m 与空间量子化

磁量子数 m 决定轨道角动量在外磁场方向上的投影的大小. 若取外磁场的方向为 z 轴方向，则角动量在外磁场方向上的投影

$$L_z=m\hbar \quad (m=0,\pm1,\pm2,\cdots,\pm l) \tag{19-59}$$

当角量子数 l 确定之后，磁量子数 m 只能取 $0,\pm1,\pm2,\cdots,\pm l$. 因此，角动量在外磁场方向上的投影 L_z 也是量子化的. 对于一个给定的 l 值，m 有 $(2l+1)$ 个不同的取值，即角动量在外磁场中有 $(2l+1)$ 个可能的取向，如图 19-26 所示. 所以也称式(19-59)为角动量在空间取向量子化.

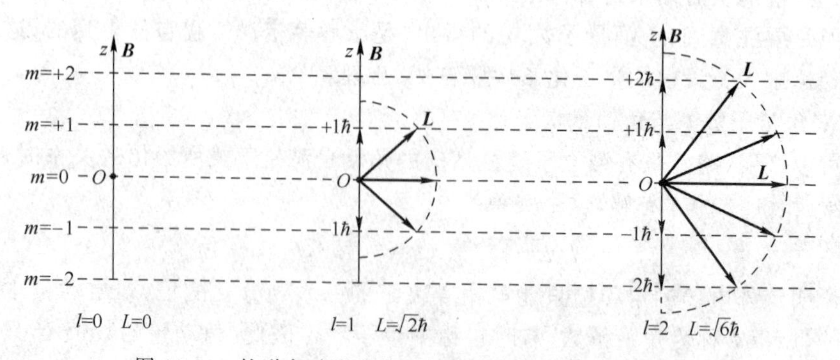

图 19-26 轨道角动量在外磁场中空间取向量子化示意图

当 $l=0$，m 只能取 0，这表明角动量 $L=0$，则 $L_z=0$；当 $l=1$，则 m 有三个可能取值，即 0、±1，这表明角动量 $L=\sqrt{l(l+1)}\,\hbar=\sqrt{2}\,\hbar$，而 L_z 有 $-\hbar$、0、$+\hbar$ 三个可能取值，这说明角动量 $\boldsymbol{L}$ 在空间有三个可能取向；当 $l=2$ 时，则 m 有五个可能取值，即 0、±1、±2，这表明角动量 $L=\sqrt{6}\,\hbar$，而 L_z 有 $-2\hbar$、$-\hbar$、0、$+\hbar$、$+2\hbar$ 五个可能取值，这说明角动量 $\boldsymbol{L}$ 在空间有五个可能取向. 可见，量子数 n、l 确定之后，还有 $(2l+1)$ 个不同的电子状态.

四、电子云

通过求解薛定谔方程得到的描述氢原子中电子状态的波函数 $\psi_{n,l,m}(r,\theta,\varphi)$ 与量子数 n、l、m 有关，即

$$\psi_{n,l,m}(r,\theta,\varphi)=R_{n,l}(r)\Theta_{l,m}(\theta)\Phi_m(\varphi)$$

则

$$|\psi_{n,l,m}(r,\theta,\varphi)|^2=\psi^*_{n,l,m}(r,\theta,\varphi)\cdot\psi_{n,l,m}(r,\theta,\varphi)$$

式中，$|\psi_{n,l,m}(r,\theta,\varphi)|^2$ 表示概率密度. 而 $|\psi_{n,l,m}(r,\theta,\varphi)|^2\mathrm{d}V$ 表示在体积元 $\mathrm{d}V$ 中找到电子的概率. 在球坐标系中，体积元 $\mathrm{d}V=r^2\sin\theta\mathrm{d}r\mathrm{d}\theta\mathrm{d}\varphi$，则

$$|\psi_{n,l,m}(r,\theta,\varphi)|^2\mathrm{d}V=|R_{n,l}(r)|^2|\Theta_{l,m}(\theta)|^2|\Phi_m(\varphi)|^2r^2\sin\theta\mathrm{d}r\mathrm{d}\theta\mathrm{d}\varphi$$

即

$$|\psi_{n,l,m}(r,\theta,\varphi)|^2\mathrm{d}V=|R_{n,l}(r)|^2r^2\mathrm{d}r|\Theta_{l,m}(\theta)|^2\sin\theta\mathrm{d}\theta|\Phi_m(\varphi)|^2\mathrm{d}\varphi$$

式中，$|R_{n,l}(r)|^2r^2\mathrm{d}r$ 表示在 r 到 $r+\mathrm{d}r$ 之间找到电子的概率；$|\Theta_{l,m}(\theta)|^2\sin\theta\mathrm{d}\theta$ 表示在 θ 到 $\theta+\mathrm{d}\theta$ 之间找到电子的概率（r 和 φ 取全部范围）；$|\Phi_m(\varphi)|^2\mathrm{d}\varphi$ 表示在 φ 到 $\varphi+\mathrm{d}\varphi$ 之间找到电子的概率（r 和 θ 取全部范围）. 按照归一化条件

$$\iiint|\psi_{n,l,m}(r,\theta,\varphi)|^2\mathrm{d}V=\int_0^\infty|R_{n,l}(r)|^2r^2\mathrm{d}r\int_0^\pi|\Theta_{l,m}(\theta)|^2\sin\theta\mathrm{d}\theta\int_0^{2\pi}|\Phi_m(\varphi)|^2\mathrm{d}\varphi=1$$

从式(19-52)可知，$|\Phi_m(\varphi)|^2=1/(2\pi)$ 为常数，与 φ 无关. 这就说明概率密度分布与 φ 的变化无关. 即概率密度对于 z 轴具有旋转对称性. 这样核外电子的分布主要由径向分布概率密度 $|R_{n,l}(r)|^2$ 和角向分布概率密度 $|\Theta_{l,m}(\theta)|^2$ 描述.

首先讨论径向分布概率密度 $|R_{n,l}(r)|^2$，解微分方程(19-50)可得径向波函数 $R_{n,l}(r)$，核外电子随 r 分布的概率密度 $|R_{n,l}(r)|^2$ 是随 n 和 l 而异，图 19-27 绘出了对于不同的量子数 n 和 l 对应的核外电子径向概率分布规律. 当 $n=1$ 时，l 只能取一个值 $l=0$，故只有一种分布曲线，其最大概率恰好位于玻尔第一圆形轨道半径 r_0 处；当 $n=2$ 时，l 能取两个值 $l=0,1$，有两种分布，其中 $l=1$ 时峰值恰好位于玻尔第二圆形轨道半径 $4r_0$ 处；当 $n=3$ 时，l 能取三个值 $l=0,1,2$，有三种分布等等.

解微分方程(19-49)可得角向波函数 $\Theta_{l,m}(\theta)$，核外电子随 θ 的分布概率密度 $|\Theta_{l,m}(\theta)|^2$ 是随 l 和 m 而异，图 19-28 绘出了对于不同的量子数 l 和 m 对应的核外电子角向概率分布规律.

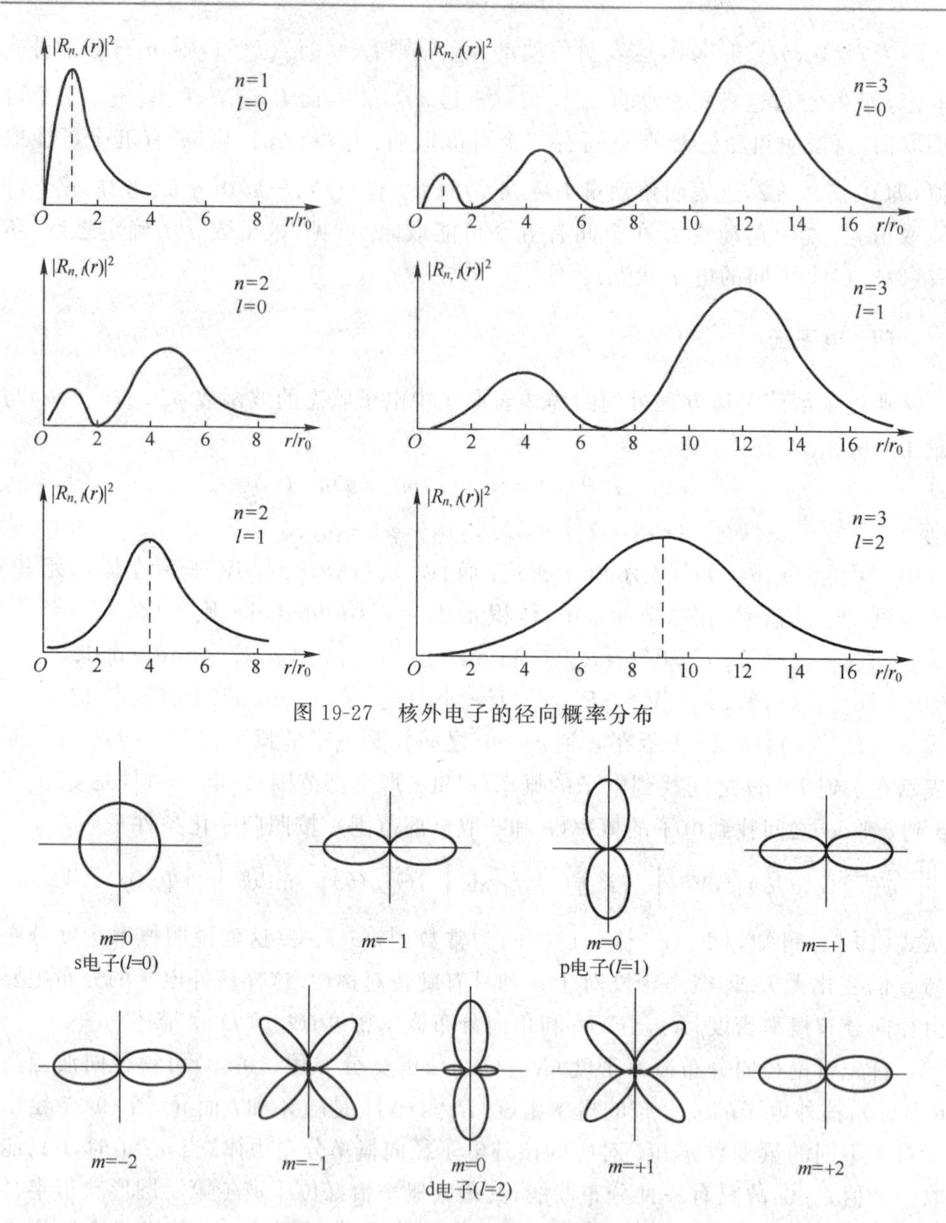

图 19-27　核外电子的径向概率分布

图 19-28　核外电子的角向概率分布

如图 19-28 所示，在基态氢原子中，$l=0$，$m=0$，电子的角向概率分布是球对称的；当 $l=1$ 时，$m=0,\pm1$，电子的角向概率分布有两种，状态像哑铃状；当 $l=2$ 时，$m=0,\pm1,\pm2$，电子的角向概率分布有三种，呈现为美丽的花瓣状. 由于描述原子中电子在空间出现的概率密度为

$$|\psi_{n,l,m}(r,\theta,\varphi)|^2=|R_{n,l}(r)|^2|\Theta_{l,m}(\theta)|^2|\Phi_m(\varphi)|^2$$

式中，$|\Phi_m(\varphi)|^2$ 为常数. 所以，电子在空间出现的概率密度为图 19-28 和图 19-29

的乘积,并构成空间对称结构,即综合考虑径向概率分布和角向概率分布以及 z 轴的对称性,对应不同的 n、l 和 m,电子将在核外出现不同的分布,形成“电子云”,如图 19-29 所示.

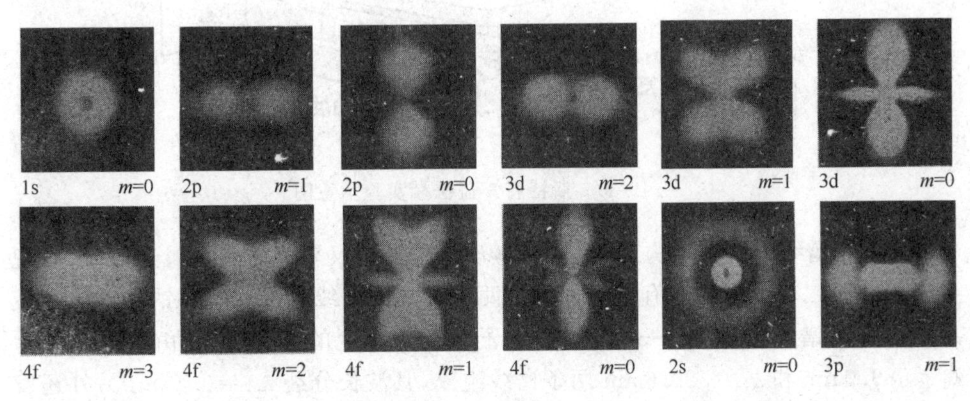

图 19-29　氢原子电子云

需要说明的是,电子云并不表示电子是云状的,电子云是电子概率分布的一个形象化的名称. 如果能拍摄下原子中电子在不同时刻所处的不同状态的照片,比较这一张张照片,就会发现,在不同时刻,电子出现在原子核周围各种不同的位置. 若把这些照片重叠起来,出现了围绕在原子核周围的“电子云”. 电子云的形状随着原子所处的状态不同而变化. 如图 19-29 所示,有的为圆形,有的变成美丽的花瓣形云,玻尔的轨道的概念在量子力学中已不存在.

量子力学理论的薛定谔方程在说明、解释微观现象方面是很成功的,但是对光谱线在磁场中的分裂、光谱的精细结构等现象无法解释. 这是因为电子除了空间运动之外,还有自旋运动. 因此,电子除有轨道角动量之外,还有自旋角动量,而薛定谔方程没有包括电子的自旋.

五、电子自旋与第四个量子数

1. 电子自旋的实验事实

电子具有自旋,这是由斯特恩和盖拉赫实验所证实了的. 光谱线的精细结构和谱线在磁场中的分裂,也要用电子自旋来解释.

(1) 斯特恩—盖拉赫实验. 1921 年,斯特恩和盖拉赫为了检验电子角动量的空间量子化,设计了斯特恩—盖拉赫实验,如图 19-30 所示. 实验发现,让处于基态 $(n=1, l=0)$ 的氢原子束通过非均匀磁场后分成上下对称的两束,在照片底片上留下彼此分离的两条痕迹. 在非均匀磁场中,氢原子束分成两束,而不是连续一片,这一结果说明磁矩在磁场方向的投影只能取两个值,氢原子磁矩的空间取向是量子化的. 但是如前所述,处于基态的氢原子轨道角动量为零,因此这一磁矩不可能是电子的轨道磁矩的贡献.

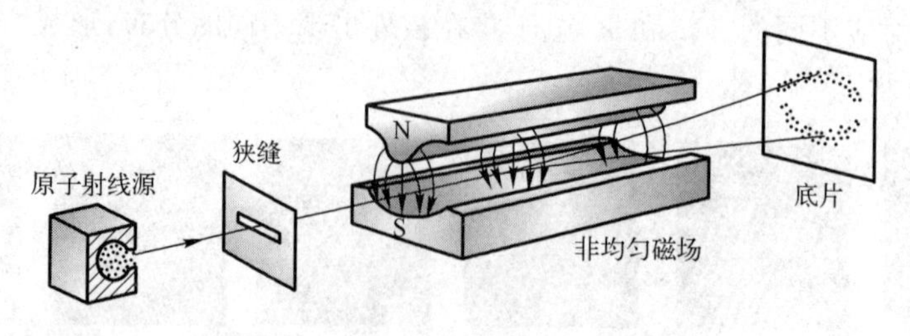

图 19-30　斯特恩－盖拉赫实验示意图

(2) 光谱线的精细结构. 当用分辨率较高的摄谱仪来分析碱金属光谱时,发现主线系和第二辅线系的所有谱线都是由两条不同的谱线组成. 例如,钠光谱中主线系的第一条谱线是由 3p～3s 之间的电子跃迁所产生的,实际上是由波长分别为 $\lambda_1=589.0\,\text{nm}$ 和 $\lambda_2=589.6\,\text{nm}$ 两条谱线组成,其波长分裂 $\Delta\lambda=0.6\text{nm}$. 另外还发现了光谱线的双重和多重结构,这种现象称为**光谱线的精细结构**,为了解释这些现象,必须认定电子具有自旋.

2. 电子自旋

1925 年,乌伦贝克和高斯密特提出了电子自旋的假设:电子除了有轨道角动量外,还有自旋角动量,自旋量子数为 1/2. 电子自旋的概念主要有以下两点:

(1) 每一个电子都具有自旋角动量 $\boldsymbol{S}$,其值为

$$S=\sqrt{s(s+1)}\hbar \tag{19-60}$$

式中,s 称为自旋量子数,只取一个值,$s=1/2$,因此自旋角动量的大小为

$$S=\frac{\sqrt{3}}{2}\hbar \tag{19-61}$$

(2) 自旋角动量与轨道角动量一样在空间取向上也是量子化的,取外磁场方向为 z 轴方向,则自旋角动量在外磁场方向上分量为

$$S_z=m_s\hbar \tag{19-62}$$

式中,m_s 称为自旋磁量子数. 如图 19-31 所示,自旋磁量子数只能取

$$m_s=\pm\frac{1}{2} \tag{19-63}$$

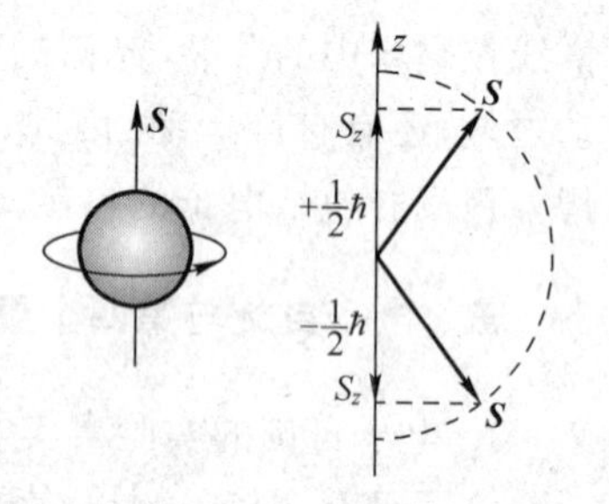

图 19-31　电子自旋及空间取向示意图

因此,自旋角动量在外磁场方向上的分量只能取两种数值,即

$$S_z=\pm\frac{1}{2}\hbar \tag{19-64}$$

式中,正值表示 S_z 与外磁场的方向相同;负值表示 S_z 与外磁场的方向相反.

电子自旋角动量 $\boldsymbol{S}$ 与自旋磁矩 $\boldsymbol{P}_s$ 之间具有如下关系

$$P_s = -\frac{e}{\mu}S \tag{19-65}$$

式中，e 为电子电量，μ 为电子质量. 引入电子自旋的概念之后，碱金属谱线的精细结构和斯特恩-盖拉赫实验等都得到圆满解释. 斯特恩-盖拉赫实验中的原子虽然没有轨道磁矩，但却有自旋磁矩，在外磁场中就有两个可能的取向，从而使氢原子射线分成两束. 例如，钠黄光的双重谱线，就是因为电子自旋有两种可能的取向，使得钠原子的能级分裂为两个能量略有不同的能级，电子跃迁时，就会出现两条十分靠近的谱线.

需要指出的是，上述关于电子自旋量子化的规定，带有很浓厚的人为因素，但是却成功解释了一些实验现象. 但是，不能把电子自旋看作类似于地球的自转，这样的模型虽然很形象化，却与相对论相抵触，与量子力学的描述不符. 1928 年狄拉克用相对论狄拉克方程自然地得出了电子具有自旋的结论，它的本质是一种量子概念. 现在已经发现，许多微观粒子，例如原子核、质子、中子、光子、超子以及各种反粒子等，都具有这种自旋属性.

由于电子具有自旋，要确定原子中电子的状态，就需要四个量子数 n, l, m, m_s. 其中，自旋量子数 m_s 决定自旋角动量在外磁场方向上的分量.

§19-7　多电子原子和元素周期表

19 世纪上半叶，化学有了迅速发展，到了 1859 年人们已经发现了 63 种元素，而且通过实验手段确定了它们的原子量，同时初步认识到这些元素的基本化学性质. 这些元素之间有什么联系？如何将它们分类？成为当时科学家关心的问题.

俄国科学家门捷列夫揭示了“元素的物理和化学性质随原子量的递增而呈现周期性变化”这一规律. 他根据这一规律编制了第一张元素周期表，列出了已经发现的 63 种元素. 当然，一百多年前的科学发现并不是一成不变的，今天人们对元素周期律的认识，是经过一百多年的不断深化，逐步发展成熟的. 门捷列夫认为原子量是元素性质变化的根源；卢瑟福揭示了原子的有核结构；莫斯莱测定了元素的原子核所带的核电荷数，即原子序数，从而使人们认识到，元素性质的变化规律并不是决定于原子量，而是决定于原子的核电荷数. 随着原子结构理论的发展，人们的认识在继续不断深化. 从玻尔的氢原子模型、柯赛耳提出的电子壳层分布模型、泡利提出的不相容原理，到量子力学对原子中电子状态的描述，进一步揭示了元素性质周期性变化的原因是核外电子壳层结构呈现周期性的变化.

一、四个量子数与壳层分布模型

如前所述，确定原子中一个电子的状态需要如下四个量子数.

(1) 主量子数 n：$n=1,2,3,\cdots$，主量子数 n 可以大体上决定原子中电子的能量.

(2) 副量子数 l：$l=0,1,2,3,\cdots,(n-1)$，副量子数 l 可以决定轨道角动量. 一般来说，处于同一主量子数而副量子数 l 不同的电子，其能量稍有不同.

(3) 磁量子数 m：$m=0,\pm1,\pm2,\cdots,\pm l$，磁量子数 m 可以决定轨道角动量在外磁场方向上的分量.

(4) 自旋量子数 m_s：$m_s=\pm1/2$，自旋量子数 m_s 决定电子角动量在外磁场方向上的分量.

柯赛耳对多电子原子系统的核外电子提出形象化的**壳层分布模型**. 他认为主量子数不同的电子，分布在不同的主壳层上，对 $n=1,2,3,4,5,\cdots$ 的电子，分别称为 $K,L,M,N,O,\cdots$ 主壳层的电子；主量子数相同而角量子数不同的电子，分布在不同的支壳层上，即在每一主壳层上具有相同角量子数的电子组成支壳层，通常把 $l=0,1,2,3,4,5,\cdots$ 的支壳层用相应的字母 s，p，d，f，g，… 表示. 至于这些核外电子在不同壳层上的分布情况，还应遵从以下两条原理.

二、电子填充的两个基本原理

(1) 泡利不相容原理. 原子中不能有两个或更多的电子具有完全相同的四个量子数，也就是说，每一个量子态只能容纳一个电子. 这是泡利首先提出来的，故称为泡利不相容原理. 泡利不相容原理限制了具有某一确定的量子态的电子数目，由该原理可以得出下面几点结论.

① 具有相同 n,l,m,m_s 四个量子数的电子只有一个.

② 具有相同 n,l,m 三个量子数的电子最多只有两个.

③ 具有相同 n,l 两个量子数的电子最多只有 $2(2l+1)$ 个. 因为对于同一个角量子数 l，磁量子数 m 有 $(2l+1)$ 个不同的值；而对于每个 m，自旋量子数 m_s 又有两个不同的值 $+1/2$ 和 $-1/2$.

④ 具有相同主量子数 n 的电子最多有 $2n^2$ 个. 因为 n 确定后，l 为 $0,1,2,3,4,5,\cdots,(n-1)$ 共有 n 个取值，所以具有相同主量子数 n 的电子数目最多为

$$Z_n=\sum_{l=0}^{n-1}2(2l+1)=2[1+3+5+\cdots+(2n-1)]$$

则

$$Z_n=\frac{2+2(2n-1)}{2}n=2n^2 \tag{19-66}$$

由此可以算出每一壳层以及每一支壳层中可以容纳电子的最大数目. 例如，在 $n=1$ 的 K 主壳层中，最多可以容纳 2 个电子，记为 $1s^2$；在 $n=2$ 的 L 主壳层中，最多可以容纳 8 个电子，其中 s 支壳层可容纳 2 个电子，记为 $2s^2$，而 p 支壳层可容纳 6 个电子，用 $2p^6$ 表示；依此类推. 表 19-2 列出了原子中各主壳层和各支壳层所能容纳的最大电子数目. 当各壳层填充的电子数达到了它们所能容纳的最大电子数目时，

就称它们为满壳层或闭合壳层.

表19-2 原子中各壳层和各支壳层所能容纳的最大电子数

n \ l	0 s	1 p	2 d	3 f	4 g	Z_n
1 K	2 $1s^2$					2
2 L	2 $2s^2$	6 $2p^6$				8
3 M	2 $3s^2$	6 $3p^6$	10 $3d^{10}$			18
4 N	2 $4s^2$	6 $4p^6$	10 $4d^{10}$	14 $4f^{14}$		32
5 O	2 $5s^2$	6 $5p^6$	10 $5d^{10}$	14 $5f^{14}$	18 $5g^{18}$	50

(2) 能量最低原理. 原子系统处于正常状态时,每个电子趋向于占有最低的能级. 系统能量最低时,其状态最稳定.

能量基本上决定于主量子数 n,n 越小能量越低,同一主壳层中副量子数 l 越小,能量越低. 所以一般来说,电子按主量子数 n 由小到大的次序依次填充. 由于原子的能级虽然主要取决于主量子数 n,但是也与其他量子数有关,所以按照能量最低原理,电子又不完全按照 $K,L,M,N,O,\cdots$ 等壳层次序填充,而是按照各个支壳层的能量次序进行填充,各个支壳层的能量为

$$1s<2s<2p<3s<3p<4s<3d<4p<5s<4d<5p<6s<4f<\cdots$$

这样就出现了 n 较小的支壳层的能量可能比 n 较大的支壳层能量高的情况. 如 3d 能量高于 4s,4d 能量高于 5s,4f 的能量高于 5s,5p,6s 的情况等.

三、电子填充与元素周期表

在泡利不相容原理和能量最低原理的支配下,原子中的电子从低能级到高能级逐渐填充,一个壳层填满后再填下一个壳层,当核外电子向一个新的壳层填入时,就是一个新的周期的开始,见表 19-3.

第一周期有两种元素,氢原子只有一个电子,处于 $1s^1$ 态;氦原子有 2 个电子,基态时,都在 1s 态,形成基态 $1s^2$;这时,第一主壳层已经填满,也说明为什么第一周期只有两个原子.

第二周期有八种元素,锂原子有 3 个电子,其中两个填充 1s 态,一个填充 2s 态,电子组态为 $1s^2 2s^1$;铍原子有 4 个电子,其中两个填充 1s 态,两个填充 2s 态,电子组态为 $1s^2 2s^2$;这时,第二壳层($n=2$)的第一支壳层($l=0$)已经填满,从硼起,以后的几个原子中逐一填充的是 2p 电子;氖原子有 10 个电子,将第二壳层全部填满,电子组态为 $1s^2 2s^2 2p^6$,第二周期结束.

表 19-3　前五个周期元素的电子组态

周期	Z	名称符号	电子组态	周期	Z	名称符号	电子组态
Ⅰ	1	氢 H	$1s^1$	Ⅳ	28	镍 Ni	$3d^8 4s^2$
	2	氦 He	$1s^2$		29	铜 Cu	$3d^{10} 4s^1$
Ⅱ	3	锂 Li	$[He]2s^1$		30	锌 Zn	$3d^{10} 4s^2$
	4	铍 Be	$2s^2$		31	镓 Ga	$3d^{10} 4s^2 4p^1$
	5	硼 B	$2s^2 2p^1$		32	锗 Ge	$3d^{10} 4s^2 4p^2$
	6	碳 C	$2s^2 2p^2$		33	砷 As	$3d^{10} 4s^2 4p^3$
	7	氮 N	$2s^2 2p^3$		34	硒 Se	$3d^{10} 4s^2 4p^4$
	8	氧 O	$2s^2 2p^4$		35	溴 Br	$3d^{10} 4s^2 4p^5$
	9	氟 F	$2s^2 2p^5$		36	氪 Kr	$3d^{10} 4s^2 4p^6$
	10	氖 Ne	$2s^2 2p^6$	Ⅴ	37	铷 Rb	$[Kr]5s^1$
Ⅲ	11	钠 Na	$[Ne]3s^1$		38	锶 Sr	$5s^2$
	12	镁 Mg	$3s^2$		39	钇 Y	$4d^1 5s^2$
	13	铝 Al	$3s^2 3p^1$		40	锆 Zr	$4d^2 5s^2$
	14	硅 Si	$3s^2 3p^2$		41	铌 Nb	$4d^4 5s^1$
	15	磷 P	$3s^2 3p^3$		42	钼 Mo	$4d^5 5s^1$
	16	硫 S	$3s^2 3p^4$		43	锝 Te	$4d^5 5s^2$
	17	氯 Cl	$3s^2 3p^5$		44	钌 Ru	$4d^7 5s^1$
	18	氩 Ar	$3s^2 3p^6$		45	铑 Rh	$4d^8 5s^1$
Ⅳ	19	钾 K	$[Ar]4s^1$		46	钯 Pd	$4d^{10}$
	20	钙 Ca	$4s^2$		47	银 Ag	$4d^{10} 5s^1$
	21	钪 Sc	$3d^1 4s^2$		48	镉 Cd	$4d^{10} 5s^2$
	22	钛 Ti	$3d^2 4s^2$		49	铟 In	$4d^{10} 5s^2 5p^1$
	23	钒 V	$3d^3 4s^2$		50	锡 Sn	$4d^{10} 5s^2 5p^2$
	24	铬 Cr	$3d^5 4s^1$		51	锑 Sb	$4d^{10} 5s^2 5p^3$
	25	锰 Mn	$3d^5 4s^2$		52	碲 Te	$4d^{10} 5s^2 5p^4$
	26	铁 Fe	$3d^6 4s^2$		53	碘 I	$4d^{10} 5s^2 5p^5$
	27	钴 Co	$3d^7 4s^2$		54	氙 Xe	$4d^{10} 5s^2 5p^6$

第三周期也有八种元素，从钠起到氩止. 钠原子有 11 个电子，其中 10 个填满第一、第二壳层，构成与氖原子一样的完整结构，所以第 11 个电子必须进入第三壳层，填充 3s 态，其电子组态为 $1s^2 2s^2 2p^6 3s^1$，所以钠具有与锂相似的性质；以后 7 种原子中电子的填充情况与第二周期相同，只是现在填充的是第三主壳层，填充到氩，第三主壳层中的第一、第二支壳层已经填满，它的电子组态是 $1s^2 2s^2 2p^6 3s^2 3p^6$，

氩具有同氖和氦相似的性质,它也是惰性气体,第三周期结束.

第四周期有 18 种元素,从钾起到氪止.钾原子有 19 个电子,其中 18 个填满第一、第二和第三壳层中的第一、第二支壳层,构成与氩原子一样的完整结构,钾原子的第 19 个电子并不进入 3d 态,而是进入能量较低的 4s 态,电子组态为 $1s^2 2s^2 2p^6 3s^2 3p^6 4s^1$;同样,具有 20 个电子的钙原子,也进入 4s 态,其电子组态为 $1s^2 2s^2 2p^6 3s^2 3p^6 4s^2$;所以钾具有与钠、锂相似的性质,钙具有与镁相似的性质.

第四周期中从钪($Z=21$)到镍($Z=28$)是陆续填补 3d 电子的过程,这些元素是这个周期的过渡元素.到铜($Z=29$),3d 态填满,留下一个电子填充到 4s,所以称为 1 价元素.下一种元素是锌,补填两个 4s 电子.以后从镓($Z=31$)到氪($Z=36$)是陆续补填 4p 的过程.最后,氪原子中的 4s 和 4p 都已填满,其电子组态 $1s^2 2s^2 2p^6 3s^2 3p^6 4s^2 3d^{10} 4s^2 4p^6$,所以它也是惰性气体,第四周期结束.

第五周期也有 18 种元素,从铷($Z=37$)起到氙($Z=54$)止.铷原子有 37 个电子,其中 36 个电子构成与氪原子一样的完整结构,同钾原子相似的理由,铷的第 37 个电子并不进入 4d 态,而是填充 5s.铷和锶填补了 5s 的两个电子,从钇($Z=39$)到钯($Z=46$)陆续补填 4d 电子,这些元素是这个周期的过渡元素.到银($Z=47$),4d 态填满,留下一个电子 5s 电子,银与铜具有相似的电子结构,所以具有相似的性质.下一种元素是镉,补填两个 5s 电子.从铟($Z=49$)到氙($Z=54$)陆续补填 5p 电子.氙把 5s 和 5p 都填满,所以也是惰性气体.这些元素具有同前几个周期相应元素的性质.

从以上的讨论可看到,元素的性质完全是原子结构的反映.基态原子的电子结构可以看成按周期表顺序逐一增加电子而成,而电子态填充的次序是按照最外层电子能级的情况由低到高填补的.与元素周期表(见附录 A)对照,就可以看出,20 世纪所发现的元素周期表可以由建立在量子力学基础上的核外电子的壳层分布给以彻底阐明.

习　　题

19-1　试求出质量为 0.01 kg,速度为 $10\,\mathrm{m\cdot s^{-1}}$的一个小球的德布罗意波长.

19-2　若光子和电子的德布罗意波长均为 0.5 nm,试求:

(1) 光子的动量和电子的动量之比;

(2) 光子的动能和电子的动能之比.

19-3　为了使电子的德布罗意波长为 0.1 nm,需要用多大的加速电压?

19-4　一束带电粒子经 206 V 的电势差加速后,测得其德布罗意波长为 0.002 nm,已知这个带电粒子所带电量与电子电量相等,求这个粒子的质量.

19-5　在电子单缝实验中,若缝宽 $a=0.1\,\mathrm{nm}$,电子垂直射到单缝上,则衍射电子的横向动量的最小不确定量等于多少.

19-6 氢原子半径的数量级为10^{-10} m.试估算氢原子中电子速度的不确定范围.

19-7 一个质量为m的粒子,约束在长度为L的一维线段上.试根据不确定关系估算这个粒子所能具有的最小能量的值.

19-8 试根据关系式$\Delta p \cdot \Delta x \geqslant h$证明,对于在圆周上运动的一个粒子,$\Delta L \cdot \Delta\theta \geqslant h$.其中$\Delta L$是角动量的不确定量,$\Delta\theta$是角度的不确定量.

19-9 如果一个电子处于原子某激发态的时间为10^{-8} s,则这个原子在该激发态能量的最小不确定量是多少?设电子从上述激发态跃迁到基态,对应的能量为3.39 eV,试确定所辐射光子的波长及该波长的最小不确定量.

19-10 已知粒子在无限深势阱中运动,其波函数为

$$\psi(x)=\sqrt{\frac{2}{a}}\sin\left(\frac{\pi}{a}x\right) \quad (0 \leqslant x \leqslant a)$$

求发现粒子概率最大的位置.

19-11 一维运动的粒子,处于如下波函数所描述的状态

$$\psi(x)=\begin{cases} Ax\mathrm{e}^{-\lambda x} & 当\ x \geqslant 0 \\ 0 & 当\ x < 0 \end{cases}$$

式中,$\lambda > 0$.

(1) 将此波函数归一化;

(2) 求粒子随坐标的概率分布;

(3) 在何处发现粒子的概率最大.

19-12 如果取一维无限深势阱的中心为坐标原点,即

$$U(x)=\begin{cases} 0 & 当\ |x| < a/2 \\ \infty & 当\ |x| \geqslant a/2 \end{cases}$$

求质量为m的粒子的波函数及相应能量表达式.

19-13 根据量子力学原理,氢原子中电子的角动量为$L=\sqrt{6}\hbar$.求电子角动量在外磁场方向的分量L_z的值.

19-14 试写出$l=2$角动量平方本征值L^2和$l=4$时角动量在外磁场方向的分量L_z的可能取值.

19-15 氢原子处在主量子数$n=3$时,有多少个不同的状态?在不考虑电子自旋的情况下,写出这些状态的量子数.考虑自旋后重新回答上述问题.

19-16 按照原子核外电子壳层分布模型,求出能够占据d支壳层的最大电子数,并写出这些电子的m和m_s的值.

19-17 试写出Ti($Z=22$)的基态电子组态.

第七篇　能源与电力

人类的生活水平和能源的利用程度息息相关. 能源的利用有赖于资源的开发以及利用它们的熟练技术. 当人类只能利用柴草等低热量能源时，只能产生古代的生活水平. 风车和水车则代表了中世纪的生活水准. 随着矿物燃料的开发，才使人类开始了现代化的生活. 人类近代史上的三次技术革命，是和能源本身三次变革或转变同时发生的：第一次由薪柴到煤炭，亦即以蒸汽机为代表的 18 世纪工业革命；第二次由煤炭到石油，也就是内燃机时代的开始(19 世纪末)；第三次则是第二次世界大战后的电子技术时代.

由于电能的优异特性，它对于能源的合理开发、运输、分配、消费起着重要的作用. 20 世纪以来，在电力的领域里出现了许多重大技术进步和发展，为人类活动和发展开辟了崭新的境界. 随着对电能的需要量急剧增长，能源的使用也必将由日渐枯竭的化石燃料逐渐转移到核能和可以再生的能源.

为适应能源与电力类高等学校人才培养的需求，本篇在对传统发电技术——火力发电、水力发电的物理原理进行介绍的基础上，对目前主要的新能源——核能发电、风力发电、太阳能发电的物理原理进行简要介绍.

第 20 章　能源与电力

地球上的能量来源形形色色. 能源有各种各样的分类方法,按照能源的形成和使用情况,主要有以下三种分类方法.

(1) 直接来自自然界而未经加工和转换的能源,称为**一次能源**. 如原煤、石油、天然气、风能、水能、核能、太阳能等均属于一次能源. 而由一次能源经直接或间接加工转换的人工能源,称为**二次能源**. 如电能、汽油、柴油、激光等均为二次能源.

(2) 具有天然的自我恢复能力,不会随人类的利用而日益减少的能源,称为**再生能源**. 如水能、风能、太阳能、地热能等. 因人类的广泛应用将越来越少,以至于枯竭的能源,称为**非再生能源**. 如煤炭、石油、天然气、铀矿等.

(3) **常规能源**是指技术上比较成熟,已经被普遍应用的能源. 如煤炭、石油、天然气、水利等. **新能源**是指新近才被利用,但是还未被人类大规模利用或正在开发、研究的能源. 如核能、太阳能、风能、地热能、氢能、海洋能等.

电能是二次能源,可以方便高效地转换为光、热、动力等其他能量形态. 电能的广泛利用,可以有效地提高工业、农业生产的机械化、自动化过程,进一步提高生产率、提高产品质量、节约原材料和燃料、改善劳动条件等. 因此,发电能源在一次能源消耗中所占的比例越大,能源总的利用率就越高,创造同样产值的能耗就越低. 世界上还没有任何其他能源像电能这样用途广泛,对工业社会的发展有决定性影响. 电力发展水平是一个国家工业发展水平和人民生活水平的重要标志.

发电就是将一次能源转换为电能的过程,这一过程在发电厂内完成. 根据利用一次能源的不同,发电厂有火力发电、水力发电、核能发电、风力发电、地热发电、海洋能发电、太阳能发电、生物能发电和燃料电池发电等之分. 它们的设备构成和生产过程也各不相同.

§20-1　火　　电

世界各国电力行业广泛采用的发电方式是火力发电、水力发电和核能发电. 到目前为止,在世界范围内的各种发电方式中,火力发电依然占有主导地位.

一、火力发电的原理

火力发电就是将煤炭、石油、天然气等化石燃料的化学能通过火力发电设备转换为电能的生产过程. 实现这种电能转换的工厂称为火力发电厂. 完成这个能量转换的组合设备称为火力发电机组.

火力发电的燃料主要是各种化石燃料,包括固体燃料(煤炭)、液体燃料(石油及其制品,如重油、渣油、柴油等)、气体燃料(天然气、煤层气、液化石油气、焦炉煤气等).火力发电的类型主要有蒸汽动力发电、内燃机发电、燃气轮机发电.最主要的是蒸汽动力发电,它是利用锅炉产生高温高压蒸汽,用蒸汽推动汽轮机转动,由汽轮机带动发电机发电.图 20-1 为火力发电厂的生产过程和主要设备.

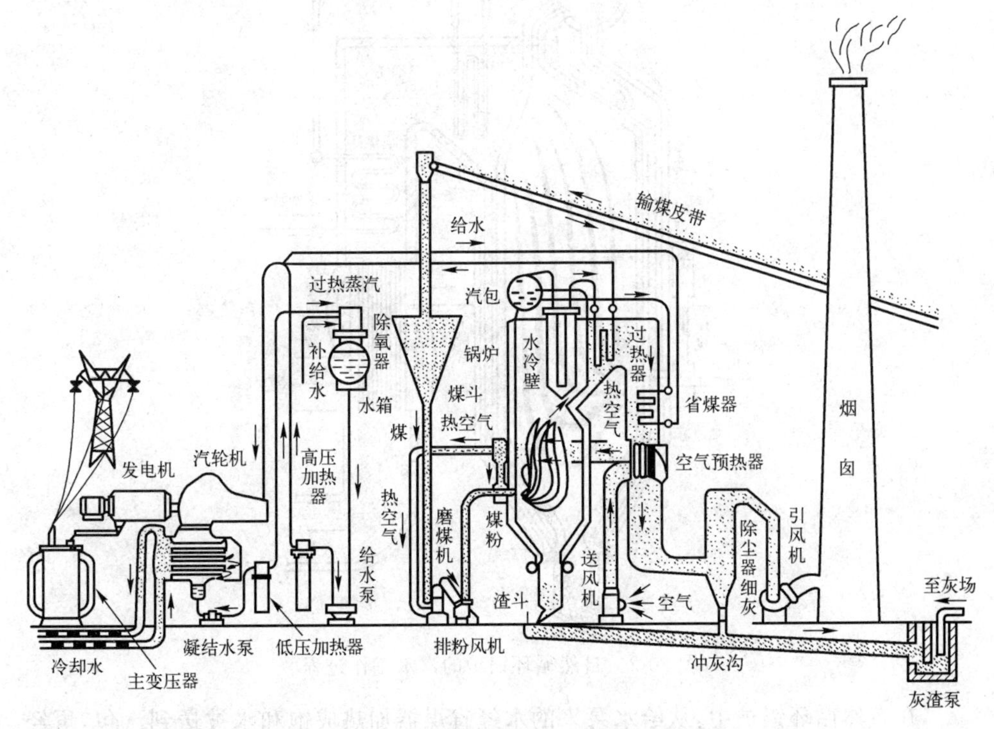

图 20-1　火力发电厂的生产过程和主要设备

煤炭经给煤机送入磨煤机制成煤粉,经输送皮带进入煤斗,煤粉与热空气同时进入锅炉炉膛迅速燃烧,锅炉中的水先被加热成饱和蒸汽,再经过热器加热成过热蒸汽,把燃料的化学能转化为过热蒸汽的热能.具有做功能力的高温高压过热蒸汽引入汽轮机后,推动汽轮机转子使其高速旋转,从而把过热蒸汽的热能转换成汽轮机转子的转动动能.汽轮机带动与它相连接的发电机转动,再将转动动能转换为电能.

如上所述,火力发电厂的核心生产过程是一个能量转换过程,这个能量转换过程是通过火力发电厂的三大主要设备(即锅炉、汽轮机和发电机)来实现的.除此之外,火力发电厂还有相应的电气设备和辅助生产设备,如燃料运输设备、供水设备、化学水处理设备、除尘除灰设备、主变压器以及电气设备等.

二、锅炉

按照汽水在水冷壁中的流动特性，锅炉可分为自然循环锅炉、强制循环锅炉和直流锅炉三类. 自然循环锅炉的汽水工作过程如图 20-2 所示.

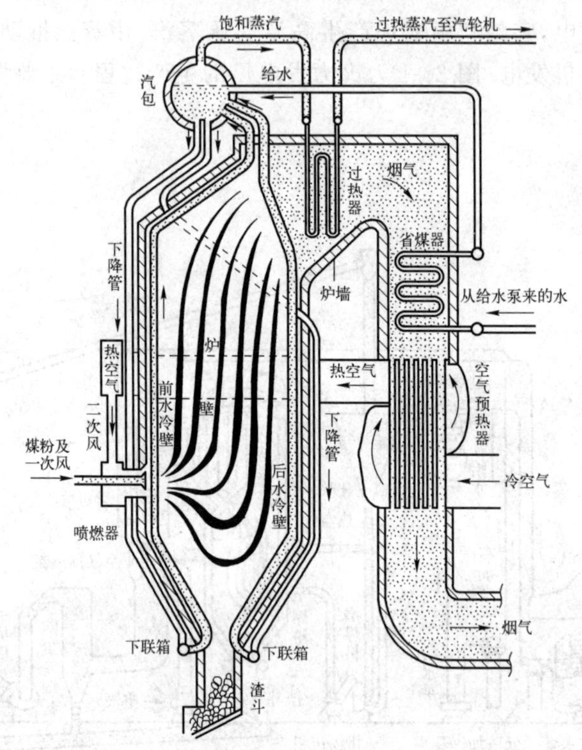

图 20-2　自然循环锅炉的汽水工作过程

在自然循环锅炉中，从给水泵来的水经省煤器加热成饱和水被送到汽包，再经过下降管、下联箱进入所有水冷壁管中. 在水冷壁管中，水吸收炉膛火焰的热辐射，使部分水变成蒸汽，以汽水混合物进入汽包. 在汽包中，经汽水分离装置分离出的水继续循环蒸发，蒸汽被引入过热器加热到蒸汽额定参数，成为过热蒸汽，被送到汽轮机做功.

三、汽轮机

火力发电厂是通过锅炉将燃料的化学能转变为蒸汽的热能，在汽轮机内又将蒸汽的热能转化为旋转的机械能，再经发电机将旋转的机械能转化为电能. 所以汽轮机是火电厂的一个主要设备. 汽轮机设备包括汽轮机主体、调速保安系统以及辅助设备.

按照热力过程的特点，汽轮机可以分为凝汽式、背压式、抽气式、再热式汽轮机. **凝汽式汽轮机**只用来带动发电机发电，做完功的蒸汽全部排入凝汽器凝结成水，重新打回锅炉. 进入汽轮机的蒸汽做功后排出，全部对外供热，不需要凝汽设备，称为**背压式汽轮机**. 从汽轮机抽出部分膨胀做功后的蒸汽对外供热，其余的蒸汽做功后仍然排入凝汽器凝结成水，重新回到锅炉，称为**抽气式汽轮机**. 蒸汽进入汽轮机膨胀做功至某一压力后，被全部抽出送往再热器进行再加热，然后返回汽轮机继续膨胀做功，称为**再热式汽轮机**.

汽轮机按照推动方式可分为冲动式汽轮机和反动式汽轮机. 图 20-3 为冲动式汽轮机的原理图. 具有一定压力和温度的蒸汽，通过固定不动的喷嘴并在其中膨胀加速. 膨胀过程中蒸汽的压力和温度不断降低，汽流速度不断增加，从而将蒸汽的热能转变为汽流的动能. 从喷嘴喷出的高速汽流以一定方向冲击叶片而改变流动方向，从而给叶片一个作用力，在此力的作用下，叶轮就转动起来.

如图 20-4 所示，反动式汽轮机的原理类似火箭的飞行原理，火箭内部燃料燃烧后产生的高压气体，从尾部高速喷出，使火箭受到一个与汽流喷出方向相反的作用力飞行，这个作用力称为反动力. 根据这个原理，只要能让蒸汽在叶片流道中产生加速流动，使叶片出口的流速大于进口流速，叶片就会受到反动力作用，推动叶轮转动，这就是反动力汽轮机的工作原理. 实际中的反动式汽轮机，蒸汽在喷嘴中膨胀获得较高速度，进入叶片后汽流流动方向发生改变，对叶片具有冲动力，同时蒸汽在叶片流道中也加速，对叶片又产生一个反动力. 所以反动力式汽轮机是受到冲动力和反动力综合作用而转动的.

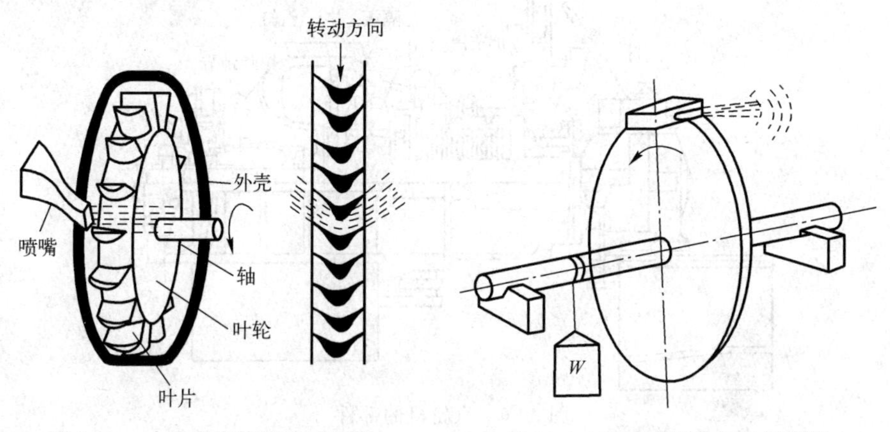

图 20-3　冲动式汽轮机的原理图　　图 20-4　反动式汽轮机的原理图

一列喷嘴和其后的一列动叶片组成汽轮机的一个级，图 20-3 所示为冲动式汽轮机的一个级. 具有一个级的汽轮机称为单级汽轮机，其功率很小. 现代汽轮机都是由若干级串联而成的，称为多级汽轮机. 在多级汽轮机中，蒸汽依次通过各级膨胀做功，从最后一级排出的蒸汽称为汽轮机的乏汽. 多级汽轮机做功能力大，蒸汽的压力越大，温度越高，效率也越高.

冲动式汽轮机的转子由主轴以及固定于其上的若干级叶轮构成，转子根据主轴与叶轮连接的方式不同，可以分为套装式转子、整锻式转子和组合式转子. 中、低压汽轮机的转子是套装式转子,它是将叶轮用热套加键的方法和主轴固定.现代大型汽轮机的高压转子是整锻转子,它是用一个大锻件加工出叶轮、主轴以及推力盘等.有的高压汽轮机的转子是组合式转子.图 20-5 是国产 50 MW 机组的组合式冲动式汽轮机转子结构简图.其中,主轴与高温段叶轮由一个大锻件加工而成,低温段是将预先加工好的叶轮逐个用热套加键的方法组装在主轴上而成.

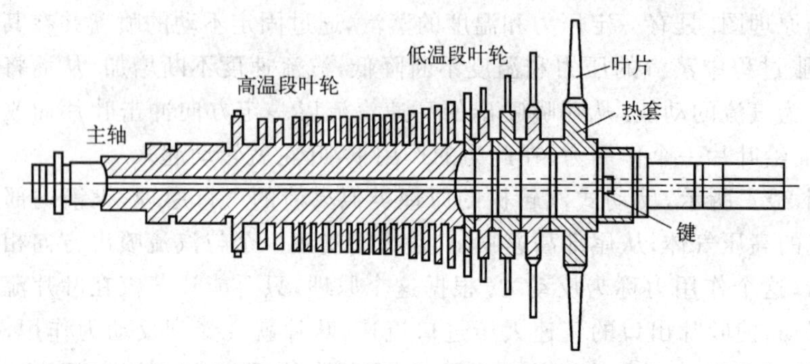

图 20-5 冲动式汽轮机转子结构简图

汽轮机本体是由静止部分(汽缸、喷嘴、隔板、汽封等)和转动部分即转子(叶片、叶轮、大轴、联轴器等)组成的,如图 20-6 所示.

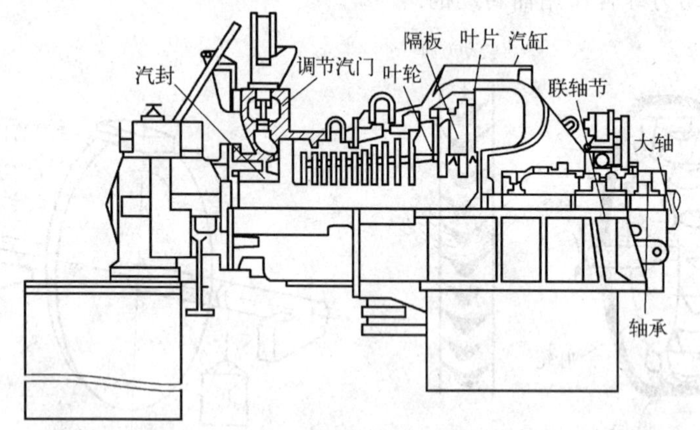

图 20-6 汽轮机的部件

为了保证汽轮机正常运转,汽轮机还要有保安系统、油系统和调速系统.调速系统的作用是保持汽轮机在额定转速($3\,000\ \mathrm{r\cdot min^{-1}}$)下运行,外界负荷变化时,及时地调节汽轮机的进汽量,以适应电力负荷变化的需要.调速系统还保证当汽轮发电机组突然甩掉负荷时,汽轮机的转速不超过保安装置动作转速($3\,300\ \mathrm{r\cdot min^{-1}}$),使汽轮机维持空载运行.

汽轮机的辅助设备包括凝汽设备(凝汽器、抽气器、凝结水泵等)和回热系统设备(低压加热器、除氧器、高压加热器等).汽轮机在各个系统和辅助设备的保障下,大轴的转速保证在额定范围($3\,000\ \mathrm{r\cdot min^{-1}}$).

四、发电机

汽轮发电机是按照电磁感应原理制造的，它包括转子和定子两部分. 转子和定子都是由铁芯和绕在铁芯上的绕组组成的. 转子绕组外接直流励磁电源，当励磁电路接通后，转子绕组就有直流电流流动，产生磁场，形成一对磁极. 定子绕组成同样结构的三组（即三相），沿圆周间隔 120°均匀布置，如图 20-7 所示.

转于转动时，转子磁场随同一起旋转，每旋转一周，磁力线顺次切割定子的每相绕组，在每相定子绕组内感应出感应电动势. 转子每旋转一圈，定子每相绕组感应电动势的方向就随着变化一次，即感应电动势变化一个周期，如图 20-8 所示. 如果转子转速为 3 000 $r \cdot min^{-1}$（即 50 $r \cdot s^{-1}$），那么每相绕组中就感应出频率为50 Hz 的交流电. 因为发电机定子上均匀地排列着三相绕组，就产生了三相交流电.

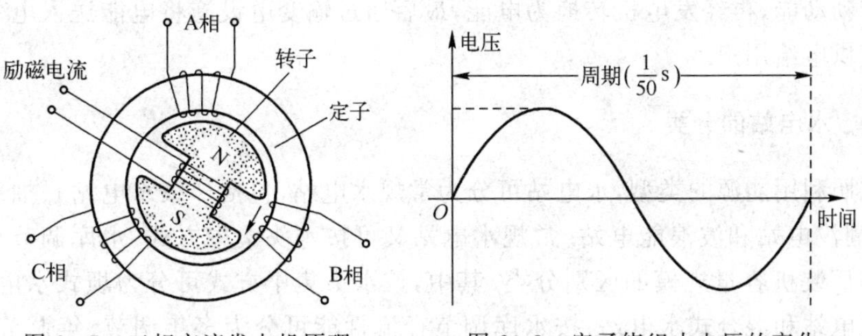

图 20-7　三相交流发电机原理　　图 20-8　定子绕组中电压的变化

由发电机发出的电除了电厂自用部分外，一般由主变压器将发电机的出线电压升到系统电压后，经高压配电装置和输电线路向外供电. 电厂自用部分通常由厂用变压器降低电压后，经厂用配电装置和电缆供厂内各种辅机即照明等用电. 电厂电气系统如图 20-9 所示.

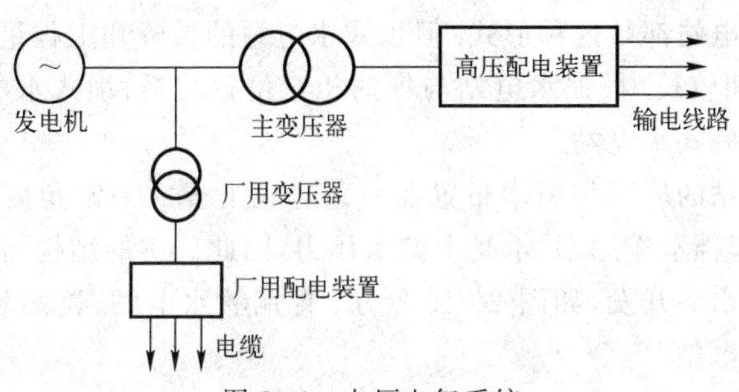

图 20-9　电厂电气系统

汽轮发电机除定子、转子外，还应有相应的励磁系统和冷却系统. 发电机在运行中因有损耗而发热，为使发电机能长期安全运行，必须把发电机的温度控制在绕组绝缘允许的温度范围内，因此，需要采用适当的冷却力式，把发电机损耗产生的热量带走. 汽轮发电机的容量不同，采用的冷却方式也不同，50 MW 以下的汽轮发电机，一般采用空气冷却；50～100 MW 的汽轮发电机，一般采用氢外冷；100～150 MW 的汽轮发电机，一般采用定子绕组氢外冷，转子绕组氢内冷，铁芯氢冷；200 MW 以上的大型汽轮发电机，广泛采用定子绕组水内冷，转子绕组氢内冷. 定子和转子铁芯氢冷简称水-氢-氢冷却方式. 还有定、转子绕组都采用水内冷，称为双水内冷的发电机，其容量可提高到 300 MW 以上.

§20-2　水　　电

水力发电是将水的动能和势能转换为电能的工程技术，其基本生产过程是通过采取集中水头和调节径流等措施，将天然水流中具有的势能和动能经水轮机转换为转动动能，再经发电机转换为电能，最后通过输变电设施将电能送入电力系统或直接供电给用户.

一、水电站的分类

按照利用能源的类型，水电站可分为常规水电站（包括梯级水电站）、抽水蓄能电站、潮汐电站和波浪能电站. 常规水电站又可按水头集中方式、水库调节径流性能和单厂装机容量规模的区别分类. 其中，按水头集中方式可分为坝式水电站、引水式水电站和混合式水电站；按水库调节径流性能可分为多年调节、年调节、季调节、周调节、日调节水电站和不调节径流的径流式水电站；按单厂装机容量规模分类，我国现行的划分标准是单厂装机容量在 250 MW 及以上的为大型，250 MW 以下至 25 MW 的为中型，小于 25 MW 的为小型.

坝式水电站的特点是利用所建拦河坝来抬高水位、集中落差. 坝式水电站的库容较大、蓄水多，可以调节河流径流量，发电水流量大，电站的规模也较大，现在绝大多数大容量水电站都是这种形式. 但坝式水电站的投资和工程量较大，水库淹没损失也较大，工期较长. 根据水电站与坝的相互位置关系，坝式水电站又可分为河床式水电站与坝后式水电站.

河床式水电站的厂房与坝体布置在一条直线上或成一定角度，厂房是坝体的一部分，所以要起挡水作用，并承受上游水压力，因此厂房的结构与坝体相同. 这种水电站适用于低水头开发，如图 20-10 所示. 青铜峡水电站、葛洲坝水利枢纽工程都属于河床式水电站.

坝后式水电站的厂房位于坝的下游即坝后. 这种水电站的厂房与坝分开，厂房不承受水压力，适用于高中水头水电站，如图 20-11 所示. 三峡水电站、丹江口水电站、三门峡水电站等都属于坝后式水电站.

图 20-10　河床式水电站

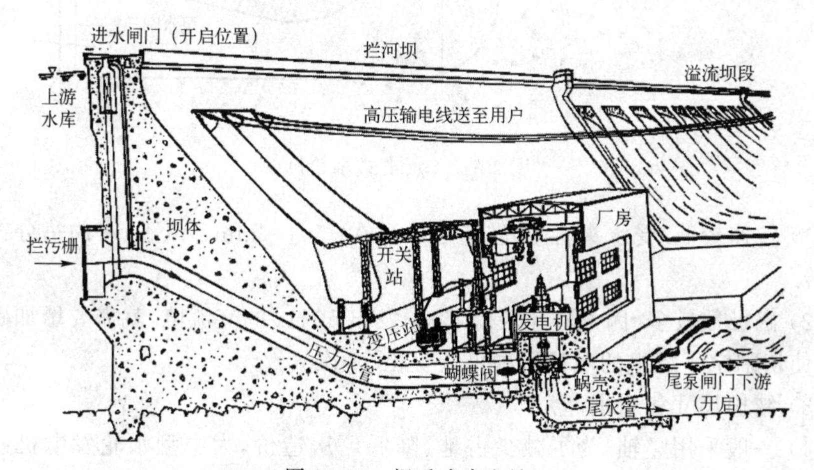

图 20-11　坝后式水电站

二、水轮机

现代水轮机按其工作原理不同分为反击式和冲击式两大类，其中反击式应用较为广泛. 反击式水轮机主要是利用水流的压力及水流的动能来做功. 当具有一定压力的水流进入叶轮作用在叶片上时，水压力会对叶片产生一个很大的作用力，同时水流受叶片的限制改变了流速的大小和方向，又给叶片一个反作用力. 在这两个力的作用下，叶轮就旋转起来，从而把水中蕴含的能量转化成水轮机的旋转机械能，反击式水轮机如图 20-12 所示.

冲击式水轮机是利用高速水流冲击叶轮来做功的. 水流由压力水管进入水轮机经喷嘴形成一股高速射流，射向叶轮上的叶片或水斗，推动叶轮转动，带动主轴转动.

三、水轮发电机

水轮发电机的工作原理与汽轮发电机相同，励磁方式也基本相同. 但水轮发电机又有以下特点：

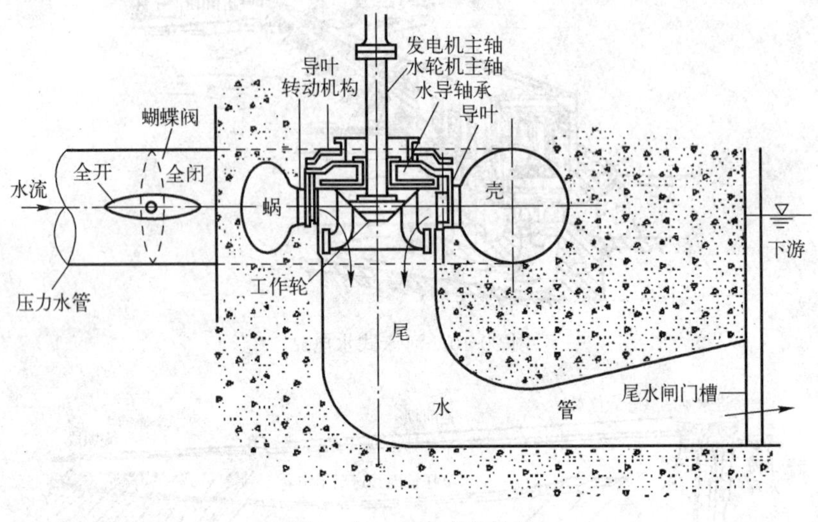

图 20-12　反击式水轮机

(1) 转速较低. 受水头所限，转速一般多在 750 r · min^{-1} 以下，有的每分钟只有几十转.

(2) 磁极数较多. 因为转速较低，为了发出 50 Hz 的交流电，就需要增加磁极对数，以使切割定子绕组的磁场每秒仍能变化 50 次.

(3) 结构尺寸和质量都大.

(4) 一般采用竖轴. 为了减少占地、降低厂房造价，大中型水轮发电机一般采用竖轴.

大容量水轮发电机广泛采用立式结构，立式水轮发电机按其推力轴承所在位置不同，又分为悬式和伞式两种形式. 悬式水轮发电机的推力轴承装在转子的上部，如图 20-13 所示. 伞式水轮发电机的推力轴承装在转子的下部，如图 20-14 所示.

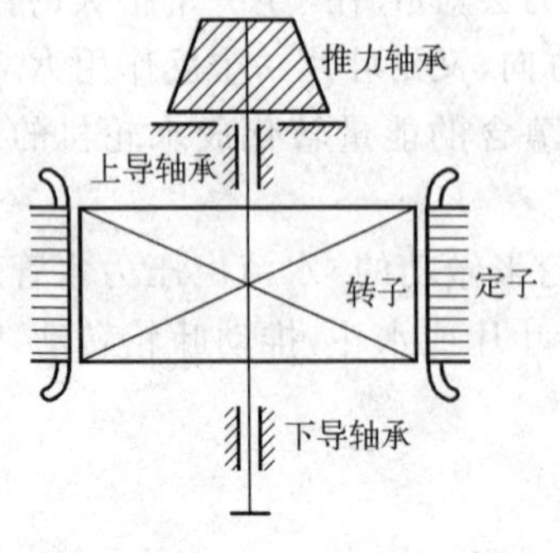

图 20-13　悬式水轮发电机断面

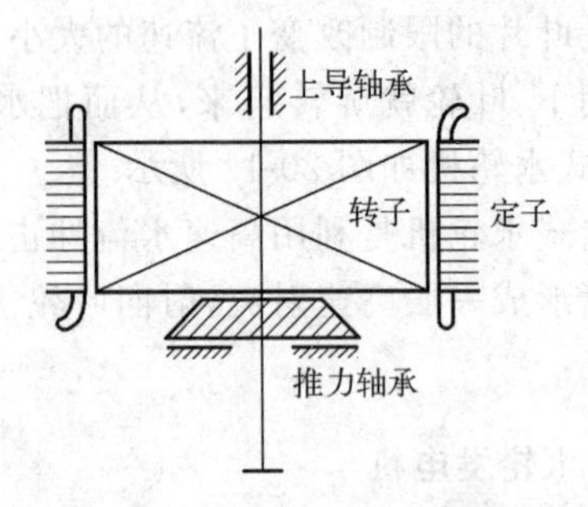

图 20-14　伞式水轮发电机断面

水轮发电机主要由内定子、转子、推力轴承、上下导轴承、上下部机架、通风冷却装置、制动装置及励磁装置等组成. 水轮发电机组的附属设备主要有调速系统和蝴蝶阀与快速闸门.

调速系统分为机械液压调速(机调)、电气液压调速(电调)和微机调速器三类. 其中,微机调速器的性能明显优于机调和电调,可用计算机软件很方便地实现调节控制功能,其可靠性、可用性、可维修性大幅度提高,目前我国大、中型水电机组主要采用微机调速器. 蝴蝶阀与快速闸门一般分别安装在水轮机蜗壳前的钢管上或压力引水管的进水口处,当机组发生事故而导水机构又同时发生故障不能及时关闭时,可迅速关闭蝴蝶阀或快速闸门,紧急停机,避免事故扩大;在停机或检修时将其关闭,还可减少漏水,确保工作安全.

发电机发出的电,除了电厂自用部分外,一般由主变压器将发电机出线电压升到系统电压后,经高压配电装置和输电线路向外供电.

§ 20-3　核　　电

原子核释放能量有两种方式:一种是使一些重金属元素如铀、钚等的原子核发生分裂,放出巨大能量,称为核裂变反应;另一种是使一些轻元素如氢的同位素氘和氚等原子核聚合成较重的原子核(氦),放出巨大能量,称为核聚变反应,又称热核反应. 目前人类只利用了核裂变反应来发电,核聚变反应应用于发电还在研究之中.

核能发电就是利用核裂变反应产生的热能,加热水使之变成蒸汽后推动汽轮发电机发电的. 核电厂与火电厂在构成上的最主要区别,是用核蒸气发生系统(反应堆、蒸气发生器、泵和管道等)代替火电厂中的蒸汽锅炉,其余部分与火电厂基本相同. 下面就核裂变过程以及不同类型的反应堆和蒸气发生器构成原理作一下简单介绍.

一、原子核的组成与核能

1. 原子核的结构与描述方法

原子是由带正电的原子核和围绕原子核运动的若干带负电的电子组成的. 原子核又由若干带正电的质子以及若干不带电的中子组成,质子和中子统称**核子**,质子和中子的质量和大小都差不多. 电子的质量约为核子的 1/1 840. 因此,原子的质量几乎全部集中于原子核.

在原子核物理中,通常使用"原子质量单位"作为原子及其核子的质量单位. 原子质量单位是这样规定的,取碳的最丰富的同位素$^{12}_{6}$C 原子质量的 1/12 作为一个"**原子质量单位**",以 amu 或 u 表示,即

$$1\text{u}=1.660\,566\times10^{-27}\ \text{kg}$$

这样，质子的静止质量为

$$m_{\text{p}}=1.007\,276\ \text{u}$$

中子的静止质量为

$$m_{\text{n}}=1.008\,665\ \text{u}$$

原子的质量如果以“原子质量单位”计量时，都接近某一整数. 这个整数称为质量数，用 A 表示.

原子核中的质子数 Z 和质量数 A 是标志原子核特征的两个重要的物理量，所以常用 ${}_{Z}^{A}X$ 来标记不同的原子核. 其中，X 代表与 Z 相应的化学元素的符号，质子数 Z 实际上就是该元素在周期表中的原子序数，核内的中子数显然等于$(A-Z)$.

在自然界中，存在着这样一些元素，它们的电荷数 Z 相同，即核内的质子数相同，但质量数 A 不同，即中子数不同，由于它们位于元素周期表中同一位置，故称同位素. 例如，氢有三种同位素，即 ${}_{1}^{1}\text{H}$、${}_{1}^{2}\text{H}$ 和 ${}_{1}^{3}\text{H}$，分别称为氢、氘和氚；氧的同位素有 ${}_{8}^{16}\text{O}$、${}_{8}^{17}\text{O}$、${}_{8}^{18}\text{O}$.

2. 质量亏损与原子核的结合能

既然原子核是由核子组成的，那么原子核的质量就应该等于全部核子的质量之和，但是实验发现：任何一个原子核的质量总是小于组成它的所有核子的质量之和，这个差值称为原子核的**质量亏损**，一般用 Δm 表示.

$$\Delta m=Zm_{p}+(A-Z)m_{n}-m_{A}$$

式中，Z 为原子的质子数，A 为原子的核子数，m_{p}、m_{n} 分别表示质子、中子的质量，m_{A} 表示质量数为 A 的原子的质量. 按照相对论的观点，质量和能量是物质的两种基本属性，当系统有质量的改变 Δm 时，就一定有能量的改变 ΔE，即

$$\Delta E=\Delta mc^{2}=[Zm_{p}+(A-Z)m_{n}-m_{A}]c^{2} \tag{20-1}$$

这个能量 ΔE 称为**结合能**，也就是要把原子核分裂成单个的质子和中子，外界所必须提供的能量.

3. 核子的平均结合能与原子核稳定性

由于原子的结合能非常大，大多数稳定原子核的结合能约为几十 MeV 到几百 MeV，所以一般原子核是非常稳定的系统. 然而不同原子核的稳定程度是不一样的，通常用原子核的结合能 ΔE 除以原子核的质量数 A(即总核子数)来表示核子的**平均结合能**，即

$$\overline{\Delta E}=\frac{\Delta E}{A}=\frac{\Delta mc^{2}}{A} \tag{20-2}$$

核子的平均结合能 $\overline{\Delta E}$ 是原子核分解成核子时，外界所必须对每个核子所做功的平均值. 可见平均结合能的大小标志着原子核的稳定程度. 核子的平均结合能越大，意味着分离核子需要的能量就越大. 图 20-15 是各种不同原子核的核子平均结合

能随原子核质量数 A 的分布曲线(图中以 $A=25$ 为界,两边标尺不同).

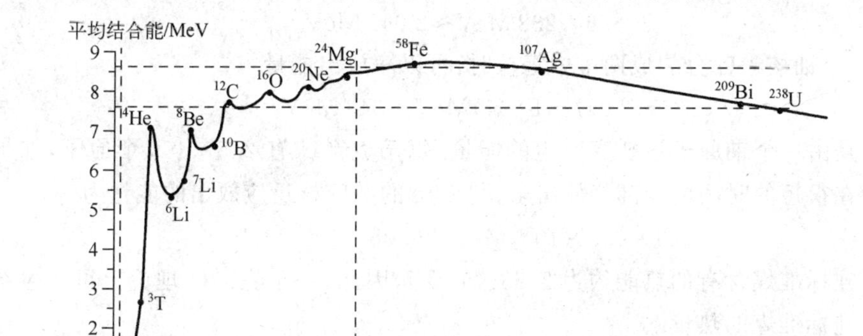

图 20-15　各种原子核中每个核子的平均结合能

从图 20-15 可以看到,所有中等原子核的核子平均结合能大致相等,都约为 8.6 MeV;而轻核和重核的核子平均结合能都小于中等原子核的核子平均结合能. 这就表明,**中等质量的核最为稳定**. 这一规律提供了利用原子能的可能途径.

4. 核裂变和核聚变

从利用核能的角度来看,显然把自由态的质子和中子结合起来,组成中等质量的核为最佳,因为这样放出的能量最多. 然而,自由态中子是放射性的,而且半衰期较短,不易得到,因此用质子和中子直接结合成中等核是不现实的. 要利用原子核的结合能,必须从自然界存在的原子核来考虑.

核子的平均结合能的大小,表示了核子从自由粒子状态转变为一个复合粒子状态时所放出的能量,也表示了原子核中核子结合的紧密程度. 核子的平均结合能越大,在原子核中核子结合的程度越紧密,在结合过程中每个核子平均放出的能量也就越大. 因此,由平均结合能小的原子核转变为平均结合能比较大的原子核,就会释放出巨大的能量,这就是原子核能. 因此,从图 20-15 所示的平均结合能曲线可以得知,有两个可以得到核能的途径:其一是把平均结合能较小的重原子核(如$^{238}_{92}$U,$^{239}_{94}$Pu 等)分裂为两个质量数 A 接近的中等大小的平均结合能比较大的原子核,就是通常所说的重核裂变反应;其二是把两个平均结合能很小的轻原子核(如氘$^{2}_{1}$H 核、氚$^{3}_{1}$H 核等)聚合为氦$^{4}_{2}$He、铍$^{9}_{4}$B $_{e}$8、碳$^{12}_{6}$C 和氧$^{16}_{8}$O 等一些平均结合能大的轻原子核,就是通常所说的轻核聚变反应.

例如,铀核$^{238}_{92}$U 含有 92 个质子和 146 个中子,铀核$^{238}_{92}$U 的核子平均结合能为 7.58 MeV,将铀核$^{238}_{92}$U 分解成 92 个质子和 146 个中子,需要能量

$$7.58\times238\ \text{MeV}\approx1\,804\ \text{MeV}$$

若将铀核$^{238}_{92}$U 分裂成两个中等质量的核,由于中等核的核子平均结合能约为

8.6 MeV,所以核子组成中等核时,可以放出能量

$$8.6\times238\ \mathrm{MeV}\approx2\,047\ \mathrm{MeV}$$

所以,一个铀核$^{238}_{92}U$分裂成两个中等核时,可以净放出能量

$$(2\,047-1\,804)\mathrm{MeV}=243\ \mathrm{MeV}$$

这是由一个铀原子核裂变产生的能量.每千克$^{238}_{92}U$有2.5×10^{24}个原子,如果它们能在很短的时间内全部释放出来,则1 kg的$^{238}_{92}U$核反应放出的能量为

$$243\times2.5\times10^{24}\ \mathrm{MeV}=6.08\times10^{26}\ \mathrm{MeV}$$

一吨标准煤含有的热能约为2.93×10^{10} J,因此,一千克$^{235}_{92}U$理论上可产生约两千多吨标准煤的热量.

又如,两个氘核$^{2}_{1}H$聚合成一个氦核$^{4}_{2}He$的核聚变,氘核核子平均结合能为1.11 MeV,因此,将2个氦核分解为2个质子和2个中子,需要提供的能量为

$$1.11\times4\ \mathrm{MeV}=4.44\ \mathrm{MeV}$$

若将2个质子和2个中子结合成一个氦核$^{4}_{2}He$时,由于氦核的核子平均结合能为7.07 MeV,所以可以放出能量

$$7.07\times4\ \mathrm{MeV}=28.28\ \mathrm{MeV}$$

所以,两个氘核$^{2}_{1}H$聚合成一个氦核$^{4}_{2}He$时,可以放出的净能量为

$$(28.28-4.44)\mathrm{MeV}=23.84\ \mathrm{MeV}$$

虽然在原子核中蕴藏着巨大的能量,但是要大规模利用核能,尤其是要大规模和平利用核能,需要具备一定的条件.

利用核聚变反应可以为人类提供能量,其主要原因有三点:①核聚变反应释放的能量巨大;②核聚变的原材料可以从海水中提取;②核聚变反应的产物对环境的影响很小.但是,人类要利用核聚变的能量还有很长的路要走,这是因为目前还不能实现可控的热核聚变反应,主要的问题有两点:①如何达到核聚变所需的高温;②如何使核聚变反应以受控方式进行.目前人工的核聚变反应只能在氢弹爆炸或由加速器产生的高能粒子碰撞实验中得以实现.

要大规模和平利用重核裂变所释放出的能量,必须满足以下三个条件:①重核能够分裂为两个中等质量的原子核;②裂变反应能够持续地进行下去;③裂变的速度能够人为地加以控制.

二、链式核裂变的过程

铀元素的原子序数(质子数)为92.铀是目前用作核裂变的主要元素,它有几种含有不同数目中子的同位素.例如$^{235}_{92}U$,$^{236}_{92}U$和$^{238}_{92}U$,它们均为铀的同位素.

实验发现,$^{238}_{92}U$和$^{235}_{92}U$的裂变情况不同,$^{238}_{92}U$需要用1.1MeV以上的快中子打击才能发生核反应;而$^{235}_{92}U$只要很慢的中子,即所谓的热中子(能量在0.03 MeV的数量级)的打击就可以发生裂变,而且效率比快中子还要高.下面以$^{235}_{92}U$为例说

明裂变过程放出的能量.

$^{235}_{92}U$ 的原子核受到中子的轰击后分裂为两个裂变碎块，并释放出两个或三个多余的中子. 设$^{235}_{92}U$ 的裂变方程式为

$$^{235}_{92}U+^{1}_{0}n\rightarrow^{139}_{54}Xe+^{95}_{38}Sr+2^{1}_{0}n \tag{20-3}$$

可以证明经过分裂后$^{235}_{92}U$ 失去的质量为 3.57×10^{-28} kg，于是其释放的能量约为

$$\Delta E=\Delta mc^2=3.57\times10^{-28}\times(3\times10^8)^2\ \text{J}=3.2\times10^{-11}\ \text{J}=200\ \text{MeV}$$

这是由一个铀原子裂变产生的能量. 每千克$^{235}_{92}U$ 有 2.5×10^{24} 个原子，如果它们能在很短的时间内全部释放出来，则 1 kg 的$^{235}_{92}U$ 核反应放出的能量约为

$$E=3.2\times10^{-11}\times2.5\times10^{24}\ \text{J}=8\times10^{13}\ \text{J}=5\times10^{26}\ \text{MeV}$$

上式说明，核反应放出的能量是巨大的，问题是如何让大部分的原子核发生可以控制的核反应.

铀核$^{235}_{92}U$ 裂变时，产生的不一定都是 Xe（氙）和 Sr（锶），也可能是其他中等质量的元素的原子核，如 Kr（氪）、Ba（钡）等. 铀核裂变时放出的中子又能够引起另外的$^{235}_{92}U$ 核的裂变，依次滚雪球似的扩大，可使反应继续下去，并不断释放出大量的原子核能，所以这种反应称为链式反应，如图 20-16 所示.

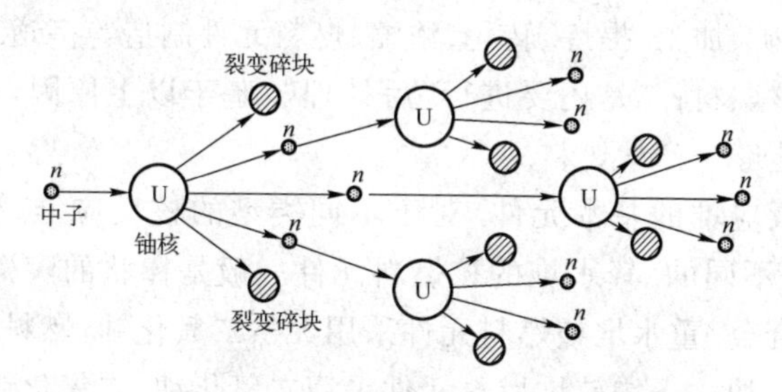

图 20-16　链式裂变反应示意图

实际上，要使$^{235}_{92}U$ 核发生链式反应，还必须考虑两个问题. 第一，天然铀是两种同位素$^{235}_{92}U$ 和$^{238}_{92}U$ 的混合物，$^{235}_{92}U$ 只占 0.72%，而占比超过 99%的$^{238}_{92}U$ 对大部分的慢中子不产生核反应. 第二，$^{235}_{92}U$ 的分裂主要是由慢中子引起的，而分裂时所放出的再生中子是快中子，一部分快中子要飞出铀块范围，另一部分又将被$^{238}_{92}U$ 吸收. 由此可见，在分裂过程中所放出的再生中子，只有很少一部分能够引起$^{235}_{92}U$ 发生反应，如果这种中子的数目不够多，反应就要终止. 为了维持链式反应，可以增加铀中同位素$^{235}_{92}U$ 的浓度，增大铀块的体积，或用人工的方法降低再生中子的速度. 在实际中，这些方法往往联合采用，以增大核分裂的机会.

如果用纯的$^{235}_{92}U$，要使它发生链式反应，必须使铀块有足够大的体积，因为体积较小时，个别$^{235}_{92}U$ 核分裂时所产生的再生中子，大部分将在没有和铀核碰撞之前就飞出铀块之外，链式反应就不能发生. 能够发生链式反应的最小体积称为临界体

积，临界体积中所含铀（$^{235}_{92}U$）的质量，称为临界质量. 当几块质量小于临界质量的$^{235}_{92}U$很快合拢，而总质量超过临界质量时，就会发生极其猛烈的链式反应而引起爆炸，原子弹就是根据这个原理制成的.

三、核裂变的燃料

核裂变反应所需核燃料是由易裂变材料和可转换材料组成的. 主要的易裂变材料有$^{235}_{92}U$，$^{239}_{94}Pu$和$^{233}_{92}U$. 主要的可转换材料有$^{238}_{92}U$，$^{232}_{90}Th$和$^{240}_{94}Pu$，$^{234}_{92}U$也可以起转换材料的作用.

天然铀中，不足1%的$^{235}_{92}U$的原子核受到中子轰击时，会分裂成两个质量近于相等的原子核，同时放出2～3个中子. 而超过99%的$^{238}_{92}U$的原子核不是直接裂变，而是在吸收快中子后变成另外一种核燃料$^{239}_{94}Pu$，钚是可以裂变的. 由于$^{238}_{92}U$通过生成$^{239}_{94}Pu$后，再通过裂变产生核能，所以$^{235}_{92}U$、$^{239}_{94}Pu$和$^{238}_{92}U$统称核燃料.

能实现大规模可控核裂变反应的装置称为反应堆. 除了重水反应堆可以利用天然铀作为燃料外，大多数的反应堆是采用低浓度的浓缩$^{235}_{92}U$（其浓度一般为1%～3%）作为燃料的. 与一般的矿物燃料相比，核燃料有两个突出的特点：一是生产过程复杂，要经过采矿、加工、提炼、转化、浓缩、燃料元件制造等多道工序才能制成可供反应堆使用的核燃料；二是还要进行“后处理”. 基于以上原因，目前世界上只有为数不多的国家能够生产核燃料.

核燃料是核反应堆的基本元件. 对于不同类型的核反应堆，核燃料元件的结构、形状和组分是不同的. 轻水堆的核燃料元件一般是棒状的陶瓷二氧化铀，燃料元件的包壳为锆合金. 重水堆核燃料元件采用天然二氧化铀，燃料元件由短棒束组成，包壳为锆合金. 快中子增殖堆燃料元件采用二氧化铀、二氧化钚混合制成，燃料元件结构与轻水堆类似. 高温气冷堆燃料元件为二氧化铀与二氧化钍的混合物，形状为柱形或球形.

四、核反应堆

维持和控制核裂变，从而控制核能与热能之间转换的装置叫**核反应堆**. 核反应堆是核能发电的核心装置. 多数反应堆包括下列部件：堆芯、冷却介质、控制棒、减速剂.

堆芯是由含有氧化铀粉末的燃料棒组成的. 当一定数量的燃料棒被集中到一起，达到临界质量时，连锁反应就可以进行了. 单个燃料棒并不具有足够的临界质量.

冷却介质可以是气体或液体，流过燃料芯，带出裂变过程产生的热量. 冷却介质并不和燃料棒直接接触，因为放射性物质被密封在燃料棒内.

控制棒由能够快速吸收中子的材料组成，这些棒通常是配置在燃料组中的圆柱形金属（硼钢或镉）棒. 如果控制棒从燃料中抽出，则有更多的中子冲击燃料造成裂变,使得反应速度增加. 如果把控制棒插入燃料束,它犹如海绵吸水一样吸收中子,减少了进入燃料的中子数目,使连锁反应减慢或完全停止. 这样就可控制反应堆产生的热量或直至使反应堆停止工作.

减速剂的作用是为了减小裂变中发射出来的中子的速度. 这是必需的,因为中子速度太大而不能被俘获时就无法造成裂变. 石墨、水或重水是常用的减速剂. 反应堆通常被封闭在一个压力壳内,并在外面设有一个安全壳. 安全壳包裹着反应堆的各个部分,以防止放射性物质泄漏到环境当中.

核电厂使用的反应堆有各种不同的类型,每种都有其不同的运行特点、经济性能、燃料要求等. 下面简要介绍常见的几种核反应堆.

(1) 轻水反应堆(LWR). 轻水反应堆以低浓度的浓缩铀作为燃料. 轻水反应堆有两种类型,沸水堆(boiling water reactor,BWR)和压水堆(pressurized water reactor,PWR). 沸水堆的最大特点是作为冷却剂的水会在堆中沸腾而产生蒸汽. 压水堆中的压力较高,冷却剂水的出口温度低于相应压力下的饱和温度,不会沸腾.

图 20-17 为沸水堆核电厂的原理流程图. 目前运行的反应堆有一半是沸水堆. 在沸水反应堆中,普通水(轻水)作为冷却剂,也作为减速剂. 水被引入反应堆中受热沸腾,然后作为压力蒸汽被抽出驱动汽轮机. 沸水堆的典型工作压力约为7 MPa,温度约为 300 ℃. 沸水反应堆的优点是简单,缺点是水只经一次循环系统. 虽然在正常情况下汽轮机中蒸汽只带有微量的放射性,不致因辐射而影响汽轮机的性能,但其主蒸汽管道、控制阀、汽轮机、冷凝器、蒸汽分离器等元件都需要混凝土屏障来隔离可能出现的辐射. 同时为了安全,还盖有机房防辐射体盖. 这种系统的热效率不高,大约只有 34%.

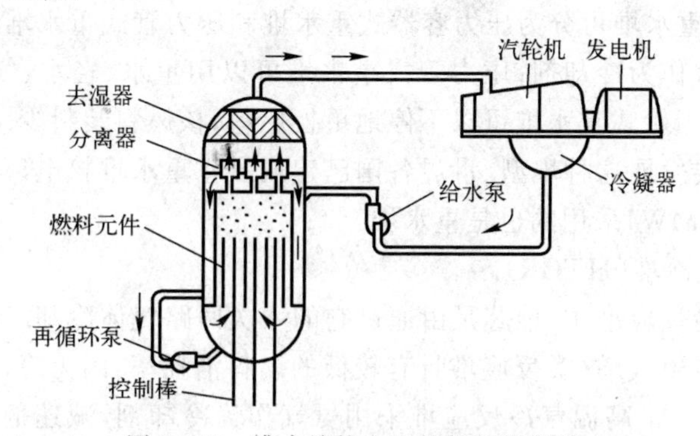

图 20-17　沸水堆核电厂的原理流程图

图 20-18 所示为压水堆核电厂的原理流程图,它采用热交换的双回路系统. 一次回路中的液体或气体可能是水、氦气或二氧化碳. 当一次回路采用水时,水在高压炉中被抽送通过燃料堆芯,并从顶部作为受热液体被抽出. 然后循环通过热交换器,此时热交换器中的二次回路产生的蒸汽,用以驱动汽轮机. 压水堆中一回路的压力约为

15 MPa,压力壳冷却剂出口温度约为325 ℃,进口温度约为290 ℃. 二回路蒸汽压力为6~7 MPa,蒸汽温度为275~290 ℃. 压水堆具有沸水堆的若干优点,而压水堆堆芯使用的冷却剂又不直接和汽轮机接触,因而汽轮机区保持无辐射污染状态.

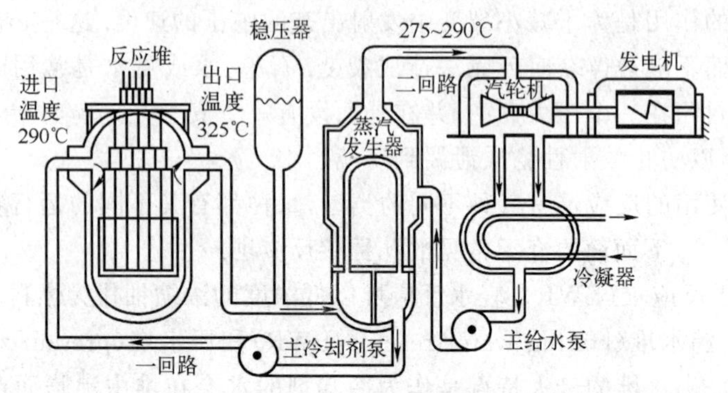

图 20-18 压水堆核电厂的原理流程图

国外已建和准备建设的大多数核电站采用压水堆和沸水堆. 我国泰山核电厂一期(300 MW)和二期(2×600 MW)、广东大亚湾核电厂 (2×900 MW)、岭澳核电厂(2×900 MW)和田湾核电厂(2×1000 MW)均采用压水堆.

(2) 重水反应堆(HWR)

重水堆以重水(D_2O,即氘和氧的化合物)而不是轻水(H_2O)作为减速剂和冷却剂. 由于重水对中子的慢化性能好,吸收中子的概率小,因此,重水堆可以采用天然铀作为燃料,因而无须特地浓缩铀,这样既容易获得铀燃料,又比较便宜. 加拿大成功发展了重水反应堆,故又称加拿大重水堆.

从结构上,重水堆可分为压力容器式重水堆和压力管式重水堆. 压力容器式重水堆只能用重水作为冷却剂;压力管式重水堆可以用重水、轻水、气体或有机液体作为冷却剂. 压力管式重水堆可以不停地更换燃料,核燃料装料少.

加拿大主要发展这种堆型. 世界各国已建成多座重水堆核电厂,我国秦山核电厂三期(2×700 MW)采用的也是重水堆.

(3) 高温气冷堆(HTGR).

在高温气冷反应准中,堆芯是由通过它的一次回路气体冷却. 通常采用的气体是纯二氧化碳或氦气. 这类反应堆具有较低的燃料消耗率,因为冷却剂中捕获很少的中子. 美国的一个高温气冷反应堆采用氦气作为冷却剂,减速剂则采用石墨,和压水堆冷却剂工作于325 ℃相比,高温气冷堆的工作温度较高,约为700 ℃,并有可能将温度提高到1 000 ℃,因而能提高其效率. 高温气冷堆核电厂原理如图 20-19所示.

高温气冷堆所用燃料为2.5%~3%的低浓缩铀,一次装入燃料的质量只有天然铀的1/5~1/4,因而反应堆的体积较小,更换燃料元件简单,可在较高温度下运行,热效率也相对较高.

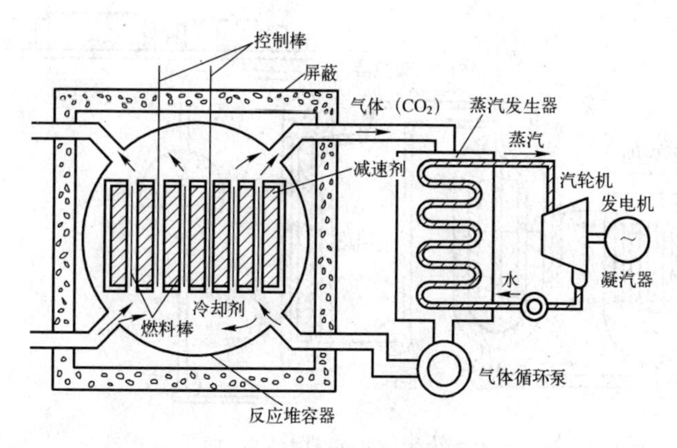

图 20-19　高温气冷堆核电厂原理

(4) 快中子增殖堆(FBR).

轻水堆、重水堆和高温气冷堆都是热中子反应堆(简称热堆),因为它们都是借助于速度大为减慢了的、处于热运动状态下的中子来维持链式裂变反应的. 热中子反应堆以$^{235}_{92}U$作为燃料,在一般热核反应堆核燃料中,90%多$^{238}_{92}U$在热堆中是不能发生热核反应的. $^{238}_{92}U$对能量在一定范围的中子有较强的吸收作用,而转变成$^{239}_{94}Pu$,其过程如下:

$$^{238}_{92}U+^{1}_{0}n=^{239}_{92}U,\quad ^{239}_{92}U\xrightarrow{\beta}{}^{239}_{93}Np\xrightarrow{\beta}{}^{239}_{94}Pu$$

这样就导致在核燃料中$^{239}_{94}Pu$的积累. $^{239}_{94}Pu$也是很好的裂变材料,可以用来装置核反应堆和制备原子弹.

快中子增殖堆是另一种型式的反应堆,称为快堆,快堆与热堆的根本区别在于它直接依靠核裂变产生的快速飞行的中子来维持链式裂变反应的进行. 快中子的能量比热中子大10^7倍. 快堆没有减速剂,只有冷却剂. 快中子增殖堆芯内核裂变所产生热量,不是用水、气等冷却剂传递出来,而是用熔融状态的金属,这是快中子反应堆的重要特点. 它以$^{238}_{92}U$转换成的$^{239}_{94}Pu$作为核燃料,每消耗掉一个$^{239}_{94}Pu$原子,可从$^{238}_{92}U$中新产生一个以上的$^{239}_{94}Pu$原子(平均为 1.4 个),即快堆中的核燃料越烧越多. 这就是核燃料的“增殖”作用.

快中子增殖堆核电厂原理流程如图 20-20 所示. 快中子增殖堆既能充分利用核燃料资源,又能经济地发电,因而被认为是最有发展前途的堆型. 由于快堆堆芯中没有慢化剂,故堆芯结构紧凑、体积小,功率密度比一般轻水堆高 4～8 倍. 由于快堆体积小,功率密度大,故传热问题显得特别突出. 通常,为强化传热都采用液态金属作为冷却剂. 快中子增殖堆虽然前途广阔,但技术难度较大. 据估计,到 21 世纪中叶,有可能出现争相建设快中子反应堆核电厂的局面.

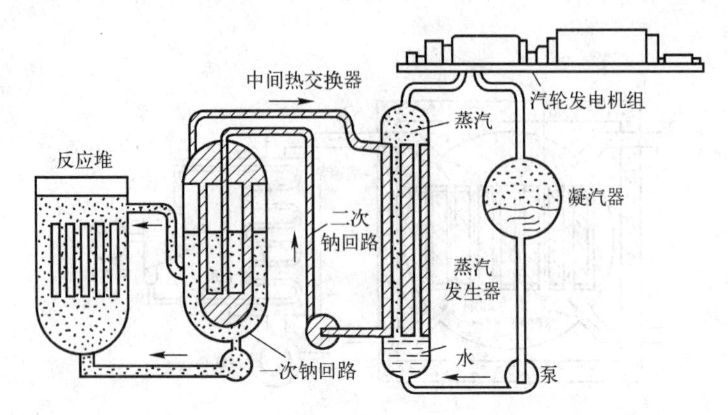

图 20-20 快中子增殖堆核电厂原理流程

五、核电厂的主要系统与发电过程

各类核电厂的主要区别在于核反应堆的不同,其他系统根据不同特点略有差异. 下面以压水堆核电厂为例说明核电厂的主要系统及发电过程.

压水堆核电厂从防护角度将系统分成两大部分,即核岛部分和常规岛部分. 图 20-21 所示为压水堆核电厂的核岛部分和常规岛部分.

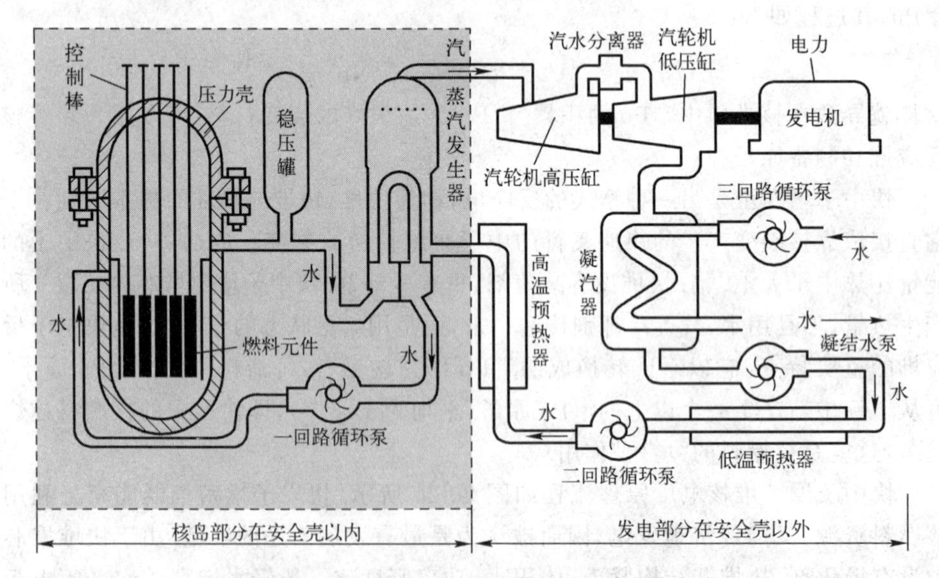

图 20-21 压水堆核电厂的核岛部分和常规岛部分

(1) 核岛部分.

核岛部分是指在高温高压和带放射性条件下工作的部分. 该部分由压水堆本体和回路系统设备构成,它的总体功能与火力发电厂的锅炉设备相同,是蒸汽供应系统,主要包括反应堆、蒸汽发生器、主泵、稳压器、冷却剂管道以及安全壳等. 核反应堆是核电厂的关键设备,链式裂变核反应就在其中进行. 压水堆中以水作为冷却剂,吸收了核裂变产生的热能以后成为高温高压的水流出反应堆,进入蒸汽发生器.

主泵的作用是把冷却剂送进堆内,然后流过蒸汽发生器,以保证裂变反应产生的热量及时传递出来.

蒸汽发生器的作用是把通过反应堆冷却剂的热量传给二次回路的水,并使之变成蒸汽,再进入汽轮机做功.

稳压器又称压力平衡器,是用来控制反应堆系统压力变化的设备,在正常运行时,保持压力的稳定.

安全壳用来控制和限制放射性物质从反应堆扩散出去,以保护公众免遭放射性物质的伤害.

危急冷却系统是为了应对核电站一回路主管道破裂的极端失水事故的发生而设计的,它由注射系统和安全壳喷淋系统组成. 一旦接到极端失水事故的信号,安全注射系统向反应堆内注射高压含硼水,喷淋系统向安全壳喷水和化学药剂,以缓解事故后果,限制事故蔓延.

(2) 常规岛部分.

常规岛部分是指核电厂在无放射条件下的工作部分. 核心站正常运行中,无放射性危害的汽轮机、发电机及其附属设备,合理布置在安全壳以外的厂房里,称为常规岛部分. 它主要由二回路系统的汽轮发电机组、高低压加热器、给水泵、凝结水泵和三回路系统的凝汽器、三回路循环泵、三回路冷却水循环系统等组成.

如图 20-21 所示,循环泵将冷却剂送入反应堆,冷却剂把核燃料放出的热能带出反应堆,并进入蒸汽发生器,通过数以千计的传热管,把热量传给管外的二回路水,使水沸腾产生蒸汽;冷却剂流经蒸汽发生器后,再由一回路循环泵送入反应堆,这样来回循环,不断地把反应堆中的热量带出并转换成蒸汽. 从蒸汽发生器出来的高温高压蒸汽,推动汽轮发电机组发电. 做过功的乏汽在凝汽器中凝结成水,再由凝结给水泵送入加热器,重新加热后送回蒸汽发生器. 这样循环往复,由发电机组不断输出电能.

§ 20-4　风力发电

一、风能的描述与特点

风是由太阳辐射热引起的. 太阳照射地球表面,地球表面各处受热不同产生温差,引起空气的对流运动而形成风. 风的大小和方向常指空气的水平运动,并用风向和风速来表示. 风向指风的来向,一般用 16 个方位或 360°来表示. 以 360°表示时,由北起按顺时针方向量度. 风速指的是单位时间内空气的行程,其单位常用

m·s^{-1} 或 km·h^{-1}来表示. 世界气象组织将风力分为 13 个等级,见表 20-1.

表 20-1 风力等级表

风 级	名 称	风速/(m·s^{-1})	陆 地 物 象	浪高/m
0	无风	0～0.2	烟直上	0
1	软风	0.3～1.5	烟示风向	0.1
2	轻风	1.6～3.3	感觉有风	0.2
3	微风	3.4～5.4	旌旗展开	0.6
4	和风	5.5～7.9	吹起尘土	1
5	劲风	8.0～10	小树摇摆	2
6	强风	10.8～13.8	电线有声	3
7	疾风	13.9～17.1	步行困难	4
8	大风	17.2～20.7	折断树枝	5.5
9	烈风	20.8～24.4	小损房屋	7
10	狂风	24.5～28.4	拔起树木	9
11	暴风	28.5～32.6	损毁普遍	11.5
12	飓风	大于 32.7	摧毁巨大	14

我们把空气运动产生的动能称为风能. 风能密度是气流在单位时间内垂直通过单位面积的风能. 设风速为 v,则单位体积的动能为

$$E_k=\frac{1}{2}\rho v^2$$

则单位时间通过单位面积的能量,即风能密度为

$$\omega=\frac{1}{2}\rho v^2 v=\frac{1}{2}\rho v^3 \tag{20-4}$$

风能密度 ω 是描述一个地方风能潜力的最方便最有价值的量,但是在实际中,风速每时每刻都在变化,不能使用某个瞬时风速值来计算风能密度,只有长期风速观察资料才能反映其规律,故引出了平均风能密度的概念. 平均风能密度的计算公式为

$$W=\frac{\sum N_i\omega_i}{N}=\frac{\rho\sum N_i v_i^3}{2N} \tag{20-5}$$

式中,W 为平均风能密度,单位为 W·m^{-2};v_i 为等级风速,单位为 m·s^{-1};N_i 为等级风出现的次数;N 为各等级风速出现的总次数;ρ 为空气密度,单位为 kg·m^{-3}.

风况曲线是风能利用的基础资料. 它是将全年(8 760 h)风速在一定风速 v 以上的时间作为横坐标,纵坐标则为风速 v. 从风况曲线即可知道,该地区某种风速以上有多少小时,从而制定相应的风能利用计划.

在对风能进行分析时，也常用到风频的概念．风频分为风速频率和风向频率．**风速频率**是指各种速度的风出现的频繁程度．**风向频率**是指各种方向的风出现的频繁程度，用一定时间内某风向出现次数占各风向出现总次数的百分比表示．在计算出各风向频率的数值后，用极坐标方式将这些数值标在风向方位图上，将各点连线后形成一幅代表这一段时间内风向变化的风况图，称为“风玫瑰图”．在风能利用中，总是希望其一风向的频率尽可能得大，尤其是不希望在较短时间内风向出现频繁变化．

风中含有的能量，比人类迄今为止所能控制的能量高得多．全世界每年燃烧煤炭得到的能量，还不到风力在同一时间内所提供能量的 1%．可见，风能是地球上重要的能源之一．风能与其他能源相比，既有其明显的优点，又有其突出的局限性．风能具有四大优点：①蕴量巨大；②可以再生；③分布广泛；④没有污染．这也正是近年来风能迅速发展的根本原因．但是，风能也有密度低、不稳定和地区差异大三大弱点．

(1) 密度低．这是风能的一个主要缺陷．由于风能来源于空气的流动，而空气的密度相对很小，因此，风力的能量密度也很小，只有水力的 1/1 000．在各种再生能源中，风能的能量密度是极低的，给其利用带来一定的困难．

(2) 不稳定．由于气流瞬息万变，因此风的日变化、季变化都十分明显，波动很大，极不稳定．

(3) 地区差异大．由于地理位置和地形的影响，风力的地区差异非常明显．即使在邻近的区域，有利地形下的风力往往是不利地形下的几倍甚至几十倍．

二、风能的利用

风能的利用已有悠久的历史，最早可以追溯到 4 000 多年前我国的风车和古巴比伦的风力灌溉．目前风能的利用主要有以下几个方面：风力发电、风力提水、风帆助航和风力制热．近代风能的应用多采用风力发电，风力发电是风能应用的主要方式．

风速越高则可得到的风能越大．但空气流经风力发电机后速度不能为零，因此风能中只有一部分可以转化为有用功．风速小于 $3\,m \cdot s^{-1}$ 的风基本上无利用价值，通常风力发电机都要求风速大于 $5\,m \cdot s^{-1}$．

我国是季风盛行的国家，风能资源量大面广．据国家气象局估算，全国风能密度平均为 $100\,W \cdot m^{-2}$，风能理论总储量约 16×10^5 MW，可利用的风能资源约 2.5×10^5 MW．特别是东南沿海及附近岛屿、内蒙古和和甘肃走廊、东北、西北、华北和青藏高原等部分地区，每年风速在 $3\,m \cdot s^{-3}$ 以上的时间近 4 000 h，一些地区年平均风速可达 $6 \sim 7\,m \cdot s^{-1}$ 以上．具有很大的开发利用价值．

近几年来，全球风力发电装机快速增长．预计到 2020 年，世界风力装机总量将达到 230 000～265 000 MW，风电将占总用电量的 14%～17%. 到 21 世纪中叶，风能将会成为世界能源供应的支柱之一，成为人类社会可持续发展的主要动力.

三、风力发电的分类

风力发电机有不同的分类方式，可按推进方式、轴的形式和功率大小来分.

1. 按风轮的推进方式分类，可以分为阻力型和升力型.

(1) 阻力型风力机是依靠风对叶片的直接吹压，具体是顺风运动的叶片上的压力比逆风时叶片上的风阻力大，利用这个压力差来驱动叶轮旋转输出动力. 例如，S 形的曲面形状使得叶片在顺风和逆风时的阻力不同. 为了得到功率输出，叶片的叶尖速度不可能比风速快太多，否则，叶片就相当于躲避风，而实际应该是风吹压叶片产生动力.

(2) 升力型风力机. 升力型风力机依靠空气动力学升力来转动叶片，这种升力是空气流过形状类似于机翼的叶片产生的. 平稳的气流在流线型的叶片上流过时，产生一个垂直气流速度方向的升力，推动叶片旋转. 升力型风力机的叶尖速率比没有任何限制，一般来说，叶尖速率比越高，风力机的效率也越高.

2. 按风轮轴安装形式分类

风力发电机从结构上可分为两类. 其一是水平轴风力机，即叶片安装在水平轴上，叶片接受风能转动去驱动所要驱动的机械. 水平轴风力机分为多叶片低速风力机和 1～3 个叶片高速风力机. 其二是垂直轴风力机.

(1) 水平轴风力机. 水平抽风力机可分为升力型和阻力型两类. 升力型旋转速度快，阻力型旋转速度慢. 对于风力发电，多采用升力型水平轴风力机，如图 20-22 所示. 大多数水平轴风力机具有对风装置，能随风向改变而转动. 对小型风力机，这种对风装置采用尾舵；而对于大型的风力机，则利用风向传感元件及伺服电动机组成的传动机构. 风力机的风轮在塔架前面的称上风向风力机，风轮在塔架后面的则称下风向风力机.

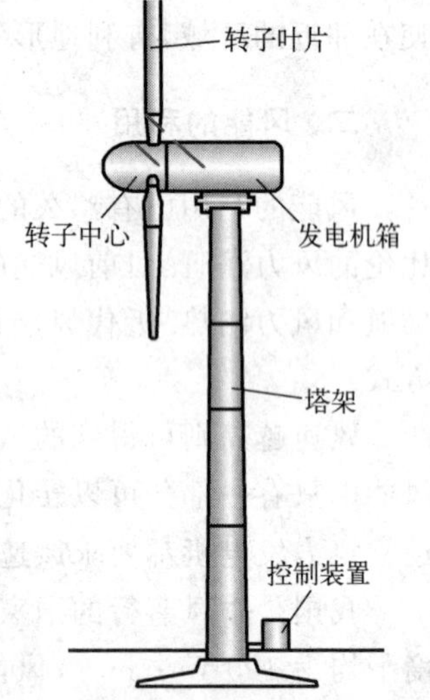

图 20-22　水平轴风力机

(2) 垂直轴风力机. 垂直轴风力机在风向改变时无须对风，这是它的一大优点. 垂直轴风力机不仅使结构设计简单，而且发电机可置于风轮下或地面，因而安装和维护的费用都较低.

典型的垂直轴风力机是达里厄式风轮，是法国的达里厄(G. J. M Darrieus)于 1925 年发明的. 达里厄式风轮是一种升力装置，弯曲叶片的剖面是翼型，它的启动力矩低，但叶尖速比可以很高，对于给定的风轮质量和成本，有较高的功率输出. 现在有多种达里厄式风力发电机,如 Φ 形、△形、Y 形和 H 形等,如图 20-23 所示. 这些风轮可以设计成单叶片、双叶片、三叶片或者多叶片.

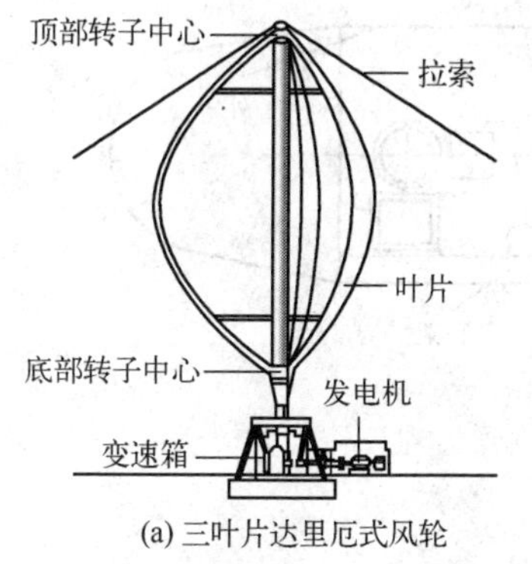

(a) 三叶片达里厄式风轮

(b) Φ型风轮

(c) H型风轮

图 20-23　垂直风力机

3. 按风力发电机的功率分类

(1) 微型风力发电机,其额定功率为 50～1 000 W.

(2) 小型风力发电机,其额定功率为 1～10 kW.

(3) 中型风力发电机,其额定功率为 10～100 kW.

(4) 大型风力发电机,其额定功率在 100 kW 以上.

风力发电的利用方式主要有三类. 第一类是独立运行供电系统,即在电网未通达的偏远地区,用小型风电机为蓄电池充电,再通过逆变器转换成交流电向终端电器供电. 第二类是混合供电系统,采用中型风力发电机与柴油发电机或光伏太阳电池组成混合供电系统,解决小的社区、单位或小岛用电问题. 第三类是作为常规电网电源的联网风力发电,是利用风能最经济的方式. 目前,用大型风力发电机,单机容量在 150～5 000 kW 之间,既可单独并网,也可由多台甚至成百上千台组成风力发电场,简称风电场. 风电场与常规火电厂和水电站比较,由于单机容量小,所以可分散建设,资金较易筹集,基建周期短. 近年来,风电技术进步很快,高科技含量大,机组可靠性提高,单机容量 6 000 kW 以下的技术已成熟. 虽然目前风电的成本还较高,但是,随着规模化生产和技术改进,成本会逐步下降.

四、大型水平轴风力发电机

目前,在风力发电机组中,水平轴高速风力机占绝对优势,故主要介绍水平轴风力发电机.

大型风力发电机组大多采用上风向安装、主动偏航对风和三叶片风轮. 图 20-24 所示为大型水平轴风力发电装置结构简图. 水平轴风力发电机主要由风轮(包括叶片、轮毂、传动轴等)、增速齿轮箱、发电机、偏航装置、塔架、控制系统等组成.

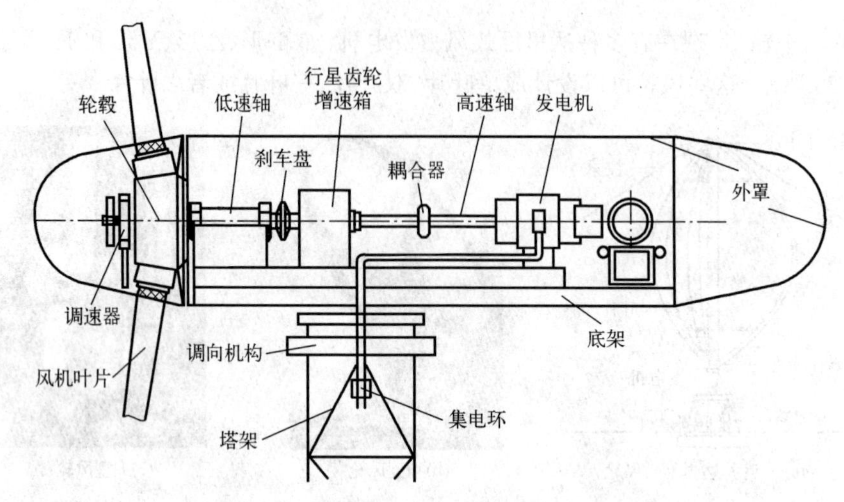

图 20-24　大型水平轴风力发电装置结构简图

风力机旋转时叶片扫过的面积称为叶轮面积,叶轮面积越大,所产生的功率也就越大,但单位叶轮面积所产生的功率与叶轮所处的高度有关. 在同一时间和地点,叶轮距地面的高度越高,风速越大. 随着风力发电机组功率的逐渐增大,叶轮的面积也随之增大,相应的风机塔的高度也不断增加.

大中型风力发电机组一般采用二叶片或三叶片组成风轮,其中以三叶片居多. 设计叶片时首先要充分考虑强度和刚度,同时也要考虑振动、变形及热膨胀等因素的影响,将危险部位的强度提高,使叶片抗疲劳,并有着良好的循环寿命,另外还要考虑防雷保护. 叶片材料从木材、金属发展到玻璃钢,其性能指标不断提高. 金属常用钢、铝、钛等,但易腐蚀,也难以承受损伤. 玻璃钢有玻璃纤维加强树脂和碳纤维加强树脂,质量小,抗拉伸强度高,耐疲劳性能好,是比较理想的叶片材料.

轮毂是连接叶片和主轴的零部件,它把风轮的力和力矩传递到主轴,其结构设计非常关键. 轮毂有铰链轮毂和固定轮毂两种,二叶片风轮常用铰链轮毂,而三叶片风轮则采用固定轮毂. 轮毂一般采用铸钢或由钢板焊接而成.

主轴是承受扭转力矩的部件. 其材料一般选用高强度的合金钢,并经调质处理以保证材料在强度、塑性、韧性等方面有着良好的综合性能.

齿轮箱是实现低转速的风力机和高转速的发电机之间的匹配装置,是包含齿轮、皮带轮、链轮的增速装置. 齿轮箱一方面要求体积小、质量小、效率高、噪声小,另一方面要求承载能力大、起动力矩小、寿命长.

发电机是把机械能转化为电能的装置,其性能好坏直接影响到风力发电机组的效率和可靠性. 常用的发电机有同步励磁发电机、永磁同步发电机、异步发电机、变速恒频发电机等.

塔架是支撑风轮、发电机、变速箱等部件的架子. 它不仅要有一定的高度,以便风机处于理想的位置运转,而且还应具有相当高的强度与刚度,能经受狂风、暴雨、雷电的袭击. 根据发电机组发电容量的不同,塔架可设计成不同的高度和形式.

在控制方面,主要是调速和调向(对风)两部分. 大型风力发电机采用尾舵轮调向是最早使用的方式,工作可靠,但存在着结构复杂、体积庞大等缺点. 目前采用计算机控制的电动调向方式日益增多.

风力发电机组的工作环境恶劣,要求在使用过程中对整个系统采取多种保护措施,特别是要考虑防雷击保护、超速保护、机组振动保护、发电机过热保护.

五、风力发电技术的发展

现阶段风电机组单机容量持续增大,也就是说风电朝着大机组方向发展. 安装大容量机组能够降低风电场运行维护成本,降低整个风力发电成本,从而提高风电的市场竞争力,因此提高单机容量成为国际风电设备发展的主要趋势之一. 随着现代风电技术的日趋成熟,风力发电机组技术朝着提高单机容量、减轻单位千瓦质量、提高转换效率的方向发展. 因此现阶段风电技术的发展主要集中在大型风力发电机上.

风电技术是项综合性高技术,涉及空气动力学、结构动力学、材料科学、声学、机械工程、电气工程、控制技术、气象学、环境科学等多个学科领域并相互交叉. 中国目前需要解决的关键技术问题很多,如大型风电机组叶片设计与制造技术、风力发电系统仿真技术、风电场与电网系统相互关系、特殊环境对风电机组的影响、海上风电技术、风能资源普查与评估技术等.

在世界各国重视环保、强调能源节约的今天,风力发电对改善地球生态环境,减少空气污染有着非常积极的作用. 风能资源的开发利用已经成为世界利用可再生能源的主要部分,是符合可持续发展的“绿色能源”. 随着社会各界都越来越重视风力发电,有理由相信风力发电将在未来能源的结构中占有越来越重要的地位,风力发电的前景会更加广阔.

§ 20-5　太阳能发电

太阳能是一种清洁、可再生的能源,取之不尽,用之不竭,而且太阳能遍布整个世界,是人类最终解决能源需求问题的重要途径之一. 由于地球上有限的矿物燃料日趋枯竭,而核聚变能作为能源达到商业化程度还需相当长时间,因此,在由使用矿物燃料转为使用核聚变能的过渡阶段,太阳能将成为新能源家族中的重要成员. 扩大太阳能的开发利用还可降低 CO、CO_2 等污染物的排放,维护洁净的生态环境. 太阳能工业作为一个专门的行业已在世界各国出现. 随着太阳能装置效率的不断提高及价格逐步下降,太阳能的利用领域必将继续扩大. 太阳能的利用方式目前主要有三种,即光—热转换、光—热—电转换和光—电转换.

光一热转换是通过太阳能接收装置,将太阳能集中起来利用. 所谓太阳能集热器,是一种利用太阳辐射能加热工质流体(一般是液体或空气)的热交换器,其形式按集热温度的高低可以分为高温集热器、低温集热器,通常分别对应着聚光集热器和平板集热器. 利用聚光集热器可以获得 3 000 ℃以上的高温,因此可用于太阳灶、焊接等场合. 平板集热器的结构和制造简单,不要求跟踪太阳且几乎不需要维修,因此是太阳能利用设备中最简单实用的. 目前平板集热器已广泛应用于太阳能热水系统和建筑物的采暖,成为新兴的太阳能工业中的一个主要产品. 下面我们主要讨论讨论光—热—电转换和光—电转换.

一、太阳能热发电技术

目前常见的太阳能热发电系统主要有塔式太阳能热发电系统和槽式太阳能热发电系统.

塔式太阳能热发电系统也称集中型发电系统,它是将集热器置于塔顶,主要由反射镜阵列、集热器、蓄热器和发电机等组成. 如图 20-25 所示,反射镜阵列由许多面反射镜按一定规律排列而成. 这些反射镜能够自动跟踪太阳,反射光精确地投射到集热器的窗口. 高塔可以建在反射镜阵中央或南侧. 集热器按需要设计成单侧受光或四周受光. 当阳光投射到集热器被吸收转变成热能后,加热盘管内流动着的介质(水或其他介质)而产生蒸气. 一部分热量用来带动汽轮发电机组发电;另一部分热量则被存储在蓄热器里,以备没有阳光时发电用. 图 20-26 所示为塔式太阳能热力发电系统示意图. 塔式太阳能发电的关键技术有三个方面.

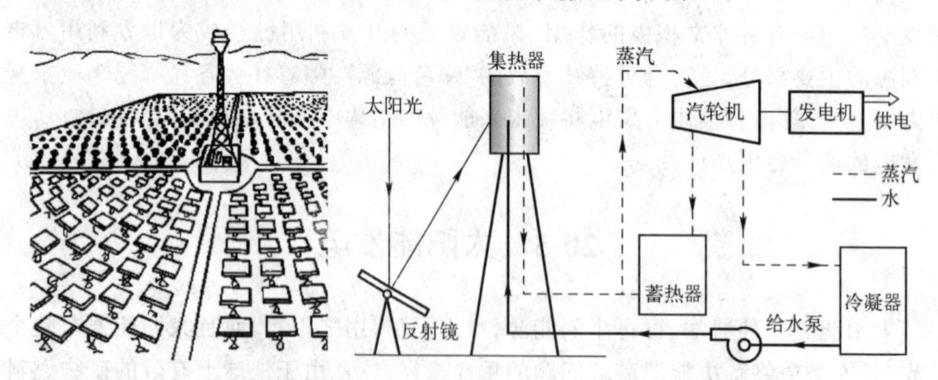

图 20-25 塔式太阳能反射镜阵列　　图 20-26 塔式太阳能热力发电系统示意图

(1) 反射镜及其自动跟踪系统. 由于这种发电要求高温、高压,对于太阳光的聚焦必须有较大的聚光比,需用几百上千反射镜,并且要有合理的布局,使其反射光都能集中到较小的集热器. 反射镜的反光率要在 80%～90%或以上,自动跟踪太阳要同步,一般采用计算机控制.

(2) 集热器. 集热器要求体积小,换能效率高. 现有的集热器形式多样,有空腔式、盘式、圆柱式等. 一般认为，意大利研制的盘式太阳能锅炉较好，它可以产生 15 MPa、600 ℃的过热蒸汽，可供 350 kW 发电机组使用.

(3) 蓄热器. 由于太阳辐射强度随时间变化，为了保证发电相对稳定，必须采取蓄热措施，这是塔式太阳能热力发电所不可缺少的部分，但是，目前还未找到最理想的储热材料. 美国涅维尔公司对 300 多种熔点在 262～321 ℃的各类盐的混合物进行了评定，从中选出了十几种较好的蓄热材料.

槽式太阳能热力发电系统是采用槽式聚光镜将太阳光聚在一条线上，在这条线上安装有管状集热器，以吸收聚焦后的太阳辐射能. 槽式聚光系统结构如图 20-27 所示.

槽式太阳能发电站与塔式太阳能发电站的主要区别是它用许多串、并联的槽式聚焦型集热器取代平面反光镜和高塔集热器. 集热器由计算机控制对太阳光进行跟踪. 这种集热器也可获得 350 ℃以上的中等压力的蒸气. 管内的流体(水或导热油)被加热后，流经蒸气发生器再将水加热成蒸汽，蒸汽进入汽轮发电机组进行发电，如图 20-28 所示. 这种发电系统发电容量可大可小，集热器设备都分布在地面上，所以安装维修等都方便.

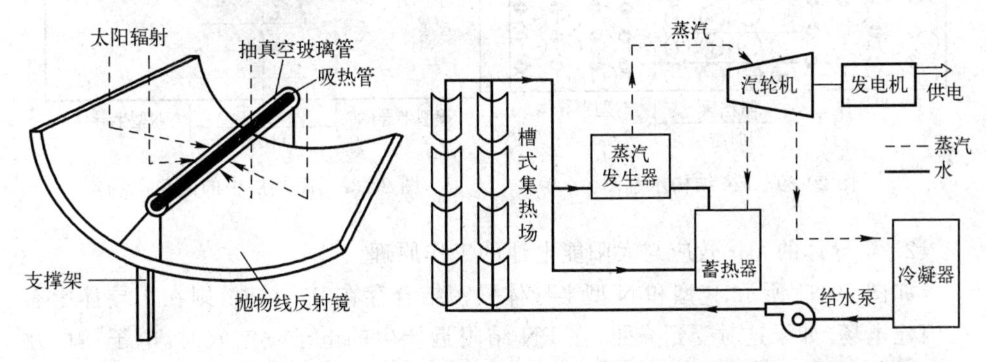

图 20-27　槽式聚光系统结构　　图 20-28　槽式太阳能热力发电系统示意图

槽式太阳能热力发电系统近年来得到较快的推广应用，美国、西班牙、希腊、日本、中国都建成了槽式太阳能热发电系统，规模也在不断增加，因此槽式太阳能热发电系统是非常有应用前景的太阳能热发电系统.

二、太阳能光伏发电技术

1. 半导体与 PN 结

N 型半导体是指在四价元素(硅或锗)中掺入少量五价元素(磷或砷)形成的杂质半导体. 四价元素中掺入五价元素后，其中四个电子与邻近的四价元素原子形成共价键，多余的一个电子成为自由电子. 所以这种半导体的多数载流子是电子.

P 型半导体是指在四价元素(硅或锗)少掺入少量三价元素(硼或镓)形成的杂质

半导体.这种杂质原子在代替晶体中四价原子而构成共价键结构时,将缺少一个电子,这相当于增加一个可供电子填充的空穴.所以P型半导体的多数载流子是空穴.

如果将P型和N型半导体两者紧密结合,则在导电类型相反的两块半导体之间形成的过渡区域,称为**PN结**.在PN结两边,P区内空穴很多,电子很少;而在N区内,则电子很多,空穴很少.因此,在P型和N型半导体交界面的两边,电子和空穴的浓度不相等,因此会产生多数载流子的扩散运动.扩散的结果是:在交界面的两边形成靠近N区的一面带正电荷,而在靠近P区的另一面带负电荷的一层很薄的区域,这就是PN结的形成原因,如图20-29所示.由于这一薄层比起P区和N区具有较大的电阻,所以称为阻挡层(也称空间电荷区或耗尽区),阻挡层的厚度仅有0.02～1 μm.在PN结内,由于两边分别积聚了正电荷和负电荷,会产生一个由N区指向P区的反向电场,称为内建电场(或势垒电场),如图20-30所示.具有阻挡层的半导体具有单向导电作用,是制造晶体二极管的良好材料.这里我们对于PN结的单向导电作用不作详细讨论,只对PN结引起的光伏效应进行研究.

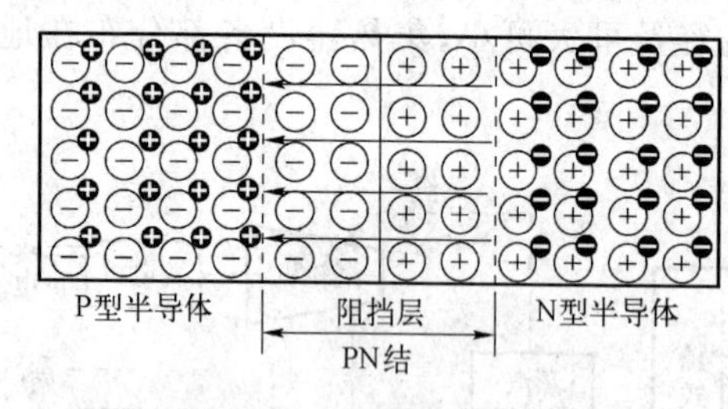

图20-29　PN结构示意图

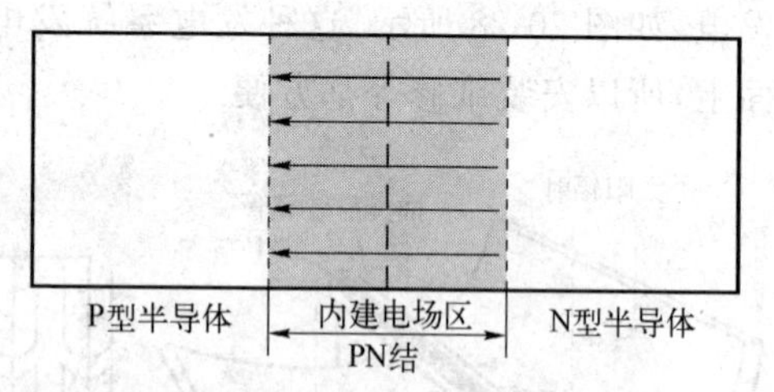

图20-30　阻挡层中的内建电场

2. 半导体的光伏效应与太阳能电池的工作原理

如图20-31所示,P型和N型半导体紧密结合存在PN结时,则在半导体中有一内建电场.如果这时受到光照,在PN结附近产生的电子一空穴对,电子在内建电场的作用下,将向N区运动;而空穴则向P区运动.对于距离PN结较远的电子对,可能来不及到达PN结就很快被复合还原.由于产生了载流子的分极运动,空穴向P型半导体集结,而电子向N型半导体集结,则在半导体的两侧产生电位差,这种现象称为光伏效应,也称内光电效应.

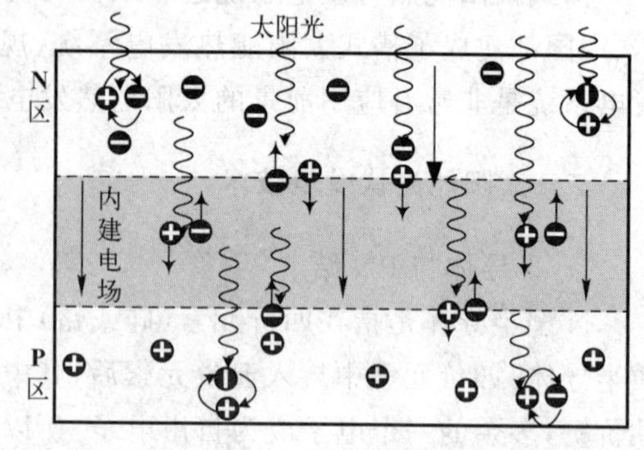

图20-31　太阳光入射在PN结附近产生载流子

如图20-32所示,在PN结两端的P型半导体和N型大半导体两端装上电极,一般在N型一侧用透明电极或金属栅线,背面用铝电极,则构成太阳能电池.晶体硅太阳能电池的厚度约为0.2～0.35 mm,每个太阳能电池基本单元 PN 结处的电动势(开路)约为 0.59 V,其值与电池片的尺寸无关. 太阳能电池的输出电流与其面积、太阳光的辐射强度有关. 面积大产生较大的电流,辐射强度大产生较大的电流. 单晶太阳能电池的结构如图 20-33 所示.

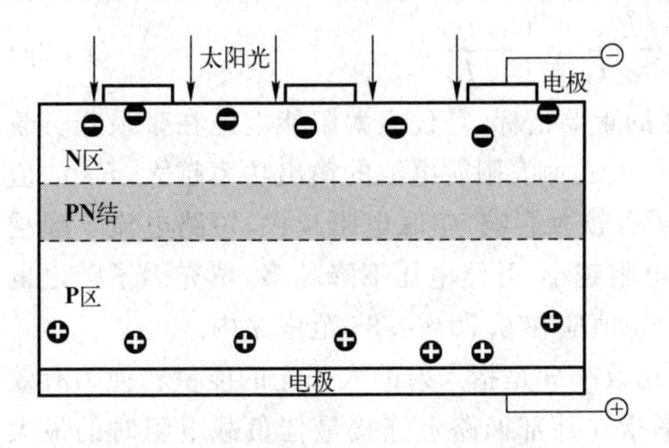

图 20-32　太阳能电池发电原理示意图

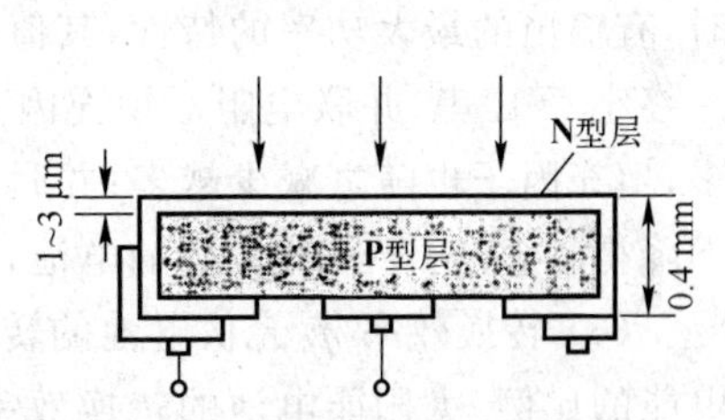

图 20-33　单晶太阳能电池的构造

3. 太阳能电池的性能参数和伏安特性

描述太阳能电池的性能参数主要有：

(1) 开路电压 U_{OC}. 太阳能电池的开路电压(open circuit voltage),是指将太阳能电池置于光源照射下,在光伏电池开路情况下(即 $R=\infty$),太阳能电池的输出电压值. 可用高内阻的直流毫伏计测量电池的开路电压. 一般太阳能电池芯片的开路电压为 0.5～0.8 V. 将多个芯片串联,可以获得较高的电压.

(2) 短路电流 I_{SC}. 短路电流就是将太阳能电池置于标准光源的照射下,在输出端短路时(short circuit current),流过太阳能电池两端的电流. 测量短路电流的方法是用内阻小于 1 Ω 的电流表在太阳能电池的两端进行测量.

(3) 伏安特性. 当光照射在太阳能电池上时,太阳能电池的工作电压和电流是随负载电阻变化的. 将不同负载阻值所对应的工作电压和电流值作曲线,就得到太阳能电池的伏安特性曲线. 如图 20-34 所示,用 I 表示工作电流,用 U 表示工作电压,图中 I-U 曲线即为该太阳能电池在此辐照和温度下的伏安特性曲线.

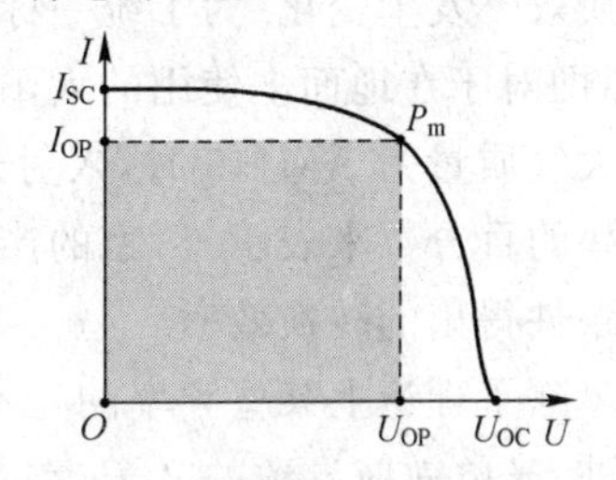

图 20-34　太阳能电池的伏安特性

(4) 最大输出功率 P_m. 太阳能电池的输出功率 $P=UI$ 随负载电阻变化,如果选择的负载电阻值能使输出电压和电流的乘积最大,即可获得最大输出功率,用符号 P_m 表示. 此时的工作电压和工作电流又称最佳工作电压和最佳工作电流,分别用符号 U_{OP} 和 I_{OP} 表示,且 $P_m=U_{OP}I_{OP}$. 如图 20-34 所示,图中的最佳工作点对应太阳能电池的最大功率 P_m.

实际上,太阳能电池的工作电压和工作电流受负载条件、日照条件的影响,工作点会偏离最佳工作点.

(5) 填充因子 F_F. 太阳能电池的另一个重要参数是填充因子 F_F(fill factor)，它是最大输出功率与开路电压和短路电流的乘积之比，即

$$F_F=\frac{P_m}{U_{OC}I_{SC}}=\frac{U_{OP}I_{OP}}{U_{OC}I_{SC}} \tag{20-6a}$$

F_F 是衡量太阳能电池输出特性的重要指标，是代表太阳能电池在带最佳负载时，有输出的最大功率的特性，其值越大表示太阳能电池的输出功率越大. F_F 的值始终小于 1. 串、并联电阻对填充因子有较大影响，串联电阻越大，短路电流下降越多，填充因子也随之减少越多；并联电阻越小，开路电压下降越多，填充因子随之也下降得越多. 对于性能较好的电池，F_F 值应在 0.70～0.85 范围之内.

(6) 转换效率 η. 光伏电池的转化效率 η 是指入射的太阳光的能量转换为有效电能的比例. 太阳能电池的转换效率指在外部回路上连接最佳负载电阻时的最大能量转换效率，等于太阳能电池的输出功率与入射到太阳能电池表面的能量之比.

$$\eta=\frac{P_m}{P_{im}} \tag{20-6b}$$

例如，太阳能电池的面积为 $1\,m^2$，太阳光的能量为 $1\,kW\cdot m^{-2}$，如果太阳能电池的输出功率为 0.1 kW，则

$$\eta=\frac{P_m}{P_{im}}=\frac{0.1}{1}=10\%$$

转换效率 10% 意味着照射在太阳能电池上的光能只有 1/10 的能量被转换成电能.

太阳能电池的转换效率是衡量太阳电池性能的一个重要指标. 但是，对于同一块太阳电池来说，由于太阳能电池的负载的变化会影响其效率，导致太阳能电池的转换效率发生变化. 为了统一标准，一般采用公称效率来表示太阳能电池的转换效率. 即对于在地面上使用的太阳能电池，太阳能电池芯片的温度为 25 ℃，太阳辐射的大气质量为 AM1.5 时，入射光能 $100\,mW\cdot cm^{-2}$ 与负载条件变化时的最大输出功率的百分数来表示. 厂家的产品说明书中的太阳电池转换效率就是根据上述测量条件得出的转换效率.

除了理论上某些频率的光不能引起光电效应而导致太阳电池的转换效率下降之外，光电效应导致的电子、空穴再结合时所产生的再结合损失，由于光的散射、反射造成的能量损失，以及电流的流动所产生的焦耳损失，太阳电池的转换效率一般在 10%～20%.

4. 太阳能电池的种类

太阳电池根据其使用的材料可分成硅系太阳电池、化合物系太阳电池以及有机半导体系太阳电池等种类，下面简单介绍几种太阳能电池.

(1) 单晶硅太阳电池

自太阳能电池发明以来，单晶硅太阳电池开发的历史最长，是人们最早使用的

太阳能电池. 图 20-35 所示为单晶硅太阳能电池组件的外观,单晶硅太阳电池的硅原子的排列非常规则. 在硅太阳能电池中转换效率最高,转换效率的理论值为 24%～26%,实际产品的单晶硅太阳电池组件的转换效率为 17%以上. 从航天技术到住宅、路灯等已得到广泛应用.

与其他太阳电池比较,制造单晶硅太阳电池所用硅材料比较丰富,制造技术比较成熟,结晶中的缺陷较少,转换效率较高,可靠性较高,特性比较稳定,可使用 20 年以上,但目前制造成本仍然较高.

(2) 多晶硅太阳能电池

在提高太阳能电池转换效率的同时,还必须降低成本和实现批量生产,为了达到此目的,人们研发了多晶硅太阳能电池,如图 20-36 所示. 多晶硅太阳能电池转换效率的理论值为 20%,实际产品的转换效率约为 17%. 与单晶硅太阳能电池的转换效率相比虽然略低,但由于多晶硅太阳能电池的原材料较丰富,制造比较容易,制造成本较低,因此,其使用量已超过单晶硅太阳电池,占主导地位.

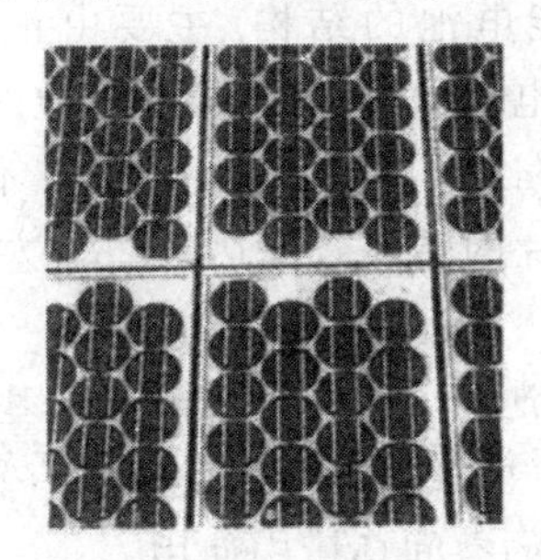

图 20-35　单晶硅太阳能电池组件的外观

图 20-36　多晶硅太阳能电池组件

单晶硅和多晶硅太阳能电池均属晶体硅,一般称为晶硅系. 由于晶硅太阳能电池可以稳定地工作,具有较高的可靠性和转换效率,因此,现在所使用的太阳能电池主要是晶硅太阳能电池,在太阳能光伏发电中占主流.

(3) 非晶硅太阳能电池

图 20-37 所示为非晶硅太阳能电池组件,非晶硅的原子排列呈现无规则状态,转换效率的理论值为 18%,但实际产品的组件转换效率为 10%左右. 这种电池早期存在劣化特性,即在太阳光的照射下,初期存在转换效率下降的现象,最近,非晶硅太阳能电池的初期劣化转换效率得到提高.

图 20-37　非晶硅太阳能电池组件

非晶硅太阳电池是在玻璃板上使用蒸镀非晶硅的方法,在薄膜状态(厚度为数微米)下制作而成. 与晶硅太阳能电池相比,可大大减少制作太阳能电池所需的材料,大量生产时成本较低.

尽管非晶硅太阳能电池的转换效率不高，但由于非晶硅太阳能电池具有制造工艺简单，易大量生产，制造所需能源、使用材料较少(厚度 1 μm 以下，单晶硅 300 μm)，大面积化容易，可方便地制成各种曲面形状，以及可以做成成本较低的薄膜太阳能电池等特点，所以具有广阔的应用前景. 目前，非晶硅太阳能电池在计算器、钟表等行业已被广泛应用.

(4) GaAs、InP 太阳能电池

化合物是由两种以上的元素构成的物质. 与硅材料的太阳能电池相比，化合物太阳能电池具有波带宽、光吸收能力强、转换效率高、可做成薄膜、柔软、节省资源、质量小、制造成本较低等特点. 化合物太阳电池将成为下一代新型电池.

由Ⅲ－Ⅴ族半导体组合而成的太阳能电池有砷化镓(GaAs)、磷化铟(InP)等太阳能电池. 由于 GaAs、InP 太阳能电池的转换效率较高，且具有较强的耐放射线特性，能够适应宇宙空间的使用要求，所以目前主要用于人造卫星、空间实验站等宇宙空间领域.

图 20-38 所示为 AlGaAs－GaAs 太阳能电池的结构. 主要由正电极、P 型(A1GaAs)、P 型(GaAs)、N 型(GaAs)以及负电极构成. 该太阳能电池的 N 型半导体使用 GaAs 化合物，而 P 型半导体使用 A1GaAs 化合物，即在 GaAs 化合物中加入铝 Al 材料作为不纯物制成的化合物. 其芯片的转换效率达到 26％左右，聚光型太阳能电池的转换效率已超过 40％.

铟(In)与磷(P)组合而成的 InP 太阳能电池与 GaAs 太阳能电池基本相同，具有较强的宇宙放射线防护作用，即使遭到宇宙放射线的破坏，它也具有较好的自恢复能力，因此 InP 太阳能电池可在放射线较强的空间环境中使用.

(5) CdS/CdTe 太阳能电池

由Ⅱ～Ⅵ族元素组合而成的太阳能电池有硫化镉(CdS)/碲化镉(CdTe)太阳能电池. 其中 CdS 为 N 型，CdTe 为 P 型. 图 20-39 所示为 CdS/CdTe 太阳能电池的结构. 主要由玻璃衬底、透明电极膜、N 型 CdS、P 型 CdTe 以及背面电极等组成. CdS/CdTe 太阳能电池的转换效率因制造方法的不同而不同，采用印制方式可实现低成本、大面积制造，目前小面积芯片的转换效率为 12.8％左右. 而采用真空蒸镀法时，小面积薄膜太阳能电池芯片的转换效率约为 16％，大面积的约为 11％. 目前正在研发高效率的太阳能电池.

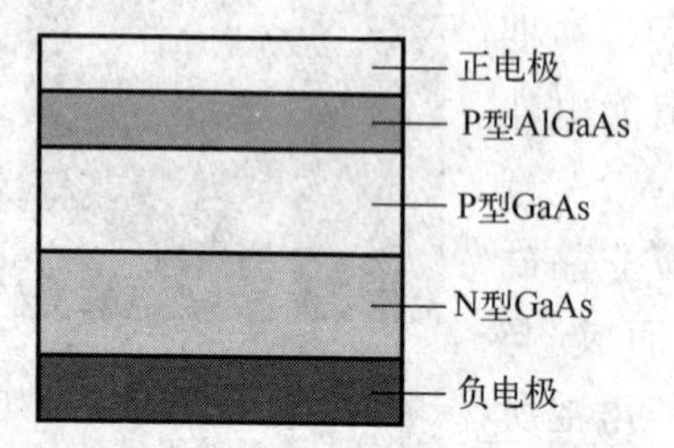

图 20-38　AlGaAs－GaAs 太阳能电池结构

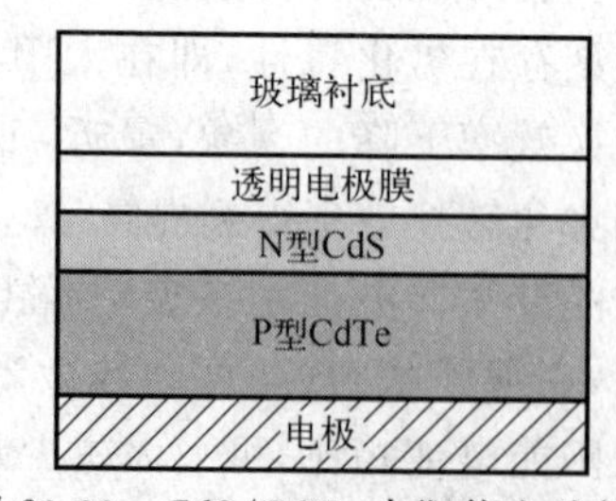

图 20-39　CdS/CdTe 太阳能电池结构

由于 CdS/CdTe 太阳能电池的太阳光吸收波长范围较广，有较强的光吸收能，而且可以制成薄膜太阳能电池，另外，在普通的玻璃衬底上可低温制成多结晶膜，所以是制作成本低、转换效率较高的太阳能电池. 同时，由于制造所使用的原材料较少，回收时间约为 1 年，制造时的排放较少，对环境影响较少. 不过由于这种电池具有较强的毒性，所以应用受到一定的限制.

(6) CIS、CIGS 太阳能电池

化合物太阳能电池 GaAs、InP 和 CdS/CdTe 太阳能电池分别由Ⅲ－Ⅴ族元素以及Ⅱ～Ⅵ族元素族材料构成. 由于Ⅱ族处在Ⅰ族与Ⅲ族之间，所以出现了Ⅰ－Ⅲ－2Ⅵ族元素组合的铜铟硒(CIS)以及铜铟镓硒(CIGS)太阳能电池. CIS 太阳能电池由铜 Cu(Ⅰ族)－铟 In(Ⅲ族)－硒 Se_2(Ⅵ族)构成，称为**铜铟硒太阳能电池**. 而 CIGS 太阳能电池则在 CIS 太阳能电池中加入了镓 Ga(Ⅲ族)而构成，称为**铜铟镓硒太阳能电池**. CIGS 太阳能电池的组成比可用 $Cu(In_{1-x}Ga_x)Se_2$ 表示，Ga 的组成 x 取值范围为 0～1. 通过控制 x 值，提高了开路电压，使器件的性能大为改进. CIGS 太阳能电池的组成 x 为 0 时，则为 CIS 太阳能电池.

图 20-40 所示为 CIGS 太阳能薄膜电池的结构，主要由负电极、N 型、P 型、正电极以及玻璃衬底等构成，N 型为透明导电膜，P 型使用 CIGS 材料. 由于 CIGS 太阳能电池使用黄铜矿系的半导体材料，具有较高的光吸收率，因此，其发电层很薄，除去玻璃衬底的厚度仅为 1～2 μm 左右，只有晶硅太阳能电池厚度的 1/100. 这种电池具有节省资源、降低制造所需能源、容易量产、可连续大量生产等特点. 衬底除了玻璃之外，也可使用金属箔、塑料等较轻且柔软的材料，作为下一代薄膜太阳能电池备受关注. 由于 CIGS 太阳能电池具有极高的光吸收率，其理论转换效率可达 25%～30%或以上，目前组件转换效率为 14%左右，对于 CIGS 半导体材料，可改变其厚度方向的组成，控制光吸收波长范围，将来有望进一步提高转换效率.

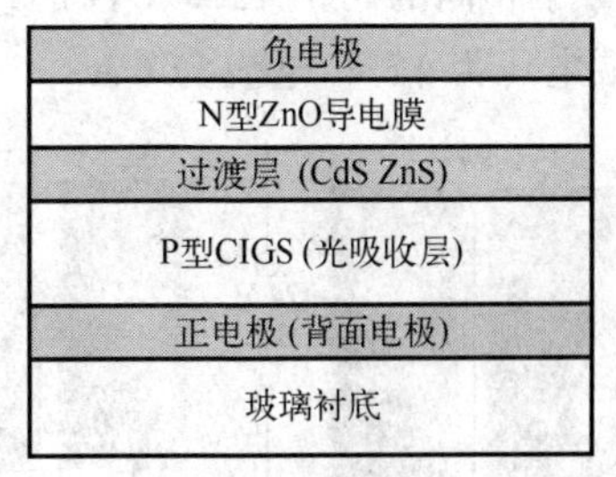

图 20-40　GIGS 太阳能薄膜电池结构

铜铟镓硒(CIGS)太阳能电池组件的构成与晶硅太阳能电池组件不同，晶硅太阳能电池组件由芯片组成，如果由于阴影的影响则出现不发电的芯片，从而导致系统输出下降，而在 CIGS 太阳能电池组件中阴影可能会影响部分输出，但对整个系统的影响不大. CIGS 太阳能电池已经在发电等领域得到广泛应用，由于其良好的发电特性，将来可能超过晶硅太阳能电池，成为太阳能发电的主力电池.

5. 太阳能电池组件

太阳能电池芯片是太阳能电池的最小单元，一般不能作为电源使用. 芯片尺寸通常为 2 cm×2 cm 到 15 cm×15 cm. 其输出电压、电流和功率都很小，单体芯片的输出电压为 0.4～0.5 V，工作电流为 20～25 mA/cm^2. 太阳能电池实际使用时，电压需满足少则十几伏多则几百伏的要求，需要将大量的电池芯片连接起来，组成太阳能电池组件，也称“电池板”，如图 20-41 所示.

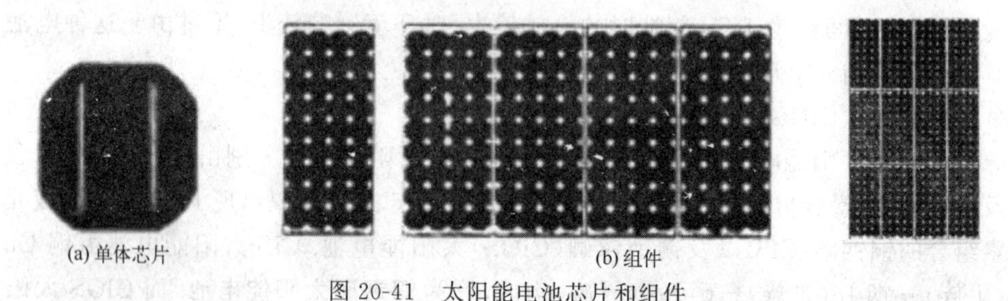

图 20-41　太阳能电池芯片和组件

为了得到不同的电压和电流值，可以将太阳能电池组件进行连接，连接分为串联、并联和混联三种方式. 组件常采用电压值和电流值标定. 如图 20-42 所示，36 片电池片组成 40～50 W 的组件，其标称电压是 12 V(最佳电压是 17 V)，电流约为 3 A；对于相同的两个 12 V、3 A 的组件，串联后两端电压为 24 V，电流为 3 A；并联后两端电压为 12 V，电流为 6 A.

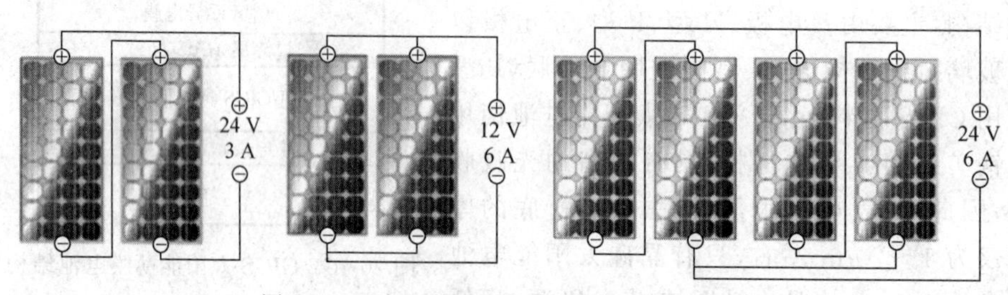

图 20-42　太阳能电池组件串联、并联和混联

另外，由于太阳能电池在户外使用，存在如温度、湿度、盐分、强风以及冰雹等环境因素的影响，因此，必须保护太阳能电池芯片，使太阳能电池长期发挥其发电功能. 太阳电池能组件的构造方法多种多样.

6. 太阳能电池方阵与太阳能光伏系统

太阳能电池组件串联、并联在一起，即构成太阳能电池方阵. 如图 20-43 所示，将数个或数百个太阳能电池方阵串联、并联，与一定的控制装置组合，可以构成功率为数万瓦至数兆瓦的太阳能光伏系统，适合作为边远农村、海岛、山区独立供电电源.

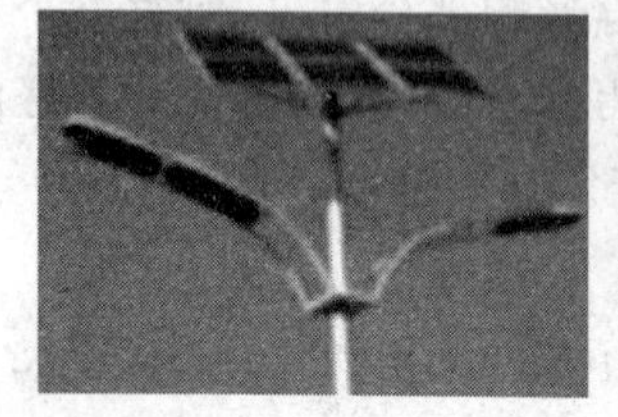

图 20-43　各类太阳能光伏系统

太阳能光伏系统按是否接入公共电网分为并网光伏系统和离网光伏系统，这也是光伏系统最常用的分类法．并网光伏系统按是否允许通过上级变压器向主电网馈电分为有逆流光伏系统和非逆流光伏系统．

离网光伏系统如图 20-44 所示，它主要由太阳能电池方阵、控制设备、储能装置（蓄电池组）、直流负载、交流负载、逆变器等组成．

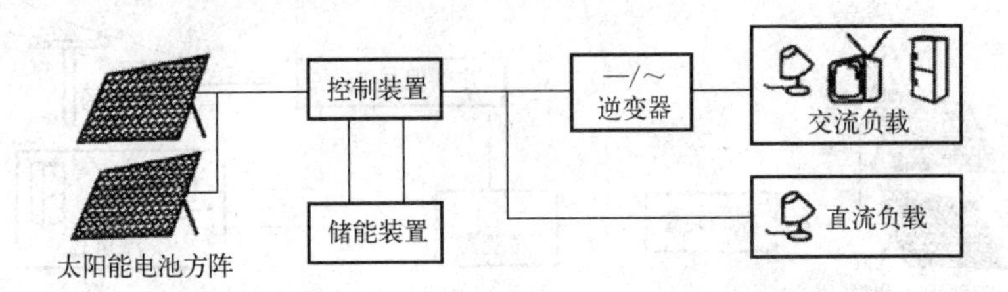

图 20-44　离网（独立）光伏系统

（1）太阳能电池方阵．一般方阵中组件的多少根据负载决定．它可以提供满足负载所要求的输出功率．

（2）控制装置．控制装置是太阳能光伏发电系统中的重要部分之一．系统中的控制装置通常应具有以下功能：①防反充装置．其作用是避免由于太阳电池方阵在阴雨和夜晚不发电或出现短路故障时，蓄电池组通过太阳电池方阵放电．②信号检测装置．检测光伏发电系统各种装置和各个单元的状况和参数，可以对系统进行判断、控制、保护等提供依据．需要检测的物理量有输入电压、充电电流、输出电压、输出电流以及蓄电池温升等．③蓄电池的充放电控制装置．一般蓄电池组经过过充电或过放电后会严重影响其性能和寿命，所以充放电控制装置是不可缺少的．控制装置可根据当前太阳能资源情况和蓄电池荷电状况，确定最佳充电方式，以实现高效、快速充电并对蓄电池放电过程进行管理．

（3）储能装置．储能装置一般由蓄电池组组成．其作用是存储太阳电池方阵受光照时所发出的电能并能随时向负载供电．在为太阳能光伏系统选择蓄电池时，要考虑电压、电流特性等电气性能，还要求蓄电池组的自放电率低，使用寿命长，深放电能力强，充电效率高，可以少维护和免维护，工作温度范围宽，价格低廉等．蓄电池分为铅酸蓄电池、镍镉蓄电池、镍氢蓄电池等．目前与太阳能光伏系统配套使用的蓄电池主要是铅酸蓄电池和镍镉蓄电池．

（4）逆变器．逆变器是将直流电转变成交流电的一种设备．它是光伏系统中的重要组成部分．由于太阳能电池和蓄电池发出的是直流电，当负载是交流负载时，逆变器是必不可少的．通常，逆变器不仅可以把直流电转换为交流电，也可以具有使太阳能电池最大限度地发挥其性能，以及出现异常和故障时保护系统的功能等．

太阳能光伏系统与公共电网相连接，共同承担供电任务的太阳能光伏发电系统称为并网太阳能光伏发电系统，也称联网太阳能光伏发电系统．并网太阳能光伏系统如图 20-45 所示，这种光伏发电系统实质上与其他类型的发电站一样，可为整个电力系统提供电力. 并网太阳能光伏发电系统分为集中大型并网光伏系统（大型集中并网光伏电站）和分散式小型并网光伏发电系统（屋顶光伏系统或住宅并网光伏系统）两大类型. 前者功率容量通常在兆瓦级以上，后者则在千瓦级至百千瓦级之间.

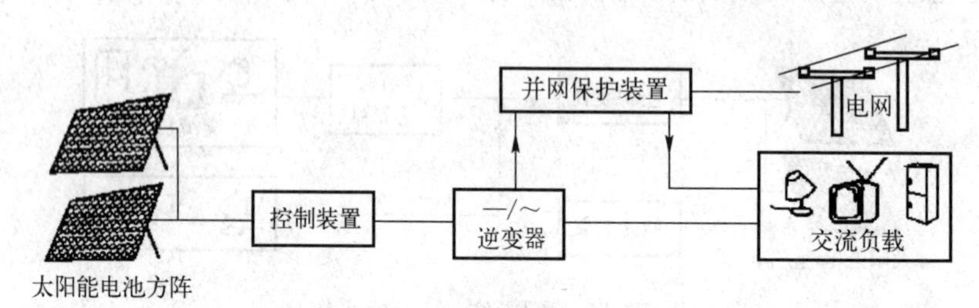

图 20-45 并网太阳能光伏系统

并网太阳能光伏发电系统是太阳能光伏发电进入大规模商业化发电阶段，成为电力工业组成部分之一的重要方向，也是当今世界太阳能光伏发电技术发展的主流趋势. 并网太阳能光伏发电系统具有许多独特的优越性. ①可以对电网调峰，提高电网末端的电压稳定性，改善电网的功率因数，有效地消除电网杂波. ②所发电能回馈电网，以电网为储能装置，省掉蓄电池. 与独立太阳能光伏系统相比可减少建设投资 35%～45%，发电成本大大降低. ③光伏电池与建筑完美结合，既可发电又可作为建筑材料和装饰材料，使资源充分利用，发挥多种功能. ④出入电网灵活，既有利于改善电力系统的负荷平衡，又可降低线路损耗.

除了上述太阳能利用外，太阳能的其他利用方式也较多，如将太阳能转换成化学能的方式；利用热化学反应、光化学反应等方法可以制造氢气、甲醇等燃料，为燃料电池发电、燃料电池汽车等提供能源；另外，使用聚焦太阳光可以分解有害物质，进行材料的表面加工、处理等.

习　题

20-1 火力发电厂的三大主要设备是什么？这三大主要设备各自发生了怎样的能量转换过程？

20-2 水轮发电机的工作原理与汽轮发电机有哪些不同？

20-3 核电厂与火电厂在构成上有什么不同？

20-4 风力发电装置主要由哪些设备构成？风力发电系统是怎样工作的？

20-5 太阳能电池方阵是怎样组成的？它又是怎样组成光伏电站的？

附录A 元素周期表

原子序数 — 8 O — 元素符号，黑体指放射性元素

元素名称，注*的是人造元素 — 氧

16.00 — 相对原子质量（加括号的数据为该放射性元素半衰期最长同位数的质量数）

外围电子排布 — $2s^22p^4$

金属　非金属　过渡元素

族 / 周期	IA	ⅡA	Ⅲ B	Ⅳ B	Ⅴ B	Ⅵ B	Ⅶ B	Ⅷ			I B	Ⅱ B	Ⅲ A	Ⅳ A	Ⅴ A	Ⅵ A	Ⅶ A	0
1	1 H 氢 1.008 $1s^1$																	2 He 氦 4.003 $1s^2$
2	3 Li 锂 6.941 $2s^1$	4 Be 铍 9.012 $2s^2$											5 B 硼 10.81 $2s^22p^1$	6 C 碳 12.01 $2s^22p^2$	7 N 氮 14.01 $2s^22p^3$	8 O 氧 16.00 $2s^22p^4$	9 F 氟 19.00 $2s^22p^5$	10 Ne 氖 20.18 $2s^22p^6$
3	11 Na 钠 22.99 $3s^1$	12 Mg 镁 24.31 $3s^2$											13 Al 铝 26.98 $3s^23p^1$	14 Si 硅 28.09 $3s^23p^2$	15 P 磷 30.97 $3s^23p^3$	16 S 硫 32.06 $3s^23p^4$	17 Cl 氯 35.45 $3s^23p^5$	18 Ar 氩 39.95 $3s^23p^6$
4	19 K 钾 39.10 $4s^1$	20 Ca 钙 40.08 $4s^2$	21 Se 钪 44.96 $3d^14s^2$	22 Ti 钛 47.87 $3d^24s^2$	23 V 钒 50.94 $3d^34s^2$	24 Cr 铬 52.00 $3d^54s^1$	25 Mn 锰 54.94 $3d^54s^2$	26 Fe 铁 55.85 $3d^64s^2$	27 Co 钴 58.93 $3d^74s^2$	28 Ni 镍 58.69 $3d^84s^2$	29 Cu 铜 63.55 $3d^{10}4s^1$	30 Zn 锌 65.38 $3d^{10}4s^2$	31 Ga 镓 69.72 $4s^24p^1$	32 Ge 锗 72.63 $4s^24p^2$	33 As 砷 74.92 $4s^24p^3$	34 Se 硒 78.96 $4s^24p^4$	35 Br 溴 79.90 $4s^24p^5$	36 Kr 氪 83.80 $4s^24p^6$
5	37 Rb 铷 85.47 $5s^1$	38 Sr 锶 87.62 $5s^2$	39 Y 钇 88.91 $4d^15s^2$	40 Zr 锆 91.22 $4d^25s^2$	41 Nb 铌 92.91 $4d^45s^1$	42 Mo 钼 95.96 $4d^55s^1$	43 Tc 锝 [98] $4d^55s^2$	44 Ru 钌 101.1 $4d^75s^1$	45 Rh 铑 102.9 $4d^85s^1$	46 Pd 钯 106.4 $4d^{10}$	47 Ag 银 107.9 $4d^{10}5s^1$	48 Cd 镉 112.4 $4d^{10}5s^2$	49 In 铟 114.8 $5s^25p^1$	50 Sn 锡 118.7 $5s^25p^2$	51 Sb 锑 121.8 $5s^25p^3$	52 Te 碲 127.6 $5s^25p^4$	53 I 碘 126.9 $5s^25p^5$	54 Xe 氙 131.3 $5s^25p^6$
6	55 Cs 铯 132.9 $6s^1$	56 Ba 钡 137.3 $6s^2$	57~71 La~Lu 镧系	72 Hf 铪 178.5 $5d^26s^2$	73 Ta 钽 180.5 $5d^36s^2$	74 W 钨 183.9 $5d^46s^2$	75 Re 铼 186.2 $5d^56s^2$	76 Os 锇 190.2 $5d^66s^2$	77 Ir 铱 192.2 $5d^76s^2$	78 Pt 铂 195.1 $5d^96s^1$	79 Au 金 197.0 $5d^{10}6s^1$	80 Hg 汞 200.6 $5d^{10}6s^2$	81 Ti 铊 204.4 $6s^26p^1$	82 Pb 铅 207.2 $6s^26p^2$	83 Bi 铋 209.0 $6s^26p^3$	84 **Po** 钋 [209] $6s^26p^4$	85 **At** 砹 [210] $6s^26p^5$	86 **Rn** 氡 [222] $6s^26p^6$
7	87 Fr 钫 [223] $7s^1$	88 Ra 镭 [226] $7s^2$	89~103 Ac~Lr 锕系	104 Rf 𬬻* [265] $6d^27s^2$	105 Db * [268] $6d^37s^2$	106 Sg * [271] $6d^47s^2$	107 Bh * [270] $6d^57s^2$	108 Hs * [277] $6d^67s^2$	109 Mt * [276] $6d^77s^2$									

镧系	57 La 镧 138.9 $5d^16s^2$	58 Ce 铈 140.1 $4f^15d^16s^2$	59 Pr 镨 140.9 $4f^36s^2$	60 Nd 钕 144.2 $4f^46s^2$	61 Pm 钷* [145] $4f^56s^2$	62 Sm 钐 150.4 $4f^66s^2$	63 Eu 铕 152.0 $4f^76s^2$	64 Gd 钆 157.3 $4f^75d^16s^2$	65 Tb 铽 158.9 $4f^96s^2$	66 Dy 镝 162.5 $4f^{10}6s^2$	67 Ho 钬 164.9 $4f^{11}6s^2$	68 Er 铒 167.3 $4f^{12}6s^2$	69 Tm 铥 168.9 $4f^{13}6s^2$	70 Yb 镱 173.1 $4f^{14}6s^2$	71 Lu 镥 175.0 $4f^{14}5d^16s^2$
锕系	89 Ac 锕 [227] $6d^17s^2$	90 Th 钍 232.0 $6d^27s^2$	91 Pa 镤 231.0 $5f^26d^17s^2$	92 U 铀 238.0 $5f^36d^17s^2$	93 Np 镎 [237] $5f^46d^17s^2$	94 Pu 钚 [244] $5f^67s^2$	95 Am 镅* [243] $5f^77s^2$	96 Cm 锔* [247] $5f^76d^17s^2$	97 Bk 锫* [247] $5f^97s^2$	98 Cf 锎* [251] $5f^{10}7s^2$	99 Es 锿* [252] $5f^{11}7s^2$	100 Fm 镄* [257] $5f^{12}7s^2$	101 Md 钔* [258] $5f^{13}7s^2$	102 No 锘* [259] $5f^{14}7s^2$	103 Lr 铹* [262] $5f^{14}6d^17s^2$

参考文献

[1] 程守洙,江之永.普通物理学[M].6版.北京:高等教育出版社,2006.
[2] 王纪龙,周希坚.大学物理[M].3版.北京:科学出版社,2007.
[3] 严导淦.物理学[M].4版.北京:高等教育出版社,2003.
[4] 宋士贤,郭晓枫.物理学[M].西安:西北工业大学出版社,1995.
[5] 马文蔚.物理学教程[M].北京:高等教育出版社,2002.
[6] 陆果.基础物理学教程[M].北京:高等教育出版社,1998.
[7] 吴大江.新世纪物理学[M].北京:北京邮电大学出版社,2008.
[8] 王青,戴剑锋,等.物理学与工程技术[M].北京:国防工业出版社,2008.
[9] 刘涤尘.电气工程基础[M].武汉:武汉理工大学出版社,2002.
[10] 孙文杰.电力生产基础知识[M].北京:中国电力出版社,2011.
[11] 莫政宇.能源动力工程概论[M].成都:四川大学出版社,2015.
[12] 周乃君.能源与环境[M].长沙:中南大学出版社,2008.
[13] 吴其胜.新能源材料[M].上海:华东理工大学出版社,2017.
[14] 刘琳.新能源[M].沈阳:东北大学出版社,2009.
[15] 黄素逸.新能源技术[M].北京:中国电力出版社,2011.
[16] 李传统.新能源与可再生能源技术[M].南京:东南大学出版社,2012.
[17] 沈文忠.太阳能光伏技术与应用[M].上海:上海交通大学出版社,2013.
[18] 于军胜.太阳能光伏器件技术[M].成都:电子科技大学出版社,2011.